U0288773

高职高专环境教材
编审委员会

环保设备及应用

第二版

王爱民　张云新　主编

化学工业出版社

·北京·

本书是根据高职高专环境类专业教材的要求编写的，具有突出工程应用能力和职业能力培养的特色。全书除绪论外有八章：第一章力学的基本知识；第二章常用工程材料；第三章机构、传动及零件；第四章大气污染治理设备；第五章气态污染物净化设备；第六章典型污水处理设备；第七章噪声与振动污染控制设备；第八章固体废物处理设备。本书系统阐述了常用环保设备的工作原理、结构设计及应用与维护等相关知识。

本书为高职高专环境类专业的教材，也可供环保设备技术人员及相应岗位操作人员参考。

图书在版编目（CIP）数据

环保设备及应用/王爱民，张云新主编．—2版．—北京：化学工业出版社，2011.6（2024.6重印）
教育部高职高专规划教材
ISBN 978-7-122-10964-4

Ⅰ．环…　Ⅱ．①王…②张…　Ⅲ．环境保护-设备-高等职业教育-教材　Ⅳ．X505

中国版本图书馆CIP数据核字（2011）第063521号

责任编辑：王文峡　　文字编辑：张燕文
责任校对：徐贞珍　　装帧设计：尹琳琳

出版发行：化学工业出版社（北京市东城区青年湖南街13号　邮政编码100011）
印　　装：大厂聚鑫印刷有限责任公司
787mm×1092mm　1/16　印张17¾　字数446千字　　2024年6月北京第2版第14次印刷

购书咨询：010-64518888　　售后服务：010-64518899
网　　址：http：//www.cip.com.cn
凡购买本书，如有缺损质量问题，本社销售中心负责调换。

定　　价：45.00元

第二版前言

发展职业教育是推动经济发展、促进就业、改善民生、解决“三农”问题的重要途径，是缓解劳动力供求结构矛盾的关键环节。职业教育要面向人人、面向社会，着力培养学生的职业道德、职业技能和就业创业能力。当前，高等职业教育正处于快速发展的新时期，随着高等职业教育教学改革的不断深入，为了推行新标准、渗入新观念、更新教学内容、调整教材结构，编者在认真总结2004年出版的《环保设备及应用》基础上，经过几年教学应用，坚持有利于提高高职学生理论基础、职业能力培养、创新思维技能的宗旨，对教材进行了系统的修订。

本教材结合环境污染治理工程的特点，比较全面、系统地介绍了常用环保设备的工作原理、结构组成、结构计算及应用维护等知识。全书共分八章，以力学、常用工程材料、机构传动及零件的知识为基础，由浅入深重点论述了大气、水、噪声、振动污染及固体废物治理设备。本次修订内容主要有以下几方面。

① 采用新的国家标准替代原教材的老国家标准，增加了新的技术内容。第二章的拉伸试验、强度、塑性、有色金属及合金等内容均采用新的国家标准，同时调整材料牌号，知识衔接更加合理，有利于提高学生的技能。

② 根据高职高专的培养目标，结合高职学生的认知特点，适当省略公式的中间推导步骤，删减、精简了个别章节的内容，使得教材整体的知识结构更加合理。例如，省略了向心辅流沉淀池配水管内水流平均速度、机械搅拌反应池功率计算公式的推导过程，删减了轮系、离合器、旋转床吸附器等不常用知识内容，对第三章的内容进行了精简。

③ 考虑到适用本教材的全国环境类专业院校的不同情况，为了能够对环保机械设备有直观认识，替换了部分比较抽象的图示、图例，使之更加贴近生产实际。例如，拉伸试验曲线、轴的结构、电除尘器等图，替换后更加直观易懂。

④ 增加了部分新技术内容。在第二章增加金属材料的应用选择、第三章增加了齿轮的失效形式、第四章增加了管路速度的测定方式等内容，对于教与学都易于掌握，易于结合实际情况应用。

此次修订工作由王爱民执笔完成。参加第二版修订工作的有王爱民（绪论、第四章）、张云新（第一章）、司颐（第二章）、李旭辉（第三章、第七章）、付伟（第五章、第八章）、李洪涛（第六章）。

本次修订工作由侯文顺、梁丽萍担任主审，参加审定工作的还有张宏、刘乃生、张军等企业界工程师，在审定过程中提出了许多宝贵意见和建议，在此表示衷心的感谢。

本书涉及的内容较多，因编写人员知识水平、实践经验所限，难免存在欠妥之处，恳请读者予以批评指正。

编　者

2011年4月

第三版前言

[illegible]

编 者

2011年4月

第一版前言

随着世界人口的增长、工农业生产快速发展和科学技术的不断进步，环境保护和环境污染治理问题越来越引起人们的普遍关注。环境保护事业的发展，促进了环保设备制造业的迅速发展。目前，开设环境类专业的各高职高专院校都在积极探索培养在生产现场从事环保设备操作、管理、维护及技改等急需的应用性技术人才，因而渴望有一本涵盖环保设备设计与应用的专业课教材。

本书结合环境污染治理工程的特点，比较全面、系统地介绍了常用环保设备的工作原理、结构组成、设计计算及应用维护等知识。全书共分八章，以力学、常用工程材料、机构传动及零件的知识为基础，由浅入深重点论述了大气、水、噪声、振动及固体废物污染的治理设备。以环保设备的设计与应用两大内容为基本框架，并以设计为重点；在环保设备设计方面，则以结构（构造）设计的介绍为主。并且以大气污染治理及控制、污水治理设备作为重点，讨论设备的设计与应用。为便于学生学习，安排了例题、思考题和习题。

本书的初稿完成后，由化学工业出版社教材出版中心主持了审稿会。根据审稿会的意见完成的修改稿又经有关专家审阅后定稿。

本书由王爱民、张云新主编。编写分工为：绪论、第四章，王爱民；第一章、第二章，张云新；第三章、第七章，李旭辉；第五章、第八章，付伟；第六章，李洪涛。全书由王爱民负责统稿，侯文顺主审。参加本书审定工作的还有梁丽萍、张宏，在此向他们表示诚挚的谢意！

本书在编写过程中，编者参考并引用了大量文献资料，这些文献资料对本书的编写工作起到举足轻重的作用。在引用的这些资料中的图、表时，因篇幅容量所限，没有一一标注其来源，考虑到本书是教材，不是以营利为目的，笔者恳请被引用者予以谅解，在此向所有被引用的参考文献的作者们致以诚挚的敬意！

本书涉及的内容较多，因编写人员知识水平、实践经验所限，加之时间仓促，书中难免存在不完善之处，热忱欢迎专家、读者予以批评指正。

编　者

2004 年 1 月

目　录

绪　论

随着工业化进程和世界经济的快速发展，在不断提高人们生活水平的同时，也出现了全球性人口增长过快、资源耗竭、环境恶化等严重问题，这些已引起世界各国的忧虑和关注，因此，环境保护和环境污染治理问题越来越引起人们的普遍重视。特别是1992年在巴西首都里约热内卢召开了联合国“环境与发展”大会之后，实施可持续发展战略，促进经济与环境的协调发展已成为世界各国的共识。

我国作为实现可持续发展战略的大国，经济与环境保护必须协调持续发展，才能在经济持续、快速、健康发展的同时，创造一个清洁安静、舒适优美的生存环境。环境保护是我国的一项基本国策，随着社会主义现代化建设的发展和经济的快速增长，环境保护工作已得到党和政府及社会的关注和重视。

在全球范围内，环保产业正在迅速崛起，成为增长速度最快的产业之一。在我国，环保产业正处于快速成长期，这样也促进了环保设备制造业的快速发展。目前，我国环保产业已初具规模，环保装备（产品）品种不断增加，技术水平明显提高，我国生产和经营的环保设备（产品）已超过4000余种，除一些大型成套设备外，环保设备产品及配套元器件基本齐全，一些环保技术和设备、产品的技术指标或产品质量已达到或接近国际水平，部分产品已出口到东南亚和中东等国家。这表明我国环保产业和环保设备制造业已取得实质性的进展。但从整体水平上看，与欧洲、美国、日本等发达国家相比还有很大差距，还存在有产品水平低、可靠性能差、外观造型不美、品种不够齐全等不足。环保产业在我国还处于发展初期阶段，今后一段时间内将会有巨大发展。随着环保产业的发展，在环保工程的一线岗位上，急需从事环保设备操作、管理、维护和设计的高等技术实用性人才，我国开办环境类专业的高职高专学校，也积极探索开设了环保设备课或试办环保设备专业。为此编写一本供高职高专环境类专业使用的教材已成为当务之急。本教材包含的内容是以力学知识、常用工程材料及机械基础的知识、技能和理论为基础，对大气污染治理设备、气态污染物控制设备、污水治理设备、噪声与振动控制设备及固体废弃物处理处置等的结构、设计与应用进行论述。

一、环保设备的概念

环境保护的基础是严格的组织管理和先进的技术装备，而先进的技术装备要依靠环保产业来提供。为了深入了解环保设备及其设计和应用的一系列问题，必须了解环保设备这个概念。

1. 环保设备

要定义和理解环保设备的概念，首先应该从定义设备的概念入手。所谓设备，“是由工业和建筑安装部门制造和建造出来的，能够在社会生产和生活中发挥物质手段的物质资料”。按照这一定义，设备不仅包括各种机械，还包括建筑物和各种线路等。在理解设备概念的基础上，对环保设备的定义就方便了。

环保设备是指用于控制环境污染、改善环境质量而由工业生产部门或建筑安装部门制造和建造出来的机械产品、构筑物及其系统。目前有一些人在概念上认为环保设备是指治理环境污染的机械加工产品，如除尘器、单体水处理设备、噪声控制器等是不全面的。

2. 环保产业

环保产业是指以防治环境污染、改善生态环境、保护自然资源为目的而进行的技术开发、产品生产、商业流通、资源利用、信息服务、工程承包等各项事业的总称。环保设备从属于环保产业体系。

根据课程教学计划要求，本书仅对环保设备进行讨论。

二、环保设备的分类

1. 按设备的功能分类

按照设备功能通常将环保设备分为大气污染控制及除尘设备、水污染治理设备、噪声与振动控制设备、固体废弃物处理设备、环境监测及分析设备等。各类设备又可分为若干小类，如大气污染治理设备又可分为机械式除尘器、旋风除尘器、过滤式除尘器、湿式除尘器和电除尘器等设备类型，其中每类还可细分成若干小类。按功能分类是环保设备分类的常用方法，本书以下各章就是按这种分类方法分类展开和阐述的。

2. 按设备的构成分类

（1）单体设备　这类设备是环保设备的主体，如各种除尘器、单体污水处理设备等。单体设备可为机械设备，也可是混凝土或其他材料（如玻璃钢等）建造的构筑物。

（2）成套设备　指以单体设备为主，包含各种附属设备（如风机、电机等）组成的整体。

（3）生产线　指由一台或多台单体设备、各种附属设备及其管线所构成的整体，如污水处理生产线等。

3. 按设备的性质分类

（1）机械设备　指各种用于治理污染和改善环境质量的由工业部门制造的机械产品，如各种除尘器、机械式水处理设备、噪声控制器、振动控制器、机械式固体废物处理设备等。目前，机械设备是环保设备中种类型号最多、应用最普遍、使用最方便的环保设备。

（2）仪器设备　指各种用于环境监测及环境工程实验的仪器，如各种分析仪器（包括光学分析、色谱分析、电化学分析仪器等）、各种采样器、各种监测仪器等。

（3）构筑物　一般指钢筋混凝土结构件，如用于污水处理过程的各种沉淀池、反应池等。构筑物也可以用玻璃钢、钢结构或其他材料建造。

三、我国环保设备制造业的发展前景

从世界范围内来看，欧洲一些国家及美国和日本等国家的环保产业最发达，环境保护和环保产品的开发、生产较早，在各主要环保领域都居世界领先地位，环保产业已发展成为门类相当齐全的热门行业，并形成集团化竞争势头，产品的标准化、系列化、成套化工作做得出色，并向着高技术、高质量方向发展。我国改革开放后，特别是经过近 20 年，不少国外厂商已占领了我国国内相当数量的市场，特别是高技术大型项目的附属环保设备，几乎都是成套地引进。面对国际、国内形势，1996 年底我国将环保产业正式列入国家计划并成为重要组成部分，为环保产业发展开拓了广阔的空间。在积极推动环保产业发展的进程中，力争尽快缩短与发达国家的差距，逐步建立具有我国特色的环保工业及环保设备制造业体系。

1. 企业组织集团化

目前国内环保企业是以乡镇企业为主，大中型国有企业为数不多。我国加入 WTO 之后，为在环保产品的质量和价格方面与国际接轨，参与国际竞争形成较强的竞争力，必须形成一定规模的生产能力，降低成本，提高质量，在科研、生产、销售方面成龙配套。这就要求环保工业和环保设备制造业也必然要走以集约化程度较高的企业集团的宽广大道。例如，江苏省宜兴市有 100 多家生产水处理设备乡镇企业组成了水处理设备集团，发挥了集团整体优势，避开了乡镇企业的个体劣势，形成较强的竞争力。

2. 专业技术高新化

环境科学的迅速发展，新技术和新材料的出现和应用，都促进环保设备的研制和开发。我国环保设备制造业要真正地发展起来，就必须突破技术水平不高这一关，环保设备企业只有以高新技术和新材料武装才会有强大的生命力。例如，江苏省宜兴市水处理设备集团主动与清华大学开展产学研结合，由企业向高校提供科研项目和经费，研制高新科技的污水处理设备，提高企业产品的技术水平，改进工艺装备，建立实验基地，使企业走入环保设备生产的前沿领域。

3. 设备产品标准化

环保产品尽可能采用国际通用标准，建立和完善产品的标准体系，逐步减少和淘汰目前众多的非标准产品和非定型产品，使我国环保产业与世界经济接轨。为增加参与国际市场竞争力，应该充分发挥行业的优势，制定包括国家标准、部颁标准和地方标准的三级标准体系，推进标准化和标准监督体系的形成。

4. 环保科研和生产一体化

环保科研和生产一体化将有利于我国环保设备制造业技术水平的提高。环保设备生产企业加强与科研院所的技术合作，可加速科研成果的产业化进程，为企业规模的增长和国际竞争力的提高提供雄厚的技术基础。同时，一些环保科研院所通过改制改组向科研、生产一体化企业转型，也为科技产品的迅速产业化和生产规模的迅速增长创造了良好条件。

四、本课程学习任务与学习方法

环保设备及应用课程涉及的知识面较广，既包含设备设计的基础理论知识，也包括除尘、气态污染物净化、污水治理、噪声和振动控制、固体废物处理等各类设备的工作原理、结构组成、设计计算、运行维护等内容。在教学内容上，本书以力学知识、工程材料和机械传动为基础，以环保设备设计和环保设备应用两个方面内容为重点。在环保设备设计方面，为避免与环境工程学、大气污染控制技术、水污染控制技术、噪声控制技术和固体废物处理与处置等专业课程中的工艺设计重复，力求突出构造设计。在环保设备应用方面，尽可能涉及选型、安装、调试、运行管理、维护等方面知识。环保设备及应用课程的主要任务有以下几个方面。

① 学习掌握静力学的基本知识，理解物体受外力作用时的平衡问题，学会分析受力物体的受力情况，能确定各力的大小和方向，为今后设计计算奠定基础。

② 掌握常用工程材料的种类、主要性能，为选择环保设备的材料提供理论依据。

③ 掌握机械传动的工作原理、运动规律及通用零部件的结构、性能和选用等知识，掌握环保设备机械传动部分的使用、维护和一般设计等知识。

④ 掌握大气污染治理和净化设备、典型污水治理设备、噪声和振动控制设备及固体废物治理设备的工作原理、结构设计、选型和应用。提高对设备正确使用、维护和故障分析的

能力。

⑤ 了解与本课程有关的新材料、新工艺、新技术及其发展概况。

本课程侧重环保设备的设计与应用，课程的实践性较强。因此，学习本课程，要求学生具有一定的实践基础。要特别强调理论与实践相结合的学习方法，在学好工艺设计的基础上学习设备构造设计，只有构造设计与工艺设计学习相结合，才能根据工艺需要，确定使用具备哪些性能和特点的环保设备，进而正确地选择设备构造设计的有关参数，更好地把握环保设备的发展与改进方向；也才能了解和逐步熟悉环保设备的安装、调试、运行管理和维护。

学校要为学生提供参与实践的机会。培养学生车、钳、铆、电、焊工种的技能和动手能力，有条件的学校可要求达到一定的技术等级水平；组织学生到环保设备制造和使用单位去学习或实习，为学生提供参与设备设计和应用的实践过程；创造机会让学生参与环保设备安装、调试、运行管理和维护的实际工作，不断积累实践经验。注意在理论指导下进行有目的的实践学习，加深对理论的理解；同时也要在实践中弄懂、弄通、消化有关理论。通过这样的学习方法，使本课程的学习获得较好的效果。

第一章　力学的基本知识

【学习指南】

为了掌握环保设备的设计计算，正确地使用、维修环保设备，必须学习一定的力学知识。本章主要介绍平面汇交力系的基本知识，要求掌握力的概念、力的性质、约束及约束反力的基本知识，能够正确地对受力物体进行受力分析，画出受力图，对平面汇交平衡力系进行计算。

第一节　力与力的性质

一、基本概念

1. 力及力的效应

在生产和生活中人们对力是很熟悉的。例如，用手推小车［见图 1-1(a)］，手对小车用力，使小车由静止开始运动；置于弹簧上的重物［见图 1-1(b)］，重物对弹簧作用，使弹簧发生了变形。力是物体间的相互机械作用，这种作用的效果使物体的运动状态或形状发生变化。前者称为力的运动效应，也称外效应；后者称为力的变形效应，也称内效应。

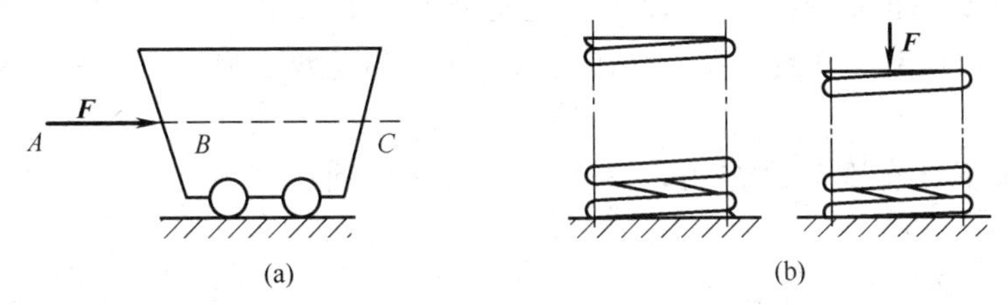

图 1-1　力的效应

2. 力的三要素

力对物体作用的效应是由力的大小、力的方向和力的作用点三个因素决定的。

力的大小表示物体间机械作用的强弱，它可以通过力的运动效应或变形效应来度量，以牛顿（N）或千牛顿（kN）为单位；力的方向表示物体间的机械作用具有方向性；力的作用点表示力作用在物体上的部位。

力对物体的作用不仅取决于它的大小，而且取决于它的方向，所以力是矢量，可以用一带箭头的直线段把力的三要素表示出来。如图 1-1(a) 所示，用一定长度的线段 AB 表示力的大小，线段的箭头指向表示力的方向，线段的始端 A 或末端 B 表示力的作用点，通过力的作用点沿力方向的直线，称为作用线。

为了区别矢量和非矢量（标量），矢量的代表符号用黑体字母来表示（如图 1-1 中的 $\boldsymbol{F}$），用普通字体的字母来表示力的大小。

3. 力系

同时作用在同一物体上的几个力或一群力称为力系。如果作用于物体上的力系可以用另一个力系来代替而效应相同，那么这两个力系互称为等效力系。

4. 平衡

物体的平衡是指物体相对于惯性参照系处于静止或匀速直线运动状态。在工程实际中，通常把固结于地球的参照系作为惯性参照系来研究，如果物体在一个力系的作用下保持平衡状态，则该力系为平衡力系。或者说一个物体在一平衡力系的作用下，则该物体处于平衡状态。

5. 刚体

在力作用下不会发生变形的物体称为刚体。实际生活中的物体都是可变形的，一般情况下的物体受力之后所产生的变形相对于物体的几何尺度而言是极微小的，研究物体整体的平衡或运动情况时，物体产生变形的影响是可以忽略不计的，即把物体看成刚体所得的结果已具有足够的精确度。刚体是实际物体的理想模型，引进刚体概念有助于突出研究对象的主要特征，从而简化了研究方法。

二、力的性质

性质1 二力平衡公理

作用于刚体上的两个力使刚体保持平衡的必要和充分条件是：这两个力大小相等，方向相反，且作用在同一直线上。简称为等值、反向、共线，如图 1-2 所示。反之，在大小相等，方向相反，且作用在同一直线上的两个力作用下，刚体一定处于平衡状态。此公理揭示了作用于物体上的最简单的力系在平衡时所必须满足的条件。二力平衡条件对于刚体既是必要的，又是充分的。但对于变形体，只是平衡的必要条件，而不是充分条件。例如，绳索受两个等值、反向、共线的拉力作用可以平衡；而受两个等值、反向、共线的压力作用就不能平衡。

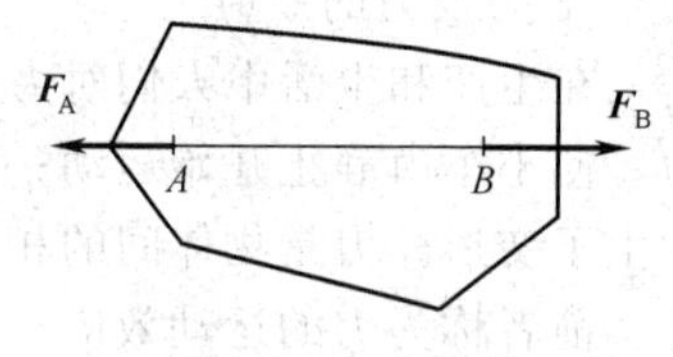

图 1-2 二力平衡

当一个物体不计自重和摩擦力，只受两个力作用而处于平衡，工程上称该物体为二力杆。

性质2 加减平衡力系公理

在作用于刚体的任意一个力系上，加上或减去任意个平衡力系，并不改变原力系对刚体的作用效应。

由性质 2 可推导出力的可传性原理：作用在刚体上的力可以沿着它的作用线移动到刚体内的任意一点，而不改变该力对刚体的作用效应。如图 1-1(a) 中用力 $\boldsymbol{F}$ 在 A 点推小车和用力 $\boldsymbol{F}$ 在 C 点（为力的作用线上任一点）拉小车，两者的外效应是相等的。

运用力的可传性不改变力对物体的外效应，但要改变力对物体的内效应。如图 1-3(a) 所示，直杆在力作用下产生拉伸变形，而在图 1-3(b) 所示的情况下，直杆在力作用下产生压缩变形，可见力对直杆的内效应改变了。

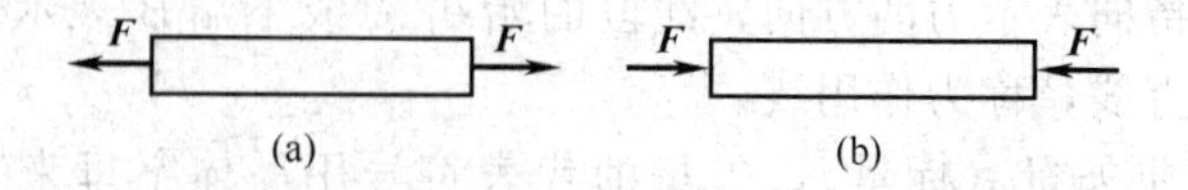

图 1-3 力的内效应

力的可传性只适用刚体而不适于非刚体。

性质3　力的平行四边形法则

作用于物体上同一点的两个力，可以按平行四边形法则合成为一个合力，此合力也作用在同一点，其大小和方向由两力构成的平行四边形的对角线表示，如图 1-4 所示。$\boldsymbol{R}$ 表示合力，则

$$\boldsymbol{R}=\boldsymbol{F}_1+\boldsymbol{F}_2 \tag{1-1}$$

反之，一个力也可以分解为两个分力。力的分解仍按力的平行四边形法则来进行，如图 1-4 所示，力 $\boldsymbol{R}$ 可以分解成力 $\boldsymbol{F}_1$ 和 $\boldsymbol{F}_2$。显然，由已知力为对角线可以作出无穷多个平行四边形，要想得到确切的结果，必须确定其中一个分力的大小和方向，或确定两个分力的方向。

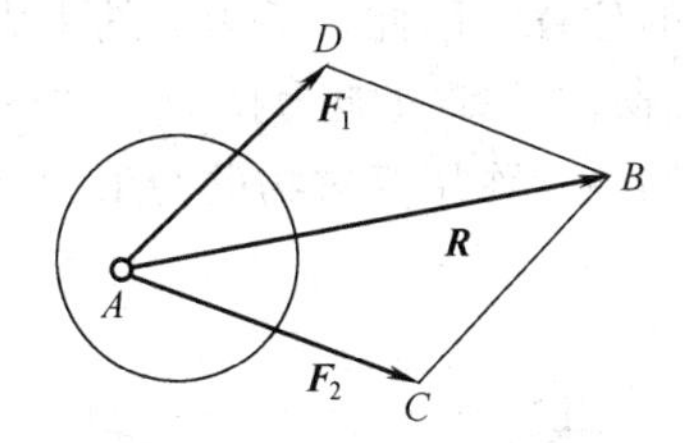

图 1-4　力的平行四边形法则

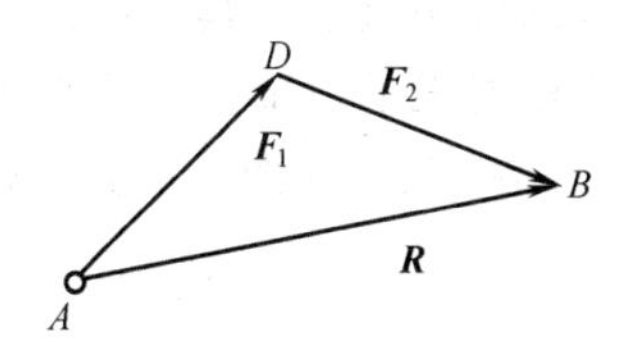

图 1-5　力的三角形法则

平行四边形的一半是三角形，所以也可只画出三角形。其方法是自任意点 A 先画出一力 $\boldsymbol{F}_1$，然后再由 $\boldsymbol{F}_1$ 的终点画一力 $\boldsymbol{F}_2$，最后由点 A 至力 $\boldsymbol{F}_2$ 的终端作一矢量 $\boldsymbol{R}$，则 $\boldsymbol{R}$ 就是 $\boldsymbol{F}_1$ 和 $\boldsymbol{F}_2$ 合力。合力 $\boldsymbol{R}$ 的作用点仍为力 $\boldsymbol{F}_1$ 和 $\boldsymbol{F}_2$ 的汇交点 A。这种作图法称为力的三角形法则（见图 1-5）。

三角形法则可以推广到三个以上的力组成共点力系的求合力方法，把所有力的始、终点依次联接起来，最后从第一个力的始点到最后一个力的终点引矢量，就组成一个多边形，这个矢量就是所求的合力，这种作图法称为力的多边形法则。由力的多边形法则可知，一个力可以分解成多个分力。

性质4　作用与反作用定律

两个物体间的作用力和反作用力，总是大小相等，方向相反，作用线相同，分别作用在两个物体上。这两个力互为作用力和反作用力。

这一定律表明：力总是成对出现的，有作用力必有反作用力；作用力和反作用力不是作用在同一个物体上，而是分别作用在两个相互作用的不同物体上。因此，对于每一个物体来说，不能把作用力和反作用力说成是一对平衡力。

第二节　物体的受力分析

一、约束与约束反力

使物体运动状态或形状发生改变的力，一般可以分为主动力和约束反力。

主动力又称载荷，通常指能主动引起物体运动或使物体有运动趋势的力，如重力、水压力、风压力、电磁力等。

在工程实际中，构件总以一定的形式与周围其他构件相互联接，这些联接使构件某些方

向的运动受到了限制。例如，房梁受立柱的限制使它在空间得到稳定的平衡；转轴受到轴承的限制使它只能产生绕轴心的转动；车子受地面的限制使它只能沿着路面运动等。限制物体某些运动的条件称为约束。约束作用于被约束物体上的力，称为约束反作用力，简称约束反力或约束力。约束力的方向总是与约束所能阻碍的物体的运动方向相反，约束力的作用点就是物体上与作为约束的物体相接触的点，约束力的大小不能预先独立知道，约束力和物体所受的主动力组成平衡力系，可以利用后面学到的平衡条件求出约束力。

二、约束的种类

1. 柔性约束

工程中常用的钢丝绳、V 带、链条等都可简化为柔索，物体受到柔索的约束称为柔性约束，或柔索约束。柔索只能限制物体沿柔索伸长方向的位移。因此，柔索的约束力作用在柔索与物体的接触点上，其方向沿着柔索离开被约束的物体，即只能为拉力。如图 1-6(a) 所示，用两根绳索吊一重物，根据柔索约束的特点，可知绳索作用于重物的约束力是沿着绳索的拉力 $\boldsymbol{F}_{\mathrm{A}}$ 和 $\boldsymbol{F}_{\mathrm{B}}$，如图 1-6(b) 所示。

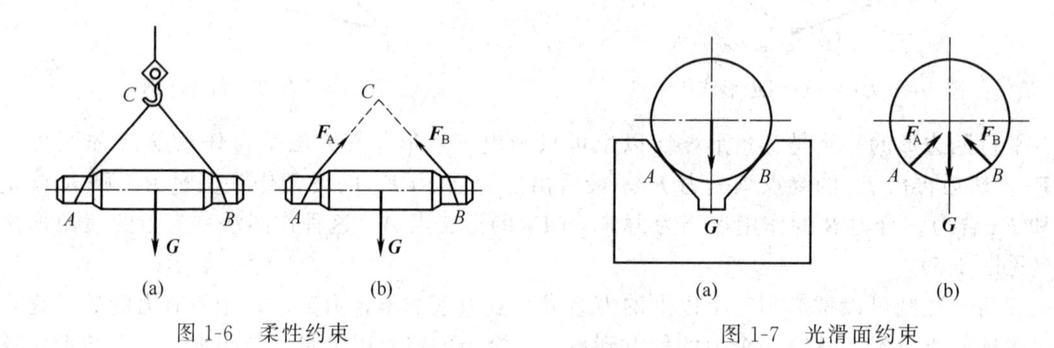

图 1-6　柔性约束

图 1-7　光滑面约束

2. 光滑面约束

若两接触面之间的摩擦力很小，可以忽略不计时，可认为接触面是光滑的，用光滑面限制物体运动的约束称为光滑面约束。光滑面不限制被约束物体在通过接触点的切面内任意方向的位移或离开光滑面，但限制被约束物体进入光滑面。因此，光滑面的约束力作用点是接触点，方向是沿着接触面在接触点的公法线，指向被约束物体的内部。这种约束力必为压力。图 1-7(a) 所示为圆球放在 V 形槽中，V 形槽的约束力 $\boldsymbol{F}_{\mathrm{A}}$ 和 $\boldsymbol{F}_{\mathrm{B}}$ 如图 1-7(b) 所示。

3. 固定铰链约束

在图 1-8(a) 中，构件 B 通过其上的圆柱形孔套在构件 A 的圆柱销上，构件 B 受销的限制，如果不计摩擦就成了光滑圆柱铰链约束。若构成的圆柱铰链中的一个构件（如 A 构件）固定在地面或机架上作为支座，则称此为固定铰链支座，固定铰链支座的约束为固定铰链约束。固定铰链支座 A 允许构件 B 绕销中心线转动，而不允许移动，如门窗合页、轴承等。因此，固定铰链约束力的作用点为圆孔中心，约束力可用 x、y 方向两个分力 $\boldsymbol{F}_x$、$\boldsymbol{F}_y$ 表示，如图 1-8(b) 所示。简化画法如图 1-8(c) 所示。

4. 活动铰链约束

若在固定铰链的支座与光滑支撑面之间装有几个辊轴，就成了活动铰链支座。其约束力的作用点通过圆孔中心，并垂直于光滑支撑面，如图 1-9(a) 所示，简化画法如图 1-9(b)、(c) 所示。

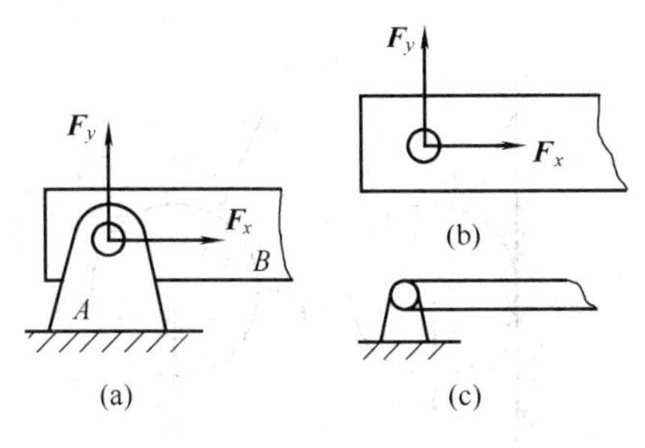

图 1-8　固定铰链约束

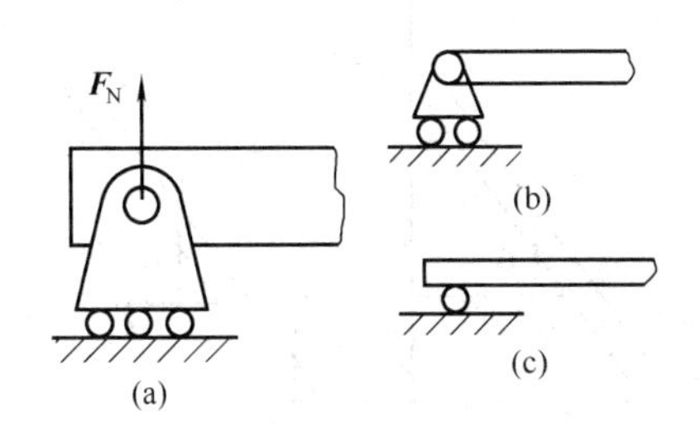

图 1-9　活动铰链约束

三、受力分析

在工程实际中，受力分析就是研究物体的受力情况，确定每个力的大小、方向和作用位置，物体所受到的力包括主动力和约束力。在对物体进行受力分析时，首先要把被研究的物体从周围的结构系统中单独分离出来，这个研究对象称为分离体。取出分离体后，单独画出该物体的轮廓简图，然后将作用在该物体上的全部力（包括约束力）都画在简图上。这种表示分离体所受的全部力的图形，称为受力图。

画受力分析图的步骤如下：明确研究对象，画出分离体；在分离体上画出全部主动力；在分离体的约束处画约束反力。

受力分析时要注意：不要漏画力，要把作用在分离体上的全部力包括主动力和约束力一个不漏地画出来；不要多画力，力是物体之间的相互机械作用，因此对于分离体所受的每一个力，都应能明确地指出，是哪一个物体施加给哪一个物体的力，如果找不出力的施加体，那么这个力就是多余的；不要画错力的方向，约束力的指向必须严格按照约束的类型来画，主动力的方向由已知条件确定；不画物体的内力。

选取分离体，画出受力图是解决力学问题的基础。下面举例说明画受力图的方法和步骤。

【例 1-1】 重量为 $\boldsymbol{G}$ 的梯子 AB 放在光滑的水平地面和垂直的墙上，在 D 点用水平绳索与墙相连，如图 1-10(a) 所示。不计摩擦，试画出梯子的受力图。

解 第一步：选取分离体。根据已知条件和题意要求确定研究对象，将其从与之相联系的周围物体中分离出来，用最简明的轮廓将所研究对象单独画出。研究对象可以是一个物体、几个物体的组成或整个物体系统。本题要画梯子的受力图，所以将梯子从周围的物体中分离出来，作为分离体。单独画出梯子的轮廓简图。

第二步：画主动力。画出分离体所受的全部主动力，不能遗漏、也不能把不作用在这个研究对象上的主动力画到该分离体上。主动力的作用线和方向不能任意改变。作用在梯子上的主动力只有一个，是梯子的重力 $\boldsymbol{G}$，作用在梯子的重心，方向垂直向下。

第三步：根据约束性质，画约束反力。分离体往往同时受到多个约束，必须严格地按照被去掉约束的性质，画出它们作用在分离体上的约束力。要使梯子成为分离体，需要在 A、B、D 三处分别解除墙壁、地面、绳索的约束，因此必须在这三处加上相应的约束反力代替约束。垂直墙壁和水平地面的约束都是光滑面约束，约束力 $\boldsymbol{F}_{\mathrm{A}}$ 和 $\boldsymbol{F}_{\mathrm{B}}$ 作用点为接触点 A 和 B 处，分别垂直于墙面和地面，并指向梯子；绳索的约束为柔性约束，约束力 $\boldsymbol{F}_{\mathrm{D}}$ 沿着绳索的方向，且为拉力。

图 1-10(b) 所示为梯子的受力图。

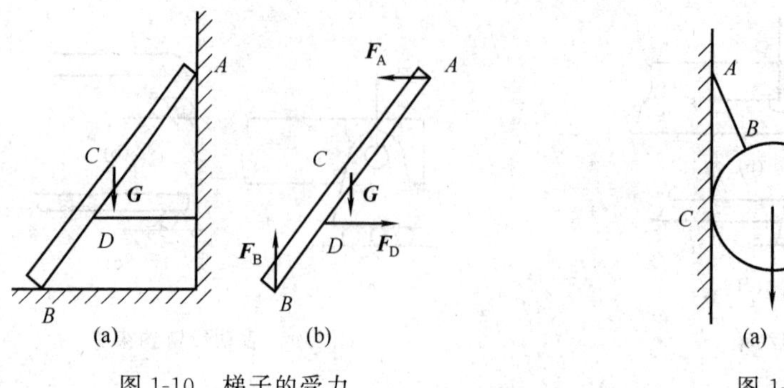

图 1-10　梯子的受力

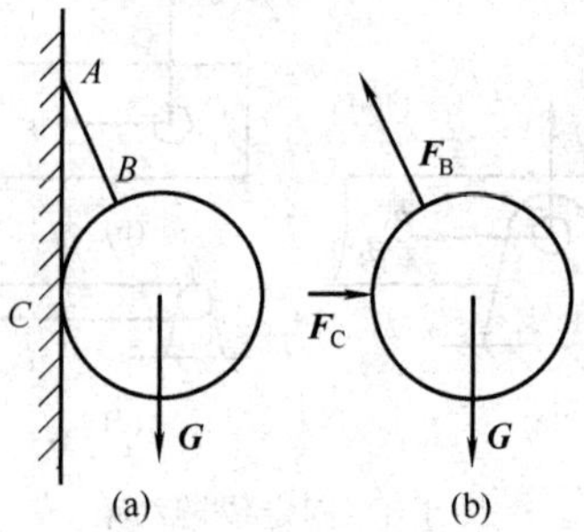

图 1-11　球体的受力

【例 1-2】 如图 1-11(a) 所示，一光滑球体用软绳吊在光滑的墙壁上，球体的重量为 $\boldsymbol{G}$，试画球体的受力图。

解　取球体为研究对象，球体受主动力（重力）$\boldsymbol{G}$ 的作用。软绳 AB 与球体的联接为柔性约束，其约束力沿着 AB 的方向而背离球体，为拉力 $\boldsymbol{F}_{\mathrm{B}}$；光滑墙壁对球体的约束为光滑面约束，垂直于墙壁而指向球体 $\boldsymbol{F}_{\mathrm{C}}$。所以，球体的受力图如图 1-11(b) 所示。

第三节　平面汇交力系

一、工程中的平面汇交力系

凡是作用在物体上的各力其作用线都在同一平面的力系称为平面力系，在平面力系中各力作用线相交于一点，此力系称为平面汇交力系。在工程中，平面汇交力系是经常遇到的。如图 1-6(a) 所示用两根绳索吊一重物，两根绳索的拉力与重力在同一平面内，且其作用线相交于一点。图 1-12(a) 所示为空压机的曲柄连杆机构简图，滑块 B 受到连杆、导轨和气体的压力 $\boldsymbol{F}_1$、$\boldsymbol{F}_2$ 和 $\boldsymbol{F}_3$ 的共同作用，三力组成一平面力系［见图 1-12(b)］。

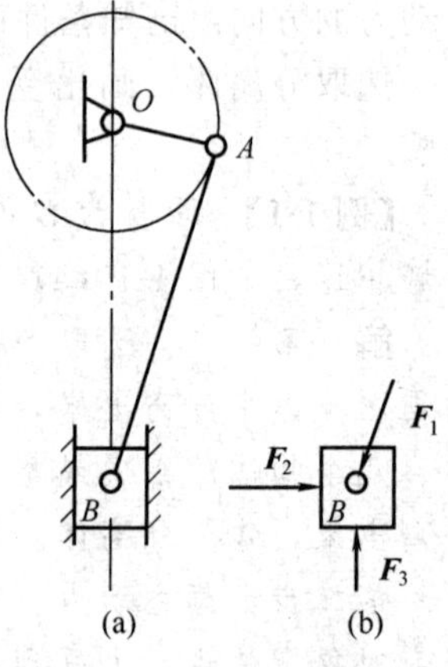

图 1-12　滑块的受力

二、平面汇交力系的合成与平衡的几何法

设在刚体上作用一平面汇交力系 $\boldsymbol{F}_1$、$\boldsymbol{F}_2$、$\boldsymbol{F}_3$、$\boldsymbol{F}_4$，各力作用线汇交于 A 点，如图 1-13(a) 所示。为将该力系简化（即合成），首先将各力沿其作用线移到汇交点 A 处，根据力的可传性原理，移动后的力系与原力系等效。该力系可以转换为一平面共点力系，如图 1-13(b) 所示。求该力系的合力时，可连续应用力的平行四边形法则，将各力依次合成，最后求得一个通过汇交点 A 的合力 $\boldsymbol{R}$，$\boldsymbol{R}$ 即为该力系的合力。

实际上，只要连续应用三角形法则，将各力依次合成，也可求得合力。图 1-13(c) 所示为应用多边形法则求合力。

n 个力组成的汇交力系的合力表示为

$$\boldsymbol{R}=\boldsymbol{F}_1+\boldsymbol{F}_2+\cdots+\boldsymbol{F}_n$$

简写为

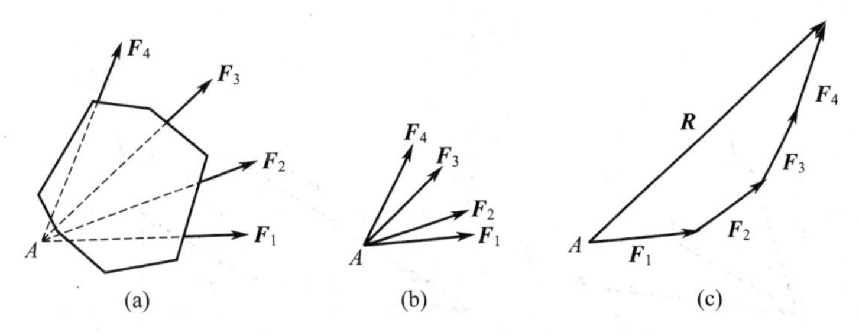

图 1-13　力合成的几何法

$$\boldsymbol{R}=\sum \boldsymbol{F} \tag{1-2}$$

由上述分析可知，平面汇交力系的合成结果是一个作用线通过汇交力系的汇交点的合力，其大小和方向可用力的矢量式 $\boldsymbol{R}=\sum \boldsymbol{F}$ 表示。

受力物体处于平衡时，所受的和合外力等于零，即

$$\boldsymbol{R}=\sum \boldsymbol{F}=0 \tag{1-3}$$

用几何法求合力时，合力等于各力组成的多边形的封闭边，平衡时合力等于零，即力的多边形的封闭边等于零，所以，平面汇交力系平衡的几何条件是力系中各力组成的力的多边形为封闭多边形，即各力始、终端相接。

三、平面汇交力系的合成与平衡的解析法

1．力在坐标轴上的投影

力 $\boldsymbol{F}$ 作用在物体 A 点，如图 1-14 所示。在力 $\boldsymbol{F}$ 作用线所在的平面内取直角坐标系 xOy，从力 $\boldsymbol{F}$ 的两端 A 和 B 分别向 x 轴、y 轴作垂线，得线段 ab、$a'b'$，线段 ab 和 $a'b'$ 分别是力 $\boldsymbol{F}$ 在 x 轴、y 轴上的投影，分别用 F_x、F_y 表示。力在坐标轴上的投影是标量，其正负规定如下：若由 a 到 b 的方向与 x 轴的正方向、a' 到 b' 的方向与 y 轴的正方向一致时，力的投影取正值；反之，取负值。图 1-14 中的 F_x、F_y 均为正值。设力 $\boldsymbol{F}$ 与 x 轴所夹的锐角为 α，则

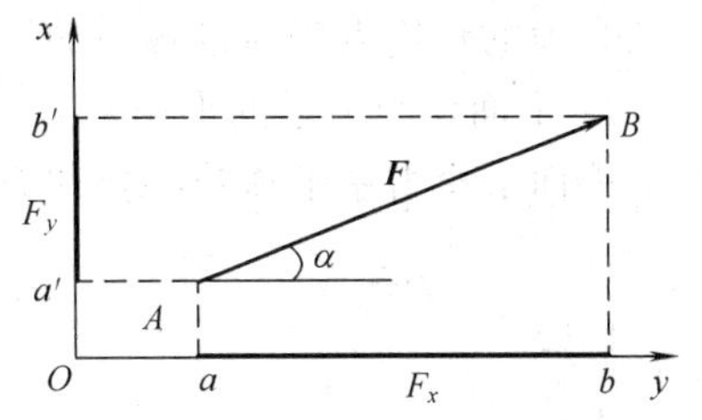

图 1-14　力在坐标轴上的投影

$$\left.\begin{aligned} F_x &= \pm F\cos\alpha \\ F_y &= \pm F\sin\alpha \end{aligned}\right\} \tag{1-4}$$

如果已知力 $\boldsymbol{F}$，可以把力 $\boldsymbol{F}$ 沿 x、y 轴分解为两个分力 $\boldsymbol{F}_x$、$\boldsymbol{F}_y$，则投影 F_x 的绝对值等于分力 $\boldsymbol{F}_x$ 的大小，投影 F_x 的正负表明力 $\boldsymbol{F}_x$ 是沿 x 轴正向还是负向，投影 F_y 的绝对值等于分力 $\boldsymbol{F}_y$ 的大小，投影 F_y 的正负表明力 $\boldsymbol{F}_y$ 是沿 y 轴正向还是负向。因此，可以利用力在轴上的投影，表明力沿直角坐标轴分解时分力的大小和方向。

如果已知力的投影 F_x、F_y，则力 $\boldsymbol{F}$ 的大小和方向要由下式来求出。

$$F=\sqrt{F_x^2+F_y^2}$$

$$\tan\alpha=\frac{F_y}{F_x} \tag{1-5}$$

2．合力投影定理

设由力 $\boldsymbol{F}_1$、$\boldsymbol{F}_2$、$\boldsymbol{F}_3$ 组成一平面汇交力系，交于点 O，如图 1-15(a) 所示。以 O 为原点，在力系所在平面内作坐标系 xOy，按多边形法则合成力，如图 1-15(b) 所示，$\boldsymbol{R}$ 为合

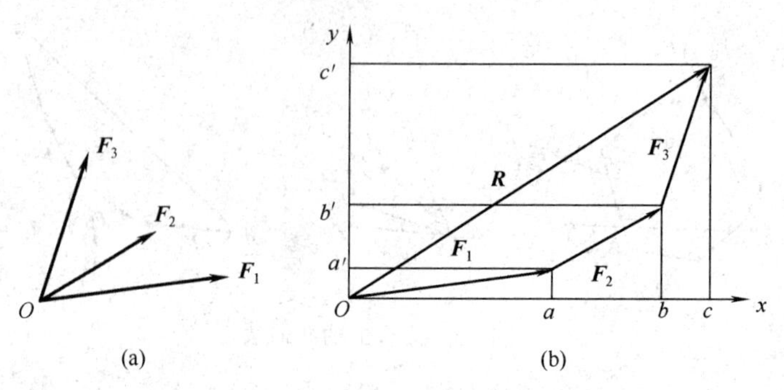

图 1-15　平面汇交力系合成的解析法

力。$\boldsymbol{F}_1$、$\boldsymbol{F}_2$、$\boldsymbol{F}_3$ 和合力 $\boldsymbol{R}$ 分别向 x 轴和 y 轴上投影，则

$$F_{1x}=oa \qquad F_{2x}=ab \qquad F_{3x}=bc \qquad R_x=oc$$
$$F_{1y}=oa' \qquad F_{2y}=ab' \qquad F_{3y}=bc' \qquad R_y=oc'$$

可以得出

$$\left.\begin{aligned}R_x=F_{1x}+F_{2x}+F_{3x}=\sum F_x\\R_y=F_{1y}+F_{2y}+F_{3y}=\sum F_y\end{aligned}\right\} \tag{1-6}$$

式(1-6) 说明，合力在任一轴上的投影等于各分力在同一轴上投影的代数和。若平面汇交力系由 n 个力组成，则上式同样成立，这一结论称为合力投影定理。

若已知平面汇交力系在坐标轴上的投影，则可用下式计算其合力的大小和方向。

$$\left.\begin{aligned}R=\sqrt{R_x^2+R_y^2}=\sqrt{(\sum F_x)^2+(\sum F_y)^2}\\\tan\alpha=\frac{R_y}{R_x}\end{aligned}\right\} \tag{1-7}$$

合力的作用点仍通过各力的汇交点。

3. 平面汇交力系的平衡

平面汇交力系平衡的必要和充分条件是该力系的合力等于零，由式(1-7) 得

$$R=\sqrt{R_x^2+R_y^2}=0$$

即

$$\left.\begin{aligned}R_x=\sum F_x=0\\R_y=\sum F_y=0\end{aligned}\right\} \tag{1-8}$$

因此，用解析式表示的平面汇交力系平衡的必要和充分条件是：力系中各力在 x 轴和 y 轴上投影的代数和分别等于零。式(1-8) 称为平面汇交力系的平衡方程。

平面汇交力系的平衡方程中有两个独立的方程，因此可以求解两个未知量。

用解析法求解平衡问题的主要步骤如下。

第一步：选取分离体。

根据题意的要求，把研究对象分离出来。

第二步：受力分析，画出受力图。

分析分离体上所受各力的三要素，在简图上画出所受的全部已知和未知力。

第三步：选坐标，算投影。

要选择适当的坐标，如尽可能使未知力垂直或平行于坐标轴，可以简化计算。注意投影正负号的判定。

第四步：列平衡方程，求解未知量。

一个平面汇交力系的平衡方程只能解出两个未知量，对不同的研究对象，分别列出平衡

方程，即可解出不同的未知量。

【例 1-3】 如图 1-16(a) 所示，电机重量 $W=5\text{kN}$，放在水平梁 AB 的中点处，梁的 A 端以铰链固定，B 端以撑杆 BC 支持，若梁 AB 和撑杆 BC 的重量不计，求梁 AB 的受力。

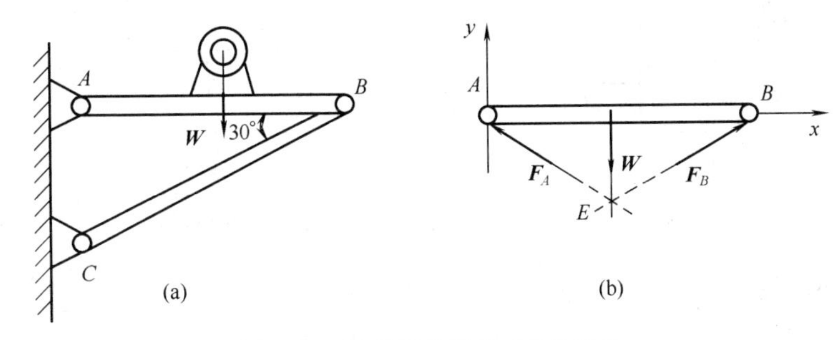

图 1-16 三角撑架及梁 AB 的受力

解 第一步：选取分离体。

根据题意的要求，把梁 AB 分离出来。

第二步：受力分析，画出受力图。

梁 AB 共作用三个力，杆中央作用有电机的重力 $\boldsymbol{W}$，其方向、大小、作用点均已知。B 点作用有撑杆约束力 $\boldsymbol{F}_B$，撑杆 BC 为二力杆，所以 $\boldsymbol{F}_B$ 的方向为撑杆 BC 的方向，$\boldsymbol{W}$ 与 $\boldsymbol{F}_B$ 二力相交于 E 点。A 点作用有铰链约束力 $\boldsymbol{F}_A$，由三力平衡，可知杆上的第三个力 $\boldsymbol{F}_A$ 必通过 E 点，于是力作用线已知。受力如图 1-16(b) 所示。

第三步：选坐标，算投影。

按图 1-16(b) 所示选取坐标，计算各力在坐标轴上的投影。

$$W_x=0 \qquad W_y=-W$$

$$F_{Ax}=-F_A\cos30° \qquad F_{Ay}=F_A\sin30°$$

$$F_{Bx}=F_B\cos30° \qquad F_{By}=F_B\sin30°$$

第四步：列平衡方程，求解未知量。

$$\sum F_x=0 \qquad W_x+F_{Ax}+F_{Bx}=-F_A\cos30°+F_B\cos30°=0 \tag{a}$$

$$\sum F_y=0 \qquad W_y+F_{Ay}+F_{By}=-W+F_A\sin30°+F_B\sin30°=0 \tag{b}$$

由 (a) 式得 $F_A=F_B$，代入 (b) 式整理得

$$F_B=\frac{W}{2\sin30°}=5\ (\text{kN})$$

撑杆对 B 点的约束力 $\boldsymbol{F}_B$ 与撑杆的受力大小相等，方向相反。所以撑杆受力的大小为 5kN，且受到的是压力。

【例 1-4】 图 1-17(a) 所示为机床夹具中的斜楔增力机构，楔角 $\alpha=10°$，推进斜楔的作用力 $F=300\text{N}$，摩擦力不计，试求立柱对工件加紧力的大小 Q。

解 取分离体，受力分析。因为已知力 $\boldsymbol{F}$ 作用在斜楔上，而未知力 $\boldsymbol{Q}$ 作用在立柱上，所以分别画出斜楔、立柱受力，如图 1-17(b)、(c) 所示。先从有已知力的斜楔着手解题。

取坐标。按题意不需要求出 $\mathbf{N}_1$、$\mathbf{N}_2$ 力，所以对图 1-17(c) 取垂直于 $\mathbf{N}_1$ 的水平坐标 x，对图 1-17(b) 选取和 $\mathbf{N}_2$ 垂直的 y 坐标。列平衡方程求解。

由图 1-17(c) 得 $\qquad \sum F_x=0 \qquad R\sin\alpha-F=0$

$$R=\frac{F}{\sin\alpha} \tag{a}$$

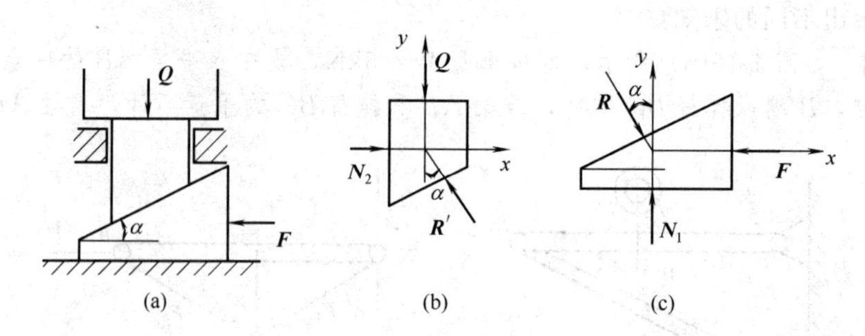

图 1-17 机床夹具中的斜楔增力机构受力分析

由图 1-17(b) 得　　$\sum F_y=0$　　$R\cos\alpha-Q=0$

$$Q=R\cos\alpha \tag{b}$$

由（a）、(b) 两式消去 R，可得

$$Q=F\cot\alpha=300\cot\alpha=1701\ (\mathrm{N})$$

因此，立柱对工件的加紧力为 1701N。

思考题与习题

1-1 什么是力、力的效应和力的三要素？

1-2 力有哪些基本性质？

1-3 什么是约束、约束力？约束有哪些类型？

1-4 什么是平面汇交力系？汇交力系如何解题？

1-5 画出下列物体的受力图。

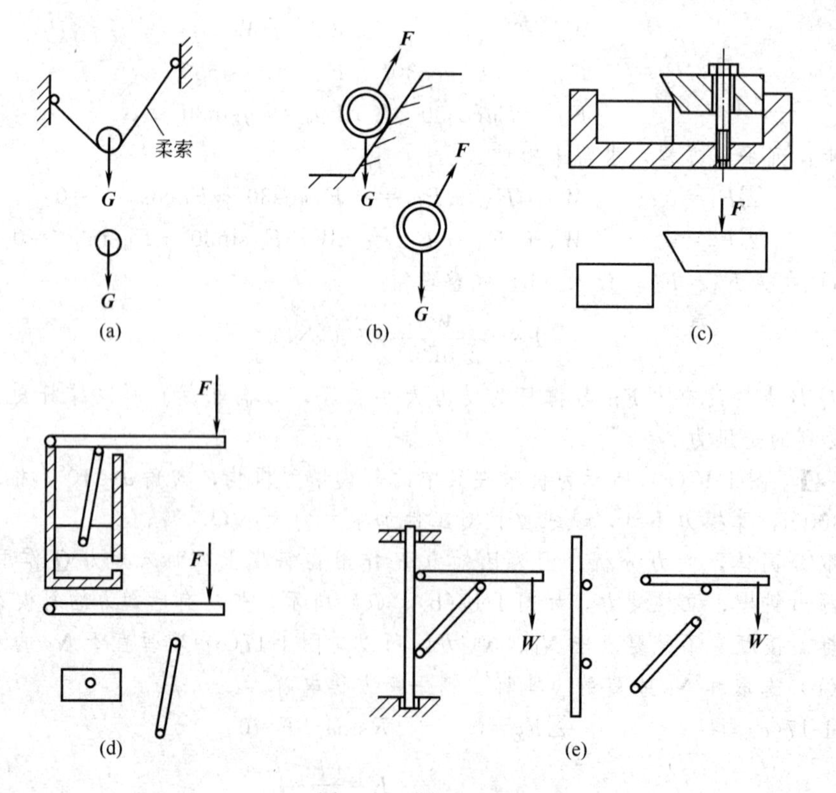

图 1-18 题 1-5 图

1-6　如图所示三角支架的 B 处悬重为 $G=10\text{kN}$，试求杆 AB、BC 的受力。

1-7　如图所示大滚筒重为 $G=100\text{kN}$，放在滚轮 A、B 上。已知大滚筒的直径 $D=2\text{m}$，滚轮的中心距 $AB=1.2\text{m}$。试求滚轮 A、B 对大滚筒的支撑力。

1-8　如图所示为利用斜楔原理的固体废物挤压装置，$\alpha=6°$，$P=1\text{kN}$，试求挤压力的大小 F。

1-9　如图所示杆 AB 重为 $\boldsymbol{W}_1$，长为 L，在 B 端用跨过定滑轮的绳索吊起 $\boldsymbol{W}_2$ 的重物。A、C 两点在一条垂直线上，$AC=AB$，不计摩擦，试求平衡时角 α 的大小。

1-10　如图所示为简易起重架，钢丝绳跨过滑轮 A 绕在绞车 D 上，绞车匀速提升重物 $W=20\text{kN}$，杆自重不计，求杆 AB、杆 AC 所受力的大小。

1-11　如图所示球重为 $W=100\text{kN}$，$\alpha=45°$，求光滑墙壁对球在点 A、B 处的支撑力。

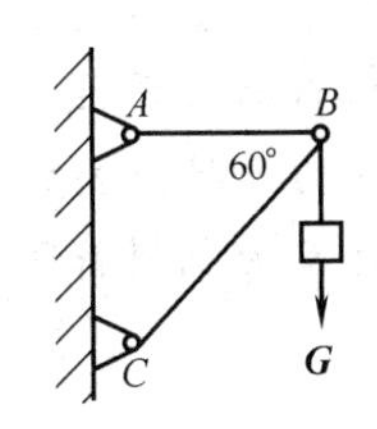

图 1-19　题 1-6 图

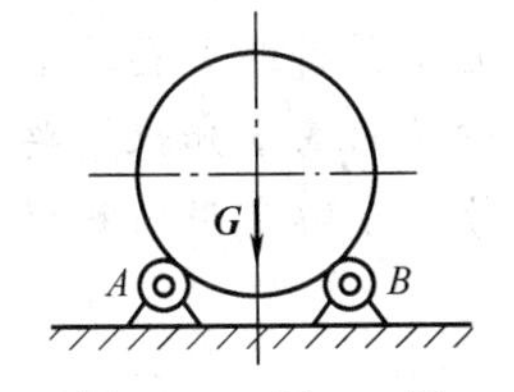

图 1-20　题 1-7 图

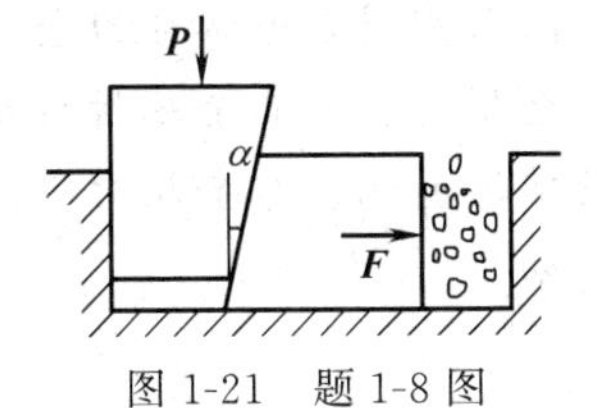

图 1-21　题 1-8 图

图 1-22　题 1-9 图

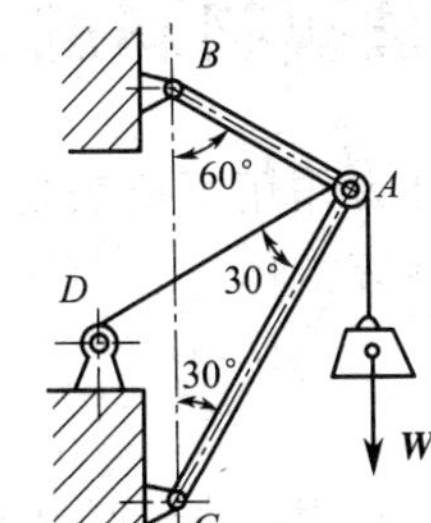

图 1-23　题 1-10 图

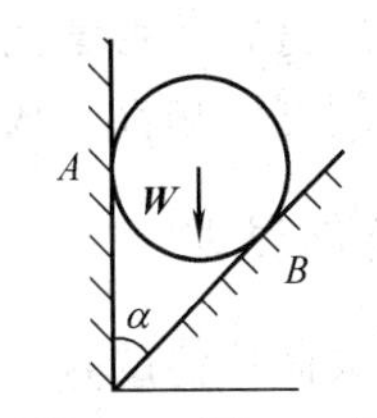

图 1-24　题 1-11 图

第二章　常用工程材料

【学习指南】

材料是人类文明生活和社会进步的物资基础，在人类社会发展的过程中起着举足轻重的作用。工程材料通常分为金属材料和非金属材料两大类，本章主要介绍材料的力学性能、常用的金属材料和非金属材料及金属腐蚀防护的基本知识。要求掌握材料的力学性能指标的含义及常用金属、非金属材料的名称、牌号，了解常用工程材料的主要用途及金属材料防腐的基本知识。

第一节　金属材料的力学性能

金属材料的力学性能是指材料在外力作用下所表现出来的特性。常用的有强度、塑性、刚度、硬度、韧性、疲劳极限和耐磨性等指标。

一、拉伸试验

静载荷拉伸试验是生产和试验中最常用的力学性能检测和试验方法之一。材料的一些力学性能（如强度、刚度和塑性等）可以通过拉伸试验获得。因此，首先以典型塑性材料——退火低碳钢为例介绍拉伸试验。

试验前，将被测材料制成一定形状和尺寸的标准拉伸试样。图 2-1 所示为常用的圆形截面标准拉伸试样，根据标距长度 L 与直径 d 之间关系，将拉伸试样分为长试样和短试样两种。长试样 $L=10d$，短试样 $L=5d$，并规定 $d=10\text{mm}$。

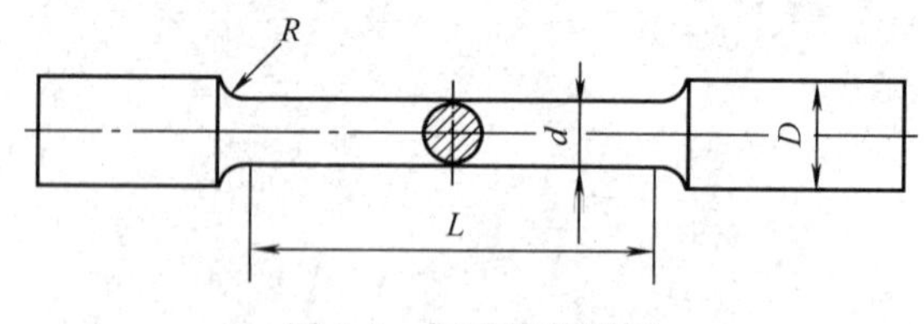

图 2-1　标准拉伸试样

试验时，将被测试金属材料制成的标准试样固定到材料试验机上，通过在试样两端缓慢地施加试验力，使试样标距部分受轴向拉力而伸长。若将试样从开始加载直至断裂前所受的载荷 F，与其所对应的试样原始标距长度的伸长量 ΔL 的关系绘成曲线，即可得到拉伸曲线，如图 2-2(a) 所示。有时用拉伸曲线来直接定量表达材料的某些力学性能还不方便，因为即使材料一样，当试样尺寸不同时，也会得到不同的 F-ΔL 曲线。为排除试样尺寸对 F-ΔL曲线的影响，将图的坐标进行变换，纵坐标 F 除以试样的原始横截面的面积，把此值称为应力，用符号 R 表示；横坐标 ΔL 除以试样的原始标距长 L_0，把此值称为伸长率，用符号 ε 表示。这样就得到了工程上常用的应力 R 和伸长率 ε 的关系曲线。

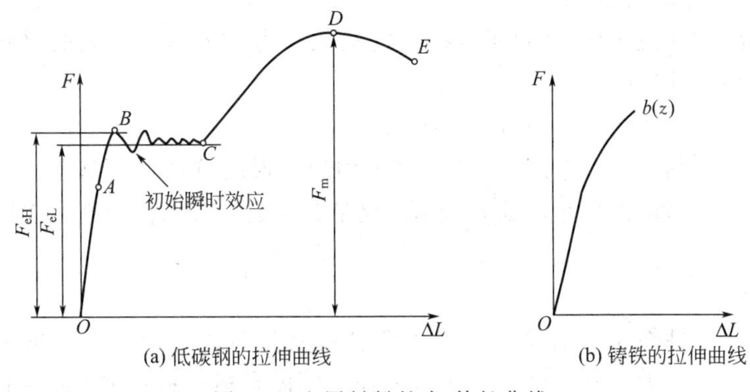

(a) 低碳钢的拉伸曲线　(b) 铸铁的拉伸曲线

图 2-2　金属材料的力-伸长曲线

在图 2-2(a) 所示的拉伸曲线上，在载荷较小的 OA 段，试样的变形（ΔL 或 ε）随载荷增加而线性增加，若除去外力后则变形完全恢复，故 OA 段为弹性变形阶段。当拉力继续增加超过 A 点后，试样进入弹性-塑性变形阶段，此时若除去外力，则变形不可完全恢复，其中的弹性变形可恢复，塑性变形则成为不可恢复的永久变形。当拉力达到 F_{eH} 和 F_{eL} 时，出现近似水平的直线段或小锯齿状曲线段，这表明在此阶段当外力（拉力）不再增加，试样的变形（伸长）仍在继续，这种现象称为屈服。过了此阶段后，随着外力的增加，塑性变形逐渐增加，并伴随着形变强化现象，即变形需要不断增加外力才能继续进行，在 CD 段，试样发生的是均匀塑性变形。当拉力达到 D 点时，试样开始在某处出现缩颈（即直径明显变小），抗拉能力下降。当达到 E 点时，试样于缩颈处被拉断。

屈服现象在低碳钢、低合金钢和一些有色金属材料中可以观察到。但有些金属材料没有明显屈服现象发生，如图 2-2(b) 所示铸铁的拉伸曲线，可以看出脆性材料不仅没有明显的屈服现象发生，而且也不产生缩颈。

二、强度

强度是指材料在外力作用下抵抗塑性变形和断裂的能力。若将断裂看成变形的极限，则可将强度称为变形的抵抗能力。

1. 屈服强度 R_{eL}

在外力作用下，材料产生屈服现象时的应力值即为屈服强度，也称屈服极限。

$$R_{eL}=\frac{F_{eL}}{S_0} \tag{2-1}$$

式中　R_{eL}——试样的屈服强度，MPa；

F_{eL}——试样屈服时的最小载荷，N；

S_0——试样的原始横截面面积，mm^2。

屈服强度标志着材料对起始塑性变形的抗力。若材料有明显的屈服行为，则在设计时常以 R_{eL} 为依据；若材料无明显的屈服现象，如脆性材料铸铁，国家标准则规定以残余伸长率为 0.2%时的应力值来表征材料的微量塑性变形的抗力，称为条件屈服强度，记作 $R_{r0.2}$。

2. 抗拉强度 R_m

材料在断裂前所能承受的最大应力称为抗拉强度，也称抗拉极限。

$$R_m=\frac{F_m}{S_0} \tag{2-2}$$

式中 R_m——试样的抗拉强度，MPa；

F_m——试样在屈服阶段之后所能抵抗的最大拉力（无明显屈服的材料，为试验期间的最大拉力），N；

S_0——试样的原始横截面面积，mm^2。

对塑性较好的材料，R_m 表示了材料对最大均匀变形的抗力；而对塑性较差的材料，一旦达到最大载荷，材料随即发生断裂，故 R_m 也是其断裂抗力指标即断裂强度。

三、刚度

绝大多数机器零件在工作时基本上都处于弹性变形阶段，即均会发生一定量的弹性变形。但若弹性变形量过大，则工件不能正常工作。刚度是指材料对弹性变形的抵抗能力。如果说强度保证了材料不发生过量塑性变形甚至断裂，刚度则保证了材料不发生过量弹性变形。

如果零件的刚度不足，产生过大的弹性变形，就会影响零件的正常工作。

四、塑性

塑性是指材料在外力作用下产生塑性变形而不破坏的能力，即材料断裂前塑性变形的能力。常用试样拉断后的伸长率 A 和截面收缩率 Z 来表示。

试样拉断后的总伸长量与原来标距长度比值的百分数称为伸长率，即

$$A=\frac{L_u-L_0}{L}\times 100\% \tag{2-3}$$

式中 A——材料的伸长率；

L_0——试样的原始标距长度，mm；

L_u——试样拉断后的标距长度，mm。

试样受拉伸拉断后，其截面面积的缩减量与原截面面积比值的百分数称为截面收缩率，即

$$Z=\frac{S_0-S_1}{S_0}\times 100\% \tag{2-4}$$

式中 Z——材料的截面收缩率；

S_0——试样的原始横截面面积，mm^2；

S_1——试样拉断后缩颈处的横截面面积，mm^2。

五、硬度

硬度是反映材料软硬程度的一种性能指标，是材料表面抵抗比它更硬的物体压入时所引起的塑性变形的能力。硬度值的物理意义随着试验方法的不同而改变。生产上常用的有布氏硬度、洛氏硬度和维氏硬度。三种硬度的测定试验都采用压入法，即用硬的压头压被测试的材料，根据压痕的大小来表示硬度值。

1. 布氏硬度

布氏硬度是在布氏硬度试验机上进行测定的，其试验原理、方法与条件在 GB/T 231《布氏硬度试验方法》中有详细说明。用一定直径 D 的硬质合金球压头，在规定压力 F 作用下压入试样表面，保持规定的时间，卸载后试样表面留有压痕，压力 F 与压痕表面积 S 的比值，即为布氏硬度值，用符号 HBW 表示。

$$HBW=0.102\times\frac{F}{S} \tag{2-5}$$

式中 F——试验压力，N；

S——压痕表面积，mm^2。

具体试验时，硬度值可根据实测的 d 按已知的 F、D 值查表求得。

布氏硬度试验的优点是测定的数据准确、稳定、重复性强，但同时也因压痕面积大而不适宜于成品零件及薄而小的零件检验。

布氏硬度主要用于铸铁、有色金属及退火、正火和调质处理的钢材。

2. 洛氏硬度

洛氏硬度是在洛氏硬度试验机上进行测定的，洛氏硬度的测试原理、方法与条件在 GB/T 230《洛氏硬度试验方法》中有详细说明。洛氏硬度也是采用一定规格的压头，在一定载荷作用下压入试样表面，然后测定压痕的深度来确定其硬度值。

具体试验时，又由于压头及载荷的不同而用不同的标尺表示。例如，当使用顶角为 120°的金刚石圆锥压头、总载荷为 588.4N 时，表示为 HRA，测量范围为 20～88HRA；当使用直径为 1.5875mm 的淬火钢球、总载荷为 980.7N 时，表示为 HRB，测量范围为 20～100HRB；当使用顶角为 120°金刚石圆锥压头、总载荷 1471N 时，表示为 HRC，测量范围为 20～70HRC。

洛氏硬度试验操作迅速简便，压痕较小，几乎不损伤工作表面，可用来测量薄片件和成品件，故应用最广。常用来测定高硬度表面、淬火钢、工具、模具等。

3. 维氏硬度

维氏硬度的测试原理、方法与条件在 GB/T 4340《维氏硬度试验方法》中有详细说明。用一个相对面夹角为 136°的正四棱锥体金刚石压头，以相应的试验载荷压入试样表面，保持规定的时间，卸载后测量试样表面的压痕表面积，进而得到所承受的平均应力值，即为维氏硬度值，符号为 HV。维氏硬度适用于薄而小零件表面硬层的测量。

六、韧性

材料的韧性是指材料在塑性变形和断裂的全过程中吸收能量的能力，是材料强度和塑性的综合表现。韧性不足可用其反义词脆性来表达，韧性不足即说明不需要大的力或能量就可使材料发生断裂，一般用冲击韧性作为评定材料韧性的指标。

材料抵抗冲击载荷作用而不被断裂破坏的能力称为冲击韧性。为了确定材料的冲击韧性值，常用一次摆锤冲击试验，其工作原理如图 2-3 所示。将待测材料制成标准缺口试样，如图 2-3(a) 所示，将试样放入试验机支座上，试样缺口背向摆锤冲击方向，使一定重量 G 的摆锤自高度 H_1 自由落下，冲断试样后摆锤升到高度 H_2，在忽略摩擦和阻尼等条件下，摆锤冲断试样所消耗的能量等于试样在冲击试验力一次作用下折断时所吸收的功，简称为冲击吸收功，用 K 来表示。K 值也可由指针 4 与刻度盘 5 直接读出。

冲击韧性用标准试样断裂后单位横截面面积所吸收的功来表示，符号为 α_K，单位为 J/cm^2。α_K 越大，表示材料的韧性越好，抵抗冲击载荷的能力越强。

$$\alpha_K=\frac{K}{S} \tag{2-6}$$

式中 K——冲击吸收功（V 形缺口试样和 U 形缺口试样的冲击吸收功分别表示为 K_V 和 K_U），J；

S——试样缺口处的横截面面积，cm^2。

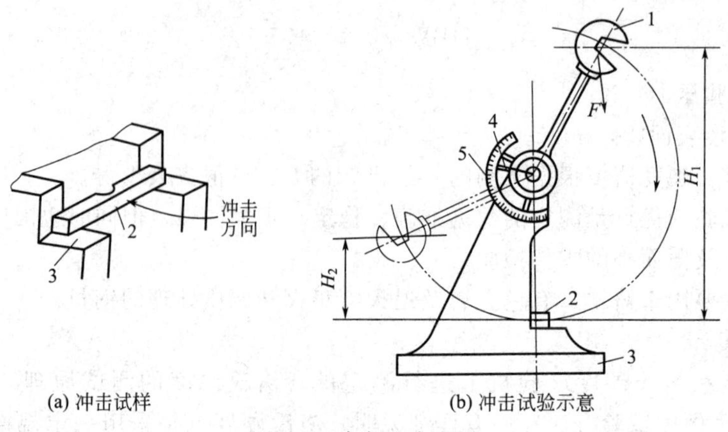

(a) 冲击试样　　(b) 冲击试验示意

图 2-3　冲击试验原理

1—摆锤；2—试样；3—机架；4—指针；5—刻度盘

七、疲劳极限

机械或工程结构中有许多零件如弹簧、齿轮、曲轴、连杆等，都是在大小、方向随时间呈周期性的循环变化的交变载荷作用下工作的。零件在这种交变载荷下经较长时间工作，在远低于其抗拉强度，甚至小于屈服强度的情况下，无显著外观变形而发生断裂的现象称为疲劳。疲劳断裂时的应力低于材料静载下的屈服强度，断裂前无论是韧性材料还是脆性材料均无明显的塑性变形，是一种无预兆的、突然发生的脆性断裂，故而危险性极大，常常造成严重的事故。

材料的疲劳性能常用疲劳强度来评定。金属材料在长期经受交变载荷作用下不至于断裂的最大应力称为疲劳强度，符号为R_{-1}。疲劳强度是通过试验所得到的，其数值越大，材料抵抗疲劳破坏的能力越强。

在生产实践中，通过改善零件的结构形状，避免应力集中，改善表面粗糙度，采取表面热处理、表面强化处理等措施，提高材料的疲劳强度。

第二节　常用金属材料

金属材料是目前应用最为广泛的工程材料，包括钢、铸铁和有色金属。有色金属中的铝、铜、钛及其合金的应用领域也在不断扩大。

一、钢

钢是指以铁为主要元素，碳的质量分数w_C一般在2%以下，并含有其他元素的材料。钢是由铁和碳两种基本元素组成的合金。合金是指由一种金属元素与一种或几种金属元素或非金属元素组成的具有金属特性的物质。非合金钢中除了两种基本元素之外，还存在少量其他元素，如硅、锰、硫、磷、氧、氢等，它们是冶炼过程中不可避免的杂质元素。为了提高钢的某些性能，在非合金钢的基础上有目的地加入一些元素，就成为合金钢，加入的元素称为合金元素。

钢的分类方法有多种，常用的分类方法有以下几种：按化学成分可分为非合金钢和合金钢，其中非合金钢按碳的质量分数又可分为低碳钢（碳的质量分数 $w_C \leqslant 0.25\%$）、中碳钢（$0.25\% < w_C \leqslant 0.60\%$）、高碳钢（$w_C > 0.60\%$），合金钢按合金元素含量也可分为低合金钢（合金元素总质量分数小于 5%）、中合金钢（合金元素总质量分数为 5%～10%）、高合金钢（合金元素总质量分数大于 10%）；按钢的质量等级分，有普通质量钢（w_S、$w_P \leqslant 0.040\%$）、优质钢（w_S、$w_P \leqslant 0.035\%$）和特殊质量钢（w_S、$w_P \leqslant 0.025\%$）；按钢的主要用途分为结构钢、工具钢、特殊性能钢、专业用钢等。

国家标准 GB/T 13304—2008《钢分类》是参照国际标准制定的。钢的分类分为“按化学成分分类”和“按主要质量等级和主要性能及使用特性分类”两部分。

（一）结构钢

结构钢是品种最多、用途最广、使用量最大的一类钢，按其主要用途一般分为工程结构用钢和机械制造用钢（或机械结构用钢）两大类。

工程结构用钢主要用于各种工程结构（如建筑、桥梁、船舶、石油化工、压力容器等）和机械产品中要求不高的结构零件，它们大多是普通质量钢，其冶炼较简单、成本低廉、工艺性能优良，可满足工程结构用钢量大的需要。

机械制造用钢主要用于制造各种机械零件（如轴、齿轮、弹簧、轴承等），它们通常是优质钢或高级优质钢，性能要求一般比工程结构钢高，通常需经热处理后使用。此类钢按其主要用途、热处理和性能特点不同，可分为表面硬化钢、调质钢、弹簧钢、滚动轴承钢和超高强度钢等。

1. 非合金钢

（1）普通质量非合金钢　是指对生产过程中控制质量无特殊规定的一般用途非合金钢。其中碳素结构钢的牌号由代表屈服强度的字母 Q、屈服强度数值、质量等级符号、脱氧方法符号等部分组成，Q 是“屈”字的汉语拼音首位字母。质量等级分 A、B、C、D 四个等级，表示钢材质量依次提高（S、P 含量依次降低）；脱氧方法用 F、b、Z、TZ 表示沸腾钢、半镇静钢、镇静钢、特殊镇静钢，牌号中 Z 可以省略。例如，Q235A 表示其屈服强度大于 235MPa、质量等级为 A 级的碳素结构钢。

普通质量非合金钢大多用作工程结构钢，一般是热轧成钢板或各种型材如圆钢、方钢、工字钢、钢筋等，少部分也用于要求不高的机械结构。

（2）优质非合金钢　是指除普通非合金钢和特殊质量非合金钢以外的非合金钢，在生产过程中需要特别控制质量（如控制晶粒度，降低 S、P 含量，改善表面质量或增加工艺控制等），既保证化学成分，又保证力学性能。其中优质碳素结构钢的牌号用两位数字表示，这两位数字表示该钢中碳的平均质量分数的万分之几。例如，45 表示其平均含碳量为 0.45%。优质碳素结构钢综合力学性能优于普通碳素钢，为了充分发挥其性能潜力，一般都需经热处理后使用。优质碳素结构钢用途广泛，如制造冲压件、焊接件、螺钉、螺母、高压法兰、齿轮、轴类、连杆等。

2. 低合金结构钢

低合金结构钢是在普通碳素结构钢的基础上加入少量合金元素而得到的，合金元素总量不超过 5%，常加入的合金元素有 Mn、Si、Nb、Mo、Ti、Cu 等。少量的合金元素的加入提高了钢的强度，同时也保持了较好的塑性、韧性、焊接性和冷、塑性加工性能。其牌号与碳素结构钢相同，质量等级用符号 A、B、C、D、E 表示，共五个级别。例如，Q420A 表示其屈服强度为 420MPa；质量等级为 A 级的低合金结构钢。低合金结构钢主要用于制造桥梁、船舶、车辆、锅炉、高压容器、输油输气管道、大型结构等。

3. 合金结构钢

合金结构钢主要用于制造各种机械零件，其质量等级都属于特殊质量等级，大多需经热处理后才能使用，按其用途及热处理特点可分为渗碳钢、调质钢、弹簧钢、滚动轴承钢、超高强度钢等。

合金钢的牌号是按照合金钢中碳的质量分数和所含合金元素的种类（元素符号）及其质量分数来编制。一般牌号的首位数字表示碳的平均质量分数，对于结构钢，以万分数计，对于工具钢，以千分数计。当钢中某种合金元素的平均质量分数小于1.5%时，牌号中只标出元素符号，不标明含量；当元素含量为1.5%～2.5%、2.5%～3.5%……时，在该元素后用整数2、3……标出其近似含量（如合金弹簧钢60Si2Mn）。滚动轴承钢的牌号前面以G（“滚”字汉语拼音字首）为标志，其后为铬元素符号Cr，其含量的质量分数以千分之几表示，其余与合金结构钢的牌号规定相同（如GCr15SiMn钢）。

（二）工具钢

工具钢是用于制造刃具、模具、量具等各类工具的钢种。按化学成分可分为碳素工具钢和合金工具钢两大类。合金工具钢可适用于截面尺寸大、形状复杂、承载能力高且要求热稳定性好的工具。按工具的使用性质和主要用途又可分为刃具钢、模具钢和量具钢三类，但这种分类的界限并不严格，因为某些工具钢（如低合金工具钢CrWMn）即可做刃具、又可做模具和量具。故在实际应用中，通过分析只要某种钢能满足某种工具的使用需要，即可用于制造该种工具。

1. 碳素工具钢

碳素工具钢是高碳钢，其牌号用“碳”字汉语拼音的第一个字母T及数字表示，数字代表碳的平均质量分数为千分之几。例如，T8表示碳素工具钢，其平均碳的质量分数为0.8%。碳素工具钢虽然价格低廉、加工容易，但综合力学性能不高，因此多用于手动工具或低速机用工具，如扁铲、手钳、大锤、冲头、冲模、丝锥、锉刀、刮刀、钻头等。

2. 合金工具钢

合金工具钢的牌号由“一位数（或不标数字）＋元素符号＋数字”三部分组成。当钢中w_C<1.0%时，合金工具钢牌号前的数字（一位数）表示碳的平均质量分数为千分之几；当钢中$w_C \geqslant$1.0%时，为了避免与合金结构钢相混淆，牌号前不标数字；后面的元素符号及数字表示合金元素的平均质量分数。

（1）刃具、量具用的合金工具钢　主要用于制造金属切削刀具的合金钢。刃具钢要具有高的硬度、高的耐磨性、高的热硬性及足够的韧性与塑性。

低合金工具钢最高工作温度一般不超过300℃，主要用于低速切削刀具。常用的牌号有9Mn2V、9SiCr、Cr06、CrWMn等，主要用于冲模、冷压模、丝锥、板牙、绞刀、拉刀、钻头、冷轧辊、量规及量具等；Cr2及4Cr13、9Cr18等，主要用于制造高精度量规、高精度块规、形状复杂的样板及耐腐蚀的量具等。

（2）模具用的合金工具钢　用来制造使金属塑性变形所用的模具的钢材。根据使用条件的不同，分为冷作模具钢和热作模具钢。

冷作模具钢工作温度最高在200～300℃之间。该钢种要有高的硬度和耐磨性，以保证模具的形状和尺寸不变；要有高的强度和足够的韧性，以保证工作时承受压力、弯曲力、冲击力等，不易断裂。常用的牌号有9Mn2V、CrWMn、Cr12、Cr12MoV等，主要用于制造拉丝模、冷冲压模、冲头、粉末冶金模等。

热作模具钢工作温度最高在300℃以上。该钢种要有一定的硬度和耐磨性，在高温下有高的强度和足够的韧性，有良好的导热性、抗氧化性及耐热疲劳性。常用的牌号有5CrMnMo、5CrNiMo、3Cr2W8V等。主要用于制造中型锻模、大型锻模、高应力压模、热压模等。

(3) 高速工具钢 是一种高碳高合金工具钢，由于它具有较高的热硬性，切削温度高达500～600℃时其硬度仍不降低，能以比低合金工具钢更高的切削速度进行切削，故而称为高速钢。常用的牌号有W18Cr4V、W6Mo5Cr4V2、W6Mo5Cr4V2Al、W10Mo4Cr4V3Al等。主要用于制造较高速度切削的刃具，如车刀、刨刀、钻头、铣刀、插齿刀、绞刀、滚刀、拉刀等。

(三) 不锈钢

不锈钢属于特殊性能钢，通常是不锈钢（耐大气、蒸汽和水等弱腐蚀介质腐蚀的钢）和耐酸钢（耐酸、碱、盐等强腐蚀介质腐蚀的钢）的统称，全称不锈耐酸钢，广泛用于化工、石油、卫生、食品、建筑、航空、原子能等行业。

不锈钢的牌号与合金工具钢基本相同。前面的数字表示碳的质量分数的千分之几，当碳的质量分数小于0.08%及小于0.03%时，在牌号前分别冠以“0”及“00”，如3Cr13、0Cr19Ni9、00Cr17Ni14Mo2钢。

不锈钢是在碳素钢的基础上加入一些耐腐蚀的合金元素形成的，其含碳量较低，有的要求小于0.03%，加入的合金元素主要是铬和镍。铬是不锈钢中最基本的合金元素，主要作用是提高钢的耐蚀性，在氧化性介质中，铬能使钢表面形成一层牢固而致密的氧化物，使钢受到保护；铬在钢中能显著提高钢的电极电位，电极电位的提高不是渐变，而是突变，当铬量达到12%时，电极电位突然增加，因此不锈钢中的含铬量均在13%以上。一定量的镍和铬配合，赋予钢良好的耐蚀性、强度和韧性。不锈钢按成分可分为铬不锈钢和铬镍不锈钢。1Cr13、2 Cr13主要用于制造汽轮机叶片、水压机阀、不锈设备用螺栓螺母等；1Cr17主要用于制造建筑内装饰品、重油燃烧器部件、家用电器部件、硝酸吸收塔、稀硝酸换热器等；1Cr17Ni2主要用于制造具有较高强度的耐硝酸及有机酸腐蚀的零件、容器、设备等；0Cr18Ni12MoTi主要用于制造耐硫酸、硝酸、醋酸的设备。

(四) 铸造碳钢

铸造碳钢的牌号是用“铸钢”两字的汉语拼音字首ZG与两组数字组成，第一组数字代表屈服强度最低值，第二组数字代表抗拉强度最低值。如ZG230-450表示屈服强度大于230MPa、抗拉强度大于450MPa的铸造碳钢。

二、铸铁

铸铁是应用广泛的一种铁碳合金材料，基本上以铸件形式使用。当铸铁中的碳主要以Fe_3C即渗碳体形式存在时，铸铁断口呈银白色，称为白口铸铁。白口铸铁具有硬而脆的基本特性，在冲击载荷不大的情况下，可作为耐磨材料使用，除此用途不大。当碳主要以石墨形式存在时，铸铁断口呈暗灰色，故称为灰口铸铁。依据石墨的存在形态还可对灰口铸铁进行分类，具有片状石墨的铸铁为灰铸铁，具有球状石墨的铸铁为球墨铸铁，具有团絮状石墨的铸铁为可锻铸铁，具有蠕虫状石墨的铸铁为蠕墨铸铁。另外，在铸铁的基础上加入一些合金元素，使之提高了某些方面的性能，就成了合金铸铁。

1. 灰铸铁

灰铸铁是价格便宜、应用广泛的铸铁材料。缺点是强度较低，塑性和韧性差。但由于石墨的存在，又具有良好的切削性、耐磨性、抗振性和铸造性能。灰铸铁常用于制造形状复杂、力学性能要求不高的零件、或承受压力，以及一些耐磨零件，如汽缸体、缸盖、机座、齿轮箱、机床床身等。

灰铸铁的牌号用HT和其后的一组数字表示，HT表示“灰铁”两字的汉语拼音字首，后面的数字为最低抗拉强度，单位为MPa。灰铸铁有六种：HT100、HT150、HT200、HT250、HT300、HT350。HT100主要用于制造低载荷和不重要零件，如盖、外罩、手轮、支架、重锤等；HT150适用于制造中等载荷的零件如支柱、底座、齿轮箱、刀架、阀体、管路附件等；HT200、HT250适合于制造较大载荷和重要零件，如汽缸体、齿轮、飞轮、缸套、活塞、联轴器、轴承座等；HT300、HT350适用于制造承受高载荷的重要零件，如齿轮、凸轮、高压油缸、滑阀壳体等。

2. 球墨铸铁

球墨铸铁是铸铁液体经球化处理和孕育处理，使铸铁中的石墨呈球状形式存在铸铁材料。由于球状石墨对铸铁基体的割裂作用及应力集中影响很小，球墨铸铁的力学性能得到改善，球墨铸铁有较高的抗拉强度和疲劳强度，特别是提高了塑性和韧性，综合性能接近于铸钢。此外，球墨铸铁的铸造性能、耐磨性、切削加工性都优于钢，因此，常用于制造载荷较大且受磨损和冲击作用的重要零件，如汽车、拖拉机的曲轴、连杆，机床的主轴，蜗杆、蜗轮，中低压阀门，压缩机上的高、低压汽缸等。

球墨铸铁牌号由QT加上两组数字组成，QT表示“球铁”两字的汉语拼音字首，其后两组数字分别表示最低抗拉强度和最低断后伸长率。如QT400-15表示抗拉强度为400MPa，伸长率为15%。QT400-18、QT400-15主要用于制造承受冲击、振动的零件，如汽车、拖拉机的轮毂、差速器壳等，农机具零件，中、低压阀门，压缩机上的高、低压汽缸等；QT600-3、QT700-2、QT800-2主要用于制造载荷大、受力复杂的零件，如拖拉机、柴油机中的曲轴、连杆、凸轮轴，各种齿轮，部分机床的主轴，蜗杆、蜗轮，轧钢机的轧辊，大齿轮及大型水压机的工作缸、缸套、活塞等。

3. 合金铸铁

合金铸铁是在普通铸铁的基础上加入一定量的一些合金元素后具有特殊性能的铸铁，又称为特殊性能铸铁。根据性能的特点，合金铸铁可分为耐磨铸铁、耐热铸铁、耐蚀铸铁。

耐磨铸铁就是不易磨损的铸铁，又可分为减摩铸铁和抗磨铸铁。具有较小摩擦因数的铸铁称减摩铸铁，把w_P提高到0.30%～0.60%，通常加入铬、钼、钨、铜、钛、钒等合金元素。减摩铸铁通常在有润滑条件下工作，主要用于制造机床导轨、汽缸套、活塞环等。在无润滑剂干摩擦条件下工作的耐磨铸铁称抗磨铸铁。这类铸铁通常以普通白口铸铁为主，加入铬、钼、钒、铜、硼等合金元素而得到，主要用于制造犁铧、轧辊、球磨机零件等。

耐热铸铁是可以在高温条件下使用，抗氧化性或抗生长性能良好的铸铁，主要加入铬、硅、铝等合金元素，我国多采用加硅和加硅、铝耐热铸铁，主要用于制造加热炉附件，如炉底板、烟道挡板、传递链构件等。

耐蚀铸铁主要是指在酸、碱条件下有一定的耐腐蚀能力，主要加入铬、硅、铝、铜、镍、钼等合金元素的铸铁，主要用于制造化工机械设备，如容器、管道、泵、阀门等。

三、有色金属及其合金

(一) 铝及铝合金

纯铝具有银白色金属光泽，密度为2720kg/m^3，熔点为660℃，具有良好的导电性和导热性，其导电性仅次于银和铜。纯铝在空气中易氧化，表面形成一层能阻止内层金属继续被氧化的致密的氧化膜，因此具有良好的抗大气腐蚀性能。纯铝无磁性，有极好的塑性和较低的强度，良好的低温性能。冷变形加工可提高其强度，但塑性降低。纯铝具有优良的工艺性能，易于铸造、切削和冷、热压力加工，还具有良好的焊接性能。

铝含量（质量分数）不低于99.00%时，为工业纯铝。其牌号为“1×××”系列，1表示工业纯铝；第二位字符表示原始纯铝的改型；后两位数字与铝质量分数有关。

纯铝的强度和硬度很低，不适宜作为工程结构材料使用。向铝中加入适量硅、铜、镁、锌、锰等元素组成铝合金，可提高其强度和硬度等性能。

根据铝合金的成分和生产工艺特点，可将其分为变形铝合金和铸造铝合金两大类。

1. 变形铝合金

变形铝合金根据其性能特点和用途可分为防锈铝合金、硬铝合金、超硬铝合金、锻铝合金等。变形铝合金的牌号用四位字符体系表示：合金组别按主要合金元素划分由第一位数字表示，其中2×××表示以铜为主要合金元素，3×××表示以锰为主要合金元素，4×××表示以硅为主要合金元素，5×××表示以镁为主要合金元素，6×××表示以镁、硅为主要合金元素，7×××表示以锌为主要合金元素，8×××表示以其他合金元素为主要合金元素的铝合金；第二位字母表示原始合金的改型情况，A表示为原始合金，其他字母则表示为原始合金的改型；最后两位数字用以标识同一组别中的不同铝合金。

防锈铝合金包括Al-Mn系和Al-Mg系合金，其主要性能特点是具有很高的塑性、较低或中等的强度、优良的耐蚀性能和良好的焊接性能。典型牌号有5A05、3A21。防锈铝合金常用来制造需弯曲、冷拉或冲压的零件，如管道、容器、铆钉、油箱等。

硬铝合金包括Al-Cu-Mg系和Al-Cu-Mn系两类，其强度高，典型牌号有2A01、2A11。常制成板材和管材，主要用于制造飞机构件、蒙皮、螺旋桨、叶片等。

超硬铝合是强度最高的变形铝合金，典型牌号有7A04、7A09。主要用于制造工作温度较低、受力较大的结构件，如飞机蒙皮、桨叶、壁板、大梁、起落架部件等。

锻铝合金热塑性好，可用锻压方法来制造形状较复杂的零件。典型牌号有2A50、2A70。主要用于制造要求中等强度、高塑性和耐热性零件的锻压件，如内燃机活塞、叶轮、叶片等。

2. 铸造铝合金

铸造铝合金的特点是密度小，比强度高，具有良好的耐腐蚀性和铸造性。根据主加元素不同，铸造铝合金主要有Al-Si系、Al-Cu系、Al-Mg系、Al-Zn系四种。铸造铝合金牌号用化学元素及数字表示，数字表示该元素的平均含量。在牌号的最前面用ZAl表示铸造铝合金。例如，ZAlSi7Mg表示铸造铝合金，硅的平均质量分数为7%，镁的平均质量分数小于1%。另外还有用合金代号表示法，合金代号由字母Z L（分别是“铸”、“铝”的汉语拼音第一个字母）及其后的三位数字组成，ZL后面第一个数字表示合金系列，其中1、2、3、4分别表示铝硅、铝铜、铝镁、铝锌系列合金，最后两个数字表示顺序号。优质合金的数字后面附加字母A。

（1）Al-Si系铸造铝合金　俗称硅铝明，为进一步提高铝硅合金的强度，可在合金中加入有关合金元素制成特殊铝硅合金。铝硅合金铸造性能好，密度小，具有优良的耐蚀性、耐热性和焊接性能，应用比较广泛。简单铝硅合金强度较低，用于制造形状复杂但强度要求不高的铸件，如电机、仪表壳体等；特殊铝硅合金用于制造低、中强度的形状复杂的铸件，如汽缸体、叶片、发动机活塞等。

（2）Al-Cu系铸造铝合金　有较高的强度、耐热性，但密度大、耐蚀性差、铸造性能差。主要用于制造在较高温度下工作的要求高强度的零件，如内燃机汽缸头、增压器导风叶轮等。

（3）Al-Mg系铸造铝合金　耐蚀性好，强度高，密度小，但铸造性能差，耐热性低。主要用于制造在腐蚀介质下工作的承受一定冲击载荷的形状较为简单的零件，如舰船配件、氨用泵体等。

（4）Al-Zn系铸造铝合金　铸造性能好，强度较高，但密度大，耐蚀性较差，主要用于制造受力较小、形状复杂的汽车、飞机、仪表零件等。

（二）铜及铜合金

纯铜外观呈紫色，故称紫铜，密度为8960kg/m³，熔点为1083℃，导电性和导热性优良。纯铜在大气、淡水中具有良好的耐蚀性，但在海水中耐蚀性较差。纯铜强度较低，硬度不高，塑性很好，有优良的焊接性能。纯铜一般不直接用作结构材料，主要用途是配制铜合金，制作导电、导热及耐蚀器材等。

铜合金是以纯铜为基体加入一种或几种其他元素所构成的合金。铜合金按化学成分分为黄铜、青铜、白铜三大类。

1. 黄铜

黄铜是以锌为主要合金元素的铜合金，Cu-Zn二元合金称为普通黄铜。普通黄铜不仅有良好的力学性能、耐蚀性能和加工性能，而且价格也较纯铜便宜，生产中用于制造机器零件。

为进一步提高普通黄铜的某些性能，可加入一些合金元素而形成特殊黄铜，如加铅可提高切削加工性和耐磨性，加锡可提高耐蚀性，加铝可提高强度、硬度和耐蚀性等。

普通黄铜的牌号用“黄”字的汉语拼音第一个字母H加数字表示，数字代表铜的平均质量分数。例如，H68表示普通黄铜，其中，$w_{Cu}=68\%$，$w_{Zn}=32\%$。特殊黄铜在H之后标以主加元素的化学符号与铜、合金元素的平均质量分数。例如，HPb59-1表示特殊黄铜，其中，$w_{Cu}=59\%$、$w_{Pb}=1\%$，其余为含锌量。铸造黄铜的牌号由“铸”字的汉语拼音的首字母Z、Cu、主加元素的化学符号及其平均质量分数组成。例如，ZCuZn16Si4表示铸造黄铜，$w_{Zn}=16\%$，$w_{Si}=4\%$，其余为含铜量。

H68、H70、H80主要用于制造弹壳和精密仪器等；H59、H62主要用于制造水管、油管、散热器、螺钉等；HPb59-1、HSn90-1主要用于制造冷凝管、齿轮、螺旋桨、钟表零件等。铸造黄铜主要用于制造一般用途结构件、机械制造业的耐蚀零件等。

2. 青铜

青铜原指铜与锡的合金，现除了黄铜和白铜外，铜与其他元素组成的合金均称为青铜。按其化学成分的不同，青铜分为锡青铜和无锡青铜两大类。

锡青铜具有良好的耐蚀性、减摩性、抗磁性和低温韧性，在大气、海水、蒸汽、淡水及无机盐溶液中的耐蚀性比纯铜和黄铜好，但在亚硫酸钠、酸和氨水中的耐蚀性较差。主要用于制造弹性元件、耐磨零件、抗磁及耐蚀零件，如弹簧、轴承、齿轮、蜗轮等。

无锡青铜种类较多，由于各合金元素所起的作用不同，故而各有不同的性能，在实际生产中有着广泛的应用。以铝为主要加入元素的铝青铜的强度、硬度、耐磨性、耐热性、耐蚀性都高于黄铜和锡青铜，主要用于制造齿轮、轴套、摩擦片、蜗轮、螺旋桨等。铍青铜可得到高的强度、硬度、弹性极限、疲劳极限、耐磨性和耐蚀性，并具有良好的导电性和导热性，还不具有磁性，主要用于制造各种精密仪器、仪表的重要弹簧和其他弹性元件以及电焊机电极、防爆工具、航海罗盘等其他重要机件。

青铜的牌号以“青”字的汉语拼音首字母Q加第一个主加元素符号及除铜以外的各元素平均质量分数表示。例如，QSn4-3表示锡青铜，$w_{Sn}=4\%$、$w_{Zn}=3\%$，其余为含铜量；QBe2表示铍青铜，$w_{Be}=2\%$，其余为含铜量。铸造青铜的牌号由“铸”字的汉语拼音字母Z、Cu、主加元素的化学符号及其平均质量分数组成。例如，ZCuSn6Zn6Pb3表示铸造青铜，$w_{Sn}=6\%$，$w_{Zn}=6\%$，$w_{Pb}=3\%$，其余为含铜量。

3. 白铜

白铜是以镍为主加合金元素的铜合金。白铜具有较高的强度和塑性，耐蚀性和抗腐蚀疲劳性能，优良的冷、热加工性能，主要用于制造精密仪器、仪表零件、机械零件；医疗器械；低温热电偶等。白铜分为简单白铜和特殊白铜，简单白铜是Cu-Ni二元合金，特殊白铜是在Cu-Ni二元合金基础上添加锌、锰等元素组成的。

简单白铜的牌号用“白”字的汉语拼音首字母B加镍的平均质量分数表示。例如，B5表示白铜，$w_{Ni}=5\%$，其余为含铜量；特殊白铜的牌号用“白”字的汉语拼音首字母B加添加元素的化学符号及镍、添加元素的平均质量分数表示，如BMn40-1.5表示锰白铜，$w_{Ni}=40\%$，$w_{Mn}=1.5\%$，其余为含铜量。

（三）钛及钛合金

钛呈银白色，密度4500kg/m^3，熔点1668℃。纯钛的强度低，但比强度（强度与密度之比）高，塑性及低温性能好，耐蚀性很高。钛具有良好的压力加工工艺性能，切削性能较差。工业纯钛主要用于制造350℃以下工作的石油化工用热交换器、反应器、船舰零件、飞机蒙皮等。

在纯钛中加入铝、钼、铬、锡、锰、钒等就形成钛合金，钛合金可分为α型、β型和$(\alpha+\beta)$型。α型钛合金室温强度低，但高温强度高；具有良好的抗氧化性、焊接性和耐蚀性。主要用于制造导弹的燃料罐、超音速飞机的涡轮、机匣等。β型钛合金有较高的强度，优良的冲压性能，耐热性和抗氧化性不高，性能不够稳定。主要用于制造压气机叶片、轴、轮盘等重载荷旋转件和飞机构件等。$(\alpha+\beta)$型钛合金是目前工业钛合金中应用最广泛的一种，这类合金室温强度很高，具有优良的塑性，主要用于制造要求有一定高温强度的发动机零件，火箭、导弹的液氢燃料箱部件等。钛及钛合金已成为飞机、导弹、火箭、宇宙飞船、石油、造船等工业重要的金属材料。

第三节　金属材料的腐蚀与防护

腐蚀是指金属由于环境介质作用而导致的变质和破坏。腐蚀不仅造成巨大的经济损失，引发各种灾难性事故，而且耗费大量的、宝贵而有限的资源和能源，严重污染环境，在一定程度上威胁着人类的生存与发展。金属腐蚀是一个十分复杂的过程，由于材料、环境因素及受力状态的差异，金属腐蚀的形式和特征千差万别，因此腐蚀的分类也是多样的。

按腐蚀原理分类，腐蚀可分为化学腐蚀和电化学腐蚀；按腐蚀形态分类，腐蚀可分为全面腐蚀和局部腐蚀；按腐蚀环境的类型分类，腐蚀可分为大气腐蚀、海水腐蚀、土壤腐蚀、燃气腐蚀、微生物腐蚀等；按腐蚀环境的温度分类，腐蚀可分为高温腐蚀和常温腐蚀；按腐蚀环境的湿润程度分类，腐蚀可分为干腐蚀和湿腐蚀。

一、化学腐蚀

金属的化学腐蚀是指金属与周围介质直接发生化学反应而引起的变质和损坏的现象。化学腐蚀是一种氧化-还原反应过程，也就是腐蚀介质中的氧化剂直接同金属表面的原子相互作用而形成腐蚀产物。在腐蚀过程中，电子的传递是在金属与介质中直接进行的。

最常见的金属化学腐蚀是金属的狭义氧化，即发生以下反应。

$$mM+nO_2 \longrightarrow M_mO_{2n} \tag{2-7}$$

反应中的金属作为还原剂，失去电子变为金属离子；氧作为氧化剂获得电子成为氧离子。

金属的化学腐蚀主要发生在如下四种介质中。

1. 金属在干燥大气体中的腐蚀

金属在湿度不大的大气条件下的腐蚀属于化学腐蚀，这种腐蚀进行的速度较慢，造成的危害轻微。

2. 金属在高温气体中的腐蚀

这是危害最为严重的一类化学腐蚀，如金属的高温氧化，在高温条件下，金属与环境中的氧或氧化性气体（H_2O、SO_2、CO_2 等）化合生成金属化合物，温度越高，金属的氧化速度越快；钢的高温脱碳，在高温气体作用下，金属表面与高温气体中的 O_2、H_2O、SO_2、H_2 反应，使碳的含量减少，金属的表面硬度和抗疲劳强度降低。

3. 其他氧化剂引起的化学腐蚀

在腐蚀反应中夺取电子导致金属原子成为离子的物质不是氧，而是硫、卤素原子或其他原子或原子团，这时反应物不是氧化物，而是卤化物、氢氧化物或其他化合物。这种情况下，腐蚀速度和危害程度取决于金属及氧化物的性质。

4. 金属在非电解质溶液中的腐蚀

金属在不含水、不电离的有机溶剂中，与有机物直接反应而受化学腐蚀，如 Al 在 CCl_4、Mg 和 Ti 在甲醇中的腐蚀。这类腐蚀比较轻微。

二、电化学腐蚀

金属电化学腐蚀指金属与介质发生电化学反应而引起的变质和损坏。其特点是在腐蚀过程中有电流产生。金属在各种酸、碱、盐溶液及潮湿大气、工业用水中的腐蚀，都属于电化学腐蚀。电化学腐蚀是一种比化学腐蚀更为普遍、危害更加严重的腐蚀。

1. 电极电位

把锌置于水溶液中，由于极性水分子的作用，锌表面上的锌离子克服自身电子的引力，一些锌离子将脱离金属表面进入相接触的水中形成水化离子，与这些离子保持中性的电子仍然留在金属上，这就是氧化反应。随着反应的进行，生成的水化离子越多，金属表面的过剩电子也越多。当金属的氧化反应到一定时间，动态上不再进行，其结果形成了由金属表面带负电，与金属相接触的水中带正电的双电层。许多金属如铁、镉等浸在水或酸、碱、盐的水溶液中，都能够形成这样的双电层。

如果金属离子的水化能不足以克服金属离子与电子的吸引力，则溶液中的水化离子可能被金属上的电子吸引而进入金属内部，因而金属表面带正电荷，与之相邻的液层中聚集阴离子而带负电荷，形成一种与前相反的双电层，铜、银、金等金属在含有该金属盐的水溶液中就形成这种双电层。双电层示意如图 2-4 所示。

形成双电层的金属及电解质溶液称为电极。不同的电极具有不同的电位，若规定某一电极的电位为零电位，此电极为参比电极，相对于参比电极的电位差就成为该电极的电极电位。

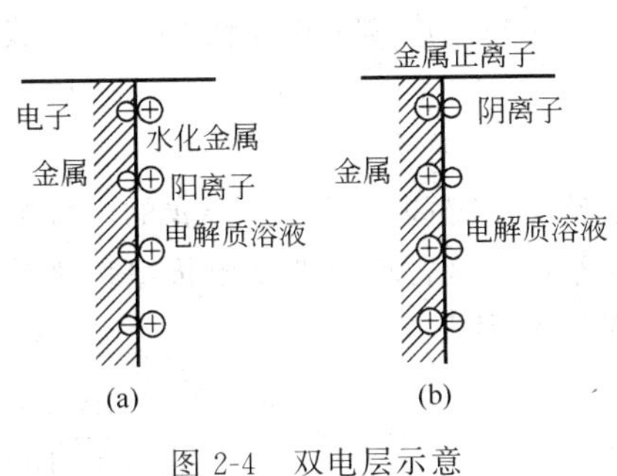

图 2-4　双电层示意

图 2-5　金属锌和金属铜组成的腐蚀电池

2. 腐蚀电池

如果把两种电极电位不同的金属互相接触，或用导线联接，同时放入同一电解质中，就组成了腐蚀电池。如图 2-5 所示为金属锌和金属铜组成的腐蚀电池，锌的电极电位低，铜的电极电位高，锌离子不断进入电解质溶液中，多余的电子通过导线流向了铜极。在锌极上发生的是氧化反应 $Zn-2e \longrightarrow Zn^{2+}$，在铜极上发生的是还原反应 $2H^{+}+2e \longrightarrow H_2$。腐蚀电池的总反应为

$$Zn+2H^{+} \longrightarrow Zn^{2+}+H_2 \uparrow \tag{2-8}$$

反应的结果造成金属锌的电化学腐蚀和溶液中的氧化剂被还原成氢气并聚成气泡逸出。在腐蚀电池中，发生氧化反应的电极称阳极，发生还原反应的电极称阴极。在以上腐蚀电池中，锌为阳极，铜为阴极，锌失去电子遭腐蚀，铜得到保护。金属的电化学腐蚀性决定于电极电位，电极电位低的容易被腐蚀。

实际上，腐蚀电池的形式是多样的，只要形成了腐蚀电池，也就有了金属的腐蚀。如在潮湿的大气条件下，铁和铜的表面凝结一层水膜，就构成了腐蚀电池，铁失去电子被腐蚀，腐蚀的结果生成了铁锈。即使是同一种金属材料，其内部既有缺陷又有杂质，不同部位有不同的电极电位，在电解质中也能形成腐蚀电池。

三、金属腐蚀的防护措施

了解发生腐蚀的原因是为了提出防腐的有效措施，达到防腐、减蚀、缓蚀的目的，以控制腐蚀造成的破坏，延长金属材料或金属设备的使用寿命。腐蚀主要决定于两个方面，一是材料本身的性能，二是材料所处的环境或所接触的介质。这就要求要认真分析环境介质的性质，正确选择材料；要改善腐蚀环境或介质。本节主要介绍金属设备常用的防腐措施。

（一）涂敷保护层

在金属表面涂敷耐腐蚀的保护层，使金属与腐蚀环境或介质分开，从而达到防止金属腐蚀的目的。涂层分为金属保护层和非金属保护层。

1. 金属保护层

金属保护层常称为镀层，通常以涂敷工艺来命名。常用的有电镀、热镀、化学镀、渗镀、喷镀、热浸镀、包镀等，目的就是在金属外部包裹一层耐腐蚀的金属层。

2. 非金属保护层

非金属保护层分为无机涂层和有机涂层。无机涂层指搪瓷、玻璃涂层及硅酸盐涂层和化学涂层。硅酸盐涂层主要采用硅酸盐水泥作保护层，化学涂层又称化学膜，是采用化学的方法使金属离子沉积而形成镀层的方法。

有机涂层包括涂料涂层、塑料涂层和硬橡胶涂层。涂料是一种流动性物质，能够在金属表面展开连续的薄膜，固化后即能将金属与介质隔开。塑料涂层是用层压法将塑料薄膜直接粘在金属表面。硬橡胶涂层是将硬橡胶覆盖于金属表面。

（二）电化学保护

根据电化学腐蚀原理，如果把要保护的金属的电极电位提高，或是把金属的电极电位降低到一定程度，则可降低腐蚀速度，甚至使腐蚀完全停止。这种通过改变电极电位来控制金属腐蚀的方法称为电化学保护。电化学保护有阴极保护和阳极保护两种。

1. 阴极保护

阴极保护又分为外加电流法和牺牲阳极法。

外加电流法是把被保护的金属设备与直流电源的负极相连，电源的正极与另一种被称为辅助电极的金属相连，如图 2-5 所示。电源接通，电源电流的方向与腐蚀电池的方向相反，调整电源电流的大小，就能达到减少甚至停止腐蚀的目的。外加电流法在石油、化工、环境工程等方面得到了广泛的应用。

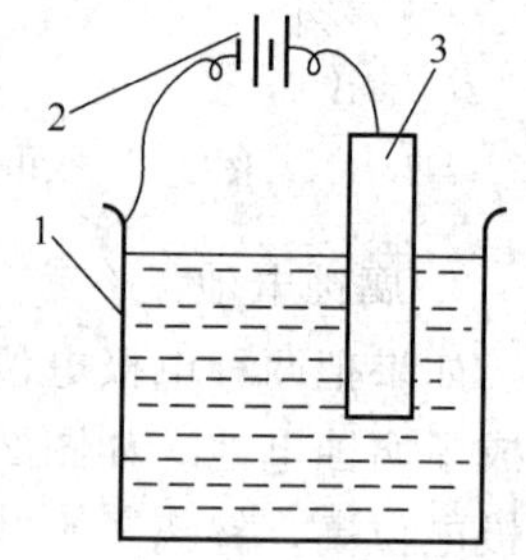

图 2-6　阴极保护示意
1—金属设备；2—外加电源；3—辅助阳极

牺牲阳极法是在被保护的金属上联接一块电极电位更低的金属作为牺牲阳极。由于外接的牺牲阳极电位比被保护的金属低，更容易失去电子而遭到腐蚀。如防止铁制地下管道的电化学腐蚀，可在管道上附以金属锌。由于锌的电极电位较铁的电极电位低，因而失去电子发生氧化反应而遭到腐蚀，铁制管道被保护下来。

2. 阳极保护

阳极保护是把被保护设备与外加直流电源的正极相连，在一定电解质溶液中，把金属阳极的电位降低到一定程度，使金属表面生成一种阻止腐蚀的钝化膜，从而降低金属的腐蚀作用，使设备受到保护。阳极保护只有当金属在介质中能生成钝化膜时才能应用，否则会加速阳极的腐蚀。阳极保护应用时受条件限制较多，且技术复杂，使用不多。

（三）腐蚀介质的缓蚀

在腐蚀介质中加入缓蚀剂，改变介质的性质，可降低或消除对金属的腐蚀作用。缓蚀剂就是能够阻止或减缓金属在环境介质中腐蚀的物质。缓蚀剂的缓蚀作用，有三种说法：一是吸附学说，缓蚀剂加到腐蚀介质中，吸附在金属表面，起隔离作用；二是成膜学说，缓蚀剂与金属或介质中的离子发生反应，在金属表面生成不溶或难溶的具有保护作用的各种膜，阻碍了腐蚀过程；三是电极抑制学说，缓蚀剂抑制了金属在腐蚀介质中的电化学过程，减缓了腐蚀速度。腐蚀介质不同，所使用的缓蚀剂不同，一种缓蚀剂对不同的介质的效用各异。要根据腐蚀介质的特点，选择缓蚀剂的类型和用量。

第四节　常用非金属材料

非金属材料是指除金属以外的其他一切材料，非金属材料具有优良的耐腐蚀性能，原料来源丰富，品种多样，适合于因地制宜，就地取材，是一种有着广阔发展前景的工程材料。非金属材料既可以单独作结构材料，又可以作金属设备的衬里、涂层，也可以作设备的密封材料、保温材料和耐火材料等。非金属材料分为无机非金属材料、有机非金属材料及近年快速发展的复合材料。无机非金属材料主要有陶瓷、搪瓷、岩石、玻璃等，有机非金属材料主要有橡胶、塑料、涂料等，复合材料主要有玻璃钢、不透性石墨等。

一、橡胶

橡胶在很宽的温度范围内具有极好的弹性，在小负荷作用下即能产生弹性变形。橡胶具有高的拉伸强度和疲劳强度，并且具有不透水、不透气、耐酸碱和电绝缘等性能。良好的性能，使其得到了广泛的应用。

（一）橡胶的组成

橡胶是以生胶为主要成分，添加各种配合剂和增强材料制成的。

生胶是指无配合剂、未经硫化的天然橡胶或合成橡胶。生胶具有很高的弹性，但强度低，易产生永久性变形；稳定性差，如会发黏、变硬、溶于某些溶剂等。

配合剂用来改善橡胶的各种性能。常用配合剂有硫化剂、硫化促进剂、活化剂、填充剂、增塑剂、防老化剂、着色剂等。硫化剂用来使生胶的结构由线型转变为交联体型结构，从而使生胶变成具有一定强度、韧性、高弹性的硫化胶。硫化促进剂作用是缩短硫化时间，降低硫化温度，改善橡胶性能。活化剂用来提高促进剂的作用。填充剂用来提高橡胶的强度、改善工艺性能和降低成本。增塑剂用来增加橡胶的塑性和柔韧性。防老化剂用来防止或延缓橡胶老化，主要有胺类和酚类等防老化剂。

增强材料主要有纤维织品及钢丝加工制成的帘布、丝绳、针织品等类型，以增加橡胶制品的强度。

（二）常用橡胶材料

橡胶根据原材料的来源可分为天然橡胶和合成橡胶。

1. 天然橡胶

天然橡胶由橡胶树上流出的乳胶提炼而成。天然橡胶具有较好的综合性能，弹性高，具有良好的耐磨性、耐寒性和工艺性能，电绝缘性好，价格低廉。但耐热性差，不耐臭氧，易老化，不耐油。

天然橡胶广泛用于制造轮胎、输送带、减振制品、胶管、胶鞋及其他通用制品。

2. 合成橡胶

（1）丁苯橡胶　是应用最广、产量最大的一种合成橡胶。它由丁二烯和苯乙烯共聚而成，其性能主要受苯乙烯的含量影响，随着苯乙烯含量的增加，橡胶的耐磨性、硬度增大而弹性下降。丁苯橡胶比天然橡胶质地均匀，耐磨性、耐热性和耐老化性好。主要用于制造轮胎、胶板、胶布、胶鞋及其他通用制品，不适用于制造高速轮胎。

（2）丁基橡胶　由异丁烯和少量异戊二烯低温共聚而成。其气密性极好，耐老化性、耐热性和电绝缘性较高，耐水性好，耐酸碱，有很好的抗多次重复弯曲的性能。但强度低，易燃、不耐油，对烃类溶剂的抵抗力差。主要用于制造内胎、外胎以及化工衬里、绝缘材料、防振动与防撞击材料等。

（3）氯丁橡胶　由氯丁二烯以乳液聚合法而成。其物理、力学性能良好，耐油、耐溶剂性和耐老化性、耐燃性良好，电绝缘性差。主要用于制造电缆护套、胶管、胶带、胶黏剂及一般橡胶制品。

二、塑料

塑料密度小，耐腐蚀，有着良好的电绝缘性、耐磨和减摩性、消声和隔热性、加工性等。但强度、硬度低，耐热性差，受热易变形、易老化、易蠕变等。

（一）塑料的组成

塑料是以树脂为主要成分，添加能改善性能的填充剂、增塑剂、稳定剂、固化剂、润滑剂、发泡剂、着色剂、阻燃剂、防老化剂等制成的。

树脂是相对分子质量不固定的，在常温下呈固态、半固态或流动态的有机物质，在塑料中起胶黏各组分的作用，占塑料的40%～100%，如聚乙烯、尼龙、聚氯乙烯、聚酰胺、酚醛树脂等。大多数塑料以所用树脂命名。填充剂主要起增强作用，可以使塑料具有所要求的性能。增塑剂用来增加树脂的塑性和柔韧性。稳定剂包括热稳定剂和光稳定剂，可提高树脂在受热、光、氧作用时的稳定性。固化剂是能将高分子化合物由线型结构转变为体型交联结构的物质。润滑剂用来防止塑料黏着在模具或其他设备上。发泡剂是受热时会分解，放出气体的有机化合物，用于制备泡沫塑料等。

（二）常用塑料

塑料按受热时的性质可分为热塑性塑料和热固性塑料。热塑性塑料受热时软化或熔融，冷却后硬化，并可反复多次进行。它包括乙烯、聚氯乙烯、聚苯乙烯、聚丙烯、聚酰胺、聚甲醛、聚碳酸酯、聚苯醚、聚四氟乙烯等。热固性塑料在加热、加压并经过一定时间后即固化为不溶、不熔的坚硬制品，不可再生。常用热固性塑料有酚醛树脂、环氧树脂、氨基树脂、呋喃树脂、有机硅树脂等。

塑料按功能和用途可分为通用塑料、工程塑料和特种塑料。通用塑料是指产量大、用途广、价格低的塑料。主要包括聚乙烯、聚氯乙烯、聚苯乙烯、聚丙烯、酚醛塑料、氨基塑料等，产量占塑料总产量的75%以上。工程塑料是指具有较高性能，能替代金属用于制造机械零件和工程构件的塑料。主要有聚酰胺、ABS、聚甲醛、聚碳酸酯、聚四氟乙烯、聚甲基丙烯酸甲酯、环氧树脂等。特种塑料是指具有特殊性能的塑料，如导电塑料、导磁塑料、感光塑料等。

1. 聚乙烯

聚乙烯无毒、无味、无臭，具有良好的耐化学腐蚀性和电绝缘性，强度较低，耐热性不高，易老化，易燃烧等。

根据密度分为低密度聚乙烯和高密度聚乙烯。低密度聚乙烯主要用作日用制品、薄膜、软质包装材料、层压纸、层压板、电线电缆包覆等；高密度聚乙烯主要用作硬质包装材料、化工管道、贮槽、阀门、高频电缆绝缘层、各种异型材、衬套、小负荷齿轮、轴承等。

2. 聚氯乙烯

聚氯乙烯具有较高的强度和刚度，良好的电绝缘性和耐化学腐蚀性，有阻燃性，但热稳定性较差，使用温度较低等。

根据增塑剂用量的不同分为软质聚氯乙烯和硬质聚氯乙烯。软质聚氯乙烯主要用于薄膜、人造革、墙纸、电线电缆包覆及软管等；硬质聚氯乙烯主要用于工业管道系统、给排水系统、板件、管件、建筑及家居用防火材料，化工防腐设备及各种机械零件等。

3. 聚苯乙烯

聚苯乙烯无毒、无味、无臭、无色，具有良好的电绝缘性和耐化学腐蚀性，但不耐苯、汽油等有机溶剂，强度较低，硬度高，脆性大，不耐冲击，耐热性差，易燃烧等。

主要用于日用、装潢、包装及工业制品，如仪器仪表外壳、灯罩、光学零件、装饰件、透明模型、玩具、化工贮酸槽、包装及管道的保温层、冷冻绝缘层等。

4. 聚酰胺

聚酰胺又称尼龙或锦纶，具有较高的强度、韧性和耐磨性，电绝缘性、耐油性、阻燃性良好，耐热性不高。

主要用于制造机械、化工、电气零部件，如轴承、齿轮、凸轮、泵叶轮、高压密封圈、阀门零件、包装材料、输油管、储油容器、丝织品及汽车保险杠、门窗手柄等。

5. 聚甲醛

聚甲醛具有良好的强度、硬度、刚性、韧性、耐磨性、耐疲劳性、电绝缘性和耐化学腐蚀性，热稳定性差，易燃。

主要用于制造轴承、齿轮、凸轮、叶轮、垫圈、法兰、活塞环、导轨、阀门零件、仪表外壳、化工容器、汽车部件等，特别适用于无润滑的轴承、齿轮等。

6. 酚醛塑料

酚醛塑料具有良好的耐热性、耐磨性、耐腐蚀性及电绝缘性。

以木粉为填料制成的酚醛塑料粉又称胶木粉或电木粉，是常用的热固性塑料。制成的电器开关、插座、灯头等，不仅绝缘性好，而且有较好的耐热性，较高的硬度、刚度和一定的强度；以纸片、棉布、玻璃布等为填料制成的层压酚醛塑料，具有强度高、耐冲击以及耐磨性优良等特点，常用于制造受力要求较高的机械零件，如齿轮、轴承、汽车刹车片等。

7. 氨基塑料

最常用的氨基塑料是脲醛塑料，用脲醛塑料压塑粉压制的各种制品，有较高的表面硬度，颜色鲜艳有光泽，又有良好的绝缘性，俗称“电玉”。常见的制品有仪表外壳、电话机外壳、开关、插座等。

三、陶瓷

（一）陶瓷的分类和性能

传统的陶瓷材料是黏土、石英、长石等硅酸盐类材料，而现代陶瓷材料是无机非金属材料的统称。按原料可分为普通陶瓷（硅酸盐材料）和特种陶瓷（人工合成材料）。按用途可分为日用陶瓷、结构陶瓷和功能陶瓷等。按性能可分为高强度陶瓷、高温陶瓷、耐磨陶瓷、耐酸陶瓷、压电陶瓷、光学陶瓷、半导体陶瓷、磁性陶瓷等。

陶瓷材料具有极高的硬度、优良的耐磨性，弹性模量高、刚度大，抗拉强度很低但抗压强度很高，塑性、韧性低，脆性大，在室温下几乎没有塑性，难以进行塑性加工。陶瓷的熔点很高，大多在2000℃以上，因此具有很高的耐热性能；线胀系数小，导热性差。陶瓷的化学稳定性高，抗氧化性优良，对酸、碱、盐具有良好的耐腐蚀性。大多数陶瓷具有高电阻率，少数陶瓷具有半导体性质。许多陶瓷具有特殊的性能，如光学性能、电磁性能等。

（二）常用陶瓷材料

1. 普通陶瓷

普通陶瓷是指以黏土、长石、石英等为原料烧结而成的陶瓷。这类陶瓷质地坚硬、不氧化、耐腐蚀、不导电、成本低，但强度较低，耐热性及绝缘性不如其他陶瓷。

普通工业陶瓷有建筑陶瓷、电瓷、化工陶瓷等。电瓷主要用于制作隔电、机械支持及联接用瓷质绝缘器件。化工陶瓷主要用于化学、石油化工、食品、制药工业中制造实验器皿、耐蚀容器、反应塔、管道等。

2. 特种陶瓷

（1）氧化铝陶瓷　又称高铝陶瓷，主要成分为 Al_2O_3，含有少量 SiO_2。其强度高于普通陶瓷，硬度很高，耐磨性很好，耐高温，可在1600℃高温下长期工作。耐腐蚀性和绝缘性能良好。但韧性低，脆性大。还具有光学特性和离子导电特性。主要用于制作装饰瓷、内燃机的火花塞、管座、石油化工泵的密封环、机轴套、切削工具、模具、磨料、轴承、人造宝石、耐火材料、坩埚、炉管、热电偶保护管等。

(2) 氮化硅陶瓷　是以Si_3N_4为主要成分的陶瓷。根据制作方法可分为热压烧结陶瓷和反应烧结陶瓷。具有很高的硬度，摩擦因数小，耐磨性好；具有优良的化学稳定性，能耐除氢氟酸、氢氧化钠外的其他酸性和碱性溶液的腐蚀，以及抗熔融金属的侵蚀；具有优良的绝缘性能。

热压烧结氮化硅陶瓷的强度、韧性都高于反应烧结氮化硅陶瓷，主要用于制造形状简单、精度要求不高的零件，如切削刀具、高温轴承等。反应烧结氮化硅陶瓷用于制造形状复杂、精度要求高的零件，用于要求耐磨、耐蚀、耐热、绝缘等场合，如泵密封环、热电偶保护套、高温轴套、电热塞、电磁泵管道和阀门等。

(3) 碳化硅陶瓷　是以SiC为主要成分的陶瓷。碳化硅陶瓷按制造方法分为反应烧结陶瓷、热压烧结陶瓷和常压烧结陶瓷。碳化硅陶瓷具有很高的高温强度，良好的热稳定性、抗蠕变性、耐磨性、耐蚀性、导热性、耐辐射性。主要用于石油化工、钢铁、机械、电子、原子能等工业中，如浇注金属的浇道口、轴承、密封阀片、轧钢用导轮、内燃机器件、热变换器、热电偶保护套管、炉管等。

(4) 氮化硼陶瓷　分为低压型和高压型两种。低压型结构与石墨相似，又称白石墨，其硬度较低，具有自润滑性，具有良好的高温绝缘性、耐热性、导热性、化学稳定性。主要用于耐热润滑剂、高温轴承、高温容器、坩埚、热电偶套管、散热绝缘材料、玻璃制品成型模等。高压型硬度接近金刚石，主要用于磨料和金属切削刀具。

四、复合材料

由两种或两种以上在物理和化学上不同的物质结合起来而得到的一种多相固体材料称为复合材料。复合材料不仅具有各组成材料的优点，而且还具有单一材料无法具备的优越的综合性能，故而复合材料发展迅速，在各个领域得到了广泛应用。

(一) 复合材料的分类和性能

复合材料是由两种或两种以上的物质组成的，通常分成两个基本组成相：一是连续相，称为基体相，主要起粘接和固定作用；另一相是分散相，称为增强相，主要起承受载荷作用。复合材料按基体材料可分为树脂基复合材料、金属基复合材料、陶瓷基复合材料等；按增强材料的类型和形态可分为纤维增强复合材料、颗粒增强复合材料、叠层复合材料、骨架复合材料、涂层复合材料等。

复合材料具有高的比强度、比模量（弹性模量与密度之比）和疲劳强度，减振性和高温性能好，断裂安全性高，抗冲击性差，横向强度较低。

(二) 常用复合材料

1. 树脂基复合材料

树脂基复合材料是将树脂浸到纤维和纤维织物上，在成型模具上涂树脂、铺织物，然后固化而制成。

(1) 玻璃纤维增强塑料　又称为玻璃钢，基体相为树脂，分散相为玻璃纤维。根据树脂的性质可分为热固性玻璃钢和热塑性玻璃钢。热固性玻璃钢密度小、强度高、耐蚀性好、绝缘好、绝热性好、吸水性低、防磁、弹性模量低、刚度差、耐热性低。热塑性玻璃钢强度比热固性玻璃钢低，但韧性、低温性能良好，线胀系数低。玻璃钢主要用于制造飞机螺旋桨、直升机机身，轻型船的各种配件，汽车、机车、拖拉机的车身、发动机机罩、仪表盘，耐酸、碱、油的容器和管道，冷却塔等。

(2) 碳纤维增强塑料 基体相为树脂，分散相为碳纤维。碳纤维增强塑料密度小，比强度、比模量高，抗疲劳性、减摩耐磨性、耐蚀性、耐热性优良，垂直纤维方向的强度、刚度低。主要用于制造飞机螺旋桨、机身、机翼，汽车外壳、发动机壳体，机械工业中的轴承、齿轮，化工中的容器、管道等。

(3) 石棉纤维增强塑料 基体材料主要有酚醛、尼龙、聚丙烯树脂等，分散相为石棉纤维。化学稳定性和电绝缘性良好，主要用于汽车制动件、阀门、导管、密封件、化工耐蚀件、隔热件、电绝缘件、耐热件等。

2. 金属基复合材料

金属基复合材料是将金属与增强材料利用一定的工艺均匀混合在一起而制成的，基体相为金属。常用的基体金属有铝、钛、镁等；常用的纤维增强材料有硼纤维、碳纤维、氧化铝纤维、碳化硅纤维等，颗粒增强材料有碳化硅、氧化铝、碳化钛等。

金属基复合材料具有高的强度、弹性模量、耐磨性、冲击韧性，好的耐热性、导热性、导电性，不易燃，不吸潮，尺寸稳定，不老化等优点，大大扩展了金属材料的应用范围。但密度较大，成本较高，有的材料工艺复杂。

3. 陶瓷基复合材料

陶瓷基复合材料是将陶瓷与增强材料利用一定的工艺均匀混合在一起而制成的，基体相为陶瓷，常用的增强材料有氧化铝、碳化硅、金属等。

陶瓷具有耐高温、耐磨、耐蚀、高抗压强度和弹性模量等优点，但脆性大、抗弯强度低。但陶瓷基复合材料的韧性、抗弯强度都大大提高，如 SiO_2 的抗弯强度和断裂能分别为 62MPa 和 1.1J，而 SiC/SiO_2 复合材料的抗弯强度和断裂能分别为 825MPa 和 17.6J。

思考题与习题

2-1 什么是强度？屈服强度、抗拉强度表示什么含义？

2-2 什么是硬度？硬度的表示方法及使用范围是什么？

2-3 合金的定义？铁碳合金按含碳量是怎样分类的？

2-4 钢是怎样分类的？结构钢、工具钢的性能特点和主要用途是什么？

2-5 不锈钢的成分和性能特点是什么？

2-6 灰口铸铁分类的依据？灰铸铁、球墨铸铁的牌号表示和性能特点是什么？

2-7 铝及铝合金、铜及铜合金、钛及钛合金的性质和主要用途是什么？

2-8 简述塑料的组成、主要性能及用途。

2-9 简述橡胶的组成、主要性能及用途。

2-10 简述常用陶瓷的组成、主要性能及用途。

2-11 简述常用复合材料的组成、主要性能及用途。

第三章　机构、传动及零件

【学习指南】

本章主要介绍机械基础的有关知识，通过学习要求掌握常用机构、传动及通用零件的工作原理、结构特点、计算方法和材料的选择。提高机械设计和应用能力，为学习、理解环保设备的工作原理、结构组成、选型计算、应用维护打下基础。

机械是机器和机构的总称。

机器是执行机械运动的装置，它用来变换或传递能量、物料或信息。在日常生活和生产中，人们每天都和各种机器打交道。机器的种类异常繁多，其结构、性能和用途也各不相同。

图 3-1 所示为单缸四冲程内燃机，它通过油气混合物在缸体内燃烧所产生的能量，推动活塞并通过连杆带动曲轴转动，用以输出机械能。当燃气推动活塞在汽缸内作往复运动时，通过连杆使曲轴作连续转动，从而将燃气所产生的热能转换为曲轴转动的机械能。为了保证曲轴连续转动，要求可燃混合气定时进入汽缸和废气定时排出汽缸。这些动作可通过下述传动来实现。固定在曲轴上的齿轮随曲轴一同转动从而带动齿轮转动，凸轮和齿轮固结在同一根轴上，凸轮转动时通过进气阀顶杆推动阀门开启，从而使可燃混合气定时进入汽缸。活塞、连杆和曲轴这几个实物在机壳上的组合称为连杆机构，用来转换和输出机械能；凸轮轴和阀门顶杆在机壳上的组合称为凸轮机构，用来控制汽缸的进、排气；而大、小齿轮在机壳上的组合称为齿轮机构，它由曲轴驱动，从而带动凸轮机构，使进、排气阀开闭间正好和活塞的冲程位置相协调。由此可见，上述机构组成了内燃机。内燃机是机器中的一种，和其他所有机器一样，具有如下的共同特征。

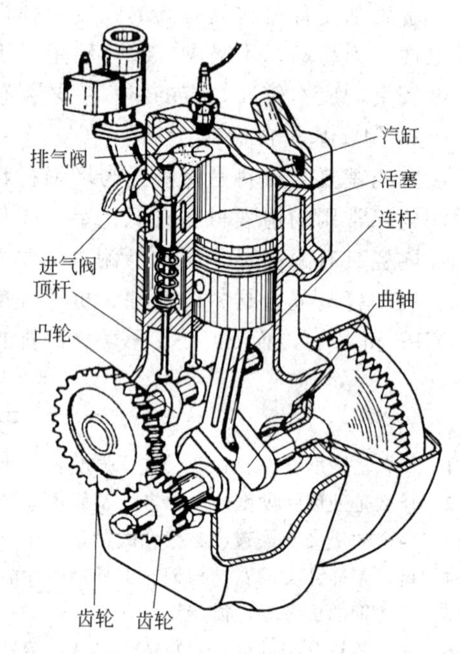

图 3-1　单缸四冲程内燃机

① 都是多种人为的实物组合，且先由若干实物分别组成若干个机构，再由这些机构组成机器。

② 组成机器的各机构以及组成机构的各实物之间，具有协调、确定的相对运动。

③ 可用来代替或减轻人类的劳动，以完成有用的机械功或转换机械能。

随着科学技术的发展和社会的变革，机器的概念已有所扩大，其用途已突破了传统的“功”、“能”等力学范畴，它们不仅可以代替人的体力劳动，还可以代替人的脑力劳动。在机电一体化技术飞速发展的今天，注入了微电子技术和计算机技术的机器，其机械结构变得越来越简单而紧凑，且更加灵巧好用。

仅具备前两个特征者称为机构。机构是机器基本的实物组合体，用来传递运动和动力，实现运动形式或速度的变化。

机械的基本组成要素是零件，如内燃机中的曲轴、活塞、齿轮。所以，零件的设计和制造是机械设计和制造的基础。习惯上，将各种机械中经常使用的，具有同一功用与性能的零件称为通用零件，如螺栓、齿轮、轴等；而将在特定类型机械中才用到的零件称为专用零件，如飞机螺旋桨、内燃机曲轴、涡轮机叶片等。

第一节 平面机构

如果组成机构的所有构件在同一平面内，或在几个互相平行的平面内运动时，则称该机构为平面机构。

一、机构的组成

（一）构件

机构是由各个具有确定相对运动的运动单元组成的，这些运动单元称为构件。图 3-2 所示为内燃机曲轴连杆，由若干个零件刚性联接作为一个整体而运动。这些零件同属于内燃机中的一个构件。大多数构件都包含多个零件，但也有的构件只有一个零件。从运动的角度看，机构是由若干个（两个或以上）彼此有相对运动的构件组成的。这里需要指出，本书定义的构件，是指那些可作为刚体看待的构件。

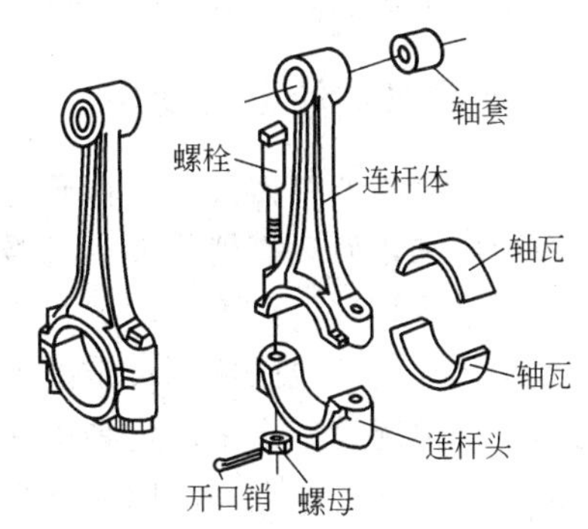

图 3-2 内燃机曲轴连杆

构件能否组合成平面机构，与该机构中所包含的构件数目以及各构件之间的联接方式密切相关。构件是组成机构的基本单元，因此，要分析机构的运动，应当从分析构件的运动开始。

（二）运动副

构件彼此之间若有相对运动，则各相邻构件间一定要有某种形式的可动联接。使两构件直接接触而形成的可动联接称为运动副。例如，机械中的轴与轴承、活塞与汽缸、火车车轮与钢轨、一对传动齿轮间的啮合等联接都构成运动副。运动副按其所联接构件之间的相对运动是平面运动还是空间运动，可分为平面运动副和空间运动副两大类，本书仅讨论平面运动副。

平面运动副通常分为平面低副和平面高副两大类（常简称为低副和高副）。

1. 低副

两构件以面接触的运动副称为低副。低副又可分为转动副和移动副两种。两构件只能绕某一轴线作相对转动的低副称为转动副，如图 3-3(a) 所示。它是由轴颈 2 与轴承 1 的两个圆柱面接触而形成的，它限制了轴颈 2 沿 x 轴和 y 轴的两个相对移动，故约束数为 2。它允许轴颈 2 绕 O 轴（过 O 点且垂直于 xOy 平面的轴线）作相对转动。除了上述轴颈和轴承构成转动副外，铰链联接等也构成转动副。两构件只能作相对直线移动的低副称为移动副，如图 3-3(b) 所示。它是由滑块 2 与导轨 1 的两个平面接触而形成的。若研究两构件在 xOy 平

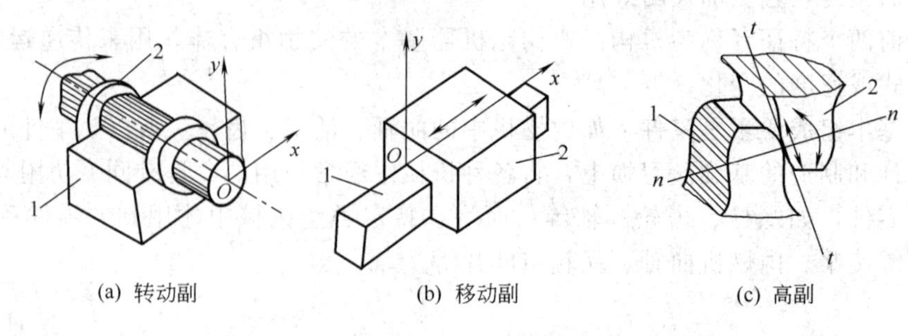

(a) 转动副 (b) 移动副 (c) 高副

图 3-3 运动副

面内的相对运动，则导轨 1 限制了滑块 2 沿 y 轴的移动和绕 O 轴（过 O 点且垂直于 xOy 平面的轴线）的转动，故约束数为 2。它允许滑块 2 沿 x 轴作相对移动。

2. 高副

两构件以点或线接触的运动副称为高副。如图 3-3（c）所示的齿轮副，为齿轮机构的一部分，轮齿 1 与轮齿 2 形成线接触，它只限制轮齿 2 沿接触处的公法线 nn 方向的相对移动，故约束数为 1。它允许构件 2 沿公切线 tt 作相对移动和相对转动。

由上述分析可知，在平面运动副中，具有两个约束的运动副（移动副和转动副）都是面接触；具有一个约束的运动副都是点或线接触。由此可知：在平面机构中，平面低副具有两个约束，平面高副具有一个约束。

二、平面机构的运动简图

在对已有的机械进行分析研究或者对一部新机器进行方案设计时，没有必要把复杂的结构图画出来，而只需把能表达机器运动特征的简单图形画出即可。因此，为了使图形简单清晰，便于分析，可以不考虑那些与运动无关的尺寸与实际结构，只需要按照影响机构运动的有关尺寸，用一定的比例尺定出各运动副的位置，并用规定的运动副符号和简单的线条把机构的运动情况表示出来。这种用规定的符号和简单线条表示机构运动情况的简单图形称为机构运动简图。机构运动简图应当与它们所表达的实际机构具有完全相同的运动特征。凡只注重机构的结构特征，未按比例表达构件尺寸的简化图形，称为机构简图或机械示意图。

（一）构件的类型

机构中的构件一般说来可分为如下三种。

1. 固定件

固定件又称机架，用于支撑活动构件的构件称为机架。在分析机构中活动构件的运动时通常取机架为参考坐标系，如图 3-1 中汽缸即为机架。

2. 原动件

机构中运动规律已知的构件称为原动件。原动件一般与机架相连，它的运动规律由外界给定，如图 3-1 中活塞即为原动件。在机构运动简图中，通常用画有箭头的构件表示原动件。

3. 从动件

机构中随着原动件的运动而运动的其余活动构件称为从动件。图 3-1 中的连杆和曲轴均为从动件。

（二）运动副与构件的表达方法

运动副与构件的表达方法详见表 3-1。

表 3-1 运动副与构件的表达方法

名　称	符　号	名　称	符　号
凸轮机构		棘轮机构	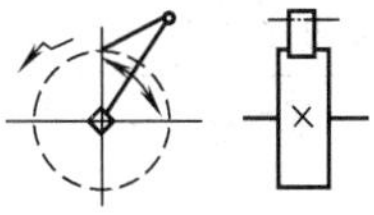
外啮合圆柱齿轮机构	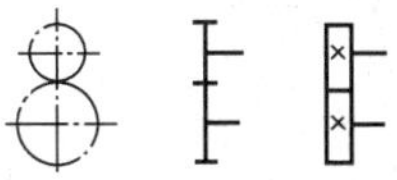	槽轮机构	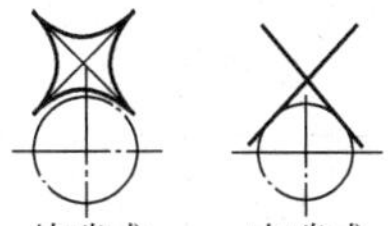
内啮合圆柱齿轮机构	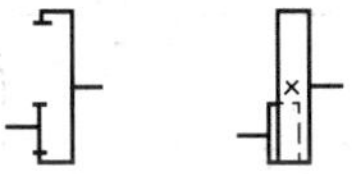	V 带传动	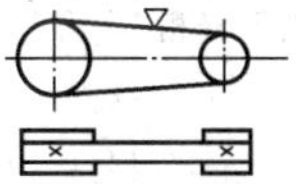
齿轮齿条机构	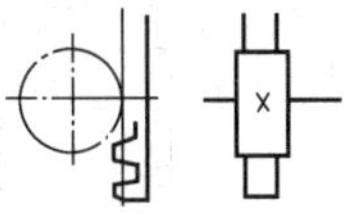	链传动	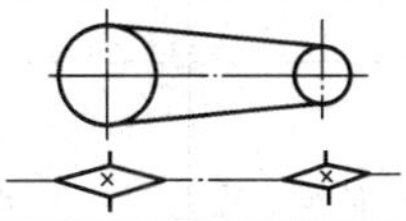
圆锥齿轮机构	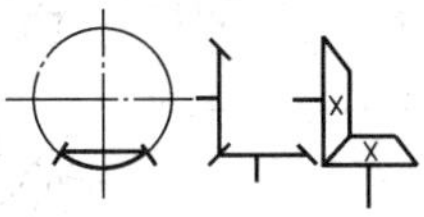	轴上飞轮	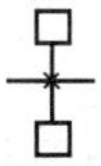
蜗杆机构	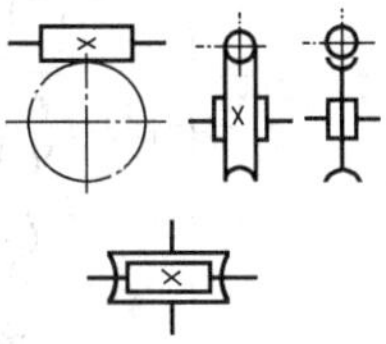	制动器	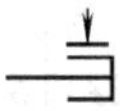
扇形齿轮机构	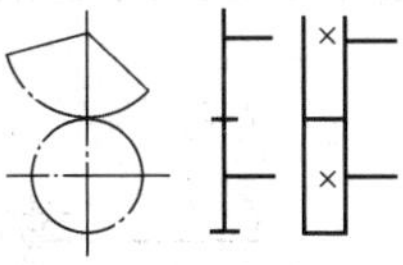	弹性联轴器、万向联轴器	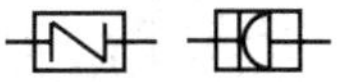
螺旋机构		啮合式和摩擦式离合器	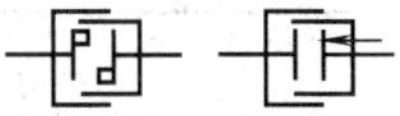
		支架上的电机	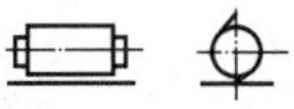
		轴承	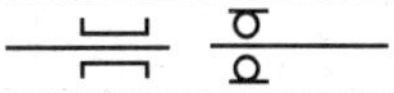

为了准确地反映构件间原有的相对运动，表示转动副的小圆的圆心必须与实际构件的回转轴线重合；表示移动副的滑块、导杆、导槽等的导路方位也必须与实际构件的相对移动方位一致。

国家规定的部分常用构件和机构的运动简图符号见表 3-2，表中标注在各构件上的尺寸 l 和角度 α、β 等参数确定了各运动副之间的相对位置，它们均会影响到构件的运动，称为构件的运动尺寸。高副元素曲线的几何参数，也是含该元素的构件的运动尺寸。在表达各构件时，必须注意完整表达该构件的运动尺寸。对有些构件和机构还应符合有关国家标准规定的专门表达方法。

平面机构运动简图绘制的方法和步骤如下。

1. 研究机构结构与动作原理

图 3-4(a) 所示为一台冲床的结构图，绘制其运动简图时首先要仔细观察它的运动，研究它有哪些构件和运动副，它是如何动作的。该冲床的偏心轮 1 为原动件，床身 6 为机架，原动件 1 在驱动电机带动下作顺时针转动时，通过构件 2、3、4 带动冲头 5 作上下往复移动，从而完成冲压工艺动作。这里共有六个构件，从原动件开始，按运动传递的顺序依次研究邻接构件之间的相对运动关系可知，该机构全部由低副联接而成，共有六个转动副（其回转中心分别为 O_1、A、B、C、O_2 及 D）和一个由冲头 5 与机架 6 组成的移动副。

表 3-2 部分常用构件和机构运动简图符号

名称	表达方法	名称	表达方法
杆、轴类构件		两个构件组成高副	1 2 1 2 2 ρ_2 1 ρ_1 2 1
固定构件			
构件组成部分相固结		两副构件	l l (l=0) l l α
两个构件组成转动副	2 1 2 1 2 1 2 1 2 1 2 1		
两个构件组成移动副	1 2 1 2 1 2 1 2 2 1 2 1	三副（或三副以上）构件	l_2 l_1 α l_2 l_1 l_2 β l_3 α l_1 l_4

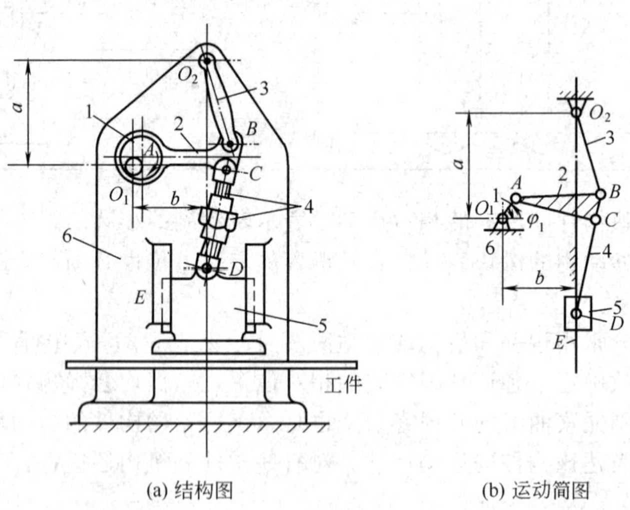

(a) 结构图

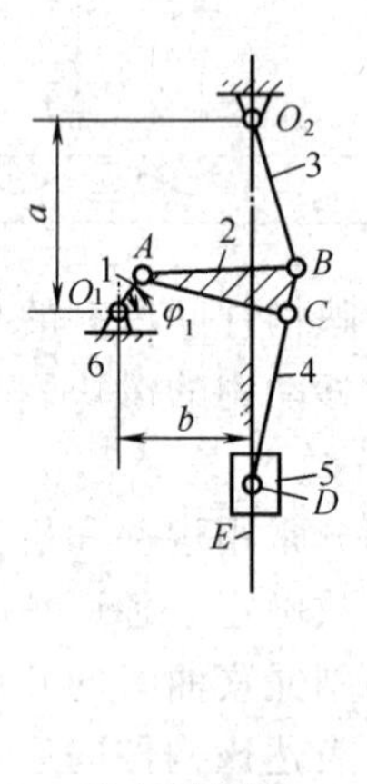

(b) 运动简图

图 3-4 冲床结构图及其运动简图

2．选择投影面

选择与冲床运动平面相平行的平面作为主要投影面。本例只需主投影面的一个视图就能表达清楚。若机构较为复杂，一个视图尚不足以表达时，可以补充其他投影面的视图。

3．测量构件的运动尺寸

本例需测量的构件运动尺寸有：构件 1 上的 l_{O_1A}；构件 2 上的 l_{AB}、l_{BC}、l_{AC}；构件 3 上的 l_{O_2B}；构件 4 上的 l_{CD} 和构件 6 上的长度尺寸 a 和 b。需注意偏心轮 1 与机架 6 和构件 2 组成的两个转动副，其中心分别是偏心轮的转动中心 O_1 和几何中心 A。

4. 按选定比例作图

机构运动简图是对机构进行图解分析的依据，应按比例精确绘制。根据选定的比例，将冲床各个实测运动尺寸按比例进行作图，得到图 3-4(b) 中长度 O_1A、AB、BC、AC、O_2B、CD 和 a、b。作图时需将机构停留于某个适当位置，先根据该位置原动件的位置角 φ_1（决定机构中各从动件位置的独立变量）作出原动件，然后作出机架上各运动副的位置（转动副中心点及移动副导路的方位线），再依次定出其余运动副位置并画出构件。运动简图绘制完毕，还需在图上注出长度比例尺、原动件运动指示箭头、构件序号（通常以数字表示）及运动副序号（通常以字母表示），如图 3-4(b) 所示。

三、平面连杆机构

图 3-5 中各平面连杆机构的运动副全为低副，这种全由低副联接若干刚性构件组成的机构，称为平面低副机构。各构件均在同一平面或相互平行的平面内运动。

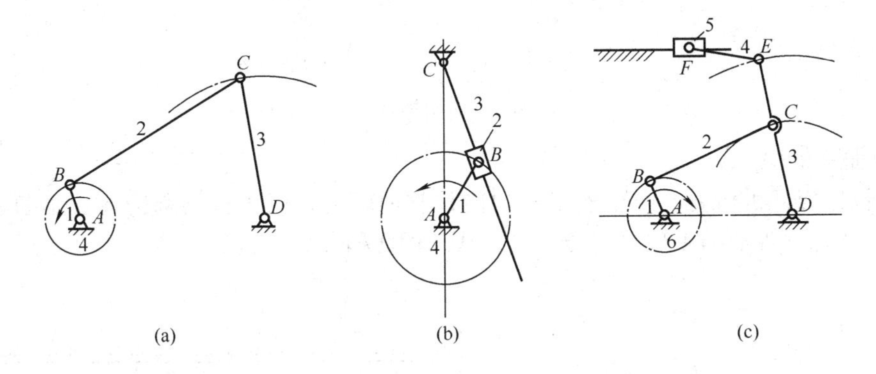

图 3-5　平面连杆机构

在这些机构中凡与机架直接相连的构件称为连架杆，如图 3-5(a)、(b) 中的构件 1、3 和图 3-5(c) 中的构件 1、3、5；凡不与机架直接相连的构件称为连杆，如图 3-5(a)、(b) 中的构件 2 和图 3-5(c) 中的构件 2、4。除杠杆机构和斜面机构等Ⅰ级机构外，平面低副机构都含有连杆构件，故又称为平面连杆机构。由四个构件和四个低副组成的机构称为平面四杆机构，由四个以上构件及多个低副组成的机构则称为平面多杆机构。

(一) 平面四杆机构的基本形式

常见的平面低副为转动副和移动副，它们之间可以互相转化，因此常将全为转动副的四杆机构——铰链四杆机构，作为平面四杆机构的基本形态来研究。其他结构的四杆机构，可以看作是前者不同形式的演化。

图 3-5(a) 所示的平面连杆机构即为一铰链四杆机构。构件 4 为机架，与机架相连的构件 1 和 3 称为连架杆，它们分别绕机架上的转动副中心 A 和 D 转动。如果连架杆能绕转动副中心作整周转动，则称为曲柄，若只能作往复摆动则称为摇杆。与机架相对的构件 2 称为连杆。连杆在一般情况下，相对于机架作平面运动。在铰链四杆机构中，连杆和机架总是存在的，因此可根据两连架杆运动形式，将铰链四杆机构分为如下三种基本形式。

1. 曲柄摇杆机构

图 3-5(a) 所示的铰链四杆机构即为曲柄摇杆机构。其中，构件 1 为曲柄，它可以绕转动副中心 A 作整周转动，而构件 3 则只能在一定的角度范围内作往复摆动，故为摇杆。其中曲柄和摇杆均可作为原动件。

曲柄摇杆机构的运动特点为能够将原动件的等速转动变为从动件的不等速往复摆动，如图 3-6(a) 所示搅拌机搅拌曲线；反之也可将原动件的往复摆动变为从动件的整周转动，如图 3-6(b) 所示缝纫机踏板机构。

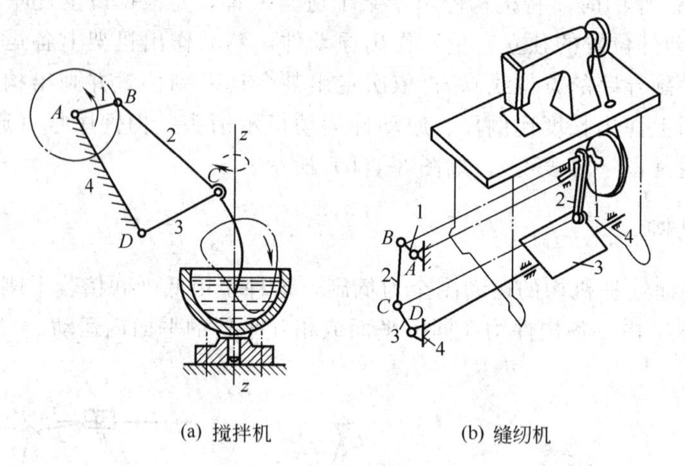

(a) 搅拌机　　(b) 缝纫机

图 3-6　曲柄摇杆机构

2. 双曲柄机构

如果铰链四杆机构中，两个连架杆均能作整周转动，则该机构称为双曲柄机构。如图 3-7 所示，当原动件曲柄 1 作整周转动时，从动件曲柄 3 也作整周转动。

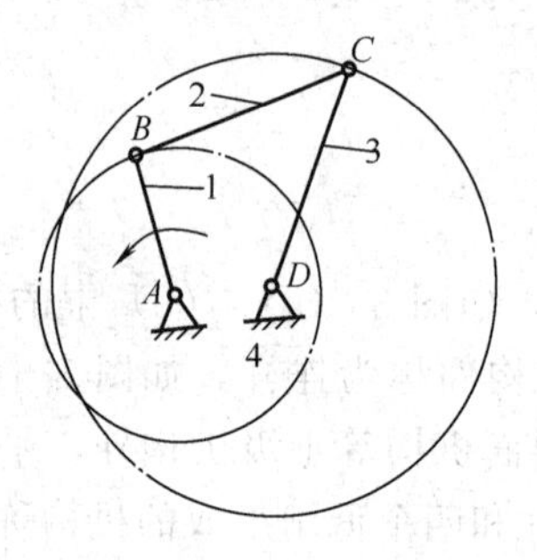

图 3-7　双曲柄机构

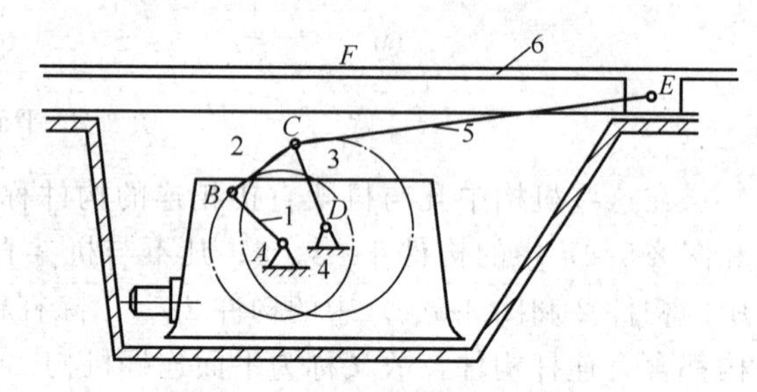

图 3-8　惯性筛机构

双曲柄机构的运动特点为能够将原动件的等速整周转动变为从动件的变速整周转动。图 3-8 所示惯性筛机构即为双曲柄机构的应用实例。当曲柄 1 等速转动时，另一曲柄 3 将作变速转动，从而通过构件 5 使得构件 6（筛子）作变速往复移动。

在双曲柄机构中，应用较多的是平行四边形机构。图 3-9(a) 所示为正平行四边形机构，它的运动特点是能够将原动件的等速转动变为从动件的等速转动，即保持转速大小相等、转向相同。在该机构中，连杆 2 作平移运动。图 3-9(b) 所示为反平行四边形机构。它的运动特点是能够将原动件的等速转动变为从动件的反向变速转动。图 3-10 所示机车车轮联动机构即为正平行四边形机构的应用实例。

3. 双摇杆机构

在铰链四杆机构中，若两连架杆均为摇杆，则此机构称为双摇杆机构（见图 3-11）。双摇杆机构的应用也很广泛，如图 3-12 所示的港口用起重机便是这种机构的应用。当摇杆 1 摆动时，摇杆 3 随之摆动，连杆 2 上的 E 点（吊钩）的轨迹近似为一水平直线，这样在平移重物时可以节省动力消耗。

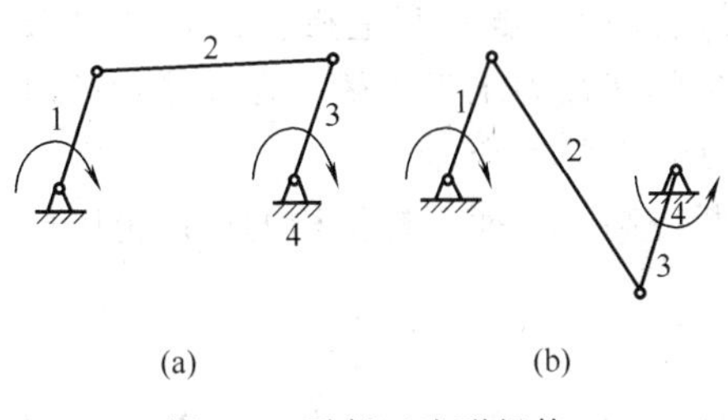

图 3-9 平行四边形机构

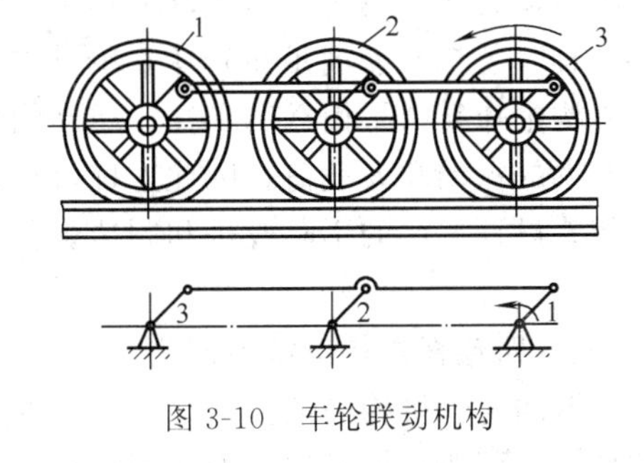

图 3-10 车轮联动机构

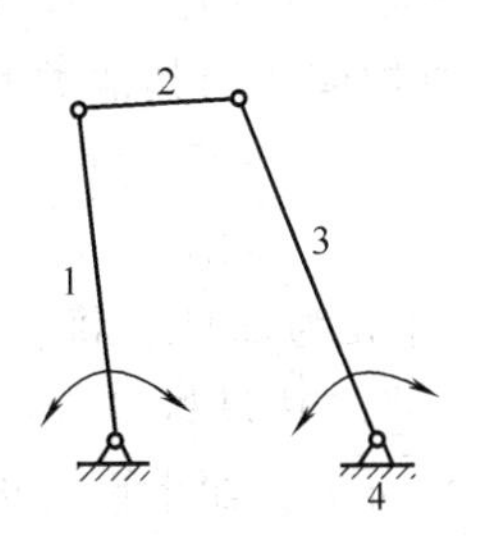

图 3-11 双摇杆机构

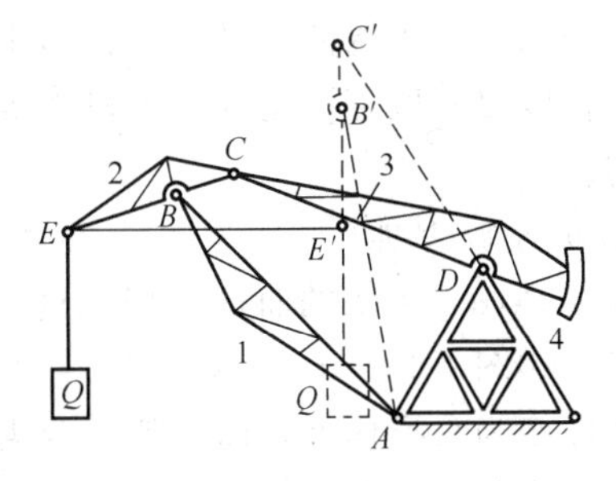

图 3-12 起重机

(二) 平面四连杆机构的基本特点

由上所述可知，铰链四杆机构之所以分为三种基本形式，主要取决于两连架杆所具有的不同运动形式，即它们是作转动还是作往复摆动。铰链四杆机构中各构件间的相对运动关系主要取决于各构件的相对长度，归纳如下，作为判断铰链四杆机构类型的准则。

如果最短杆与最长杆的长度之和，小于或等于其他两杆长度之和，则有以下三种情形。

① 若取与最短杆相邻的杆为机架，则此机构为曲柄摇杆机构，其中最短杆为曲柄，最短杆对面的杆为摇杆。

② 若取最短杆为机架，则此机构为双曲柄机构。

③ 若取最短杆对面的杆为机架，则此机构为双摇杆机构。

如果最短杆与最长杆的长度之和，大于其他两杆长度之和，则不论取哪一杆为机架，均为双摇杆机构。

根据铰链四杆机构的应用实例，已能看到平面连杆机构被广泛地应用在各类机械中。平面连杆机构之所以被广泛地应用，是因为它有如下较显著的特点。

① 平面连杆机构能够实现多种运动形式的转换。例如，它可以将原动件的转动转变为从动件的转动、往复移动或摆动，反之也可将往复移动或摆动转变为连续的转动。

② 平面连杆机构中的连杆是作复杂平面运动的构件，因而其上各点可以描绘出不同形状的曲线轨迹，这些轨迹称为连杆曲线，如图 3-6(a) 所示。工程上常利用某一整个连杆曲线或其中某一区段来完成工艺上特殊的曲线运动要求。

③ 平面连杆机构中，各运动副均为面接触（即低副），传动时受到单位面积上的压力较小，且有利于润滑，所以磨损较轻，寿命较长。另外由于接触面多数为圆柱面或平面，制造比较简单，易获得较高的精度。

但是平面连杆机构所能实现的运动规律有一定的局限性，即难以准确地实现任意的运动规律。低副间存在间隙，容易引起运动误差。生产上要求的运动规律越复杂，则机构包含的构件和运动副数目越多，由于制造不精确所产生的积累误差必然相应增加，影响机构的运动精度，有时甚至不能满足生产上的预期要求。同时设计计算也较其他机构困难和复杂。另外，机构中作复杂平面运动和往复运动的构件所产生的惯性力难于平衡，在高速运行时，将引起较大的振动和动载荷，因此连杆机构常用于速度较低的场合。

随着设计方法的不断改进和制造工艺水平的不断提高，平面连杆机构的使用范围已不断地扩大。

（三）四连杆机构类型的演化

铰链四连杆机构是最基本、最常用的平面四连杆机构。但在工程实际中还经常会遇到其他类型的平面四连杆机构，如曲柄滑块机构、导杆机构、偏心轮机构等，这些机构都可看作是在铰链四连杆机构的基础上演化出来的。通常可以通过改变某些运动副的尺寸、改变构件的相对长度以及取不同构件作为机架等方法，由铰链四连杆机构演化出其他类型的平面四连杆机构。

1. 扩大转动副

图 3-13(a) 所示的曲柄摇杆机构中，构件 1 为曲柄，构件 3 为摇杆。将转动副 D 的半径加大，如图 3-13(b) 所示。当继续加大转动副 D 的半径，使之超过构件 3 的长度时，则构件 3 即变为盘形构件，而机架 4 变为圆环状，如图 3-13(c) 所示。如果再将构件 3 的形状由盘形改为块状，并将机架改变为环形槽，则构成图 3-13(d) 所示的机构。因为构件 3 仅能在某一角度范围内作往复摆动，由此可以将环形槽截取为弧形槽，并使其具有足够的弧长，以供构件 3 在其间作往复摆动。这样即演变为图 3-13(e) 所示的机构。因为在上述演化过程中，各构件的相对长度（即各转动副中心间的距离）均未发生变化，所以各构件间的相对运动关系也不变，因此机构的运动未发生变化，但图 3-13(a)、(b)、(c)、(d)、(e) 所示各机构的外形则完全不同。由此可知，识别一个机构时，一定要抓住其内在本质，而不要被各种复杂的机构外形所迷惑。

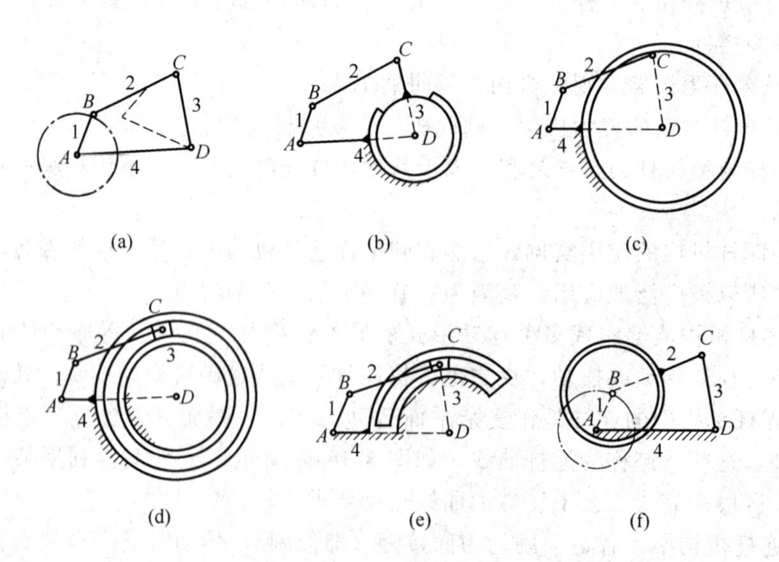

图 3-13 铰链四连杆机构的演化

如果将图 3-13(a) 所示曲柄摇杆机构中的转动副 B 的半径加大，并使之超过曲柄 1 的长度，则如图 3-13(f) 所示，曲柄 1 将演化为一个圆盘，其几何中心 B 与转动中心 A 不相重合，称为偏心轮。两中心之间的距离 AB 称为偏心距。图 3-13(f) 所示的机构称为偏心轮机构。因为偏心距仍等于原曲柄的长度，其他构件的相对长度也不变，所以该偏心轮机构的运动与图 3-13(a) 所示的曲柄摇杆机构的运动完全相同。偏心轮机构多用于曲柄销承受较大冲击载荷，或曲柄长度较短及曲柄需要装在直轴中部的机器中，如冲床、剪床、颚式破碎机中均采用偏心轮机构。

2. 转动副转化为移动副

在图 3-13(e) 所示的机构中，如将弧形槽的半径 CD 增大至无穷大，则转动副中心 D 将移至无穷远处。这时，弧形槽转化为直槽。构件 3 与弧形槽 4 所组成的转动副（即扩大了的弧形转动副）将转化为滑块 3 与直槽 4 所组成的移动副。图 3-13(a) 所示曲柄摇杆机构即演化为图 3-14(a) 所示的偏置曲柄滑块机构，图中尺寸 e 为滑块导路的中心线与曲柄转动中心 A 之间的垂直距离，称为偏距。当偏距 $e=0$ 时，该机构即称为对心曲柄滑块机构，如图 3-14(b) 所示。

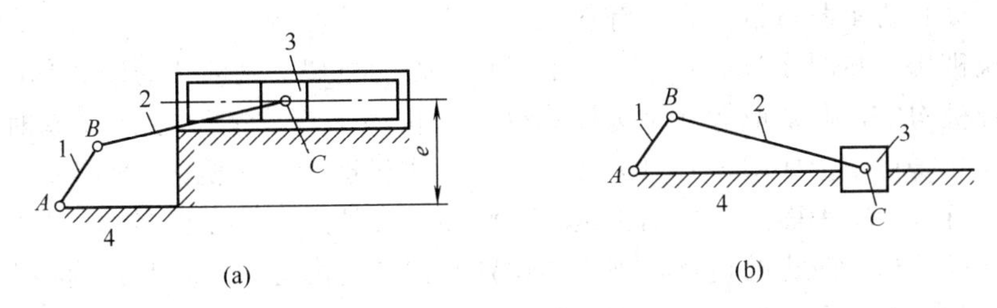

图 3-14　曲柄滑块机构

曲柄滑块机构广泛使用于各种机械中，如空气压缩机、内燃机、剪床等。在曲柄滑块机构中，同样可以采取不同构件为机架的办法，演化出如下几种常用的平面四杆机构。

(1) 导杆机构　在图 3-15(a) 所示的曲柄滑块机构中，如果取曲柄 1 作为机架，则可演化为图 3-15(b) 所示的转动导杆机构。取构件 2 为原动件，则当它绕转动副中心 B 作整周转动时，通过滑块 3 带动构件 4（称为导杆）绕转动副中心 A 也作整周转动，故称为转动导杆机构。

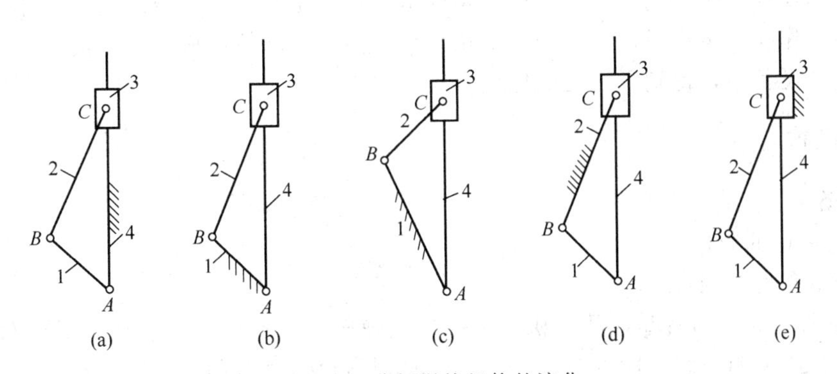

图 3-15　曲柄滑块机构的演化

在图 3-15(b) 中，如果改变构件 2 和机架 1 的相对长度，使 $AB>BC$，如图 3-15(c) 所示，则当构件 2 绕 B 点作整周转动时，导杆 4 仅能在小于 180°的范围内作往复摆动，因而称这种机构为摆动导杆机构。

(2) 摇块机构　在图 3-15(a) 所示的曲柄滑块机构中，如取构件 2 作为机架，则可演化为图 3-15(d) 所示的摇块机构。在摇块机构中，当曲柄 1 转动时，滑块 3 绕机架上 C 点摆动，故称之为摇块。这时导杆 4 作平面运动。这种机构常用于各种摆缸式原动机和工作机

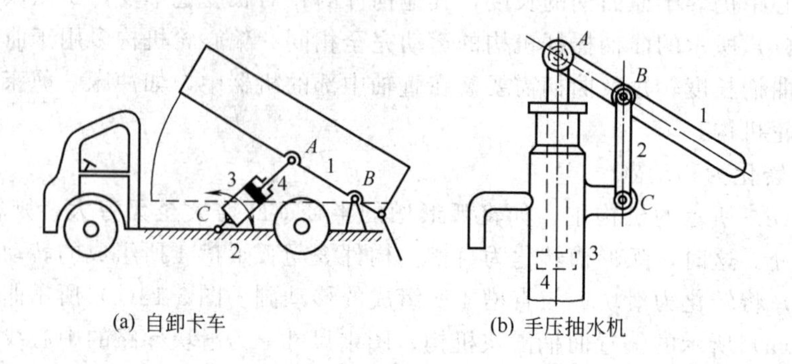

图 3-16　摇块机构及定块机构的应用

中。如图 3-16(a) 所示载重汽车自动卸料机构即为其应用实例。

(3) 定块机构　在图 3-15(a) 中，如取滑块 3 作为机架，则演化为图 3-15(e) 所示定块机构。在这种机构中，通常取构件 1 为原动件。当构件 1 绕铰链中心 A 摆动时，导杆 4 即在定块 3 中作往复移动。如图 3-16(b) 所示手压抽水机即为定块机构应用实例。

由以上分析可知，平面四杆机构虽然种类繁多，其外形更是多种多样。但只要掌握它们的内在规律性以及相互演化的途径，则不难识别它们各自的运动特点和结构特点，进而达到正确选择使用各种类型平面四杆机构的目的。

第二节　凸轮机构和间歇运动机构

平面连杆机构一般只能近似地实现给定的运动规律，而且设计较为复杂。凸轮机构则可以较精确地实现各种复杂的运动规律，而且设计简单，只要将凸轮的轮廓曲线按照从动件预定的运动规律设计出来，则从动件就能较精确地实现预定的运动规律。当主动件作连续运动而从动件必须作间歇运动时，采用凸轮机构也较为简便。凸轮机构在各种机械中，特别是在自动化的生产设备中，得到了广泛的应用。

一、凸轮机构

(一) 概述

1. 凸轮机构的应用

首先分析几个实例。

图 3-17 所示为内燃机配气凸轮机构。凸轮匀速转动，其曲线轮廓驱动从动件 2 按预期运动规律打开或关闭气阀。图 3-18 所示为自动送料机构，当圆柱形凸轮转动时，通过凹槽中的滚子，驱使从动件 2 作往复移动。凸轮每转动一周，从动件从储料器中将一个坯料送到加工位置。图 3-19 所示为车削手柄的仿形机构。从动件 2 的滚子在弹簧作用下与凸轮的轮廓相接触，当拖板 3 纵向移动时，凸轮的曲线轮廓迫使从动件 2（即刀架）进退，切出母线与凸轮轮廓相同的旋转曲面。

由以上例子可以看出：凸轮机构主要由凸轮、从动件和机架三个基本构件组成，可将凸轮的转动或移动转变成从动件按一定规律作移动或摆动。为了在运转过程中，使从动杆与凸轮始终保持接触，可利用弹簧力、重力或某种特殊结构来实现。

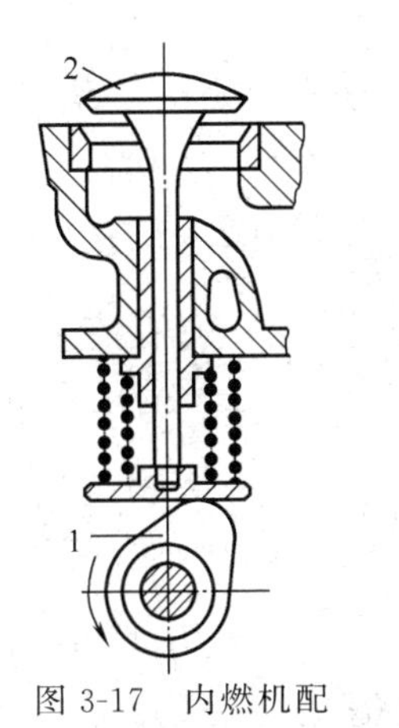

图 3-17　内燃机配气凸轮机构

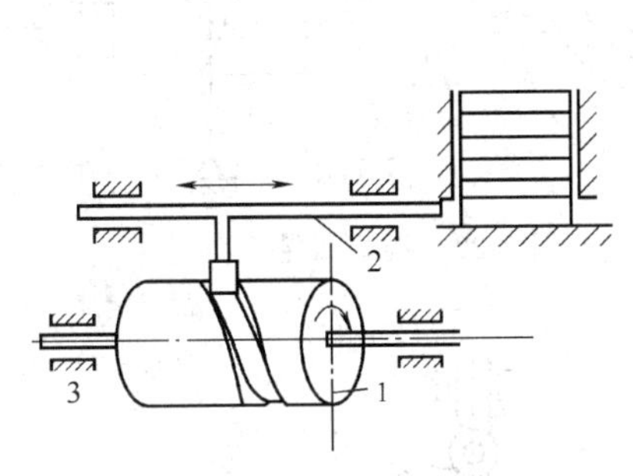

图 3-18　自动送料机构

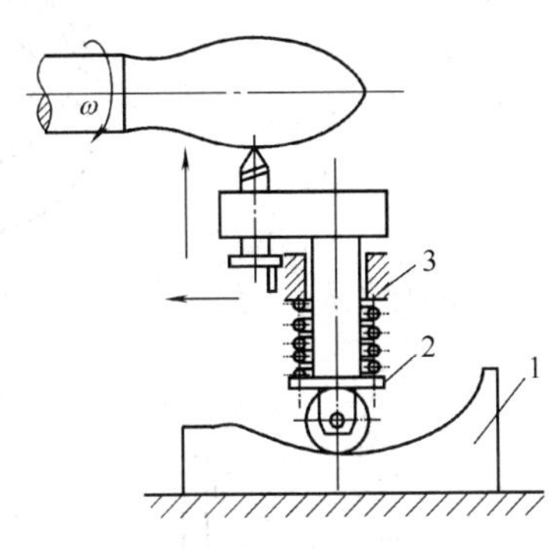

图 3-19　车削手柄的仿形机构

2. 凸轮机构的分类

工程中实用凸轮机构有很多种结构，其分类见表 3-3 及图 3-20～图 3-23。

表 3-3　凸轮机构的分类

<table>
<tr><th>凸轮机构类型</th><th colspan="2">平面凸轮机构</th><th>空间凸轮机构</th><th>说　明</th></tr>
<tr><td>凸轮形式</td><td colspan="2">盘形凸轮
移动凸轮
[见图 3-20(a)]</td><td>圆柱凸轮
端面凸轮
[见图 3-20(b)]</td><td>端面具有特定形状的圆柱凸轮称为端面凸轮</td></tr>
<tr><td>从动件形状</td><td colspan="3">尖端、滚子、平底
（见图 3-21）</td><td>尖端易磨损，实际很少应用；滚子应用最广；平底用于受力较大及速度较高场合</td></tr>
<tr><td>从动件运动方式</td><td colspan="3">移动[见图 3-21(a)]；摆动[见图 3-21(b)]</td><td>移动也称直动</td></tr>
<tr><td rowspan="2">高副锁合方式</td><td>力锁合</td><td colspan="2">弹簧力（见图 3-19）
重力[见图 3-21(b)]</td><td>高副锁合方式即维持从动件与凸轮高副相接触的方式
力锁合中的重力锁合较少应用</td></tr>
<tr><td>几何锁合</td><td colspan="2">沟槽凸轮（见图 3-22）
等宽凸轮[见图 3-23(a)]
等径凸轮[见图 3-23(b)]
共轭凸轮[见图 3-23(c)]</td><td>靠沟槽锁合
保持上下接触点间的宽度距离相等
保持上下接触点间的径向距离相等
凸轮有两条廓线控制同一从动件</td></tr>
</table>

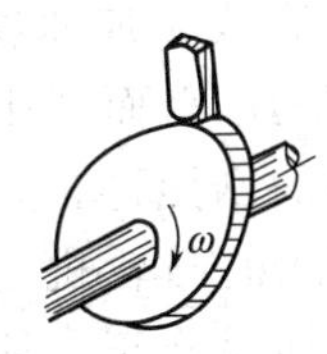

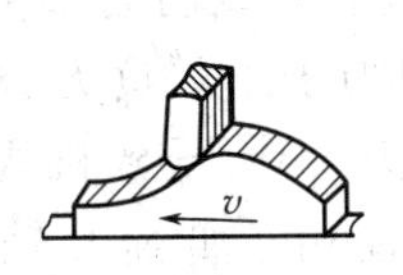

(a) 盘形凸轮与移动凸轮

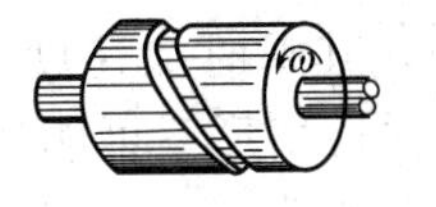

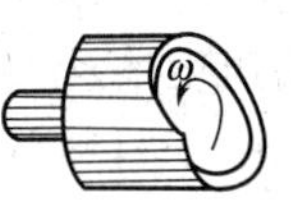

(b) 圆柱凸轮与端面凸轮

图 3-20　凸轮形式

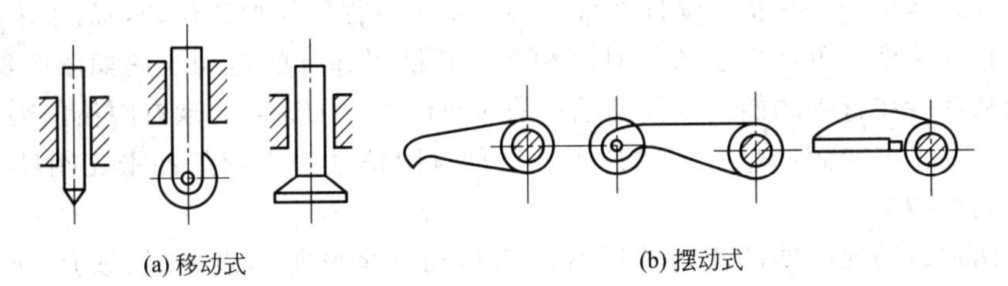
(a) 移动式　(b) 摆动式

图 3-21　从动件的结构形式

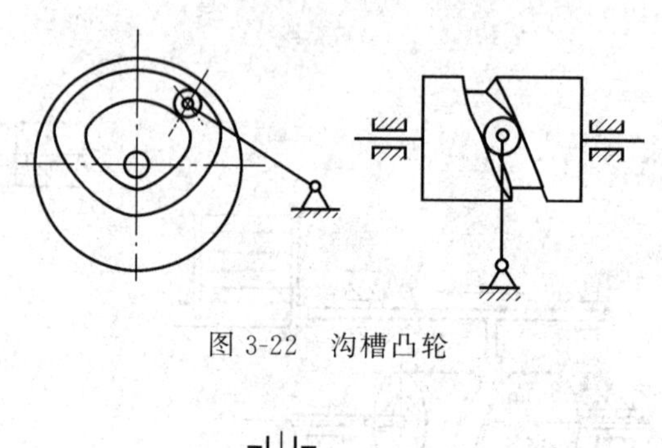

图 3-22 沟槽凸轮

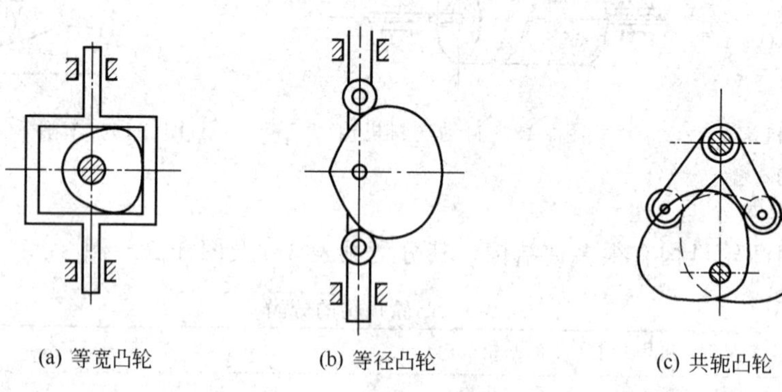

图 3-23 锁合式凸轮

3. 凸轮机构的特点

凸轮机构的优点是：只需设计适当的凸轮轮廓，便可使从动件得到预期的运动规律，而且结构简单、紧凑，设计方便，因此在各种自动机械中得到广泛应用。凸轮机构的缺点是：凸轮轮廓与从动件间为点或线接触，易于磨损，因此多用于传力不大的控制机构中。

（二）从动件的运动规律

从动件推程和回程的位移、速度和加速度随时间而变化的规律称为从动件运动规律，以下仅介绍常用的从动件运动规律。

1. 等速运动

在推程中，从动件作等速运动，其位移 s、速度 v 和加速度 a 随凸轮转角 φ 的变化线图如图 3-24 所示。因从动件等速移动，所以 $v\varphi(t)$ 线图为水平直线，加速度为零。但在行程始末两端速度有突变，其瞬时加速度分别趋于正、负无穷大，因而产生无穷大的惯性力（实际上由于材料的弹性变形不可能达无穷大），导致机构的剧烈冲击，这种冲击称为刚性冲击。因此这种单纯的等速运动规律只能用于低速和轻载的凸轮机构中。在实际应用中，为避免刚性冲击，常将这种运动规律起始和终止两段加以修正，使速度逐渐增高或降低。

2. 等加速等减速运动

等加速等减速运动，是指从动件在推程的前半个行程作等加速运动，后半个行程作等减速运动，且正加速度与负加速度的绝对值相等，其推程部分的运动线图如图 3-25 所示。该运动规律的从动件在行程的始末以及加减速的转换位置，加速度出现有限值的突变，因而其惯性力也随之发生突变而产生一定的冲击，这种有限惯性力引起的冲击比刚性冲击轻微得多，故称为柔性冲击。

除上述两种运动规律外，从动件还有简谐运动（余弦加速度）、摆线运动（正弦加速度）、高次多项式等运动规律，或者将多种运动规律组合起来应用。

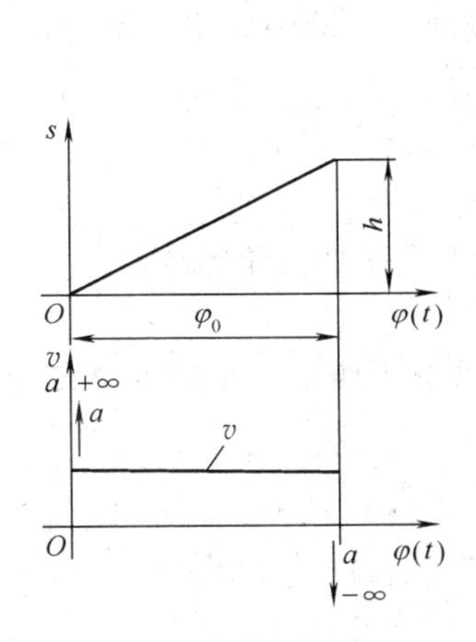

图 3-24　等速运动规律

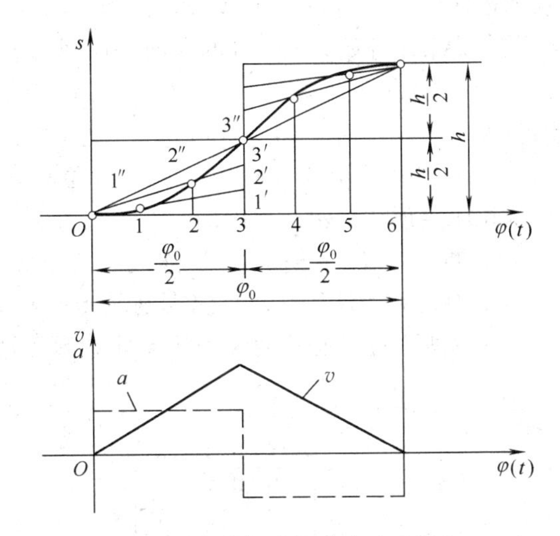

图 3-25　等加速等减速运动规律

（三）凸轮轮廓的设计

当工作要求选定了凸轮机构的形式、凸轮的基圆半径、从动件的运动规律后，在凸轮转向已知的条件下，即可进行凸轮轮廓曲线的设计。凸轮轮廓曲线设计的方法有图解法和解析法，下面仅介绍图解法。

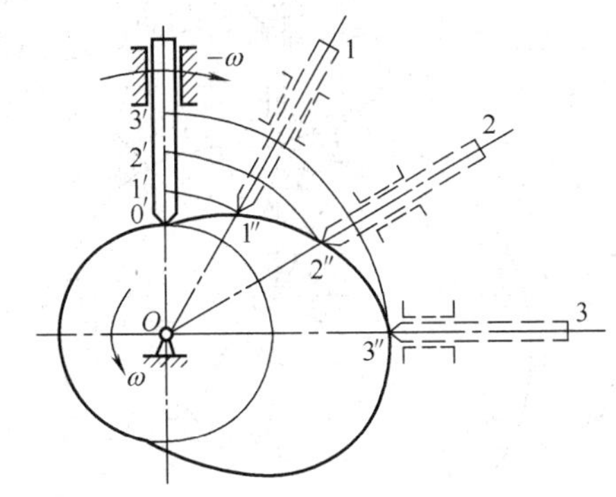

图 3-26　反转法原理

图 3-26 所示为一对心尖顶移动从动件凸轮机构。设该凸轮轮廓曲线是根据从动件的运动规律设计出来的，则当凸轮以角速度 ω 绕其轴 O 回转时，从动件的尖顶将沿凸轮的轮廓曲线按预期的运动规律作相对运动，现假想在该机构上加一个公共角速度（$-\omega$）绕 O 轴反向回转，则凸轮将静止不动，从动件一方面将随导路一起以角速度（$-\omega$）绕 O 轴回转，与此同时由于尖顶与凸轮轮廓始终接触，所以它又随轮廓径向的变化在导路内作预期的往复运动，如图中虚线所示，但凸轮与从动件之间的相对运动并不改变，因此从动件尖顶轨迹即为凸轮轮廓曲线。反之，若已知从动件的运动规律，也可采用上述的方法来设计凸轮轮廓。同理，若为滚子从动件凸轮机构，则在上述复合运动中，从动件的滚子轨迹形成一圆族，而凸轮的轮廓曲线就是这个圆族的包络线。此图解释设计凸轮轮廓曲线时所依据的基本原理称为反转法原理。

1. 对心尖顶移动从动件盘形凸轮

已知某对心尖顶移动从动件盘形凸轮机构的从动件运动规律为：凸轮以等角速度 ω 逆时针转 180°时，从动件等速上升 h，凸轮继续转过 60°停留不动，凸轮再转过其余 120°降至原处。设计该凸轮的轮廓曲线。

绘制凸轮轮廓曲线的步骤如下。

① 选取适当的比例，绘出从动件的位移图线，如图 3-27(a) 所示。将横轴上的推程角和回程角各分为若干等份得分点 1、2、3 等，自各分点作横轴的垂线交位移曲线于 1′、2′、3′等。

② 在图 3-27(b) 中，以和纵轴相同的比例作基圆 O，在基圆上任选一点 B_0 为从动件尖

顶的最低位置，连 OB_0 并延长，则为从动件的导路。

③ 从 B_0 开始，沿 $-\omega$ 的方向（顺时针）、以与位移图线相同的份数等分基圆，得分点 C_1、C_2、C_3 等。作射线 OC_1、OC_2、OC_3 等，这些射线即为从动件导路在反转运动中占据的位置。

④ 在各射线上自基圆向外截取各位移量，即 $C_1B_1=11'$，$C_2B_2=22'$，$C_3B_3=33'$等，得从动件尖顶在反转运动中的一系列位置 B_1、B_2、B_3 等。

⑤ 将 B_0、B_1、B_2、B_3 等连成一条光滑的曲线，便是所求的凸轮廓线。

2. 对心移动滚子从动件盘形凸轮

图解法设计对心移动滚子从动件盘形凸轮的轮廓曲线分为两步，如图 3-28 所示。

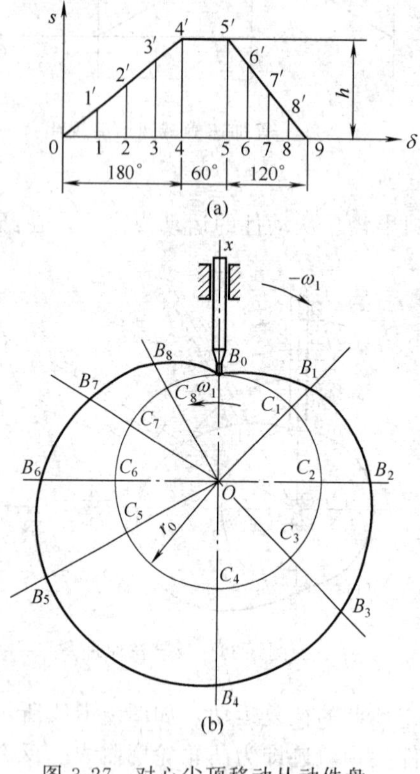

图 3-27 对心尖顶移动从动件盘形凸轮轮廓设计

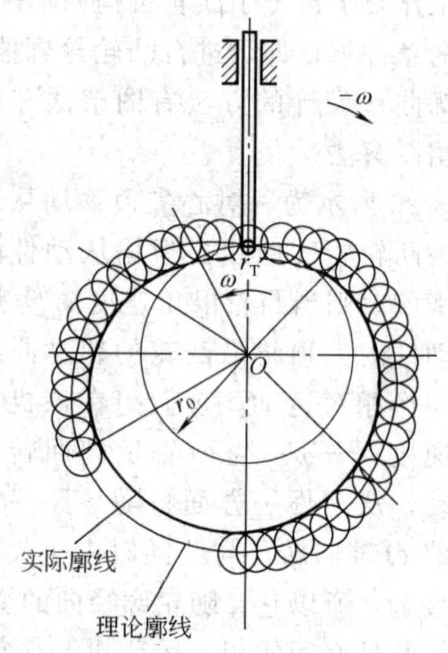

图 3-28 对心移动滚子从动件盘形凸轮轮廓设计

① 把从动件的滚子中心看作尖顶从动件的尖顶，按上例所述步骤作出凸轮的理论轮廓线。

② 在理论轮廓线上选取一系列的点为圆心，以滚子半径 r_T 为半径作一系列的圆，再作此圆族的包络线即为凸轮的实际轮廓线。

二、间歇运动机构

棘轮机构和槽轮机构都属于间歇运动机构。它们的主要任务是变原动件的连续转动为从动件的周期性时动时停的间歇运动。

1. 棘轮机构

棘轮机构如图 3-29 所示。弹簧用来使止动棘爪和棘轮保持接触。当摇杆作往复摆动，用销子联接于摇杆上的棘爪随摇杆一同作往复摆动。当摇杆逆时针转动时，棘爪插入棘齿中，推动棘轮作逆时针转动。当摇杆顺时针转动时，棘爪从棘齿上滑过。这时由于有止动爪抵住，棘轮不能作顺时针转动。因此，棘轮只能作单方向逆时针间歇转动。如果要使棘轮能作双向间歇运动，则可把棘轮的齿制成矩形，而棘爪制成如图 3-30 所示的形状，当棘爪处在图示位置时，棘轮可获得逆时针方向间歇转动；而当把棘爪绕其轴线 A 翻转到虚线所示位置时，棘轮即可获得顺时针方向间歇转动。

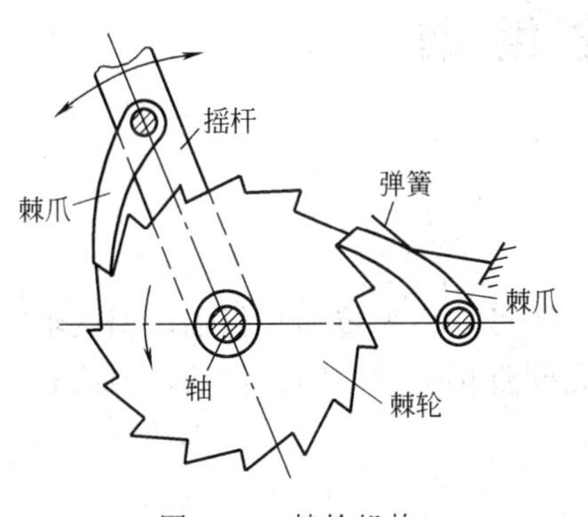

图 3-29　棘轮机构

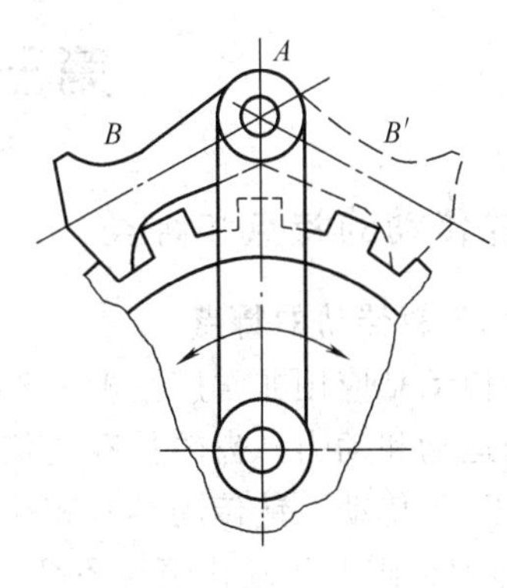

图 3-30　双向棘轮机构

图 3-31 所示是另一种双向棘轮机构，当棘爪按图示位置放置时，棘爪的直边抵住棘轮轮齿的右侧齿廓，当棘爪逆时针摆动时，棘轮可得到逆时针方向间歇转动；当棘爪顺时针摆动时，棘爪由棘齿背上滑过。若把棘爪提起来，并绕其本身轴线转 180°后再放下时，则棘爪的直边将抵住棘轮轮齿的左侧齿廓，从而可使棘轮得到顺时针方向间歇转动。

棘轮机构常用于自动生产线以及自动、半自动机床的进给机构中。由于棘轮机构在运动阶段的开始与终了时将发生冲击，所以不能用在高速机器中。

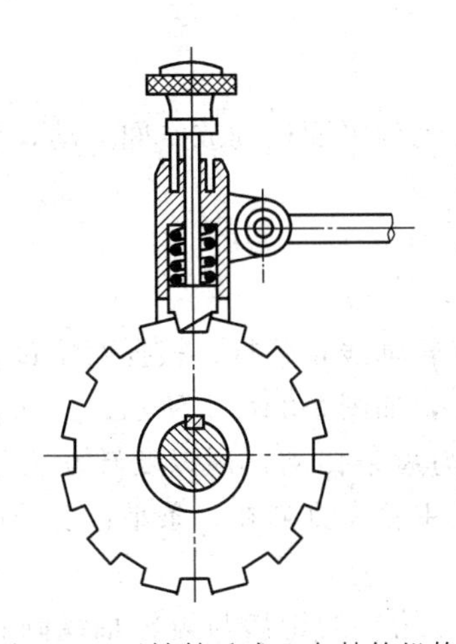

图 3-31　回转棘爪式双向棘轮机构

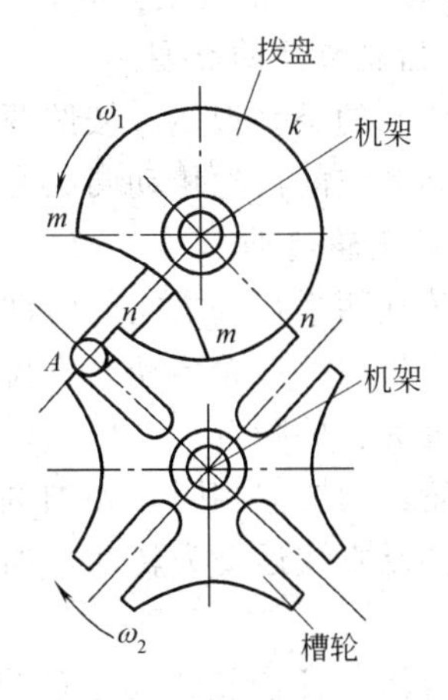

图 3-32　外啮合槽轮机构

2. 槽轮机构

槽轮机构又称马尔他机构。它有外啮合和内啮合两种，图 3-32 所示为一外啮合槽轮机构。拨盘以等角速度连续转动，槽轮则时而转动时而静止。当圆柱拨销 A 尚未进入槽轮的径向槽时，由于槽轮的内凹锁止弧 nn 被拨盘的外凸圆弧 mkm 卡住，故槽轮静止不动。图 3-32所示为圆柱销 A 开始进入槽轮的径向槽时的位置。此时，锁止弧 nn 被松开。

此后，槽轮受拨销 A 的拨动而作顺时针方向转动。当圆销 A 开始离开径向槽时，锁止弧 nn 又被卡住，槽轮又静止不动。直至拨销 A 再次进入槽轮的另一个径向槽时，机构又重复上述动作。

槽轮机构广泛应用在各种自动机械中，它的特点是构造简单，效率高，槽轮间歇转位较平稳，但转角大小不可调整。

第三节　齿轮传动

一、齿轮传动的特点和种类

（一）齿轮传动的特点

齿轮传动是应用非常广泛的一种机械传动形式。它可以用来传递平行轴、相交轴和交错轴之间的运动和动力。齿轮传动是依靠两齿轮轮齿之间直接接触的啮合传动，因此和其他传动形式（如带传动、链传动等）相比具有如下优点。

① 能保证瞬时传动比恒定不变，因此传动平稳。

② 传动效率高，一般为0.97～0.99。

③ 适用的载荷与速度范围广，传递功率可由很小到 1×10^5kW，圆周速度可由很低到300m/s。

④ 结构紧凑，外廓尺寸小。

⑤ 工作可靠且使用寿命长。

其主要缺点如下。

① 对制造和安装精度要求较高，因此成本较高。

② 当两轴之间距离较大时，不宜采用齿轮传动。

（二）齿轮传动的类型

齿轮传动的类型很多。按照两齿轮传动时的相对运动为平面运动或空间运动，可分为平面齿轮传动和空间齿轮传动两大类。

1. 平面齿轮传动

用于传递两平行轴之间的转动。常见的类型如下。

（1）直齿圆柱齿轮传动　直齿圆柱齿轮的轮齿和齿轮轴线相平行。根据两轮转动方向的异同又可分为：外啮合齿轮传动，两齿轮转动方向相反，如图3-33(a）所示；内啮合齿轮传动，两齿轮转动方向相同，如图3-33(b）所示；齿轮与齿条传动，用以变转动为往复直线运动或变往复直线运动为转动，如图3-33(c）所示。其中轮齿排列在一条平板上的齿轮称为齿条。

（2）斜齿圆柱齿轮传动　斜齿圆柱齿轮（简称斜齿轮）的轮齿与齿轮轴线倾斜了一个角度［见图3-33(d)］，斜齿轮传动也可分为外啮合齿轮、内啮合齿轮以及齿轮与齿条三种传动。

（3）人字齿轮传动　人字齿轮的齿向如人字形［见图3-33(e)］，可看作由两个螺旋角相等但方向相反的斜齿轮所组成。

2. 空间齿轮传动

用以传递相交轴和交错轴之间的转动。常见的类型如下。

（1）圆锥齿轮传动　用以传递相交轴之间的转动。圆锥齿轮的轮齿排列在截圆锥体的表面上。常用的类型为直齿圆锥齿轮传动和曲齿圆锥齿轮传动，如图 3-33（f）、（g）所示。

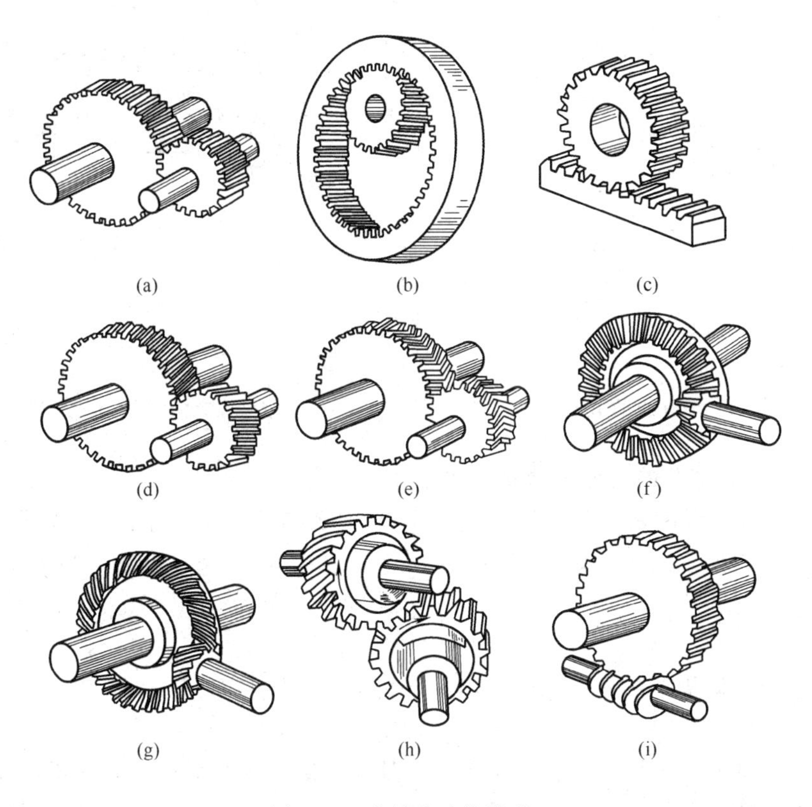

图 3-33　齿轮传动的类型

（2）螺旋齿轮传动　用于传递空间交错轴之间的转动，如图 3-33(h) 所示。它只能传递较小功率，仅用于传递运动。

（3）蜗杆机构　用于两垂直交错轴间的传动，如图 3-33(i) 所示。

此外，根据齿轮传动的工作情况又可分为：开式齿轮传动，齿轮全部外露，灰尘、杂质等容易落入，且只能采用定期润滑，轮齿齿面易磨损，多用于不重要的低速传动中；闭式齿轮传动，齿轮全部装在密封的刚性箱体内，润滑条件好，多用于重要的传动中。

为了更好地满足传动的需要，必须对齿轮传动提出下列两项基本要求：传动平稳，能够保证瞬时传动比恒定不变，以免产生冲击、振动和噪声；承载能力强，能够传递较大的动力，且体积小、重量轻、寿命长。

二、渐开线标准直齿圆柱齿轮的基本参数和几何尺寸

目前，采用渐开线作为齿廓曲线的齿轮应用最为广泛。图 3-34 所示为渐开线的形成，当一直线 BK 沿一半径为 r_b 的圆周作纯滚动时，此直线上任意一点 K 的轨迹称为该圆的渐开线。该圆称为渐开线的基圆，该直线称为渐开线的发生线。r_k 和 θ_k 分别称为 K 点的向径和展角。渐开线上某一点的法线（不计摩擦时的正压力方向线），与该点速度方向线所夹的锐角 α_k，称为该点的压力角。由图 3-34 可知

$$\cos\alpha_k=\frac{r_b}{r_k} \tag{3-1}$$

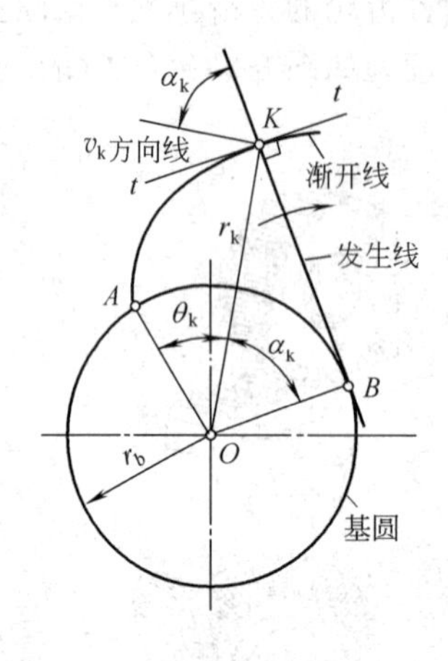

图 3-34 渐开线的形成

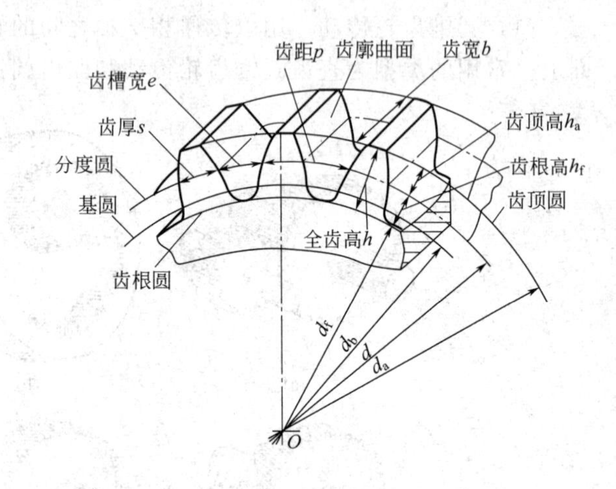

图 3-35 圆柱齿轮各部分名称

(一) 外齿轮各部分的几何要素和基本参数

图 3-35 所示为直齿圆柱齿轮的一部分，几何要素有：齿顶圆 d_a、齿根周 d_f、分度圆 d、齿距 p、齿厚 s、齿槽宽 e、齿顶高 h_a、齿根高 h_f、全齿高 h、齿宽 b。基本参数如下。

1. 齿数

齿数为在整个圆周上的轮齿总数，用 z 来表示。一般 $z \geqslant z_{min} = 17$。

2. 模数

为确定齿轮的几何尺寸，选择一个圆作为计算基准，这个圆称为分度圆。分度圆上的齿厚、齿槽宽和齿距分别用 s、e 和 p 表示，如图 3-35 所示。

分度圆的直径和半径分别用 d、r 表示，若齿数为 z，在分度圆上则有

$$\pi d = pz \tag{3-2}$$

由此可得

$$d = \frac{p}{\pi} z \tag{3-3}$$

为便于设计、制造和检测，将式(3-3) 中的比值 p/π 规定为一系列简单的数值，并称此值为模数，单位为 mm，以 m 表示，即 $m = p/\pi$。

故式(3-3) 可写为

$$d = mz \tag{3-4}$$

模数反映轮齿的大小，已经标准化，标准模数系列见表 3-4。

表 3-4 标准模数系列（摘自 GB/T 1357—87）

第一系列	1	1.25	1.5	2	2.5	3	4	5	6	8
	10	12	16	20	25	32	40	50		
第二系列				1.75	2.25	2.75	(3.25)	3.5	(3.75)	4.5
	5.5	(6.5)	7	9	(11)	14	18	22	28	(30)
	36	45								

注：选用模数时优先采用第一系列，括号内的模数尽可能不用。

模数是计算齿轮几何尺寸时的一个重要参数，模数越大，轮齿也就越大。

3. 压力角

若齿轮的基圆半径为 r_b，齿轮在半径为 r_k 的任意圆上的压力角为

$$\alpha_k = \arccos\frac{r_b}{r_k} \tag{3-5}$$

由式(3-5) 可知，压力角 α_k 随 r_k 的变化而变化。为便于设计、制造，也将分度圆上的压力角规定为标准值，并以 α 表示。压力角 α 也是齿轮的重要参数，一般规定 $\alpha=20°$，也有少数压力角为 15°、14.5°或其他数值的齿轮。

分度圆是齿轮上模数和压力角均为标准值的圆。通常将标准模数和标准压力角简称为模数和压力角。

4. 齿顶高、系数和顶隙系数

h_a^*、c^* 分别为齿顶高系数和顶隙系数，它们都是齿轮的重要参数，且均为标准值，正常齿制其数值为 $h_a^*=1$，$c^*=0.25$；短齿制其数值为 $h_a^*=0.8$，$c^*=0.3$。

综上所述，凡模数 m、压力角 α、齿顶高系数 h_a^* 和顶隙系数 c^* 均为标准值，且分度圆上的齿厚与齿槽宽相等的齿轮，称为标准齿轮。

齿数 z、模数 m、压为角 α、齿顶高系数 h_a^* 和顶隙系数 c^* 是标准直齿轮的五个基本参数，用以计算齿轮各部分的几何尺寸。

(二) 渐开线标准直齿圆柱齿轮的几何尺寸

为了便于应用，现将标准直齿轮外啮合传动的几何尺寸计算公式列于表 3-5 中。

表 3-5　标准直齿轮外啮合传动的几何尺寸计算公式

名　称	符　号	公　式
模数	m	根据齿轮轮齿的强度计算后取标准值确定
压力角	α	$\alpha=20°$
分度圆直径	d	$d_1=mz_1$；$d_2=mz_2$
基圆直径	d_b	$d_{b1}=d_1\cos\alpha$；$d_{b2}=d_2\cos\alpha$
齿顶高	h_a	$h_a=h_a^* m$
齿根高	h_f	$h_f=(h_a^*+c^*)m$
全齿高	h	$h=h_a+h_f$
顶隙	c	$c=c^* m$
齿顶圆直径	d_a	$d_a=d+2h_a=(z+2h_a^*)m$
齿根圆直径	d_f	$d_f=d-2h_f=(z-2h_a^*-2c^*)m$
齿距	p	$p=\pi m$
齿厚	s	$s=\frac{1}{2}\pi m$
齿槽宽	e	$e=\frac{1}{2}\pi m$
标准中心距	a	$a=\frac{1}{2}(d_2+d_1)=\frac{1}{2}m(z_2+z_1)$

三、一对渐开线齿轮的啮合传动

以上分析了单个齿轮的基本参数和几何尺寸计算。但是齿轮传动是依靠两个齿轮的啮合

传动来传递运动和动力的。下面就来分析一对渐开线齿轮啮合传动时应满足的条件。

(一) 正确啮合条件

如图 3-36 所示，一对渐开线标准齿轮啮合时，要使一个齿轮的齿厚无侧间隙地啮入另一个齿轮的齿槽宽，则一个齿轮的齿厚与另一个齿轮的齿槽宽应当相等，且均等于 $\pi m/2$，因此两齿轮的模数 m 应该相等。又为了保证两轮齿在啮合点处有一条公法线，则两齿轮的压力角必须相等。一对渐开线齿轮的正确啮合条件为：两齿轮的模数必须相等，即 $m_1=m_2=m$；两齿轮分度圆上的压力角必须相等，即 $\alpha_1=\alpha_2=\alpha$。这样，一对齿轮传动的传动比可表示为

$$i=\frac{\omega_1}{\omega_2}=\frac{z_2}{z_1} \tag{3-6}$$

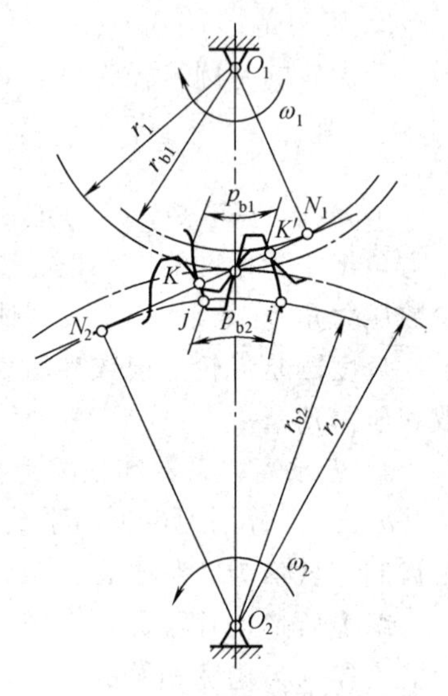

图 3-36 正确啮合条件

(二) 标准中心距

一对齿轮啮合传动时，一轮节圆上的齿槽宽与另一轮节圆齿厚之差称为齿侧间隙。正确安装的齿轮都是按照无齿侧间隙的理想情况计算其名义尺寸的。为了考虑轮齿热膨胀、润滑和安装的需要，轮齿间存在的微小齿侧间隙由制造公差加以控制。

如前所述，标准齿轮在分度圆上的齿厚和齿槽宽相等，若分度圆和节圆重合，则齿侧间隙为零。所以，一对标准齿轮分度圆相切时的中心距称为标准中心距，用 a 表示。即

$$a=r_1+r_2=\frac{m}{2}(z_1+z_2) \tag{3-7}$$

应当注意，对于单一齿轮而言，只有分度圆而无节圆，一对齿轮啮合时才有节圆。节圆与分度圆可能重合，也可能不重合。

四、齿轮的材料、结构、失效形式

(一) 常用齿轮材料

机械制造中常用的齿轮材料有以下几种。

1. 锻钢

锻钢是制造齿轮的主要材料（尺寸过大或者结构形状复杂只宜铸造的齿轮除外）。锻钢齿轮可以分为两类。

齿面硬度小于或等于 350HBW 的齿轮称为软齿面齿轮，这种齿轮是将齿轮毛坯经正火或调质处理后切齿。因为齿面较软，刀具不致迅速磨损。软齿面齿轮制造简便、经济、生产率高，常用于对强度、速度及精度都要求不高的齿轮，如中、低速机械中的齿轮。在一对软齿面齿轮中，小齿轮的齿面硬度应比大齿轮的齿面硬度大 30～50HBW。这类齿轮常用的材料是 45、50、35SiMn、40Cr、40MnB、30CrMnSi、38SiMnMo 等。

齿面硬度大于 350HBW 的齿轮称为硬齿面齿轮。这种齿轮多是先切齿，而后进行齿面硬化处理，热处理方法为表面淬火、渗碳、氮化、碳氮共渗等。处理后的齿面硬度通常可达 40～60HRC，表层硬度高而芯部韧性好，故承载能力大且耐磨性好，常用于高速、重载及精密机器所用的重要齿轮传动。但由于热处理会使轮齿变形，所以最终还应进行磨齿等精加工。这种齿轮常用 45、40Cr、40CrNi、35SiMn 等进行表面淬火，或用 20、20Cr、

20CrMnTi 等进行渗碳淬火。

2. 铸钢

铸钢的强度及耐磨性均较好，但由于铸造时内应力较大，故应经正火或退火处理，必要时可进行调质处理。铸钢常用于尺寸较大而不宜锻造的齿轮。常用的铸钢有 ZG310-570、ZG340-640 等。

3. 铸铁

铸铁的切削性能好，抗胶合和点蚀的能力强，但抗弯强度与抗冲击能力较差，因此常用于工作平稳、速度较低、功率不大的开式齿轮传动中。常用的灰铸铁有 HT200、HT300 等。

球墨铸铁的力学性能及抗冲击性远比灰铸铁高，故获得了越来越多的应用，常用的球墨铸铁有 QT450-10、QT600-3 等。

4. 非金属材料

对高速、轻载及精度不高的齿轮传动，为了降低噪声，常用非金属材料如夹布塑料、尼龙等制作小齿轮，而大齿轮仍用钢或铸铁制造。为使大齿轮有足够的抗磨损及抗点蚀能力，齿面硬度应为 250～350HBW。

（二）齿轮的结构

齿轮由轮齿和轮体两部分组成。齿轮的轮体结构按其直径的大小可分为齿轮轴、实体轮、辐板轮和辐条轮，如图 3-37 所示。

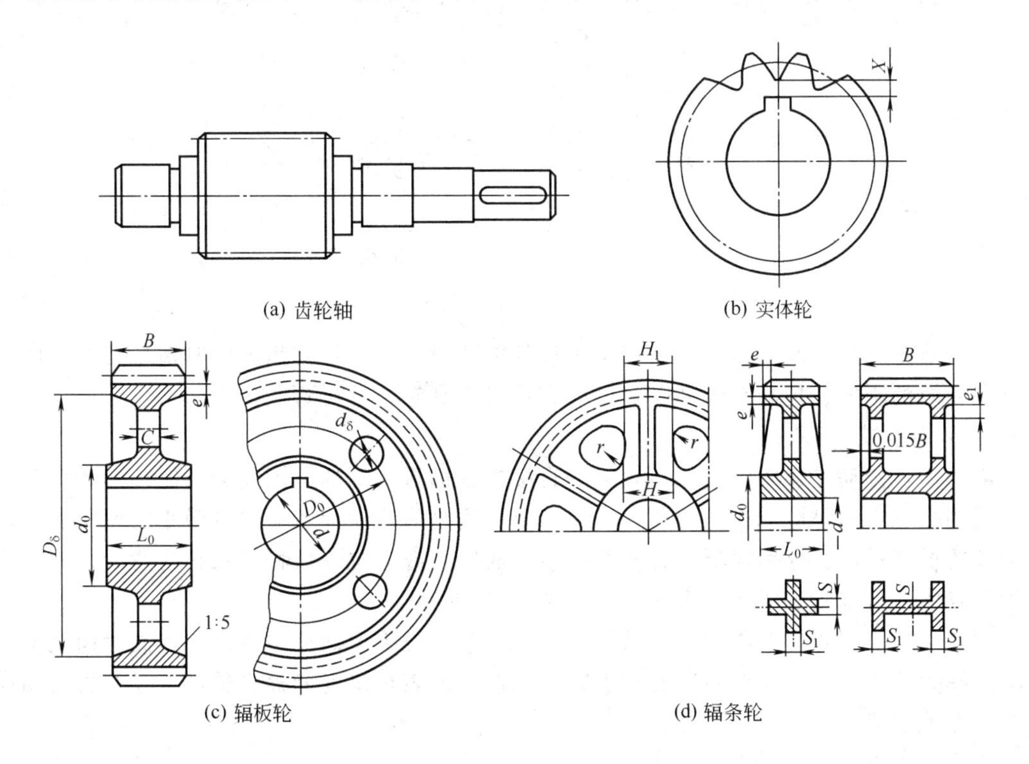

图 3-37　齿轮的结构

当齿轮直径很小时，制成齿轮轴，此时齿轮与轴的材料是相同的。如果制成单独的齿轮，其轮缘最薄处厚度 X 应大于或等于 $2.5m$（m 为模数）。

当齿顶圆直径 $d_a \leqslant 200$mm，一般制成实体轮。

当齿顶圆直径 $200<d_a\leqslant500mm$，常采用锻造毛坯辐板轮，其尺寸关系见表 3-6。

当齿顶圆直径 $d_a>500mm$，可采用铸造毛坯辐条轮，辐条数为 4、6、8，辐条截面为椭圆形、“十”字形或“工”字形。

表 3-6 锻造辐板轮尺寸

符号	尺寸关系	符号	尺寸关系
e	$(2.5\sim4)m$，但 $e\geqslant8mm$	d_0	$1.6d$
C	$0.3B$	D_0	$0.5(D_\delta+d_0)$
L_0	$(1.2\sim1.5)d$，但 $L_0\geqslant B$	d_δ	$0.25(D_\delta-d_0)$

（三）齿轮的失效形式

齿轮在传动过程中，由于某种原因而不能正常工作，从而失去正常的工作能力，称为失效。由于齿轮传动的工作状况、所用材料、轮面硬度、加工安装精度等因素不同，所以造成齿轮出现不同的失效形式。

1. 轮齿折断

齿轮的轮齿沿齿根整体或局部折断，有疲劳折断和过载折断两种，如图 3-38 所示。轮齿在传动过程中，轮齿根部所受重复变化的弯曲应力，又由于齿根的过渡部分具有较大的应力集中，因此当轮齿重复受载后，齿根处将会出现疲劳裂纹。随着裂纹的不断扩展，最终引起轮齿折断，这种折断称为弯曲疲劳折断；轮齿受到短时过载或意外冲击时，常会产生过载折断。用脆性材料（如铸铁、淬火钢）制成的齿轮，容易发生这种折断。

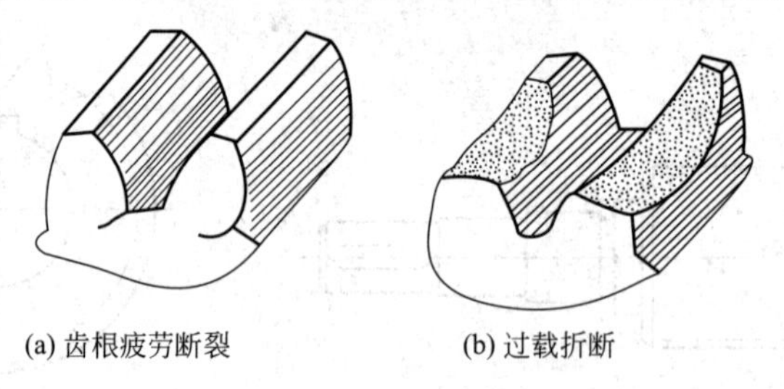

(a) 齿根疲劳断裂　(b) 过载折断

图 3-38 轮齿折断

为了防止轮齿折断，适当增大齿根过渡处的圆角半径、提高齿轮的制造和安装精度、增大轴和支撑的刚度、提高轮齿芯部韧性等，均可提高轮齿的抗弯曲折断能力。

2. 齿面点蚀

由于齿轮传动是靠两啮合轮齿表面的直接接触进行传动的，因此当齿轮传递动力时，轮齿表面的接触应力呈脉动循环变化。应力经多次重复后，齿面就会出现微小的疲劳裂纹，随着裂纹的逐渐扩展，导致表层小片金属脱落形成麻点或凹坑，这种现象称为疲劳点蚀。疲劳点蚀多发生在节线附近的齿根表面处，如图 3-39 所示。

疲劳点蚀是闭式传动的主要失效形式。为了防止发生齿面疲劳点蚀，提高齿面硬度、合理地选择大、小齿轮的配对材料和硬度差、降低轮齿表粗糙度和提高精度等，均可提高齿面抗疲劳点蚀的能力。

3. 齿面磨损

由于金属微粒、灰尘、砂粒等硬颗粒杂质进入齿面啮合处而引起齿面磨损，如图 3-40 所示。齿面磨损是开式齿轮传动的主要失效形式。齿面磨损将使齿厚减薄，齿侧间隙加大，抗弯强度降低，易产生强烈冲击，发生轮齿弯曲折断。润滑油不清洁的闭式传动也可能产生齿面磨损。

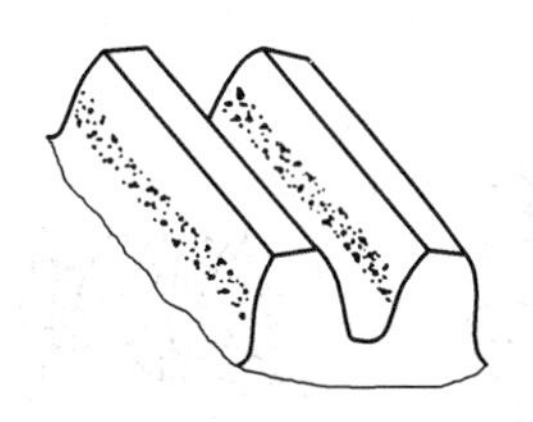
图 3-39　疲劳点蚀

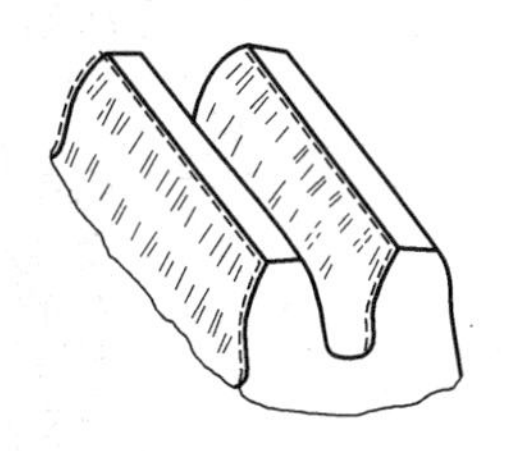
图 3-40　齿面磨损

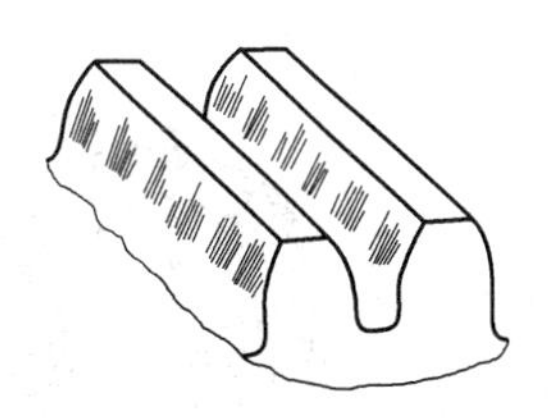
图 3-41　齿面胶合

采用闭式传动设计、提高齿面硬度和降低轮齿表面粗糙度、正确选择润滑油和润滑方式、保持润滑油的清洁等，可以防止或减轻齿面磨损。

4. 齿面胶合

在高速、重载的齿轮传动中，轮齿表面所受压力大，啮合齿面间的相对滑动速度高，使啮合区温度升高，润滑油黏度降低油膜被破坏，致使两齿面的金属直接接触并互相黏结，当两齿继续转动时，较软的轮齿表面上的金属将可能被撕下，形成胶合沟痕，使轮齿工作表面破坏，从而造成轮齿失效，这种现象称为齿面胶合，如图 3-41 所示。

提高齿面硬度和降低轮齿表面粗糙度、采用抗胶合能力强的润滑油等，可以防止或减轻轮齿的胶合破坏。

5. 齿面塑性变形

硬度较低的软齿面齿轮在啮合过程中，齿面材料沿摩擦力方向产生塑性变形，导致主动轮节线附近出现凹沟，从动轮节线附近出现凸棱，这种现象称为齿面塑性变形。

在低速重载、频繁启动、严重过载的传动中容易出现这种失效形式。提高齿面硬度，使用黏度较大的润滑油、避免频繁启动和过载等，可以减轻或防止齿面塑性变形。

五、齿轮传动的维护与润滑

齿轮在传动时，相啮合的齿面有相对滑动，因此会产生摩擦、磨损，增加动力消耗，降低传动效率，所以在设计齿轮传动时，必须考虑其润滑。

开式齿轮传动常采用人工定期加油润滑。可采用润滑油或润滑脂。

闭式齿轮传动的润滑方式根据齿轮圆周速度 v 的大小而定。当 $v \leqslant 12\text{m/s}$ 时多采用油浴润滑，将大齿轮浸入油池一定深度，齿轮运转时把油带到啮合区，同时也甩到箱壁上，借以散热。当 v 较大时，齿轮的浸油深度约为一个齿高，但不小于 10mm；当 v 较小时（0.5～0.8m/s），浸油深度可达 1/6 齿轮半径。当 $v > 12\text{m/s}$ 时，不宜采用油浴润滑，应采用喷油润滑，用油泵将润滑油直接喷到啮合区。

润滑油的黏度应根据齿轮传动的工作条件、齿轮材料及圆周速度来选择。

六、蜗杆传动与减速器简介

（一）蜗杆传动

1. 蜗杆传动的类型

蜗杆传动用于传递两交错轴之间的运动和动力，两轴的交错角通常为 90°。蜗杆传动由蜗杆和与它啮合的蜗轮组成，蜗杆常为主动件。蜗杆传动也是一种齿轮传动，主动轮的分度圆直径小而且轴向长度较大，所以轮齿在其分度圆柱面上形成完整的螺旋线，形如螺旋，将其称为蜗杆。从动轮分度圆直径很大且轴向长度较小，所以分度圆柱上的轮齿只有一小段螺旋线，形如一个斜齿轮，称为蜗轮。

根据蜗杆的形状不同，可分为圆柱蜗杆传动和环面蜗杆传动，如图 3-42、图 3-43 所示。

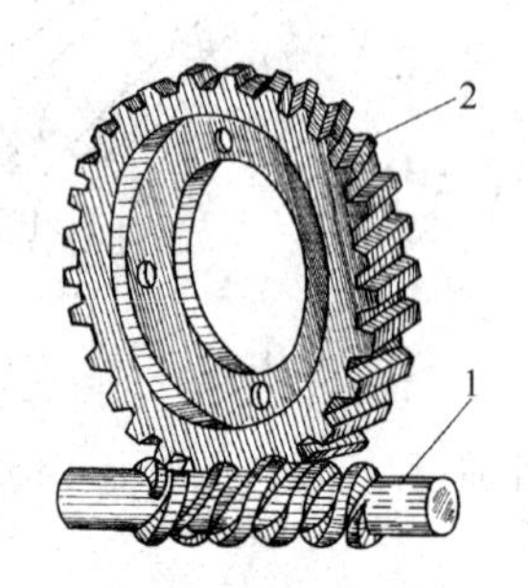

图 3-42 圆柱蜗杆传动

1—蜗杆；2—蜗轮

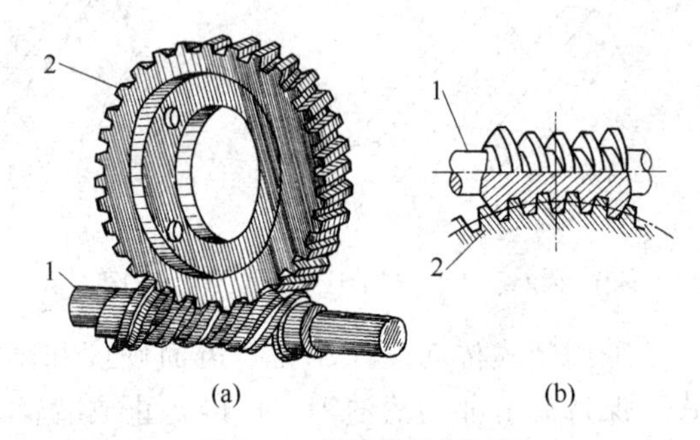

图 3-43 环面蜗杆传动

1—蜗杆；2—蜗轮

圆柱蜗杆按其螺旋面在垂直于轴线横截面上的齿廓曲线的形状，又可分为阿基米德蜗杆（ZA 型）、渐开线蜗杆（ZI 型）和延伸渐开线蜗杆（ZN 型），此外还有圆弧齿圆柱蜗杆等。其中阿基米德蜗杆常称为普通圆柱蜗杆。由于阿基米德蜗杆的加工和测量都很方便，应用比较广泛，主要用于头数少、无需磨削的情况。

蜗杆和螺纹一样，也有左旋和右旋以及单头和多头之分，无特殊要求不用左旋。旋向的判断同螺纹。

2. 蜗杆传动的特点

① 可实现大传动比传动。在动力传动中，单级传动比 i 为 7～80，在分度机构或手动机构中，传动比可达 300，若只传递运动时，传动比可达 1000。由于用较少的零件可实现大传动比传动，所以与圆柱齿轮、圆锥齿轮相比，蜗杆传动紧凑。

② 工作平稳。由于蜗杆轮齿是连续不断的螺旋，它和蜗轮齿的啮合传动相当于螺旋传动，同时啮合的齿对又较多，故传动平稳、振动小、噪声低。

③ 当蜗杆的导程角 $\gamma \leqslant 3.5° \sim 6°$时，蜗杆传动便具有自锁性，容易得到自锁机构。

④ 效率低。在蜗杆传动中，啮合齿面间滑动速度大，所以摩擦损失大，机械效率低，一般 $\eta = 0.7 \sim 0.9$，具有自锁性能的蜗杆传动效率仅为 0.4。此外，当工作条件不良时，相对滑动会导致齿面的严重摩擦与磨损，从而引起过分发热，使润滑情况恶化。

⑤ 为了减少啮合齿面间的摩擦和磨损，要求蜗轮副的配对材料应有较好的减摩性和耐磨性。为此，通常要选用较贵重的有色金属制造蜗轮，使成本提高。

（二）减速器

在齿轮传动与蜗杆传动中，曾提到闭式传动，由于其工作条件良好，故多用于重要传动中。闭式传动是把齿轮全部装在密闭的箱体中，保持良好的润滑条件。把这种由封闭在刚性壳体内的齿轮传动或蜗杆传动所组成的独立部件称为减速器。减速器通常装设在机器的原动机与工作机之间，主要起到降低转速、增大转矩的作用。在个别机器中，也用作增速传动装置（此时应称为增速器）。

减速器由于结构紧凑、效率较高、使用维护简单，故应用广泛。它的主要参数已经标准化，以利于成批生产。因此，可以根据工作要求，选用标准减速器，也可自行设计制造。

1. 减速器的主要类型

减速器的类型很多。一般按齿轮传动的形式可以分为圆柱齿轮减速器、圆锥齿轮减速器、蜗杆蜗轮减速器、圆锥-圆柱齿轮减速器等。按齿轮传动的对数又可分为一级、二级、三级和多级减速器等。

图 3-44(a) 所示为一级圆柱齿轮减速器。其传动比一般为 $i \leqslant 8$。如果所需传动比 $i>10$ 时，则因大小齿轮直径相差太大，小齿轮易损坏，且外廓尺寸过大。因此需采用二级减速器。

图 3-44(b) 所示为一级圆锥齿轮减速器。用于高速轴和低速轴需相交布置（一般轴交角为 90°）的传动装置中。其传动比一般为 $i \leqslant 5$。

图 3-44(c) 所示为一级蜗杆蜗轮减速器，其传动比一般 i 为 10～70。

二级或二级以上的圆柱齿轮减速器中，按齿轮的布置形式又可分为展开式、分流式和同轴式三种。

图 3-44(d) 所示为展开式二级圆柱齿轮减速器。它的优点是结构简单，缺点为齿轮相对于两轴承不是对称布置，因此当轴发生弯曲变形时，易引起载荷沿轮齿齿宽方向上分布不均匀。所以这种减速器宜使用于载荷较平稳的机器中。

图 3-44(e) 所示为高速级分流式二级圆柱齿轮减速器。在这种减速器中，由于齿轮相对于两轴承为对称布置，且低速级齿轮传动正好位于两轴承中间，所以载荷沿轮齿齿宽方向分布较均匀，齿轮受载情况较好。因此，这种减速器适用于承受变载荷的机器中。

图 3-44(f) 所示为同轴式二级圆柱齿轮减速器。这种减速器的输出轴与输入轴位于同一直线上，所以减速器的长度方向较短，但其宽度方向则较长。其主要缺点为中间轴的长度较长、刚度较差，容易使轮齿沿齿宽方向上载荷分布不均匀。

图 3-44(g) 所示为二级圆锥-圆柱齿轮减速器。这种减速器适用于输出轴和输入轴成垂直布置的场合。由于圆锥小齿轮为悬臂布置，为了使其轮齿受载较小，因此通常将圆锥齿轮传动作为高速级。

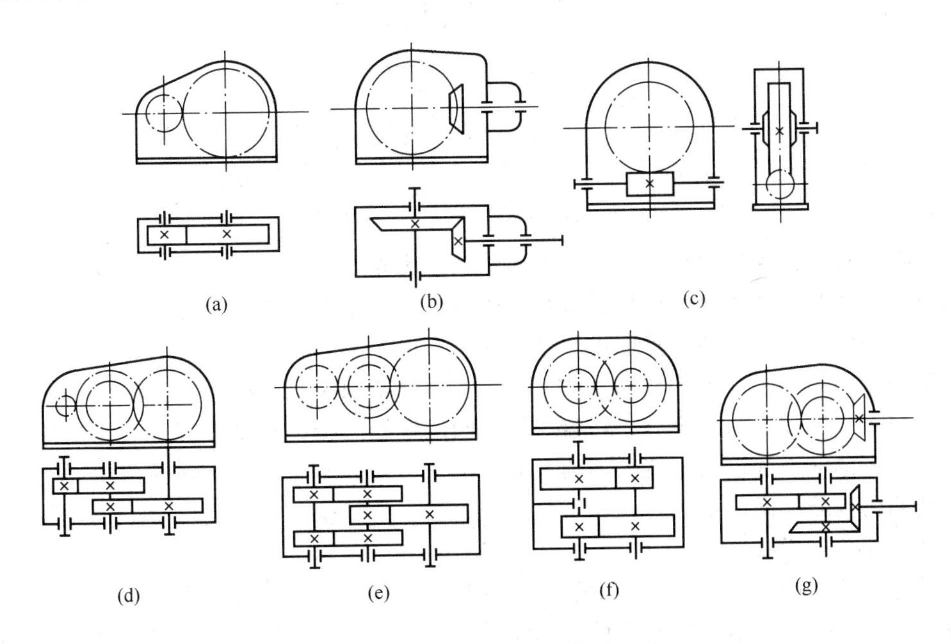

图 3-44　常用减速器类型

2. 减速器的结构与润滑

(1) 减速器的结构　应当满足下列三方面要求：保证箱体内齿轮传动能正常工作；保证箱体内转动零件间具有良好的润滑条件；便于制造、安装与运输。下面以图 3-45 所示一级圆柱齿轮减速器为例予以说明。

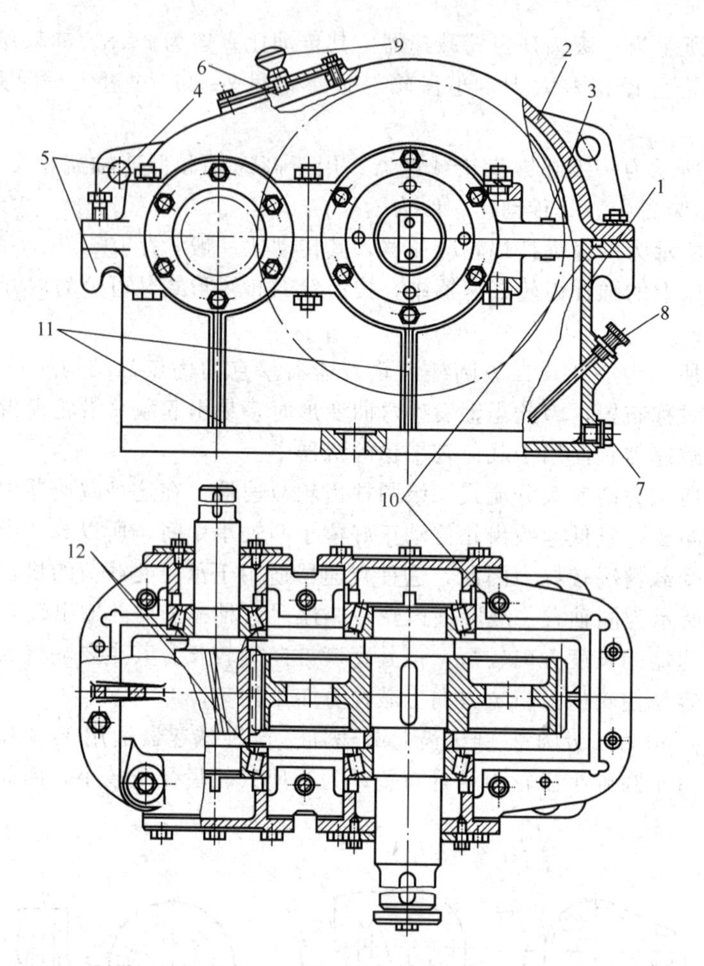

图 3-45 一级圆柱齿轮减速器

1—箱座；2—箱盖；3—定位销；4—起盖螺钉；5—吊钩；6—注油孔；7—油塞；
8—测油尺；9—透气螺塞；10—油沟；11—加强肋；12—挡油环

一级圆柱齿轮减速器主要由箱体、轴承、轴、齿轮（或蜗杆、蜗轮）和附件等组成。箱体应具有足够的强度和刚度，以免受载后产生变形，为了保证箱体具有足够的刚度和散热能力，箱体外通常设置加强肋（见图中标号 11）。

为了便于箱体内转动零件和部件的安装，箱体通常制成剖分结构。箱座 1 与箱盖 2 的剖分面应当与齿轮轴线平面相重合，箱盖与箱座间用螺栓联接。在部分剖面上铣出导油沟 10，飞溅到箱盖上的润滑油沿内壁流入油沟，通过油沟引入由挡油环 12 构成的轴承室润滑轴承；为了保证箱盖与箱座间的安装精度，需在剖分面凸缘两侧设置两个定位销 3；起盖螺钉 4 为了便于开启箱盖而设置。

为了保证箱体内的转动零件（主要是齿轮与轴承）具有良好的润滑条件，以减少摩擦损失及发热，在减速器内设有一些附件，如注油孔、放油孔、测油尺及透气螺塞等。注油孔 6 一般开设在箱盖顶部，它还可用来检查齿轮啮合情况；放油孔应开设在箱体底座最下部，由油塞 7 封闭；测油尺 8 是为了检查箱内油面的高低，为了防止减速器长时间运转后，油温升高导致箱内空气膨胀，在箱盖顶部应装设透气螺塞 9。

为了方便箱座、箱盖在加工制造过程中的装运以及整个减速器的组装与吊运，在箱座和箱盖上都设有吊钩 5。

（2）减速器的润滑　润滑的作用是减小减速器中齿轮啮合处和轴承的摩擦损失，减少磨损、降低噪声、帮助散热和防止锈蚀等。减速器中的齿轮一般采用浸油（也称油池或油浴）润滑。齿轮浸入油内的深度不宜超过全齿高，以免因搅油及飞溅而损失过多能量。减速器中滚动轴承的润滑，当齿轮圆周速度 $v>2\sim3\text{m/s}$ 时，可采用飞溅润滑，即把飞溅到箱盖上的油，汇集到油沟 10 中，然后再流进轴承中进行润滑。油沟应开设在箱座剖分面凸缘上。如果齿轮圆周速度 $v<2\sim3\text{m/s}$ 时，因为飞溅到箱壁上的油量较少，不能满足轴承润滑的需要，因此应采用润滑脂润滑轴承。

第四节　带传动和链传动

一、带传动

（一）带传动的工作原理、特点及种类

如图 3-46 所示，带传动一般是由主动带轮 1，从动带轮 2 及紧套在两个带轮上的带 3 组成。带传动静止时，由于带张紧在带轮上，带与带轮接触面间产生压力。当主动轮回转时，带与带轮接触面间产生摩擦力，主动带轮依靠摩擦力拖动带运动。同理，带又依靠摩擦力拖动从动轮转动。因此，带传动是靠带与带轮接触面间的摩擦力将主动轴的运动和动力传递给从动轴的。

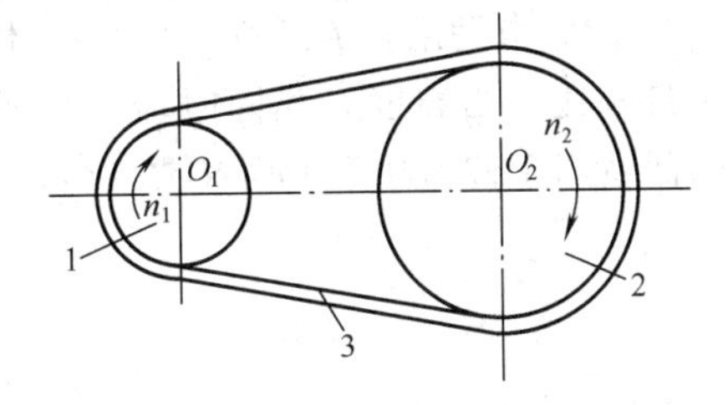

图 3-46　带传动的工作原理
1—主动带轮；2—从动带轮；3—带

带传动的优点如下。

① 结构简单，成本低廉。

② 由于带具有良好的弹性，所以能缓和冲击与吸收振动。

③ 由于靠摩擦传动，过载时带在带轮上打滑，因而可防止机器损坏。

④ 适用于主动轴和从动轴间中心距较大的传动。

带传动的缺点如下。

① 不能保证固定不变的传动比。

② 效率较低。

③ 结构不紧凑，外廓尺寸较大。

④ 轴和轴承受力大。

⑤ 由于带传动中的摩擦易产生静电，因此对于有爆炸危险的地方，如煤矿矿井下有煤尘及瓦斯等可燃气体的场合不宜采用带传动。

在带传动中，常用的有平带传动［见图 3-47(a)］、V 带传动［见图 3-47(b)］、圆形带传动［见图 3-47(c)］和同步齿形带传动［见图 3-47(d)］。

V 带的横截面为梯形，带轮上加工出相应的轮槽。V 带传动靠带和带轮槽的两个侧面所产生的摩擦力进行传动。根据楔面摩擦原理，在张紧力相同的情况下，V 带所产生的摩擦力比平带所产生的摩擦力要大。这是 V 带比平带使用广泛的主要原因。

（二）V 带与V 带轮

1. V 带的构造和标准

普通 V 带和窄 V 带均制成无接头环形。普通 V 带的截面呈等腰梯形，由顶胶、抗拉

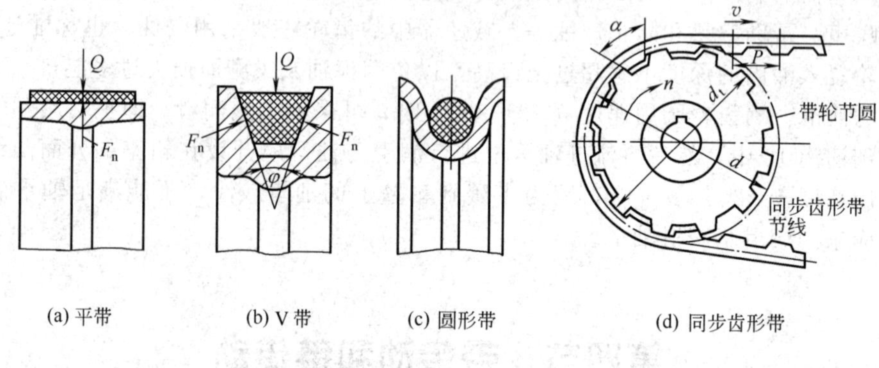

图 3-47 带传动的类型

体、底胶和包布等部分构成。按抗拉体的结构可分为帘布芯 V 带和绳芯 V 带两种类型，如图 3-48 所示。前者制造方便，后者柔韧性好，抗弯强度高，适用于转速较高、载荷不大和带轮直径较小的场合。V 带受弯曲时，顶胶伸长，底胶缩短，只有两者之间的中性层长度不变，称为节面，节面宽度称为节宽 b_p。带弯曲时，节宽 b_p 也保持不变。V 带的高度 h 与其节宽 b_p 之比（h/b_p）称为相对高度。普通 V 带的相对高度约为 0.7。

窄 V 带是用合成纤维绳作抗拉体、相对高度约为 0.9 的新型 V 带（见图 3-49）。与普通 V 带相比，当高度 h 相同时，窄 V 带的宽度减小约 1/3，承载能力却可提高 1.5～2.5 倍，因而适用于传递功率大而又要求传动装置紧凑的场合。

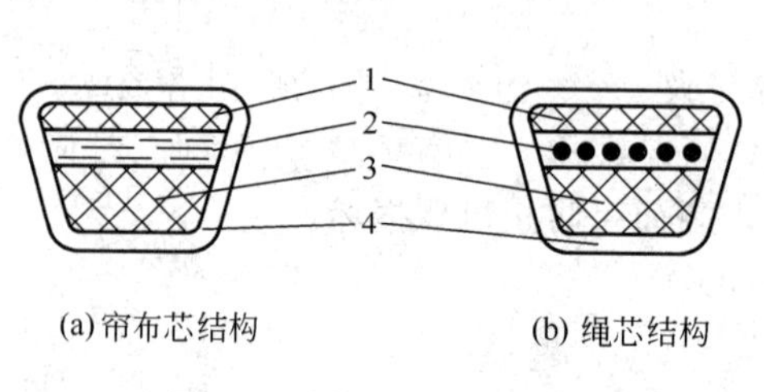

图 3-48 普通 V 带的构造

1—顶胶；2—抗拉体；3—底胶；4—包布

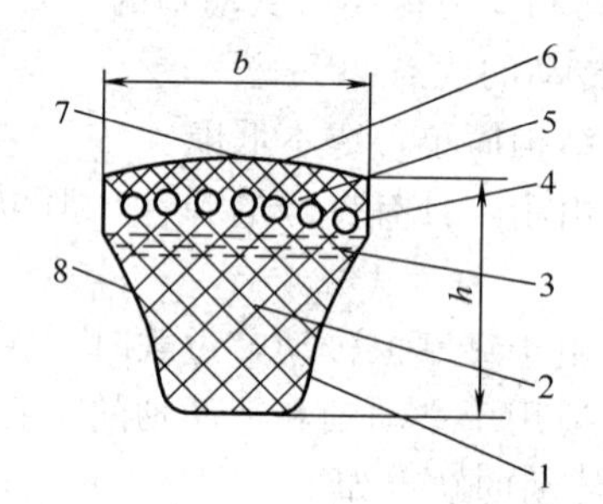

图 3-49 窄 V 带的构造

1—包布层；2—底胶；3—缓冲层；4—抗拉体；5—顶胶；6—定向纤维加强层；7—弓形顶；8—内凹形侧面

按带截面尺寸的大小，普通 V 带分 Y、Z、A、B、C、D、E 七种类型；窄 V 带分 SPZ、SPA、SPB、SPC 四种类型。它们的截面尺寸见表 3-7。

带的节面（线）长度称为带的基准长度，亦即带的公称长度，以 L_d 表示。V 带基准长度见表 3-8。

2. V 带轮

带轮常用灰铸铁 HT150 或 HT200 制造。转速较高时可用铸钢或钢板冲压焊接结构，小功率时可用铸铝或塑料。

V 带带轮轮槽尺寸见表 3-9。表 3-9 中 b_d 表示带轮轮槽宽度的一个无公差规定值，称为轮槽的基准宽度。通常 V 带节面宽度与轮槽基准宽度重合，即 $b_p=b_d$。轮槽基准宽度所在圆称为基准圆（节圆），其直径 d_d 称为带轮的基准直径。基准直径 d_d 按表 3-10 选用。

表 3-7　V 带的截面尺寸

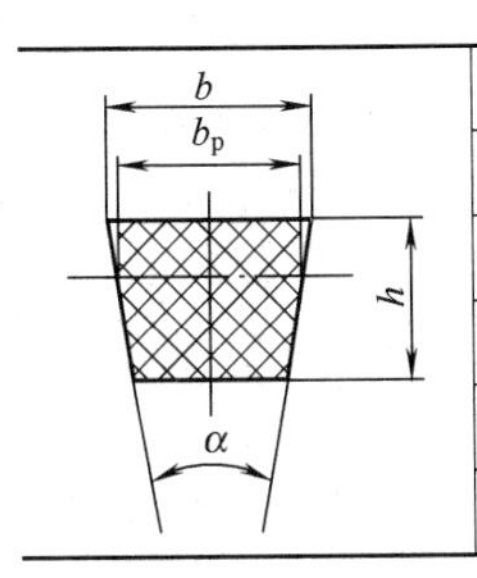

截　型	Y	Z/SPZ	A/SPA	B/SPB	C/SPC	D	E
节宽 b_p	5.3	8.5	11.0	14.0	19.0	27.0	32.0
顶宽 b	6	10	13	17	22	32	38
高度 h	4	6/8	8/10	10.5/14	13.5/18	19	23.5
楔角 α	40°						
截面面积 A/mm^2	18	47/57	81/94	138/167	230/278	476	692

表 3-8　V 带基准长度　　单位：mm

型号						
Y	Z	A	B	C	D	E
200	405	630	930	1565	2740	4660
224	475	700	1000	1760	3100	5040
250	530	790	1100	1950	3330	5420
280	625	890	1210	2195	3730	6100
315	700	990	1370	2420	4080	6850
355	780	1100	1560	2715	4620	7650
400	820	1250	1760	2880	5400	9150
450	1080	1430	1950	3080	6100	12230
500	1330	1550	2180	3520	6840	13750
	1420	1640	2300	4060	7620	15280
	1540	1750	2500	4600	9140	16800
		1940	2700	5380	10700	
		2050	2870	6100	12200	
		2200	3200	6815	13700	
		2300	3600	7600	15200	
		2480	4060	9100		
		2700	4430	10700		
			4820			
			5370			
			6070			

表 3-9　V 带带轮轮槽尺寸　　单位：mm

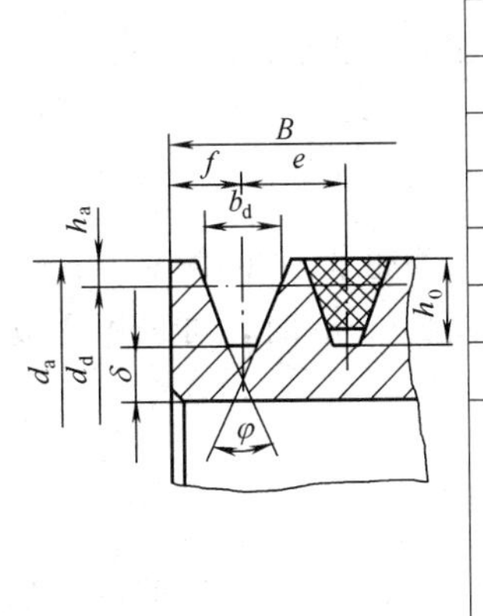

型　号			Y	Z	A	B	C	D	E
h_0			6.3	9.5	12	15	20	28	33
h_{amin}			1.6	2.0	2.75	3.5	4.8	8.1	9.6
e			8	12	15	19	25.5	37	44.5
f			7	8	10	12.5	17	23	29
b_d			5.3	8.5	11.0	14.0	19.0	27.0	32.0
δ			5	5.5	6	7.5	10	12	15
B			$B=(z-1)e+2f$（z 为带根数）						
φ	32°	b_d	≤60						
	34°			≤80	≤118	≤190	≤315		
	36°		>60					≤475	≤600
	38°			>80	>118	>190	>315	>475	>600

表 3-10 V 带带轮的基准直径系列

基准直径 d_d	截型						
	Y	Z SPZ	A SPA	B SPB	C SPC	D	E
	外径 d_a						
50	53.2	54*					
63	66.2	67					
71	74.2	75					
75	—	79	80.5*				
80	83.2	84	85.5*				
85	—	—	90.5*				
90	93.2	94	95.5				
95	—	—	100.5				
100	103.2	104	105.5				
106	—	—	111.5				
112	115.2	116	117.5				
118	—	—	123.5				
125	128.2	129	130.5	132*			
132		136*	137.5	139*			
140		144	145.5	147			
150		154	155.5	157			
160		164	165.5	167			
170		—	—	177			
180		184	185.5	187			
200		204	205.5	207	209.6*		
212		—	—	219**	221.6*		
224		228	229.5*	231	233.6		
236		—	—	243**	245.6		
250		254	255.5	257	259.6		
265		—	—	—	274.6		
280		284	285.5*	287	289.6		
315		319	320.5	322	324.6		
355		359	360.5*	362	364.6	371.2	
375		—	—	—	—	391.2	
400		404	405.5	407	409.6	416.2	
425		—	—	—	—	441.2	
450		—	455.5*	457**	459.6	466.2	
475		—	—	—	—	491.2	
500		504	505.5	507	509.6	516.2	519.2

注：1. 直径的极限偏差为基准直径按 c11，外径按 h12。
2. 没有外径值的基准直径不推荐采用。
3. * 仅限于普通 V 带带轮；** 仅限于 SP 型窄 V 带带轮。

带轮的结构如图 3-50 所示。带轮基准直径 $d_d \leqslant (2.5\sim3)d$（$d$ 为带轮轴的直径，mm）时，可采用实心式；$d_d \leqslant 300$mm 时，可采用辐板式，且当 $d_d - d_1 \geqslant 100$mm 时，可采用孔板式；$d_d > 300$mm 时，可采用轮辐式。

（三）带传动的应用与维护

1. 带传动的应用

通常带传动用于传递中、小功率，在多级传动系统中常用于高速级。由于传动带与带轮间可能产生摩擦放电现象，所以带传动不宜用于易燃易爆等危险场合。应用最广的 V 带适

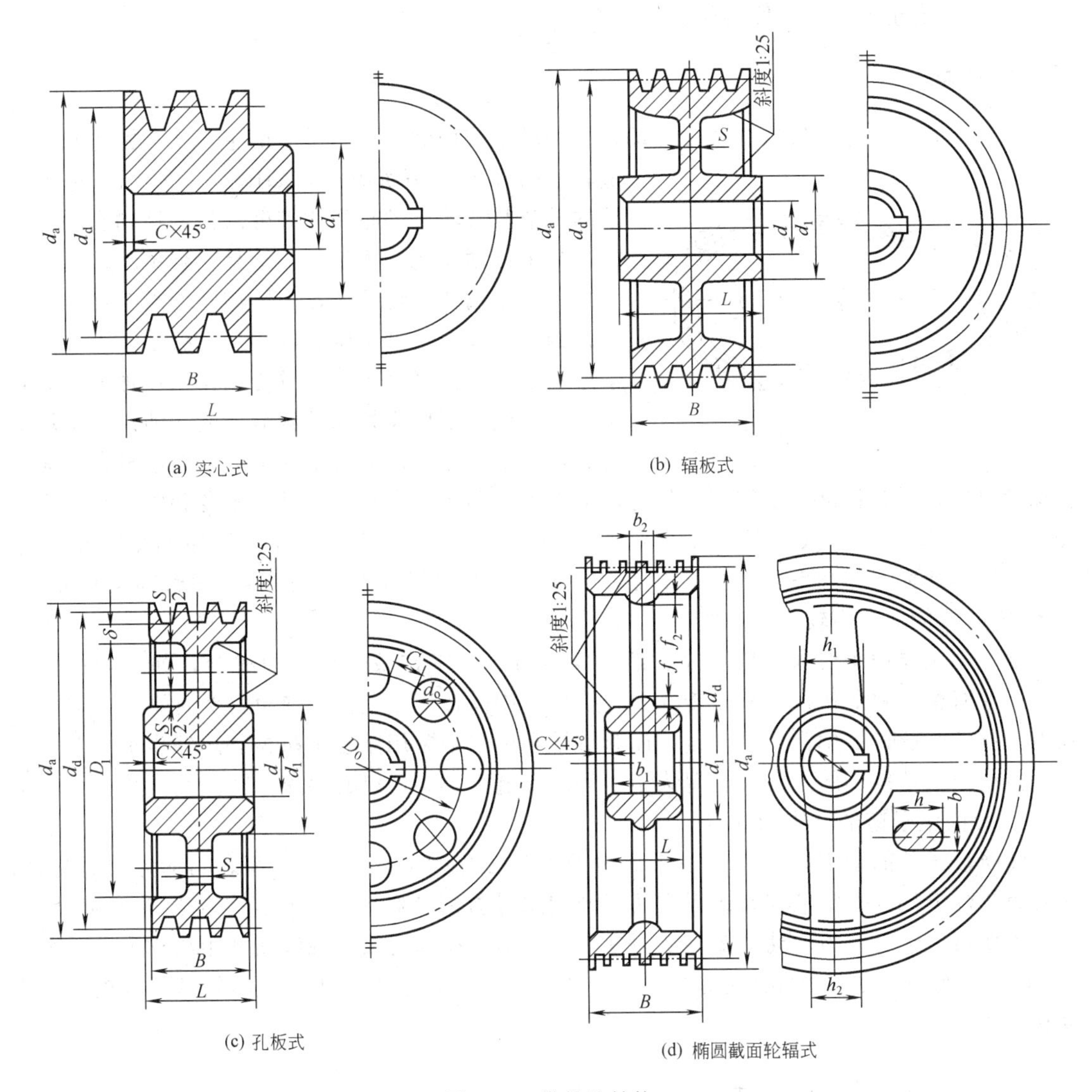

图 3-50　带轮的结构

宜的带速为 5～25m/s。因为当功率一定时，带速越低，带所受的拉力越大，所以提高带速可以有效地提高带传动的工作能力。但带速过高时，带在单位时间内的绕转次数增多，使带的寿命下降。另外带速过高会使带的离心力增大，带与带轮间的压力减小，导致带传动的工作能力下降。带传动的传动比 $i\leqslant7$，传动效率 $\eta\approx0.94\sim0.97$。

目前，平带的应用已大为减少。尽管如此，在高速（带速 $v>30$m/s）情况下，为减小带的离心力，使传动平稳可靠且具有一定的寿命，仍多采用薄而轻的整形平带。

2. 带传动的安装与维护

为了保证带传动能正常工作，并延长其使用寿命，必须对带传动进行正确的安装与维护。

① 安装时，必须注意保持两轴平行，两带轮的轮槽对正，否则将会加快带的磨损。

② 严防胶带与酸、碱、矿物油等接触；工作温度不应超过 60℃。

③ 在同一对带轮上更换胶带时，全部胶带应同时更换，不得只作部分更换。新、旧带或长短不一带并用，易造成带受力不均匀，从而加速新带的损坏。

④ 为了安全生产，带传动应加防护罩。

二、链传动

链传动是一种应用较广的机械传动。链传动系统由装在平行轴上的主、从动链轮和绕在链轮上的环形链条所组成，如图 3-51 所示。通过链条的链节与链轮上的轮齿相啮合来传递运动和动力。

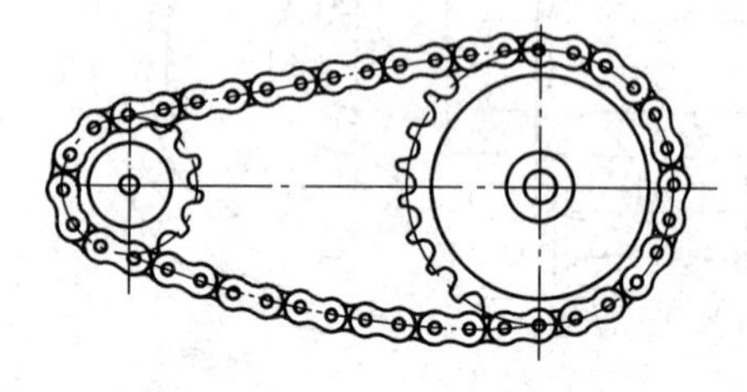

图 3-51 链传动

与带传动相比，由于链传动是啮合传动，所以它可以保证平均传动比不变，但链传动的瞬时传动比是变化的，因此在传动中将引起冲击、振动和噪声。由于是啮合传动张紧力小，故链传动作用在轴上的力较小，可在低速下传递较大的载荷；能在油污、尘埃等恶劣环境中工作。但链传动的传动平稳性较差，无过载保护作用；安装精度要求较高。因此，链传动适用于要求平均传动比不变和中心距较大的场合，一般传动比 $i \leqslant 8$，有时可达到 10，中心距一般小于 5～6m；传递功率一般小于 100kW，但最大传递功率可达数千千瓦；链速一般不宜超过 12～15m/s，但最高可达 40m/s；链传动的传动效率较高，一般为 0.95～0.98。

链传动主要用于要求工作可靠、两轴距离较远、工作条件恶劣的场合，如用于矿山机械、石油机械、农业机械、机床传动及轻工机械中。按用途不同，链可分为传动链、起重链和曳引链。一般机械中常用传动链，而起重链和曳引链常用于起重机械和运输机械中。

传动链按结构不同主要有套筒滚子链和齿形链等类型，以套筒滚子链最为常用。

1. 套筒滚子链的结构和规格

套筒滚子链的结构如图 3-52 所示。滚子与套筒之间以及销轴与套筒之间均为间隙配合；而套筒与内链板以及销轴与外链板之间则分别用过盈配合联接。当链条与链轮轮齿啮合时，轮齿表面与滚子之间为滚动摩擦，从而减小了磨损。相邻两滚子轴线间的距离称为链的节距 P，它是链传动的主要参数。链条的各零件由碳素钢或合金钢制成并经热处理，以提高其强度和耐磨性。

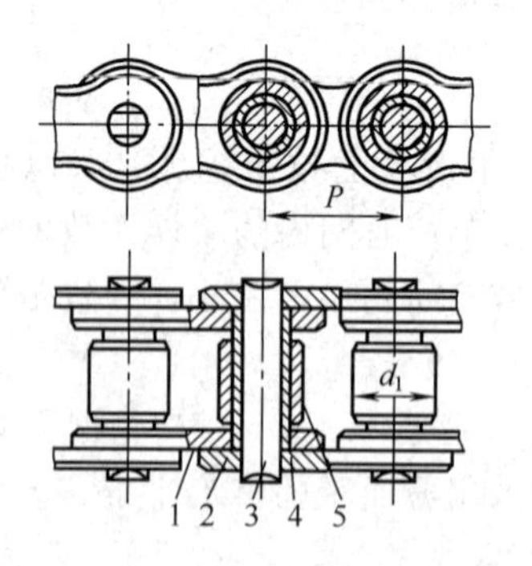

图 3-52 套筒滚子链的结构
1—内链板；2—外链板；3—销轴；4—套筒；5—滚子

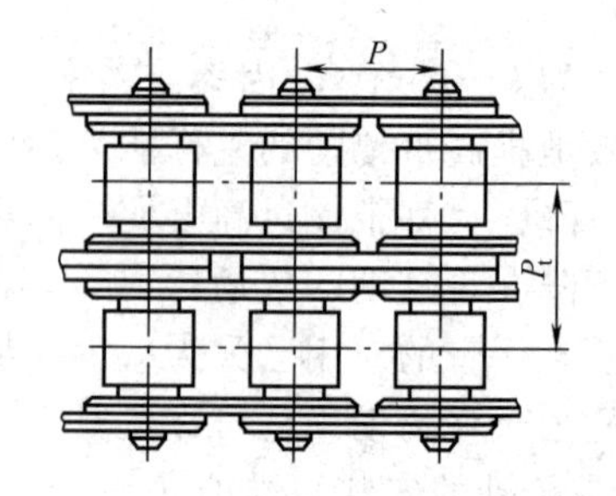

图 3-53 双排套筒滚子链

当传递功率大时，可采用双排链或多排链，双排套筒滚子链如图 3-53 所示。P_t 为排距。链的承载能力与链条排数成正比；但链排数不宜过多，否则由于精度的影响，各排链的受力不均匀。

套筒滚子链的接头形式如图 3-54 所示。节数为偶数时，链条封闭接头可使用开口销或弹簧卡子，将活动销轴固定［见图 3-54(a)、(b)］。前者一般用于大节距，后者用于小节距。如果链条节数是奇数，则需采用过渡链节［见图 3-54(c)］。由于过渡链节的链板受到附加弯曲作用，使强度削弱，因此一般应尽量采用偶数链节。

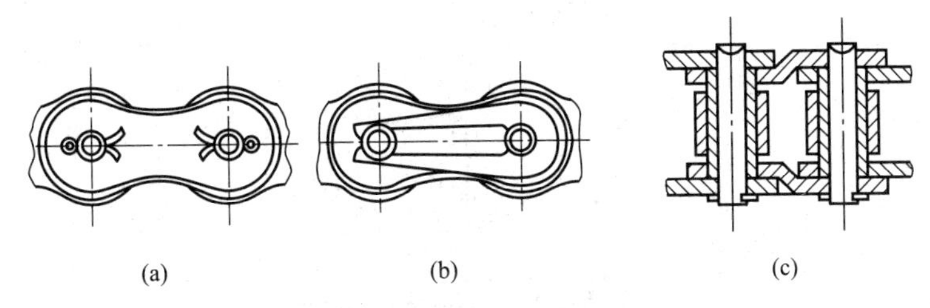

图 3-54　套筒滚子链的接头形式

套筒滚子链已标准化，其规格和主要参数见表 3-11。根据国家标准规定，套筒滚子链分为 A、B 两级。A 级链用于重载、高速和重要的链传动，B 级链用于一般传动。

表 3-11　套筒滚子链规格和主要参数

链　号	节距 P/mm	排距 P_t/mm	滚子外径 d_1/mm	极限载荷(单排)/N	每米质量 q(单排)/kg·m^{-1}
08A	12.70	14.38	7.95	13800	0.60
10A	15.875	18.11	10.16	21800	1.00
12A	19.05	22.78	11.91	31100	1.50
16A	25.40	29.29	15.88	55600	2.60
20A	31.75	35.76	19.05	86700	3.80
24A	38.10	45.44	22.23	124600	5.60
28A	44.45	48.87	25.40	169000	7.50
32A	50.80	58.55	28.58	222400	10.10

滚子链的标记为

链号 - 排数 × 整链链节数　标准编号

例如，08A-1×88 GB/T 1243—2006 表示 A 系列、节距 12.70mm、单排、88 节的滚子链。

2. 链轮

GB/T 1243—2006 规定了滚子链链轮的端面标准齿槽形状（见图 3-55）。这种齿形的链轮在工作时，啮合处接触应力较小，因而有较高的承载能力。链轮齿廓可用标准刀具加工。因此，按标准齿形设计的链轮，在工作图上不需画出端面齿形，只需注明链轮的基本参数和主要尺寸即可。

链轮材料应能保证轮齿有足够的接触强度和耐磨性，故齿面多经热处理。小链轮的啮合次数比大链轮多，受冲击也较大，所用材料一般优于大链轮。常用链轮材料有碳素钢（Q235、Q275、45、ZG310-570 等）、灰铸铁 HT200 等。重要的链轮可采用合金钢（15Cr、20Cr、35SiMn、40Cr 等）。

链轮的结构如图 3-56 所示。小直径链轮可制成实心式［见图 3-56(a)］，中等直径链轮可制成孔板式［见图 3-56(b)］，直径大的链轮可制成焊接式［见图 3-56(c)］或组合式［见图 3-56(d)］，当轮齿磨损失效时，可更换齿圈。链轮轮毂部分的尺寸可参考带轮。

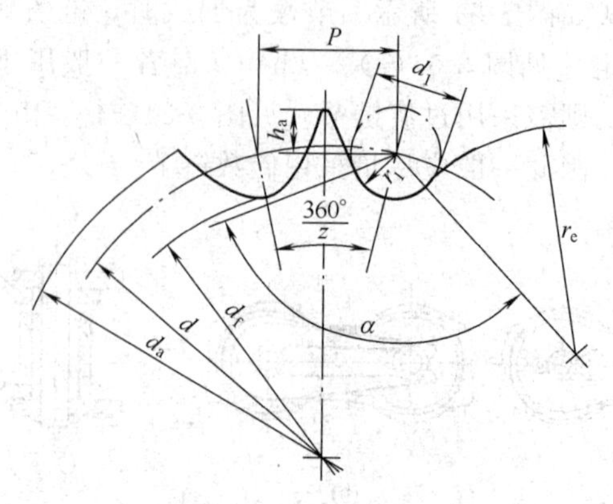

图 3-55　滚子链链轮端面齿形

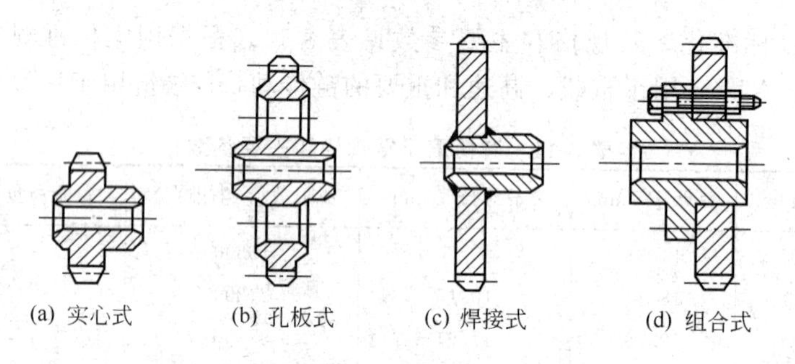

图 3-56　链轮的结构

3. 链传动的布置

链传动的合理布置应注意以下几方面的问题。

① 链传动平面常布置在垂直平面内。

② 两链轮应在同一平面内转动并且两链轮的轴线要互相平行，两链轮中心连线最好成水平布置，如需要倾斜时则两链轮中心连线与水平线的夹角应小于60°。

③ 布置链传动时应使主动边（紧边）在上，从动边（松边）在下，这样可使链节与链轮轮齿能顺利地啮合；如果从动边（松边）在上，可能会因从动边垂度过大而与主动边相碰，链条易与链轮卡死。

4. 链传动的润滑

在链条的各铰链中加入润滑油能缓和冲击、减小摩擦、降低磨损，从而提高链传动的平稳性、承载能力和使用寿命。因此，在链传动工作过程中应确定合理的润滑方式，润滑油应由链条从动边上注入铰链的缝隙中，因为从动边的链节松弛，润滑油容易进入摩擦面之间。

常用的润滑方式有如下几种。

① 人工润滑　用油壶或油刷，每班注油一次。用于链速小于或等于4m/s的不重要传动中。

② 滴油润滑　用油杯通过油管向松边内、外链板间隙处滴油，单排链每分钟滴油5～20滴，速度高时取大值。用于链速小于或等于10m/s的传动。

③ 油浴润滑　链从密封的油池中通过，浸油深度以链浸入油中6～12mm为宜，用于链速为6～12m/s的传动。

④ 飞溅润滑　在密封容器中用甩油盘将油甩起，经壳体上的集油装置将油导流到链上，

甩油盘速度应大于 3m/s。

⑤ 压力润滑　用油泵将油喷到链上，喷口应设在链条进入啮合之处。适用于链速大于或等于 8m/s 的大功率传动。

第五节　常用机械零件

一、键、销联接

(一) 键联接

键联接主要用来实现轴上零件之间的周向固定，以传递转矩，及实现轴上零件的轴向固定或轴向移动。

根据形状，键可分为平键、半圆键和花键等。其中以平键最为常用。键的材料一般采用 $R_m \geqslant 600$MPa 的碳钢或精拔钢，最常用的是 45 钢。

1. 平键联接

平键具有矩形或正方形截面。按用途平键可分为普通平键、导向平键和滑键三种。图 3-57 所示为普通平键的结构形式，把键置于轴和轴上零件对应的键槽内，键的两个侧面为工作面，键的上、下面为非工作面，且键的上面与轮毂键槽的底面间留有少量间隙。普通平键联接具有装拆方便、易于制造、不影响轴与轴上零件的对中等特点，多用于传动精度要求较高的情况。但是它只能作轴上零件的周向固定，而不能作轴向固定，更不能承受轴向力。

普通平键按端部结构形状分类，有圆头（A 型）、平头（B 型）和单圆头（C 型）三种，如图 3-57 所示。圆头普通平键常用于轴的中部，单圆头普通平键用于轴的端部。采用平头普通平键时，轴上的键槽是用盘铣刀铣出的，应力集中较小。

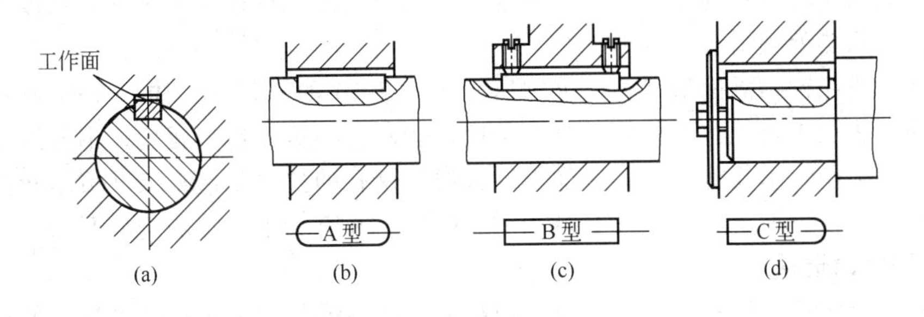

图 3-57　普通平键的结构形式

导向键是一种较长的平键，用螺钉固定在轴的键槽中，键与轮毂槽采用间隙配合，轴上零件可沿着键作轴向移动，适用于移动距离不大的场合，如图 3-58(a) 所示。

当带毂零件需沿轴作较大的轴向移动时，可采用滑键联接。滑键与轮毂装成一体，工作时滑键与带毂零件一同沿着轴上的长键槽滑动，如图 3-58(b) 所示。

2. 半圆键联接

键的两侧面为半圆形，靠键的两侧面实现周向固定并传递转矩（见图 3-59）。它的特点是加工和装拆方便，对中性好，键能在轴槽中绕槽底圆弧曲率中心摆动，自动适应轮毂上键槽的斜度。但轴上的键槽较深，对轴的削弱较大。主要用于轻载时圆锥面轴端的联接。

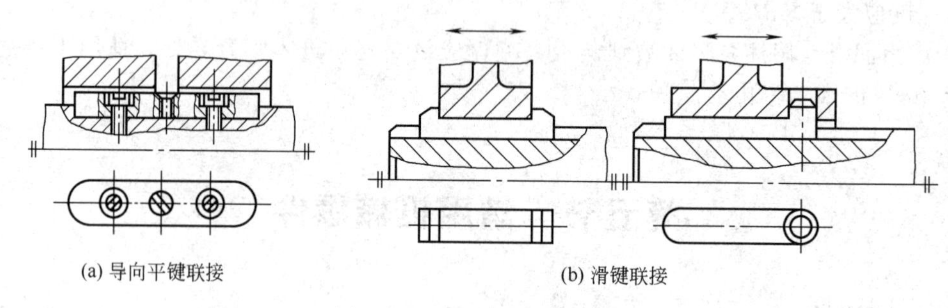

(a) 导向平键联接　　(b) 滑键联接

图 3-58　导向键和滑键联接

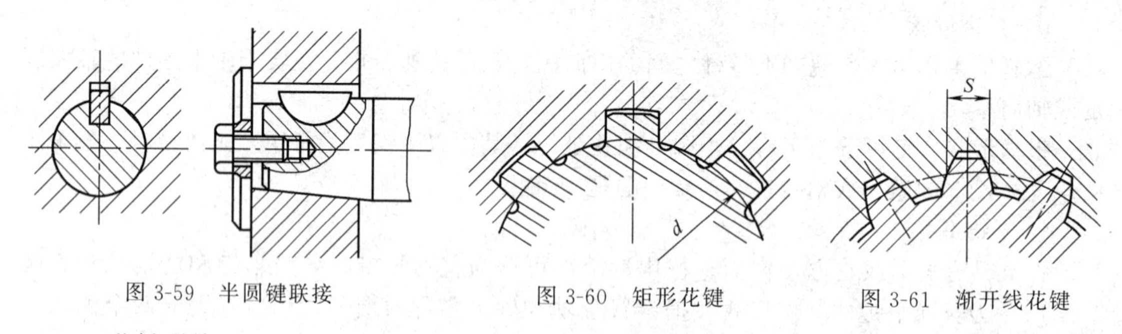

图 3-59　半圆键联接　　图 3-60　矩形花键　　图 3-61　渐开线花键

3. 花键联接

花键联接由外花键和内花键组成，工作时靠键的侧面互相挤压传递转矩。由于多键传递载荷，所以它比平键联接的承载能力高，对中性和导向性好，对轴的强度削弱小。一般用于定心精度要求高和载荷较大的静联接和动联接，如汽车、拖拉机、飞机和机床等都广泛地应用花键联接。但花键联接的制造需要专用设备，故成本较高，花键联接按其形状的不同，分为矩形花键和渐开线花键两类。

(1) 矩形花键　如图 3-60 所示，键的形状为矩形，加工方便，应用最广。

矩形花键的定心方式为小径定心，即外花键和内花键的小径为配合面，精度高，并能用磨削的方法消除热处理引起的变形。

(2) 渐开线花键　侧面形状为分度圆压力角等于 30°的渐开线，如图 3-61 所示。它可用制造齿轮的方法加工，工艺性较好，制造精度也较高。与矩形花键相比，渐开线花键的根部较厚，应力集中小，承载能力大；但加工渐开线花键孔的拉刀制造复杂，成本较高。渐开线花键的定心方式为齿形定心，它具有自动对中作用，并有利于各键的均匀受力。

(二) 平键的选择

平键的选择包括类型和尺寸的选择。类型的选择主要是根据联接的结构、使用要求和工作条件等选定。普通平键的主要尺寸为键宽 b、键高 h 和键长 L。设计时，根据轴径 d 从标准中选取键的剖面尺寸 $b \times h$。键的长度一般可按轮毂长度选取，即键长等于或略短于轮毂长度，且应符合标准值。轮毂的长度一般为 $(1.5 \sim 2)d$。

(三) 销联接

销联接通常用于固定零件之间的相对位置；也可用于轴毂或其他零件的联接以传递不大的载荷；还可作为安全装置中的过载剪断元件。销有定位销、联接销、安全销之分，如图 3-62 所示。

按销形状的不同，可分为圆柱销、圆锥销和开口销等。销的材料多为 35、45 钢。圆柱销靠微量的过盈固定在孔中，它不宜经常拆装，否则会降低定位精度和联接的紧固性。圆锥

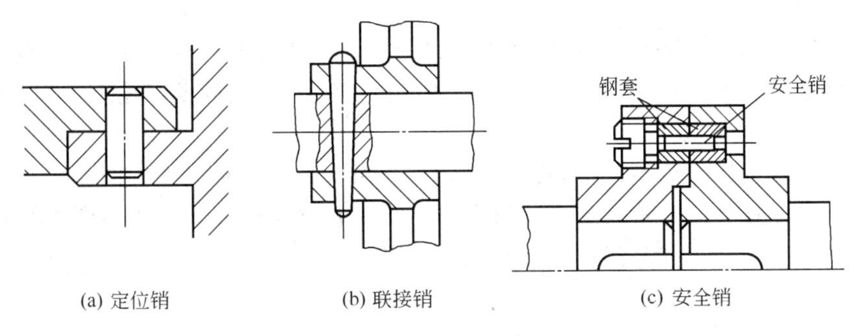

(a) 定位销　(b) 联接销　(c) 安全销

图 3-62　销的种类

销具有 1∶50 的锥度，小头直径为标准值。圆锥销安装方便，且多次装拆对定位精度的影响也不大，应用较广。为确保销安装后不致松脱，圆锥销的尾端可制成开口的。为便于销的拆卸，圆锥销的上端也可做成带内、外螺纹的。开口销常用低碳钢丝制成，是一种防松零件。

二、螺纹联接

螺纹联接是利用螺纹零件构成的一种可拆联接，它具有结构简单、装拆方便、工作可靠和类型多样等优点。同时，还因绝大多数螺纹紧固件已标准化，并由专业工厂大批量生产，故其质量可靠、价格低廉、供应充足。螺纹联接是应用最广泛的一种联接形式。

（一）螺纹的分类

螺纹有内螺纹和外螺纹之分。分别具有内、外螺纹的两个零件可以组成螺纹副（螺旋副）。

根据螺旋线的旋向，螺纹可分为右旋螺纹和左旋螺纹。当螺纹体的轴线垂直放置时，所看到的螺纹自左到右升高者，称为右旋；反之为左旋。常用的螺纹为右旋。根据螺纹的线数，螺纹分为单线和多线，联接螺纹一般用单线。

根据采用的标准制度不同，螺纹分为米制和英制两种。我国除管螺纹外，一般都采用米制螺纹。凡牙型（见图 3-63）、大径和螺距等都符合国家标准的螺纹，称为标准螺纹。牙型角为 60°的三角形圆柱螺纹，称为普通螺纹。同一公称直径的普通螺纹，按螺距大小又分为粗牙和细牙两种。一般联接多用粗牙螺纹。细牙螺纹的牙浅、升角小，因而自锁性好、螺杆强度高，常用于薄壁零件或受冲击、振动的联接，以及精密机构的调整件上。但细牙螺纹不耐磨、易滑丝，不宜经常装拆。标准螺纹的基本尺寸，可查阅有关标准或手册。

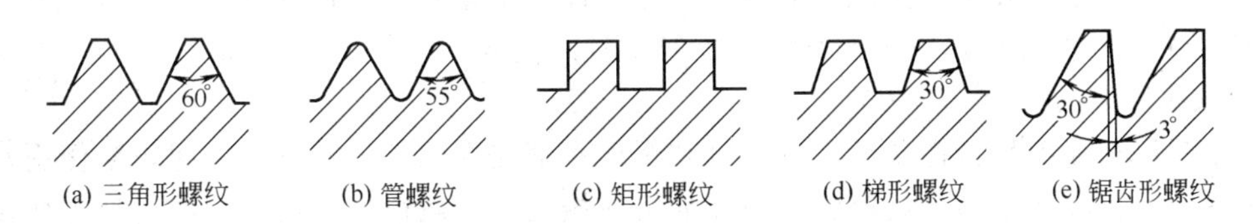

(a) 三角形螺纹　(b) 管螺纹　(c) 矩形螺纹　(d) 梯形螺纹　(e) 锯齿形螺纹

图 3-63　螺纹的牙型

管螺纹通常是英制细牙三角形螺纹，牙型角为 55°。它是用于管件联接的紧密螺纹，内、外螺纹旋合后牙型间无径向间隙，公称直径为管子内径。此外，还有圆锥管螺纹，它的紧密性更好，用于紧密性要求高的联接。

（二）螺纹联接的基本类型

螺纹联接的基本类型有螺栓联接、双头螺柱联接、螺钉联接及紧定螺钉联接。

1. 螺栓联接

利用螺栓穿过被联接件的孔，旋上螺母并拧紧，从而将被联接件联接成一体。这种联接结构简单，装拆方便，普遍应用于被联接件不太厚，并有足够装拆空间的场合［见图 3-64(a)］。

2. 双头螺柱联接

将螺柱的一端拧入被联接件的螺纹孔中，另一端穿过另一被联接件的孔，旋上螺母，并拧紧，从而将被联接件联接成一体。这种联接适用于被联接件之一较厚不便于穿孔，并需经常装拆或结构上受限制不能采用螺栓联接的场合［见图 3-64(b)］。

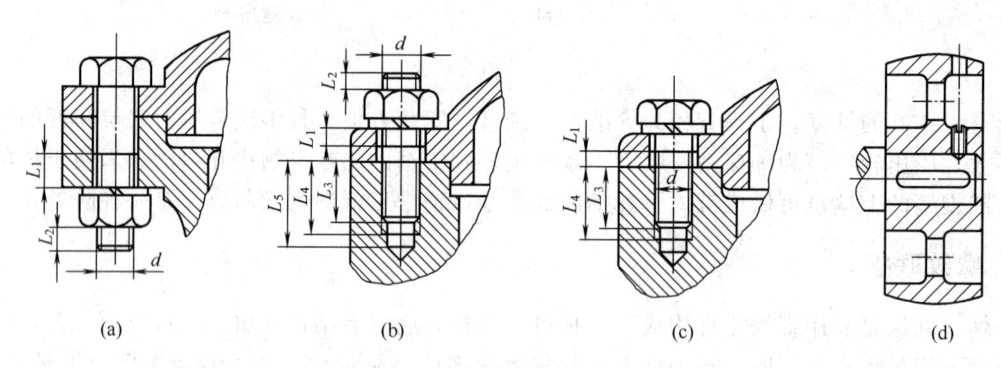

图 3-64 螺纹联接的基本类型

3. 螺钉联接

不用螺母，而是利用螺钉穿过一被联接件的孔，拧入另一被联接件的螺纹孔中而实现的联接。这种联接适用于被联接件之一较厚，不需经常拆装的场合。如经常拆装，将使被联接件的螺纹孔损坏［见图 3-64(c)］。

4. 紧定螺钉联接

利用紧定螺钉拧入一零件，并以末端顶紧另一零件来固定两零件的相互位置。这种联接多用于轴上零件与轴的轴向固定，只能传递不大的力及转矩［见图 3-64(d)］。

(三) 螺纹联接的预紧和防松

1. 螺纹联接的预紧

多数螺纹联接在装配时（受外载之前）都需拧紧，称为预紧。拧紧的目的是为了增强联接的刚性，提高紧密性和防松能力。预紧力不足时，显然达不到目的，但预紧力过大时，则可能使联接过载，甚至断裂破坏。所以对重要的联接，在装配时应控制其预紧力。预紧力可通过控制拧紧力矩等方法来实现。对于只靠经验而对预紧力不加控制的重要联接，不宜采用小于 M12～M16 的螺栓，以免预紧时螺栓发生过载失效。

2. 螺纹联接的防松

联接螺纹都能满足自锁条件，且螺母和螺栓头部支撑面处的摩擦也能起防松作用，故在静载荷下，螺纹联接不会自动松脱。但在冲击、振动或变载荷的作用下，或当温度变化很大时，螺纹副间的摩擦力可能减小或瞬时消失，这种现象多次重复就会使联接松脱，降低联接的牢固性和紧密性，甚至会引起严重事故。所以在设计时，必须采取有效的防松措施。

防松的根本问题是防止螺母和螺栓的相对转动。防松的方法很多，按其工作原理，可分为摩擦防松、直接锁住和破坏螺纹副运动关系三种。

(1) 弹簧垫圈　如图 3-65 所示，这种垫圈通常用 65Mn 制成，经过淬火处理，富有弹性。拧紧螺母后，弹簧垫圈被压平而产生弹性反力，从而使螺母与螺栓的螺纹间产生一定的摩擦阻力以防止螺母松脱，同时垫圈切口处的尖角也能防止螺母松脱。由于弹簧垫圈结构简单，使用方便，故应用较广。

(2) 双螺母 如图 3-66 所示，利用两螺母的对顶作用，在两螺母间的一段螺纹内产生附加拉力，从而产生附加摩擦力。即使外载荷消失，该拉力仍存在。由图 3-66 可知，副螺母承受主要外载荷，所以主螺母可采用薄螺母。由于使用两个螺母，螺栓及其螺纹部分必须加长，因而增加了联接的外廓尺寸和重量，近年来应用较少。

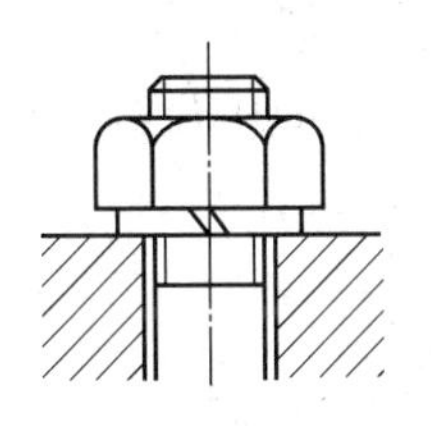

图 3-65 弹簧垫圈

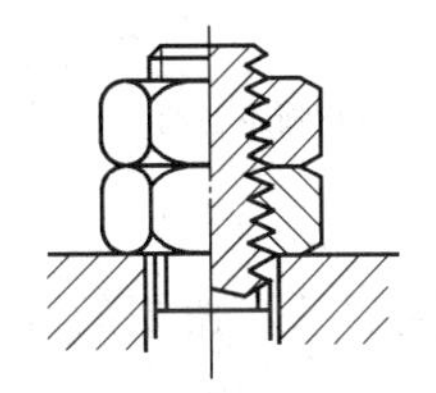

图 3-66 双螺母

(3) 机械防松 这种防松措施是利用附加的机械元件防止螺纹副的相对转动从而实现防松。这类防松方法相当可靠，应用很广。常用的方法有以下几种。

① 开口销与槽形螺母 如图 3-67 所示，在螺栓上钻孔并采用带槽螺母。旋紧螺母后，将开口销穿过螺母上的槽和螺栓末端上的孔后，扳开尾端，使螺母与螺栓之间不能相对转动。这种防松方法可靠，常用于有振动的高速机械上。

② 止退垫圈与圆螺母 如图 3-68 所示，将垫圈的内翅嵌入螺栓（或轴上）的槽内，拧紧圆螺母，将垫圈的一个外翅弯入螺母的一槽内，使螺母与螺栓不能相对转动。常用于滚动轴承的轴向固定、重要的或受力较大的场合。

③ 止动垫圈 如图 3-69 所示，将垫圈套入螺栓，并使其下弯的外舌放入被联接件的小槽中，再拧紧螺母，最后将垫圈的另一边向上弯，使之和螺母的一边贴紧，但螺栓需另有约束，则可防松。其结构简单，使用方便，防松可靠。

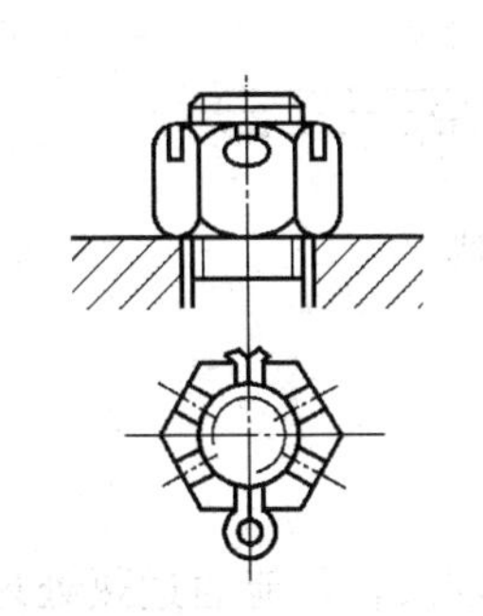

图 3-67 开口销与槽形螺母

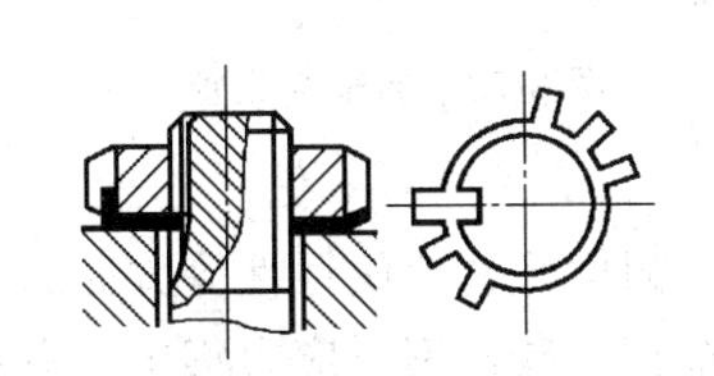

图 3-68 止退垫圈与圆螺母

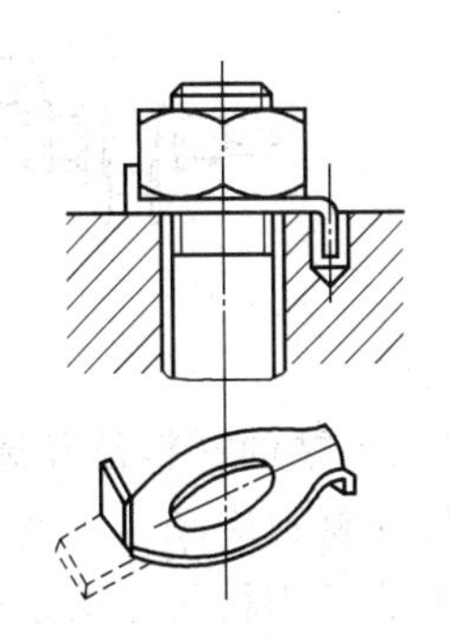

图 3-69 止动垫圈

(4) 化学防松 在螺栓旋合部分涂以胶黏剂，拧紧螺母后，胶黏剂硬化、固着。这种防松方法效果良好，方法简便。但时间久了（1～2 年后），防松能力可能减退。

三、轴

（一）轴的分类、特点和应用

轴是组成机器的重要零件之一。它的主要功用是支撑机器中作回转运动的零件及传递运动和动力。根据轴上所受的载荷不同，轴可分为如下几种。

(1) 心轴 只承受弯矩不承受扭矩的轴。心轴又可分为固定心轴和转动心轴，如图 3-70(a)、(b) 所示。

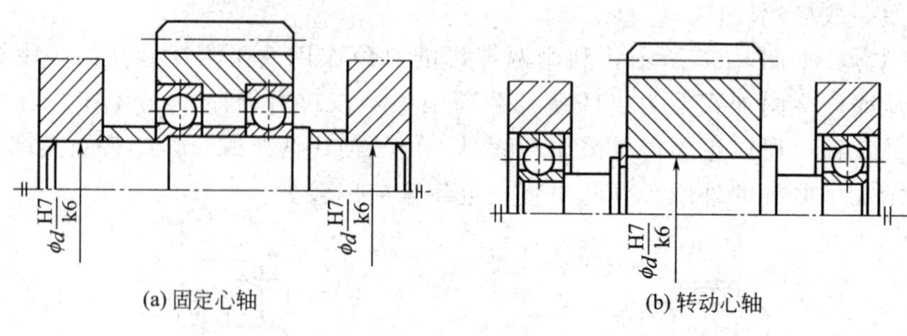

图 3-70 心轴

（2）传动轴 主要承受扭矩的轴，如图 3-71(a) 所示。

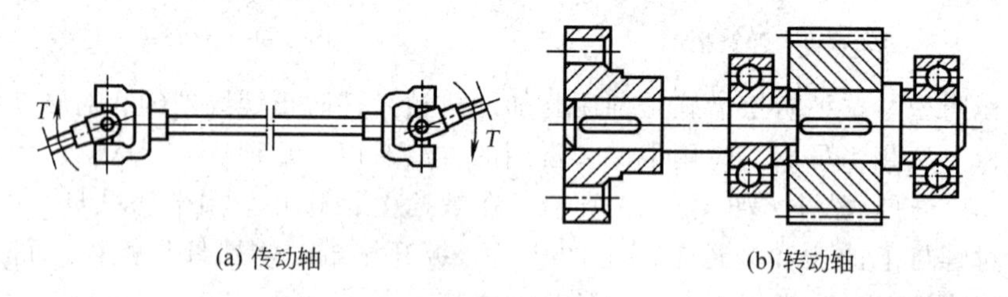

图 3-71 传动轴和转动轴

（3）转动轴 同时承受弯矩和扭矩的轴，如图 3-71(b) 所示。

轴按其轴线形状不同可分为直轴和曲轴两大类。曲轴是专用零件，如图 3-72(a) 所示，常用于往复式机械。直轴按其外形不同又可分为光轴［图 3-72(b)］和阶梯轴［图 3-71(b)］两种。光轴形状简单，加工容易，应力集中源少，主要用作传动轴。阶梯轴的各轴段截面直径不同，可设计达到强度相近，便于轴上零件的装拆和固定，在机器中应用最为广泛。

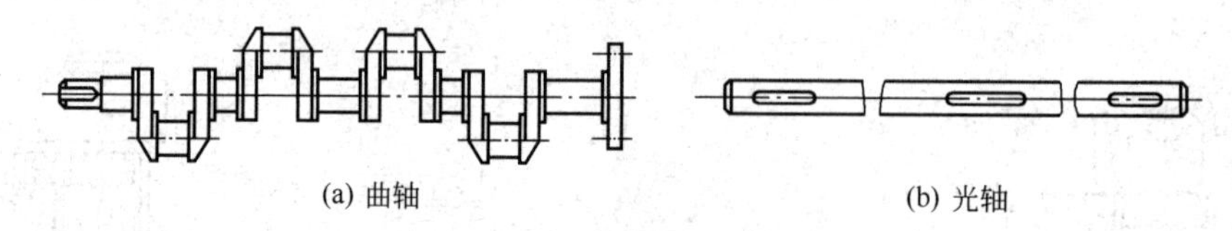

图 3-72 曲轴与光轴

（二）轴的材料及其选用

轴的材料应满足强度、刚度、耐磨性、耐腐蚀性等方面的要求。

轴的常用材料是碳素钢和合金钢。碳素钢对应力集中的敏感性较低，并能通过热处理改善其综合力学性能，故应用很广。一般的轴多用优质中碳钢制造，其中 45 钢尤为常用。对于受力较小或不重要的轴，可用 Q235、Q275 等碳素结构钢。

合金钢比碳素钢具有更高的机械强度和更好的热处理性能，因此多用于强度或耐磨性要求较高以及处于非常温或腐蚀等条件下工作的轴。较常用的中碳合金钢有 40Cr、35SiMn、40MnB 等。低碳合金钢 20Cr、20CrMnTi 经渗碳淬火后，表面耐磨性和芯部韧性都比较好，适于制造耐磨和承受冲击载荷的轴。

高强度铸铁和球墨铸铁具有价廉、良好的吸振性和耐磨性、对应力集中敏感性低以及容易制成复杂的形状等优点，因而也可用作轴的材料。

钢轴的毛坯一般用轧制的圆钢或锻件。锻件的内部组织比较均匀，强度较好，故重要的轴应采用锻制毛坯。

(三) 轴上零件的轴向固定

图 3-73 所示为圆柱齿轮减速器的输入轴。轴一般由轴头、轴颈、轴肩、轴环、轴端和轴身等部分组成。轴上安装传动零件的部分称为轴头，轴上被轴承支撑的部分称为轴颈，联接轴头和轴颈的过渡部分称为轴身。

零件在轴上应具有确定的位置，以保证其正常工作。零件的固定分为周向固定和轴向固定。周向固定使零件与轴一起旋转并传递扭矩，常用键联接或过盈配合等。轴向固定是为了防止零件轴向移动，并将斜齿轮等的轴向分力通过轴传递给轴承，常用的轴向固定方法如下。

1. 轴肩、轴环和套筒

如图 3-73 所示，右轴承的左侧采用轴环，齿轮的右侧采用轴肩；齿轮和左轴承间采用套筒来作轴向固定。它们能承受较大的轴向载荷，图 3-73 中斜齿轮上的轴向分力就是借助轴环和轴肩（若轴向分力向右），或者借助套筒（若轴向分力向左）传递给轴承的，轴承又依靠压盖将轴向载荷传递给箱体。为使工作可靠，轴肩的高度应大于轴上零件的倒角，倒角又应大于轴上过渡圆角。

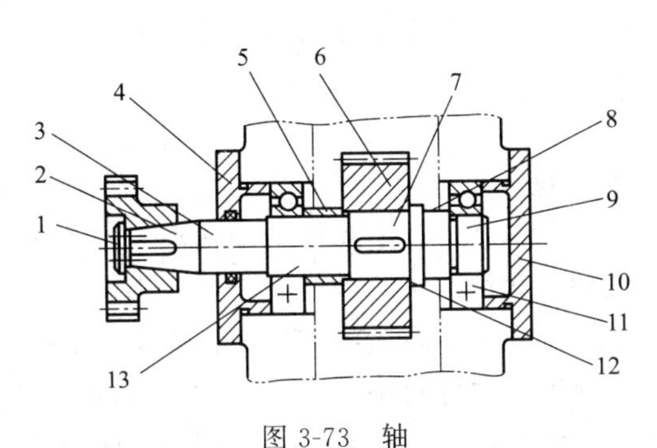

图 3-73 轴

1—轴端挡圈；2,7—轴头；3—轴身；4,10—轴承盖；5—套筒；
6—齿轮；8—轴环；9,13—轴颈；11—轴承；12—轴肩

2. 轴端挡圈

轴端挡圈适用于轴端零件的固定，如图 3-73 中 1，也能承受较大轴内载荷，已标准化，可查手册。

3. 圆螺母

在轴上加工出细牙螺纹，用圆螺母作轴向固定，为防止螺母松脱需设置带翅垫圈防松，如图 3-74(a) 所示。此时，螺纹外径应比轴颈直径略小并符合螺纹标准，轴上有槽会削弱轴的强度。

4. 弹性挡圈、紧定螺钉

它们只能承受很小的轴向载荷。弹性挡圈由 65Mn 制造，用工具张开套于轴上自动卡紧，

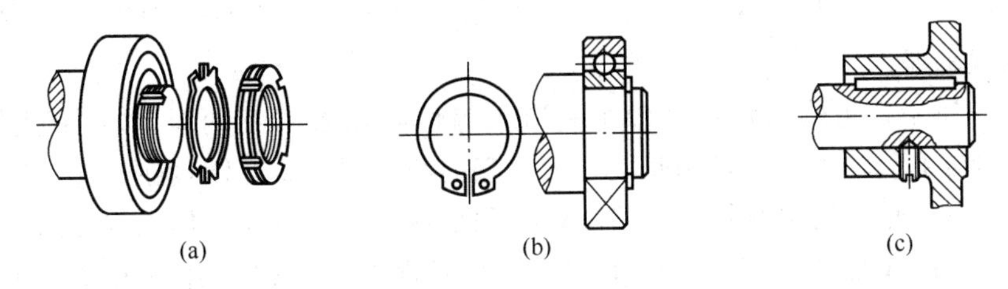

图 3-74 圆螺母、弹性挡圈及紧定螺钉

如图 3-74(b) 所示。紧定螺钉依靠头部紧顶轴上的小坑来作轴向固定，如图 3-74(c) 所示。

(四) 轴的尺寸

轴的尺寸主要包括径向尺寸和长度方向尺寸。根据强度计算初估轴的直径后，在确定阶梯轴各段直径时，应注意如下几点：凡是轴上与工作零件相配的直径应尽量取圆整值；与滚动轴承配合的轴颈直径必须符合滚动轴承的内径标准；轴上带有螺纹部分的直径必须符合螺纹的标准直径。轴上各段长度取决于轴上零件与轴承的轴向尺寸，而轴上安装零件的轴向尺寸又与相应各段轴径有关，如齿轮、带轮等轮毂宽度一般取为 (1.5～2)d，d 为相配的轴头直径。

四、联轴器

联轴器是用来联接轴与轴或轴与其他旋转零件，使之共同旋转并传递运动及转矩的机械零件。联轴器在工作时始终将两轴牢固地联接成一体，若要两轴分离，必须停机拆卸。有时联轴器也可用作安全装置，以防止机器过载。用作安全装置的安全联轴器，其作用是在机器工作时，如果转矩超过规定值，联轴器即可自行断开，以保证机器中的主要零件不致因过载而损坏。

常用的联轴器大多已标准化。一般可先根据工作条件和使用要求选择合适的类型，然后根据轴径、转速和转矩从标准中选择所需的型号和尺寸。必要时还应对其中的薄弱环节进行校核。

1. 凸缘联轴器

凸缘联轴器由两个带凸缘的半联轴器、螺栓和键组成，如图 3-75 所示。其中一个半联轴器上制有凸肩，以便与另一个半联轴器上相应的凹槽配合以保证对中，每个半联轴器用键装在轴上，靠螺栓将两半联轴器联接起来，拧紧螺栓后，靠两半联轴器接合面间的摩擦力传递转矩。这种联轴器结构简单，能传递较大的转矩，是固定式联轴器中应用较多的一种。常用于速度较低、转矩较大、两轴能很好对中并在工作中不发生相对位移及冲击较小的场合。凸缘联轴器的类型和尺寸可按标准选用，必要时需验算键和螺栓的强度。

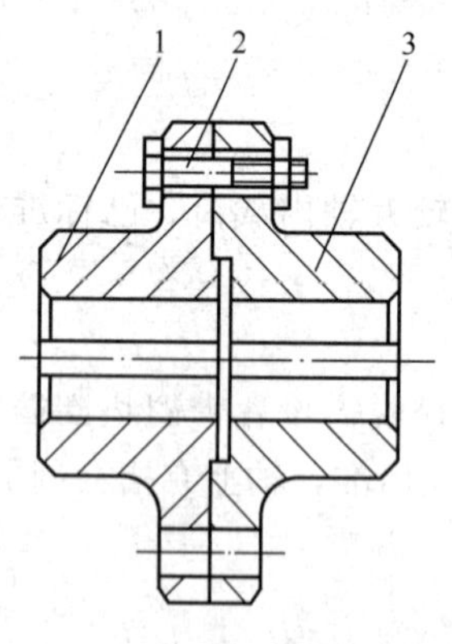

图 3-75 凸缘联轴器

1,3—半联轴器；2—螺栓

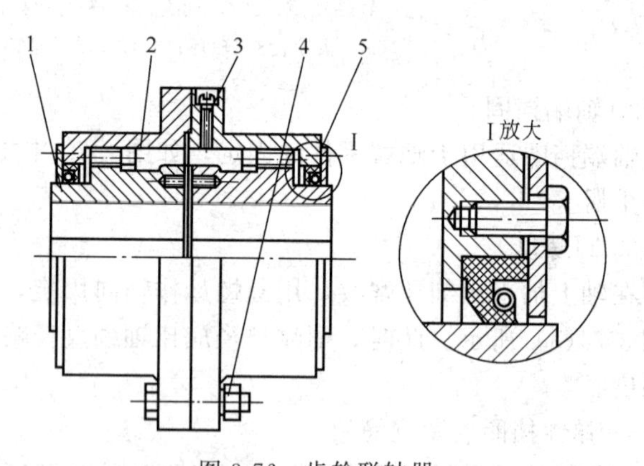

图 3-76 齿轮联轴器

1—内套筒；2—外套筒；3—油孔；4—螺栓；5—密封元件

2. 齿轮联轴器

如图 3-76 所示，齿轮联轴器由两个具有外齿的半联轴器和两个具有内齿的外壳组成。半联轴器分别与主动轴和从动轴相联接，两外壳的凸缘则用螺栓联接在一起，靠啮合的轮齿来传递转矩；由于轮齿间留有较大的间隙，半联轴器的外齿轮齿顶加工成球面，所以能补偿两轴的轴向、径向或角向位移。常用于两轴平行度误差较大的场合，在重型机械中应用较广。齿轮联轴器的尺寸可根据轴的直径、转矩和转速等条件按标准选定。

3. 弹性圈柱销联轴器

如图 3-77 所示，其构造与凸缘联轴器很相似。只是用套有弹性圈的柱销代替了联接螺栓。它是靠弹性圈的受挤压和柱销的受弯曲传递转矩的。因为装有弹性元件，所以不仅可以补偿两轴的位移和偏斜，而且具有缓冲和吸振的能力，适用于频繁启动、受变载荷、高速运转、经常作正反向转动以及两轴不便于严格对中的场合。弹性圈柱销联轴器已标准化。其尺寸可按标准选取。

4. 万向联轴器

万向联轴器属于刚性可移式，如图 3-78 所示。它是由两个固定在轴端的叉形接头和十字销铰接而成，通过十字销传递转矩。万向联轴器主要用于两轴线间有较大角位移（可达45°），广泛应用于汽车、拖拉机中。它的主要缺点是当两轴线不重合时（有角位移），主动轴匀速转动，从动轴的转速不均匀。为消除这个缺点，必须成对使用万向联轴器，即双万向联轴器，这时允许两轴间有综合位移。

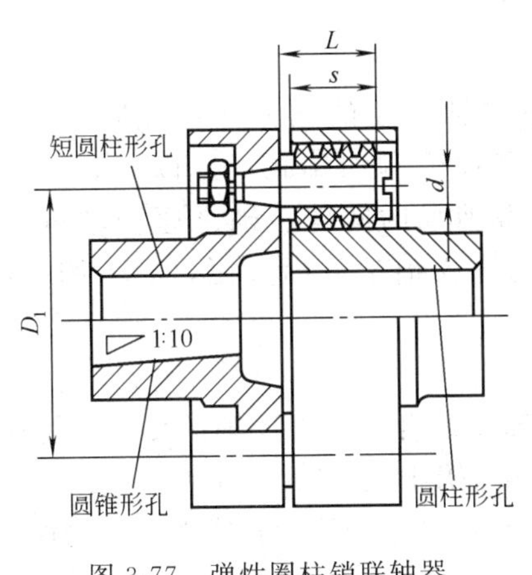

图 3-77　弹性圈柱销联轴器

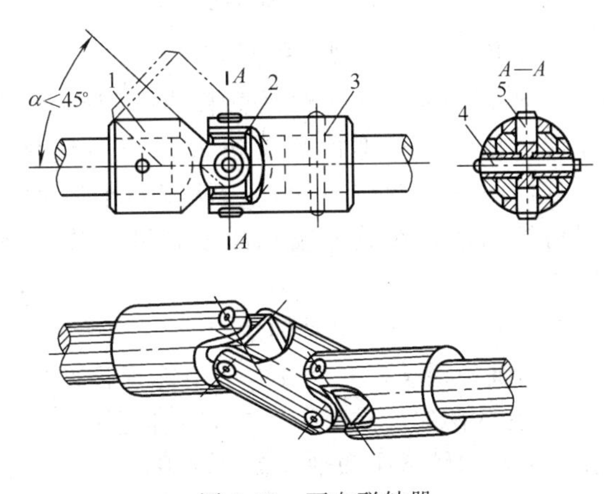

图 3-78　万向联轴器

1,3—叉形接头；2—十字形接头；4,5—轴销

五、轴承

轴承是机器中用来支撑轴的一种重要部件，用以保持轴线的回转精度，减少轴和支撑间由于相对转动而引起的摩擦和磨损。根据轴承工作的摩擦性质，可分为滑动轴承和滚动轴承两大类。

（一）滑动轴承

滑动轴承按照其所受载荷方向可分为径向轴承和止推轴承，此外，还有既可受径向力又可受轴向力的径向止推轴承。按照滑动摩擦状态可分为液体摩擦轴承和混合摩擦轴承，液体摩擦轴承又可分为液体动压轴承和液体静压轴承。滑动轴承所用润滑剂可以是润滑油，也可以是润滑脂，还可以是固体润滑剂。此处只介绍整体式、剖分式、调心式（自位式）向心滑动轴承的典型结构。

1. 整体式向心滑动轴承

如图 3-79 所示，轴承座孔内压入用轴承合金制成的轴套，轴套上有油孔，并在内表面上开油沟以输送润滑油。轴承座顶部设有装油杯的螺纹孔，安装时用螺栓与机架联接。整体式滑动轴承结构简单、制造方便、造价低廉。但轴颈只能从端部装入，安装和检修不便，轴承工作表面磨损后无法调整轴承间隙，故多用于低速轻载和间歇工作的简单机械中。

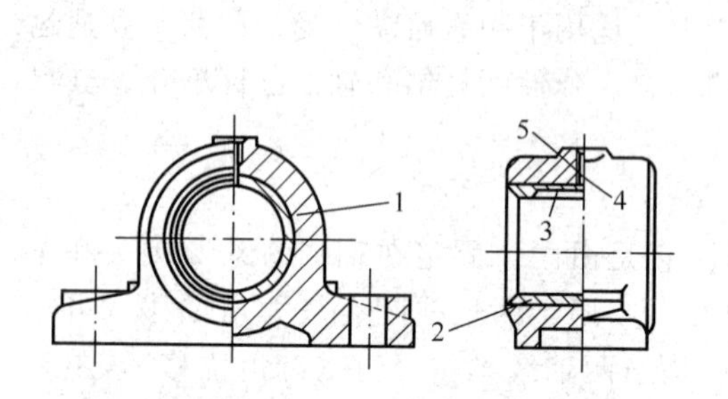

图 3-79 整体式向心滑动轴承

1—轴承座；2—轴套；3—油沟；4—油孔；5—油杯螺纹孔

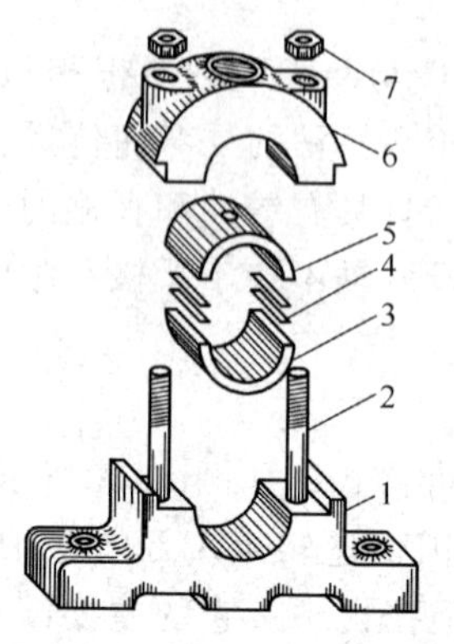

图 3-80 剖分式向心滑动轴承

1—轴承座；2—螺栓；3,5—剖分轴瓦；4—垫片；6—轴承盖；7—螺母

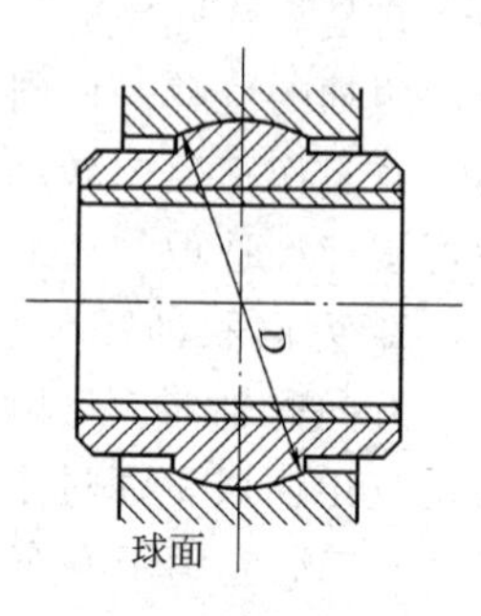

图 3-81 调心式向心滑动轴承

2. 剖分式向心滑动轴承

剖分式向心滑动轴承如图 3-80 所示。轴承座和轴承盖的剖分面做成阶梯形结构，以便定位和避免螺栓承受过大的横向载荷。轴承盖顶部有螺纹孔，用以安装油杯。在剖分面间放置调整垫片，以便安装时或磨损后调整轴承的间隙。轴承座和轴承盖一般用铸铁制造，在重载或有冲击时可用铸钢制造。剖分式轴承装拆方便，易于调整间隙，应用广泛。

3. 调心式向心滑动轴承

当轴颈很长，变形较大或不能保证两轴承孔的轴线重合时，由于轴的偏斜，易使轴瓦（套）孔的两端严重磨损。为避免上述现象的发生，常采用调心式滑动轴承。这种轴承的轴瓦外表面与轴承座和轴承盖之间采用球面配合，球面中心位于轴颈的轴线上。这样轴瓦可自动调位，以适应轴颈的偏斜，如图 3-81 所示。

滑动轴承包含零件少，工作面间一般有润滑油膜并为面接触。所以，它具有承载能力大、抗冲击、低噪声、工作平稳、回转精度高、高速性能好等独特的优点。主要缺点是启动摩擦阻力大，维护较复杂。主要应用于转速较高，承受巨大冲击和振动载荷，对回转精度要求较高，必须采用剖分结构等场合。此外，在一些要求不高的简单机械中，也应用结构简单、制造容易的滑动轴承。

（二）滚动轴承

滚动轴承是各种机器中最普遍使用的零件，其尺寸已标准化，并由轴承厂大规模生产。实际应用时，只要根据具体的载荷、转速、旋转精度和工作条件等方面的要求，按标准选用。

滚动轴承通常由外圈、内圈、滚动体和保持架所组成，如图 3-82 所示。内圈通常与轴过盈配合并随轴一起转动，而外圈则固定在支座上，起支撑作用。工作时滚动体在内、外圈之间的滚道上滚动，形成滚动摩擦。保持架把滚动体均匀地相互隔开，以避免滚动体间的摩擦和磨损。滚动体分为球、圆柱滚子、圆锥滚子、鼓形滚子和滚针等（见图 3-83）。

根据承受载荷的方向，可将滚动轴承分为向心轴承（主要承受径向载荷）、推力轴承（只能承受轴向载荷）、向心推力轴承（能同时承受径向载荷和轴向载荷）。图 3-84 所示为常见的 8 种轴承类型结构，现将其主要特点介绍如下。

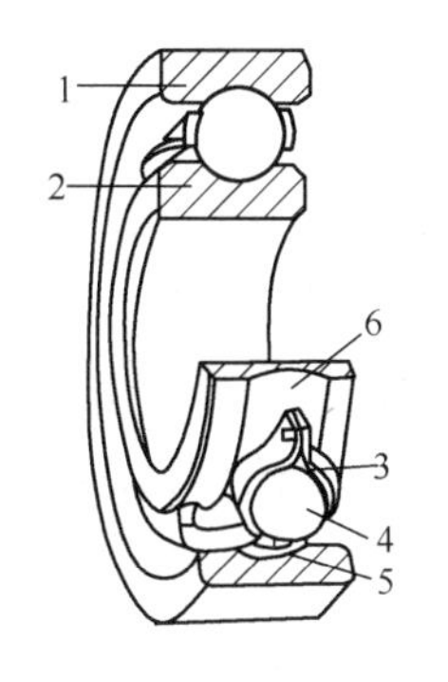

图 3-82　滚动轴承的结构

1—外圈；2—内圈；3—保持架；
4—滚动体；5—外圈滚道；
6—内圈滚道

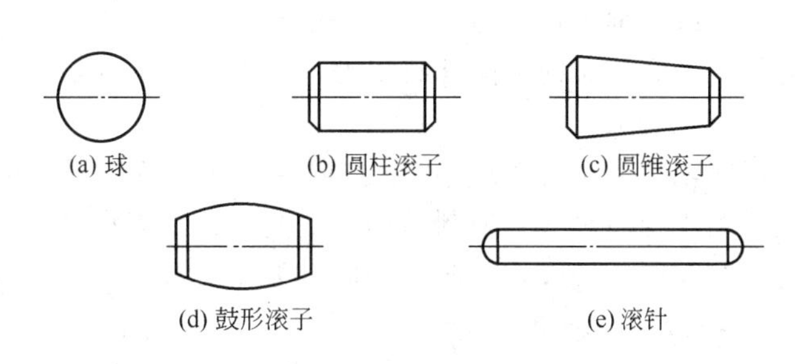

图 3-83　滚动体的种类

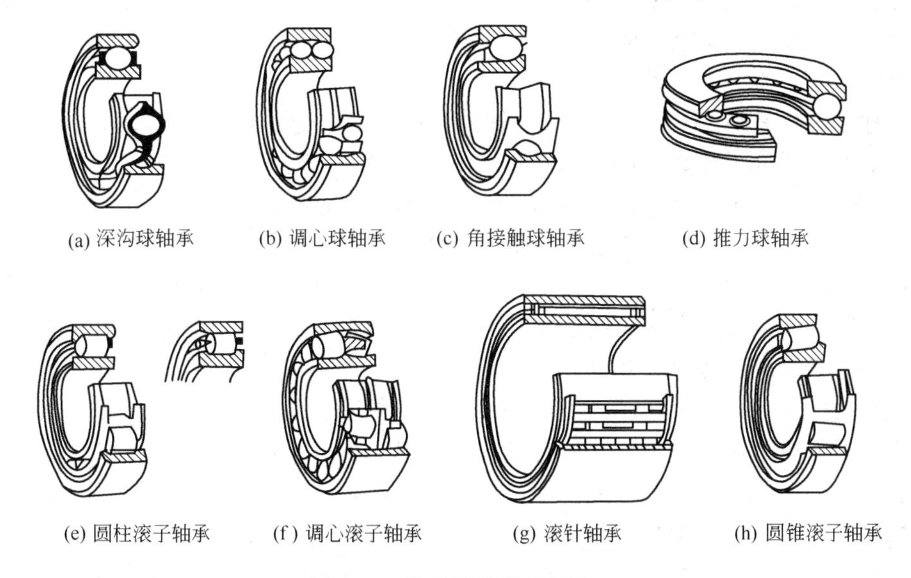

图 3-84　常见轴承类型结构

1. 深沟球轴承

深沟球轴承代号为 60000。主要承受径向载荷，也能承受一定的双向轴向载荷，极限转速较高，在转速高而不宜用推力轴承时可用于承受纯轴向载荷。结构紧凑，重量轻，是应用最广的一种轴承类型。

2. 调心球轴承

调心球轴承代号为 10000。其结构特点是滚动体为双列球，外圈滚道在轴截面中为球面，因此当内、外圈轴线有较大相对偏转角时，能自动调心而使轴承保持正常工作。这类轴承主要承受径向载荷，也能承受较小的双向轴向载荷。

3. 圆柱滚子轴承

圆柱滚子轴承代号为 N0000。滚动体是圆柱滚子，其径向承载能力约是相同内径深沟球轴承的 1.5～3 倍。内、外圈轴线的允许偏转角很小，故只宜用于轴的刚度较高、轴和孔对中良好的地方。对于外圈无挡边的和内圈无挡边的形式，不允许承受轴向载荷，但当要求轴能作轴向游动时这是一种理想的支撑结构。

4. 调心滚子轴承

调心滚子轴承代号为20000。滚动体是双列鼓形滚子，外圈滚道为球面，因此具有自动调心作用。有较大的径向承载能力，能承受少量双向轴向载荷，极限转速低。

5. 滚针轴承

滚针轴承代号为NA0000。在内径相同的条件下，和其他轴承相比，其外径最小，因此特别适用于径向尺寸受限制的场合。这类轴承能承受较大的径向载荷，承受轴向载荷的能力很小。摩擦因数较大，旋转精度低；不允许有轴线偏转角，极限转速低。

6. 角接触球轴承

角接触球轴承代号为70000C。能承受径向载荷，也可承受较大的单向轴向载荷，极限转速较高，具有能通过预紧提高轴承刚度的特点。这类轴承通常应成对使用。

7. 圆锥滚子轴承

圆锥滚子轴承代号为30000。其特性与角接触球轴承相同，但承载能力较高，极限转速较低。外圈可分离，便于调整轴承游隙。在同一支撑点使用两个相反方向安装的圆锥滚子轴承时，可以通过预紧提高轴承刚度。通常成对使用。

8. 推力球轴承

推力球轴承代号为51000。只能承受轴向载荷，不能受径向载荷，极限转速也较低。推力轴承的套圈不分内、外圈，而分轴圈和座圈。轴圈与轴紧配合并一起旋转，座圈的内径与轴保持一定间隙，置于机座中，轴圈和座圈与滚动体是分离的。

轴承类型选择是否适当，不仅影响轴承的使用寿命，而且还将影响机器的工作性能，因此在选择轴承的类型时，应在了解轴承类型及其特性的基础上，结合载荷情况、转速高低、空间位置、调心性能以及市场供应情况和经济性等，并参照同类机器中的轴承使用经验进行选择。具体选择时可参考以下几点。

① 载荷的方向和大小。当承受纯径向载荷时，应选用向心轴承；当承受纯轴向载荷，且转速不高时，宜选用推力轴承，如转速较高，则宜选用向心推力轴承；如要求轴承同时承受径向载荷和轴向载荷时，一般可采用角接触轴承；如轴向载荷比径向载荷大得多时，可以同时采用向心轴承和推力轴承来分别承受径向载荷和轴向载荷。

球轴承为点接触，承载能力低，抗冲击能力差，但其价格较便宜，且容易获得，故在一般情况下应优先选用球轴承。

② 轴承的转速。球轴承与尺寸相同的滚子轴承相比，其极限转速较高，故宜用于高速轴上；推力球轴承由于受离心力的影响，极限转速低，所以在受轴向载荷大而转速又较高时，最好选用向心推力球轴承而不用推力球轴承。

③ 轴承安装尺寸的限制。滚子轴承由于是线接触，比点接触的球轴承承载能力高，故在相同的载荷、转速和工作条件下，所需滚子轴承的外形尺寸比球轴承的要小。而滚针轴承由于滚动体个数多，承载能力更高些，更适宜于受载大而径向尺寸要求小的地方（如连杆中铰链轴承）。此外，相同承载能力的轴承，有的是径向尺寸小而轴向尺寸大，有的是径向尺寸大而轴向尺寸小，所以要根据安装尺寸要求去选择合适的类型和系列。

④ 对调心性能的要求。如果允许轴有较大的弯曲变形，或轴承的跨距较大，轴承座孔的同轴度较低，则要求轴承的内、外圈在运转中能有一定的相对偏角，这时应采用具有调心性能的球面轴承。球面轴承一定要分装在轴的两端，否则起不到自动调心作用。

思考题与习题

3-1 机器与机构、零件与构件有什么区别？

3-2 什么是运动副？常见的运动副之间有什么区别？

3-3 说明平面四杆机构三种基本形式的运动特点？如何判断它是否具有曲柄？

3-4 凸轮机构有何特点？

3-5 常用的间歇机构有哪几种？各有什么特点？

3-6 一对渐开线齿轮正确啮合的条件是什么？

3-7 一对正确安装的标准直齿圆柱齿轮传动，其模数 $m=5\text{mm}$，齿数 $z_1=20$，$z_2=100$，试计算这一对齿轮传动各部分的几何尺寸和中心距。

3-8 蜗杆传动有哪些特点？

3-9 带传动和链传动有何特点？

3-10 螺纹联接有哪些类型？

3-11 螺纹联接的防松措施有哪些？

3-12 什么是转轴、心轴、传动轴？轴上零件为什么需要轴向定位和周向定位？试说明其定位的方法和特点。

3-13 常用的联轴器有哪些类型？如何选用？

3-14 滚动轴承主要类型有哪几种？各有何特点？

3-15 选择轴承类型时要考虑哪些因素？

第四章　大气污染治理设备

【学习指南】

大气污染治理设备是指从污染气体中将固态污染物分离出来并加以捕集、回收的设备，也称除尘器。本章主要介绍机械式除尘器（包括重力沉降室、惯性除尘器和旋风除尘器）、过滤式除尘器（包括袋式除尘器和颗粒层除尘器）、湿式除尘器（包括低能湿式除尘器和高能级的文氏管除尘器）及静电除尘器。通过学习掌握除尘器的工作原理、结构设计、应用维护等知识，提高对除尘设备的认识和应用能力。

第一节　重力沉降室与惯性除尘器

重力沉降室与惯性除尘器是在工业中应用较早的两种除尘器。与其他除尘器相比，其除尘效率较低。但是，由于这两种除尘器具有结构简单、造价低廉、运行可靠、维护简便等优点，到目前为止，在一些对除尘率要求不高的情况下仍得到应用，或者作为除尘系统的前级预除尘器。

一、重力沉降室

重力沉降室是一种最简单的除尘器，如图 4-1(a) 所示，其基本结构是一根底部设有贮灰斗的长形管道。沉降室的结构尺寸用下列符号表示：L 为长度；B 为宽度；H 为高度。

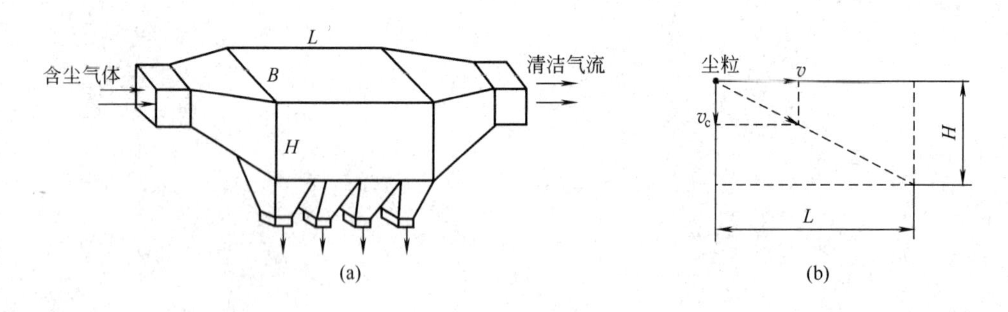

图 4-1　重力沉降室

图 4-1(b) 所示为在水平流动状态下含尘气体的重力沉降示意。含尘气体进入沉降室后，由于通道截面积突然扩大，气流速度迅速降低，气流中的粉尘颗粒在自身重力作用下，很快便以沉降速度 v_c 等速下降。经过一定时间后，尘粒逐渐沉降到底部的灰斗中，从气流中分离出来。

对于一般的尘粒，当其在空气中运动时的雷诺数 $Re_t \leqslant 1$ 时，可应用斯托克斯（Stokes）定律，将尘粒的沉降速度简化为

$$v_c=\frac{d_p^2(\rho_p-\rho)g}{18\mu} \tag{4-1}$$

尘粒在空气中等速沉降时的雷诺数公式为

$$Re_t=\frac{d_p v_c \rho}{\mu} \tag{4-2}$$

式中　v_c——尘粒的沉降速度，m/s；

d_p——尘粒直径，m；

ρ_p——尘粒密度，kg/m^3；

ρ——气体密度，kg/m^3；

g——重力加速度，m/s^2；

μ——流体的黏度，Pa·s。

对于气体介质，$(\rho_p-\rho)\approx\rho_p$，式(4-1) 可以进一步简化。对于非球形尘粒，其形状影响沉降速度。通常，非球形尘粒沉降速度小于同体积的球形尘粒。

(一) 沉降室的结构形式

常见沉降室的结构形式如图 4-2 所示。在室内设置各种形式的挡尘板，可以提高除尘效率。根据试验测试，人字形挡板和平行隔板结构形式的除尘效率较高。因为人字形挡板能使进入到沉降室的气体迅速扩散并均匀充满整个沉降室；而平行隔板可以减少沉降室的高度，使粉尘降落的时间也减少。因此，对于相同尺寸的沉降室其除尘效率一般比空沉降室提高15%左右。另外，也可采用喷嘴喷水提高除尘器的除尘效率。

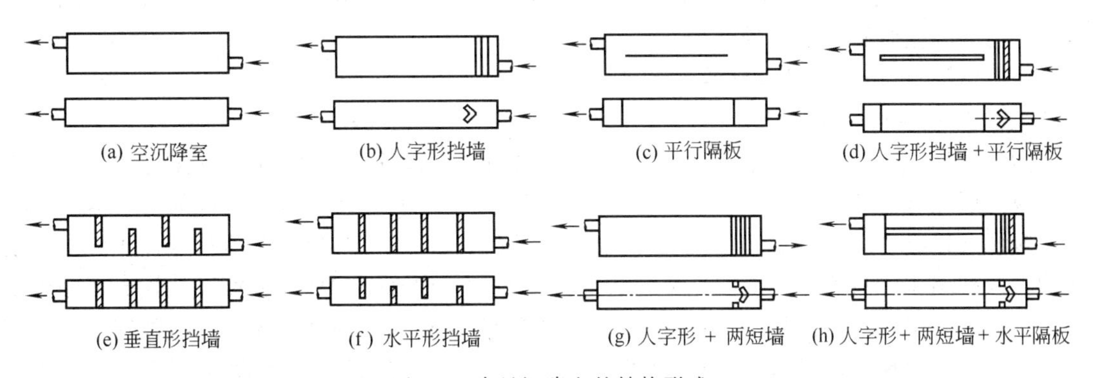

图 4-2　常见沉降室的结构形式

图 4-3 所示为多层沉降室，其内部安装了若干块集尘盘。由于缩小了粉尘的沉降高度，使尘粒将很快地沉降到集尘盘上。沉降室分层越多，除尘效果越好，但必须保证各层间气流分布均匀。另外，分层数目增加后，将增加清灰及设备维护的难度。

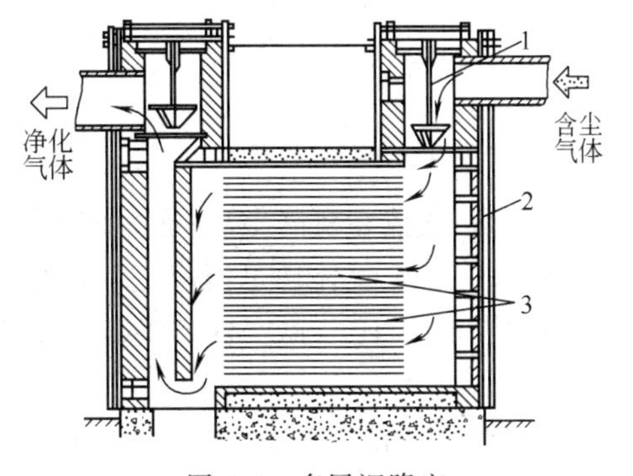

图 4-3　多层沉降室

1—锥形阀；2—清灰孔；3—隔板

除了上述水平沉降室外，图 4-4 所示的垂直沉降室也经常使用在小型冲天炉和锅炉运行中，作为粗粉尘、砂粒的分离器使用。图 4-4(a) 所示为屋顶式沉降室，捕集下来的粉尘堆积在伞形挡板的周围的底板上；图 4-4(b) 所示为扩大烟管式沉降室；图 4-4(c) 所示为带有锥形导流器的扩大烟管式沉降室，为了提高除尘效果，在垂直沉降室内部分别设置了反射板和反射锥体。分离的尘粒落入环绕烟囱的集尘室，定期通过下灰管排出。一般情况下，沉降室的直径为烟道的 2.5 倍。

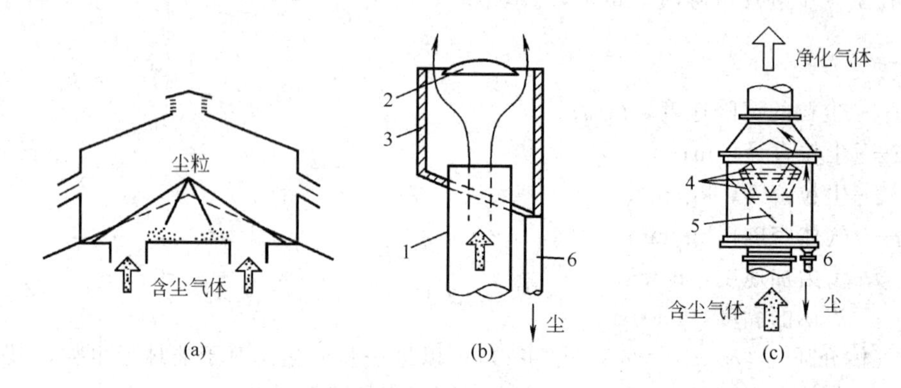

图 4-4 垂直沉降室

1—烟道；2—反射板；3—耐火涂料；4—反射锥体；5—斜板；6—下灰管

（二）沉降室的特点

① 沉降室结构简单，压力损失小，一般为 50～150Pa，但占地面积大。

② 沉降室无磨损问题。除了受沉降室的结构材料的局限外，一般不受温度与压力的限制。可以回收干灰，二次污染易于控制。

③ 沉降室的除尘效率低，一般只能分离粒径大于 50～100μm 的粗尘粒。因此，沉降室常用于高效除尘装置的前级预除尘。

（三）重力沉降室的设计计算

1. 沉降室结构尺寸

图 4-1(b) 所示为含尘气体在水平流动的情况下的沉降示意。假设含尘气流进入沉降室后，保持层流状态范围内，尘粒均匀地分布在气流中，尘粒与气流具有相同的水平速度。为了使含尘气体进入沉降室后，气流的线速度显著降低，应将沉降室的截面积设计成大于进出口管道的截面积。只要尘粒能在气体通过沉降室的时间内降至底部，就可以从气流中分离出来。从理论上讲，若要使最小尘粒能从气流中完全分离出来，那么气体通过沉降室的时间必须大于或等于尘粒从沉降室顶部降至底部所需要的时间。这是沉降室设计和操作的基本原则。即

$$\frac{L}{v} \geqslant \frac{H}{v_c} \tag{4-3}$$

气体在沉降室内的水平流速为

$$v = \frac{Q}{BH} \tag{4-4}$$

式中 v——气体在沉降室中的水平流速，m/s；

Q——含尘气体通过沉降室的流量，即沉降室的处理量，m^3/s。

将式（4-4）代入式（4-3）中，整理得出

$$Q \leqslant BLv_c \tag{4-5}$$

由此可见，沉降室的理论处理能力只与其宽度和长度有关，而与高度无关。因此，应将沉降室设计成扁平形。根据设计的沉降室的处理能力，其结构尺寸由下面公式近似确定。

$$F=\frac{Q}{v}=BH \tag{4-6}$$

$$H=(0.5\sim1)\sqrt{F} \tag{4-7}$$

$$L=\frac{Hv}{v_c} \tag{4-8}$$

式中 F——沉降室的有效截面积，m^2。

2. 沉降室的除尘效率

假设尘粒均匀地分布在气流中，尘粒的水平运动速度 v 等于气体流速。当沉降室的结构已经确定，从理论上讲，沉降速度 $v_c \geqslant Hv/L$ 的尘粒都能沉降下来；当沉降速度 $v_c < Hv/L$ 时，则各种尘粒的分级除尘效率 η_x 可按下式计算求出。

$$\eta_x=\frac{Lv_c}{Hv}\times100\%=LB\frac{v_c}{Q}\times100\% \tag{4-9}$$

当沉降室的结构尺寸和气体流量确定后，可通过下式求出沉降室可捕集的最小尘粒直径 d_{min}。

$$d_{min}=\sqrt{\frac{18\mu v_c}{\rho_p g}}=\sqrt{\frac{18\mu Q}{\rho_p gBL}} \tag{4-10}$$

图 4-5 所示为多层沉降室示意。若用 n 层隔板将高度为 H 的沉降室分为 $n+1$ 个通道，如果忽略隔板的厚度，隔板间距为 $h=H/(n+1)$，则尘粒的分级效率可参照式（4-9）推导如下。

$$\eta_x=\frac{Lv_c}{hv}\times100\%=(n+1)\frac{Lv_c}{Hv}\times100\%$$

$$=(n+1)LB\frac{v_c}{Q}\times100\% \tag{4-11}$$

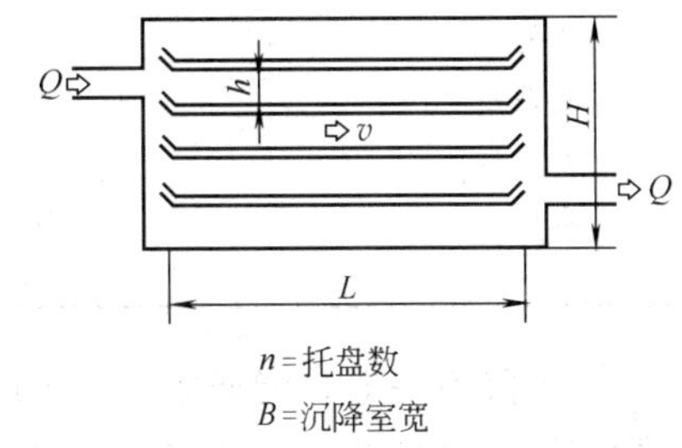

图 4-5 多层沉降室示意

在设计沉降室时，按照要求捕集的最小尘粒直径，令其除尘效率为 100%，利用式(4-9) 或式(4-11) 计算出沉降室的尺寸。当多层沉降室的结构尺寸和气体流量确定后，可通过下式求出其可捕集的最小尘粒直径 d_{min}。

$$d_{min}=\sqrt{\frac{18\mu v_c}{(n+1)\rho_p g}}=\sqrt{\frac{18\mu Q}{(n+1)\rho_p gBL}} \tag{4-12}$$

在给出沉降室入口尘粒的粒径分布函数（各粒径尘粒占全部尘粒的质量分数），可通过下式计算出沉降室的总除尘效率 η。

$$\eta=\sum_{i=1}^{n} f_{di}\eta_{xi} \tag{4-13}$$

式中 f_{di}——入口处某一粒径的尘粒占全部尘粒的质量分数；

η_{xi}——某一粒径尘粒的分级效率；

n——尘粒粒径的分段数。

总除尘效率 η 也可以通过测量除尘器进口和出口处的含尘浓度，用浓度差与进口浓度之比的百分数来表示。

3. 压力损失

在沉降室的设计中，除设备的材质外，一般不需考虑压力和温度的限制。压力损失等于各种流动阻力（包括入口扩张、沉降室摩擦阻力、出口收缩等）之和。压力损失可用下式计算。

$$\Delta p=\frac{(v_1^2+1.5v_2)\rho}{2g} \tag{4-14}$$

式中 Δp——含尘气体通过沉降室的压力损失，Pa；

v_1——沉降室入口处含尘气体的速度，m/s；

v_2——沉降室出口处含尘气体的速度，m/s；

ρ——含尘气体的密度，kg/m^3。

4. 重力沉降室设计与应用的注意事项

① 沉降室尺寸确定的原则。沉降室应以矮、宽、长为宜。所以，当沉降室横截面积确定后，应增加宽度尺寸，减小高度尺寸，适当增加长度尺寸，有利于尘粒充分沉降。

② 沉降室内气流速度的控制。为防止气流速度过高导致沉降室内二次扬尘，在实际应用中，气流速度一般控制在0.3～3.0m/s，有的资料推荐选取范围为0.5～1.5m/s，对于密度较小的粉尘，其流速还要降低。表4-1列出某些粉尘在沉降室内允许的最大气流流速，可作为沉降室设计和应用时的参考。

表 4-1 沉降室内允许的最大气流流速

粉尘类型	密度/$kg\cdot m^{-3}$	中位径/μm	最大流速/$m\cdot s^{-1}$
碎铝片	2720	335	4.3
石棉	2200	261	5.1
铸造粉尘	3020	117	5.6
石灰石	2780	71	6.4
淀粉	1270	64	1.75
木屑	1180	1370	3.9

③ 沉降室一般只能捕集50μm以上的尘粒。为了捕集更小粒径的烟尘，可在沉降室内合理设置挡板或隔板。在确定水平隔板数量时，考虑到清灰方便，隔板间距最小一般为40～100mm。

【例 4-1】 某单位拟采用重力沉降室回收常压锅炉烟气中所含球形固体颗粒，有关参数：含尘气体密度为$0.75kg/m^3$；固体尘粒密度为$3000kg/m^3$；黏度为$2.5\times10^{-5}Pa\cdot s$；处理气量为$3.4m^3/s$；$g$取$9.81m/s^2$。沉降室的尺寸为$L=6m$；$B=3m$；$H=2m$。试求：

① 沉降室能捕集的最小尘粒直径；

② 计算粒径为40μm的尘粒的除尘效率；

③ 如欲使粒径为20μm的尘粒完全除去，在原沉降室内应设置几层水平隔板？

解

① 理论上能完全捕集下来的最小尘粒直径

该沉降室能完全分离出来的最小尘粒的沉降速度可由式(4-5)求得。

$$v_c=\frac{Q}{BL}=\frac{3.4}{6\times3}=0.189\ (m/s)$$

假设沉降在层流区，则可用式(4-10)求最小尘粒的直径，即

$$d_{min}=\sqrt{\frac{18\mu v_c}{\rho_p g}}=\sqrt{\frac{18\times2.5\times10^{-5}\times0.189}{3000\times9.81}}$$
$$=53.75\times10^{-6}\ (m)=53.75\ (\mu m)$$

核算沉降流型

$$Re_t=\frac{d_p v_c \rho}{\mu}=\frac{53.75\times10^{-5}\times0.189\times0.75}{2.5\times10^{-5}}=0.3048<1$$

沉降发生在层流区的假设正确，求得最小尘粒直径有效。

② 粒径为40μm尘粒除尘率

由上面计算可知，40μm尘粒的沉降也在层流区。其沉降速度可用式(4-1)计算，即

$$v_c=\frac{d_p^2(\rho_p-\rho)g}{18\mu}\approx\frac{(40\times10^{-6})^2\times3000\times9.81}{18\times2.5\times10^{-5}}=0.1046\ (\text{m/s})$$

粒径为40μm尘粒的除尘率，由式(4-9)计算为

$$\eta_x=LB\frac{v_c}{Q}\times100\%=\frac{6\times3\times0.1046}{3.4}\times100\%=55.38\%$$

除应用上式计算分级除尘效率外，也可以利用上式推导出其他的计算公式。

③ 需设置的水平隔板数

首先利用式(4-1)求出粒径为20μm尘粒的沉降速度，计算如下。

$$v_c=\frac{d_p^2(\rho_p-\rho)g}{18\mu}\approx\frac{(20\times10^{-6})^2\times3000\times9.81}{18\times2.5\times10^{-5}}=0.0262\ (\text{m/s})$$

设多层沉降室的水平隔板数 n，将式(4-3)～式(4-6)四式整理后，得如下公式可求出 n，即

$$Q\leqslant(n+1)BLv_c$$

$$n=\frac{Q}{BLv_c}-1=\frac{3.4}{3\times6\times0.0262}-1=6.21$$

计算结果取整数后，确定为7层，验算隔板间距为

$$h=\frac{H}{n+1}=\frac{2000}{7+1}=250\ (\text{mm})$$

二、惯性除尘器

惯性除尘器是使含尘气体急剧改变流动方向或与挡板相撞，借助粉尘颗粒的惯性作用(或离心力)，将其从气体中分离出来并加以捕集的设备。这种除尘器的结构较重力沉降室复杂一些。因其除尘效率仍较低（一般为50%～70%），一般多用于预除尘。

（一）惯性除尘器的除尘机理

图4-6所示为惯性除尘器的除尘机理。当含尘气流冲击到挡板 B_1 上时，惯性大的粗尘粒（粒径 d_1）与挡板 B_1 碰撞后而沉降下来，首先被分离。余下的细粉尘（粒径 d_2）随气流绕过挡板 B_1 继续向前流动，由于挡板 B_2 的阻挡，使气流方向再次转变，细尘粒借助离心力作用也被分离下来。显然，惯性除尘器除了借助惯性作用外，还利用了离心力和重力的作用。

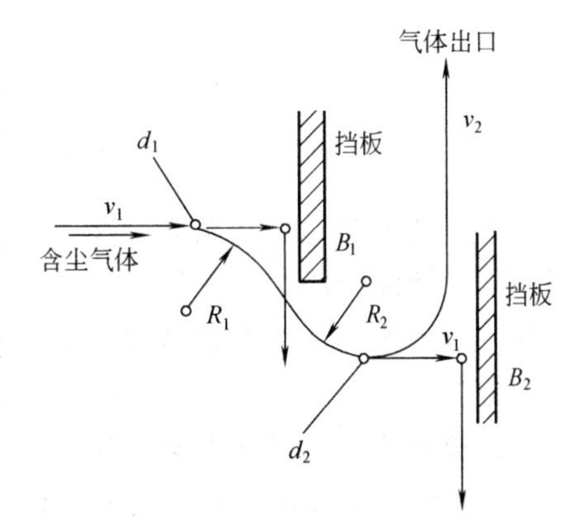

图4-6　惯性除尘器的除尘机理

（二）惯性除尘器的结构形式

惯性除尘器的结构形式主要有两种：一种是以含尘气流中的尘粒撞击挡板捕集较粗尘粒的冲击式惯性除尘器；另一种为通过改变含尘气流流动方向而捕集较细尘粒的折转式惯性除尘器。在实际应用中，则多为这两种形式的综合。

图 4-7 所示为冲击式惯性除尘器结构示意。其中：图 4-7(a) 为单级型；图 4-7(b) 为多级型；图 4-7(c) 为迷宫型。在这种设备中，沿气流方向设置一级或多级挡板，使气体中的尘粒冲撞挡板而被分离。

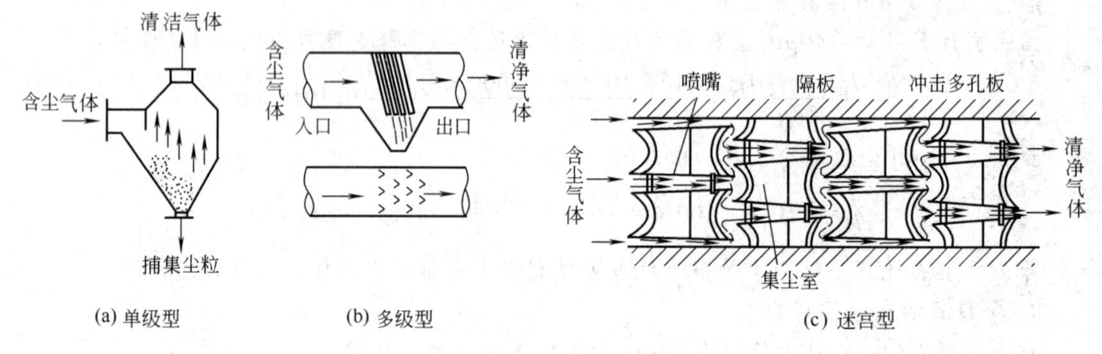

图 4-7 冲击式惯性除尘器结构示意

图 4-8 所示为折转式惯性除尘器结构示意。其中：图 4-8(a) 为弯管型；图 4-8(b) 为百叶窗型；图 4-8(c) 为多层隔板塔型。弯管型、百叶窗型折转式和冲击式惯性除尘器，一般都适于烟道除尘，多层隔板塔型除尘器主要用于烟雾的分离。

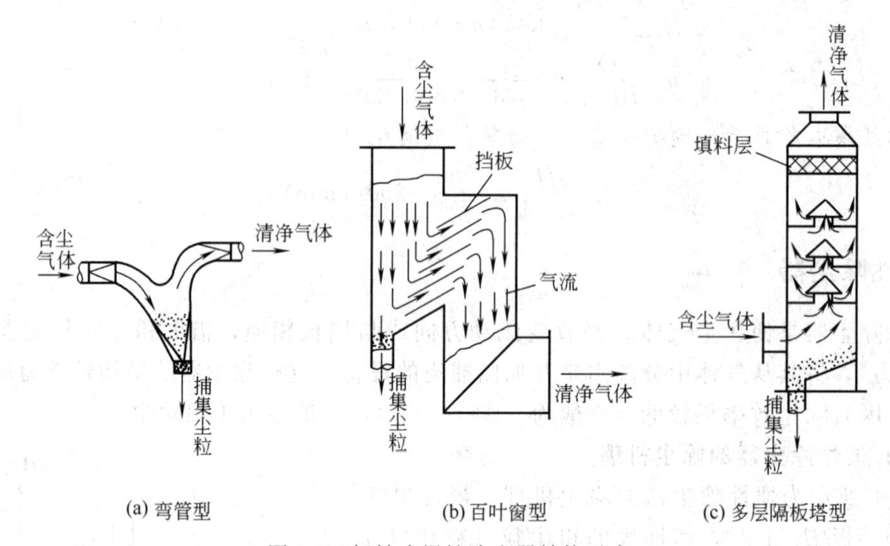

图 4-8 折转式惯性除尘器结构示意

(三) 惯性除尘器的特点

① 惯性除尘器一般能分离 25～30μm 以上的尘粒，除尘效率约 70%，阻力一般为 100～500Pa。采用特殊形式的结构设计，可改善除尘性能，如迷宫式除尘器，可去除 10μm 左右的微粒。

② 惯性除尘器适合于安装在烟道上使用，有的除尘器还可以省去引风装置。

③ 惯性除尘器可以根据需要设计成不同的结构形式，并且还可以作为前一级除尘与其他除尘方法组成多级除尘系统。

(四) 惯性除尘器设计与应用的注意事项

① 气流速度对惯性除尘器性能影响较大。一般惯性除尘器的气流速度越高，气流方向转变角度越大，转变次数越多，除尘效率就越高，压力损失也越大。对于折转式惯性除尘

器，气流转换方向的曲率半径越小，就越能分离细小尘粒。图 4-8 所示的折转式惯性除尘器，一般用于高炉除尘，进气管内的流速约为 10m/s，进入沉降室的流速大约为 1m/s，对于粒径大于 25～30μm 的粉尘，除尘效率达 65%～85%以上，压力损失为 150～400Pa。但气流速度超过 1m/s，除尘效果将会降低。

② 惯性除尘器的压力损失与其结构形式密切相关。如图 4-8(a) 所示的弯管型惯性除尘器，其压力损失不大，除尘效率也低，若增加一块垂直挡板则可提高除尘效率，但压力损失必然增大。在设计或应用中，应注意两者的权衡。

③ 百叶窗型惯性除尘器中的气流速度通常控制在 10～15m/s，且经常用来作为浓聚器。图 4-9 所示为百叶窗型惯性除尘器、挡板式惯性除尘器、旋风除尘器组合在一起的除尘系统。含尘气流通过百叶之间的缝隙（一般不大于 6mm），急折转 150°角度后，粉尘与气体分离，净化气体排出，绕过百叶板得到净化气体一般为总气量的 90%。粉尘撞击到百叶板的斜面上，被弹回到中心气流中，大约有 10%气体带着浓聚后的含尘气流，先经过挡板式惯性除尘器除去粗尘粒，然后进入旋风除尘器除尘。之后，气流再次返回到除尘器系统的入口净化。这种除尘器系统的总效率为百叶窗型拦灰栅除尘效率与旋风除尘器除尘效率之和，可达 73%～94%。

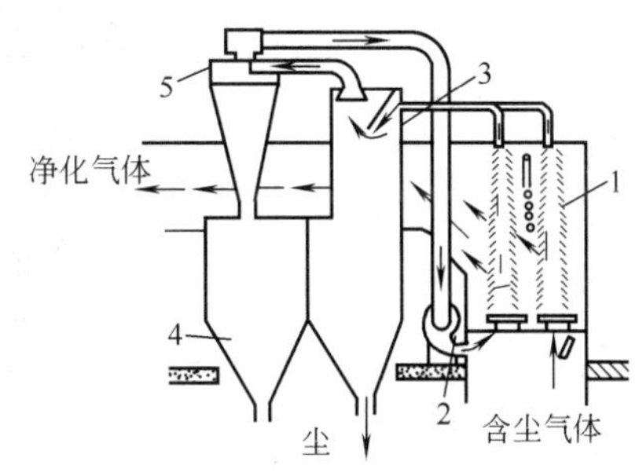

图 4-9 除尘系统

1—百叶窗型拦灰栅；2—风机；3—粗粒去除室；4—灰斗；5—旋风除尘器

④ 惯性除尘器（或组合除尘系统）的清灰问题对于连续出灰的除尘系统，应采用密封良好的锁气装置，以防止漏风影响除尘效果。

⑤ 腐蚀防护与污水处理。采用湿法除尘时，烟气中腐蚀性物质溶于水后对除尘装置产生的腐蚀作用应注意防护，还应注意污水处理问题。

第二节 旋风除尘器

旋风除尘器是利用含尘气流作旋转运动产生的离心力，将尘粒从气体中分离并捕集下来的装置。它有结构简单、没有运动部件、除尘效率较高、适应性强、运行操作与维修方便等优点，是工业中应用较广泛的除尘设备之一。通常情况下，旋风除尘器对于捕集 5～10μm 以上的尘粒，其除尘效率可达 90%左右，获得满意的除尘效果。

普通旋风除尘器的结构组成如图 4-10 所示。含尘气流由进气管沿切线方向进入除尘器内，在除尘器的壳体内壁与排气管外壁之间形成螺旋涡流后，向下作旋转运动。在离心力的作用下，尘粒到达壳体内壁并在下旋气流和重力共同作用下，沿壁面落入灰斗，净化后的气体经排气管排出。

一、旋风除尘器分类

旋风除尘器的种类繁多，常根据其不同的特点和要求进行如下分类。

(一) 按旋风除尘器的除尘效率和处理风量分类

(1) 高效旋风除尘器　除尘器的筒体直径较小（通常小于 900mm），用来分离较细的粉尘，除尘效率在 95%以上。相对截面比（筒体截面面积与进气口截面面积之比）K 值较大，

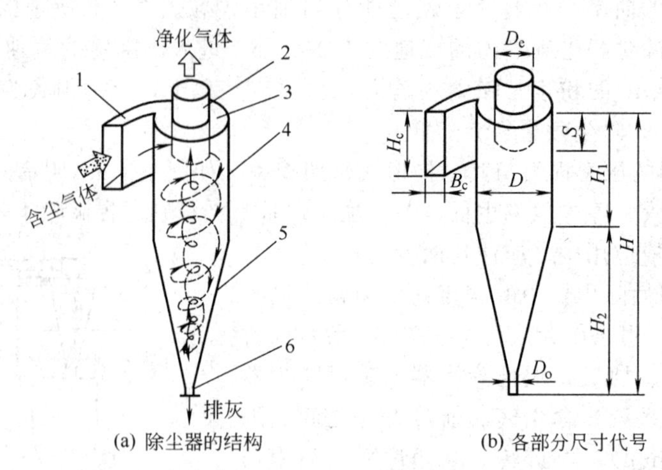

图 4-10 普通旋风除尘器

1—进气管；2—排气管；3—顶盖；4—圆柱体；5—圆锥体；6—排灰口

$K=6\sim13.5$，处理相同风量时，设备的钢材和能量消耗较高，因而设备造价较高。

（2）高流量旋风除尘器　其筒体直径较大（直径为 1.2～3.6m 或更大），处理气体流量很大，其除尘效率为 50%～80%。相对截面比 $K<3$，因而设备造价相应较低。

（3）通用旋风除尘器　这种除尘器介于上述两者之间，相对截面比 $K=4\sim6$，用于处理适当的中等气体流量，其除尘效率为 80%～95%。

（二）按气流进气方式分类

（1）切流反转式旋风除尘器　这是最常见的旋风除尘器形式，含尘气体由筒体的侧面沿切线方向进入除尘器。根据进口形式又可分为蜗壳式和直入式。蜗壳式的进气管内壁与筒体相切，进气管外壁采用渐开线形式，如图 4-11(a) 所示。直入式又分为螺旋面进口和狭缝进口两种形式，其进气管外壁与筒体相切，如图 4-11(b)、(c) 所示。

（2）轴流式旋风除尘器　这种除尘器是利用固定导流叶片使气流产生旋转。在压力损失相同的情况下，其处理气量大，且气流分布均匀，但除尘效率低一些。多个除尘器并联时布置容易，主要用于多管旋风除尘器和处理气体量大的场合。根据气体在旋风除尘器内的流动情况，可分为轴流反转式与轴流直流式两种形式，分别如图 4-12(a)、(b) 所示。

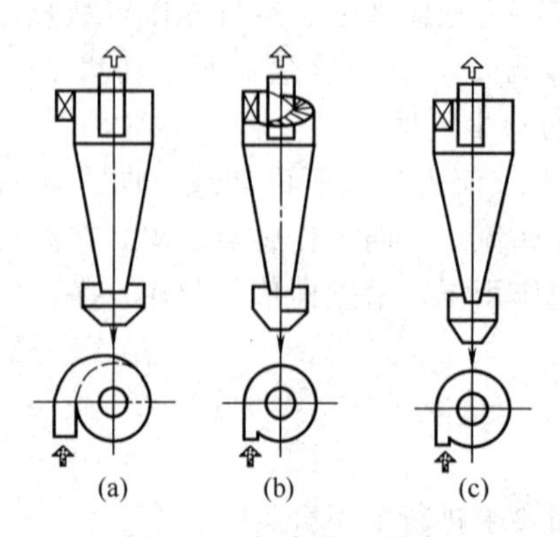

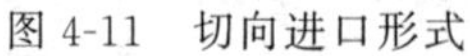
图 4-11 切向进口形式

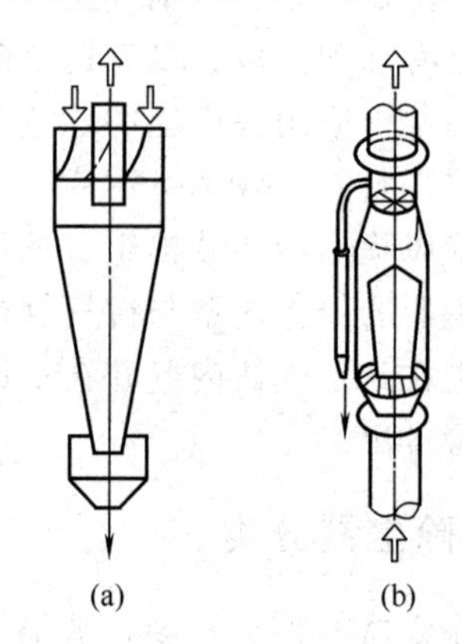

图 4-12 轴流式旋风除尘器

（三）按结构形式分类

（1）圆筒式旋风除尘器　这种除尘器的结构如图 4-10 所示，是使用最早的一种旋风除尘器。

（2）长锥体旋风除尘器　这种除尘器的结构特点是圆筒较短，圆锥体较长。增加圆锥体的长度可以提高除尘器的除尘效率，但压力损失将增加。

（3）旁路式旋风除尘器　这种除尘器的结构如图4-19所示，筒体上增设螺旋线形的灰尘隔离室。排出管的插入深度较浅，采用180°蜗壳式入口。上部旋转灰环中的尘粒能够通过设在顶盖处的入口进入旁路隔离室，然后直接进入下涡旋而得到清除。这种结构不仅提高了除尘总效率，也提高了除尘器对不同尘粒浓度的适应性。

（4）扩散式旋风除尘器　这种除尘器的结构如图4-20所示，其主要特点是将原来的圆锥体改为倒置圆锥体，并在倒圆锥体下部设置一表面光滑的圆锥体反射屏。由于反射屏的阻挡作用，有效防止了粉尘被气流二度卷起，提高了除尘效率。特别适于分离粒径在5～10μm以下的尘粒。

（四）按组合、安装情况分类

按组合、安装情况可分为单筒或多管旋风除尘器。

多管旋风除尘器是将多个结构和尺寸相同的小型旋风除尘器（又称旋风子）组合在一个壳体内并联使用的除尘器组。多管除尘器布置紧凑，处理烟气量大。应用直径较小的旋风子（100mm、150mm、250mm），能够有效地捕集5～10μm的粉尘。

二、旋风除尘器的设计计算

（一）除尘器的分离直径

1. 临界直径

临界直径是指旋风除尘器能完全分离，即除尘效率达100%所对应的最小尘粒直径，用d_c表示。若尘粒直径大于临界直径，尘粒将被完全捕集。临界直径可用下式估算。

$$d_c=\sqrt{\frac{9\mu B_c}{\pi N_e \rho_p v_1}} \tag{4-15}$$

式中　d_c——临界直径，m；

B_c——旋风除尘器进气口宽度，m；

N_e——除尘器中气流的有效旋转圈数，标准旋风除尘器一般取3～5；

v_1——进口气流速度，m/s。

d_c可作为评价旋风除尘器的性能指标。临界直径越小，除尘效率越高，性能越好。由式(4-15)可以看出，降低气体黏度（当降低气体温度时）、适当提高入口气速，有利于提高除尘效率。

2. 分割直径

除尘效率为50%时，所对应的尘粒直径称分割直径，用d_{c50}表示。计算分割直径是确定除尘效率的基础，也是评价旋风除尘器的性能指标之一。因假设条件和选用系数不同，所得计算分割直径的公式也不同。对标准型旋风除尘器，d_{c50}可用一较简单的公式估算，即

$$d_{c50}\approx 0.27\sqrt{\frac{\mu D}{(\rho_p-\rho)v_1}} \tag{4-16}$$

式中　d_{c50}——临界直径，m；

D——旋风除尘器直径，m。

同样，d_{c50}越小，说明除尘效率越高，除尘性能越好。

（二）除尘效率的计算

旋风除尘器的除尘效率有分级效率 η_p 和总效率 η_T 两种。当 d_{c50} 确定以后，可利用雷思（Leith）-利希特（Licht）公式计算分级效率 η_p，即

$$\eta_p = 1 - \exp\left[-0.6913\left(\frac{d_p}{d_{c50}}\right)^{\frac{1}{n+1}}\right] \tag{4-17}$$

其中 n 为速度分布指数，可由下式求出。

$$n = 1 - (1 - 0.67D^{0.14})\left(\frac{T}{283}\right)^{0.3} \tag{4-18}$$

式中 T——气体的热力学温度，K。

若已知气流中所含尘粒的粒径分布函数 f_d，又知道任意粒径的分级除尘效率 η_p，则可按下式计算总效率 η_T，即

$$\eta_T = \sum_{i=1}^{n} f_{di}\eta_{pi} \tag{4-19}$$

式中 f_{di}——某一粒径的尘粒占全部尘粒的质量分数；

η_{pi}——对一定粒径尘粒的分级效率；

n——全部尘粒粒径被划分的段数。

（三）旋风除尘器的压力损失

旋风除尘器的压力损失与其结构和运行条件等有关，其大小用进口与出口的全压差来表示，也称压力降。在实际计算中，压力损失 Δp 常采用下式计算。

$$\Delta p = \xi \frac{v_1^2 \rho}{2} \tag{4-20}$$

式中 Δp——压力损失，Pa；

ξ——压力损失系数；

v_1——进口气流速度，m/s。

几种常见旋风除尘器的压力损失系数值见表 4-2，应用时可供参考。

表 4-2 常见旋风除尘器压力损失系数值

除尘器型号	进口气流速度 v_1/m·s^{-1}	压力损失 Δp/Pa	压力损失系数 ξ
XLP/A	16	1240	8.0
XLP/B	16	880	5.8
XLT/A	16	1030	6.5
XLT	16	810	5.3
XPW	27.6	1300	2.8
XLK	18	2100	10.8
XZD	21	1400	5.3
XND	21	1470	5.6

试验表明，对一定结构系列的旋风除尘器，压力损失系数 ξ 是一常数，可以认为 ξ 是表示旋风除尘器的特征值。压力损失系数 ξ 常用下式计算。

$$\xi = K\frac{A}{D_e^2} \tag{4-21}$$

$$A = B_c H_c \tag{4-22}$$

式中 K——系数；

A——进气口面积，m^2；

B_c——进气口宽度，m；

H_c——进气口高度，m；

D_e——排气管直径，m。

标准切向进口，$K=16$；有叶片切向进口，$K=7.5$；螺旋面进口，$K=12$。

旋风除尘器操作运行中的压力损失，一般为500～2000Pa。

(四) 旋风除尘器各部分尺寸的确定

普通旋风除尘器各部分尺寸与其直径均成一定比例关系，各部分尺寸、代号如图4-10所示，现将各部分尺寸、代号及比值列出。

① 旋风除尘器筒体直径 D。

② 进气口宽度 $B_c=(0.2\sim0.25)D$。

③ 进气口高度 $H_c=(0.4\sim0.5)D$。

④ 排气管直径 $D_e=(0.3\sim0.5)D$。

⑤ 排气管插入深度 $S=(0.3\sim0.75)D$。

⑥ 筒体高度 $H_1=(1.5\sim2.0)D$。

⑦ 锥体高度 $H_2=(1.5\sim2.0)D$。

⑧ 总高度 $H=(3.5\sim4.0)D$。

⑨ 排灰口直径 $D_o=(0.15\sim0.4)D$。

⑩ 圆锥体的圆锥角 $\alpha=25°\sim30°$。

三、旋风除尘器的影响因素

(一) 旋风除尘器的结构

旋风除尘器的各个部件都有一定的尺寸比例，每一个比例关系的变动，都能影响旋风除尘器的效率和压力损失。其中，除尘器直径、进气口尺寸、排气管直径为主要影响因素。旋风除尘器尺寸比例变化对其性能的影响情况见表4-3。

表4-3　旋风除尘器尺寸比例变化对其性能的影响

结构尺寸（增加）	压力损失	除尘效率	造价
除尘器直径 D	降低	降低	增加
进气口面积 A（风量不变）	降低	降低	—
进气口面积 A（风速不变）	增加	增加	—
圆筒高度 H_1	略有降低	增加	增加
圆锥高度 H_2	略有降低	增加	增加
排灰口直径 D_o	略有降低	增加或降低	—
排气管直径 D_e	降低	降低	增加
排气管插入深度 S	增加	增加或降低	增加
相似比例尺寸	几乎无影响	降低	—
圆锥角 α	降低	20°～30°为宜	增加

在设计和使用时应注意，表4-3所列的尺寸只能在一定范围内进行调整，当超过某一界限时，有利因素也能转化为不利因素。另外，有的因素对于提高除尘效率有利，但却会增加压力损失，因而对各因素的调整必须兼顾。

1. 进气口

旋风除尘器的进气口是形成旋转气流的关键部件，是影响除尘效率和压力损失的主要因素。切向进气的进气口面积对除尘器有很大的影响。进气口面积相对于筒体断面小时，进入除尘器的气流切线速度大，有利于粉尘的分离。轴向进气的除尘器其气流的旋转运动是靠进气口的导流叶片形成的。一般来说，这样造成的旋转速度不如切向进气的高，因而会影响除尘效率的提高（见图 4-13）。

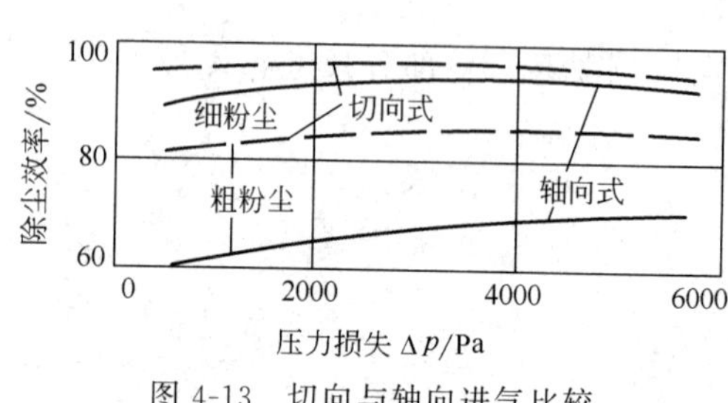

图 4-13　切向与轴向进气比较

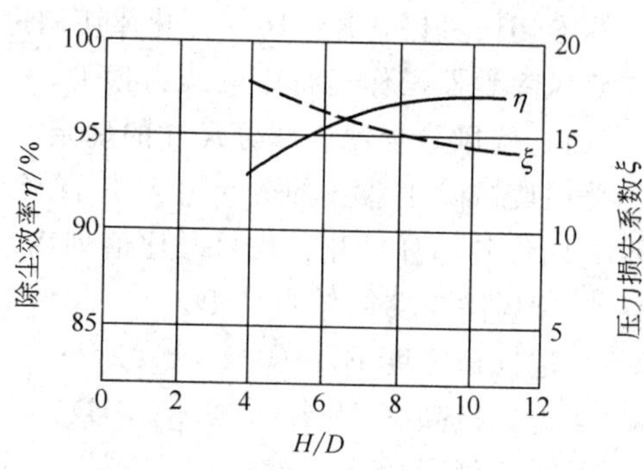

图 4-14　旋风除尘器高径比 H/D 对除尘器性能的影响

2. 旋风除尘器的直径 D 和高度 H

在相同的切向速度下筒体直径 D 越小，气流的旋转半径越小，粒子受到的离心力越大，尘粒越容易被捕集。但若筒体直径过小，由于除尘器的器壁与排气管太近，粒子又容易逃逸，使效率下降。另外，筒体直径太小容易引起堵塞，尤其是对于黏性物料。

适当增加除尘器的锥体长度，对提高除尘效率有利。旋风除尘器的高度与直径之比 H/D（高径比）对除尘器性能的影响如图 4-14 所示。

从排出管下部至气流下降的最低点之间的距离称为旋风除尘器的特征长度 l，根据亚历山大（Alexander）公式有

$$l=2.3D_e\left(\frac{D^2}{B_cH_c}\right)^{\frac{1}{3}} \tag{4-23}$$

因此，旋风除尘器排出管以下部分的长度应当接近或等于 l。

3. 排气管

排气管直径及插入深度对除尘性能的影响如图 4-15 所示。可见，排气管直径越小，除尘效率越高，但排气管直径太小，又会导致除尘器压力损失增加，一般取 $D_e=(0.3\sim0.5)D$。对于切向入口的除尘器，排气管的深度要稍低于进气口底部为宜。一般取 $S=H_c+(0.1\sim0.2)D$。

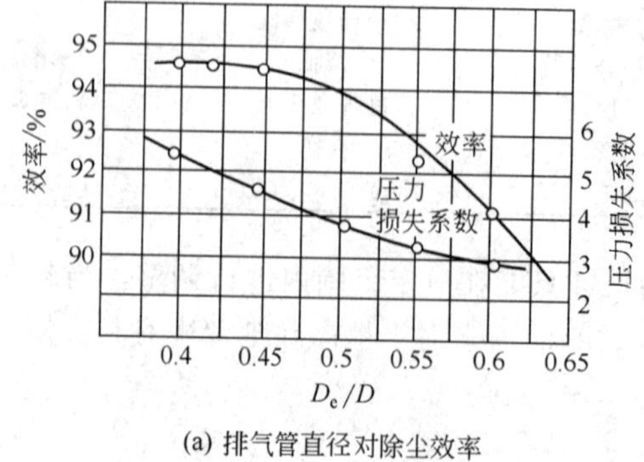

(a) 排气管直径对除尘效率和压力损失系数的影响

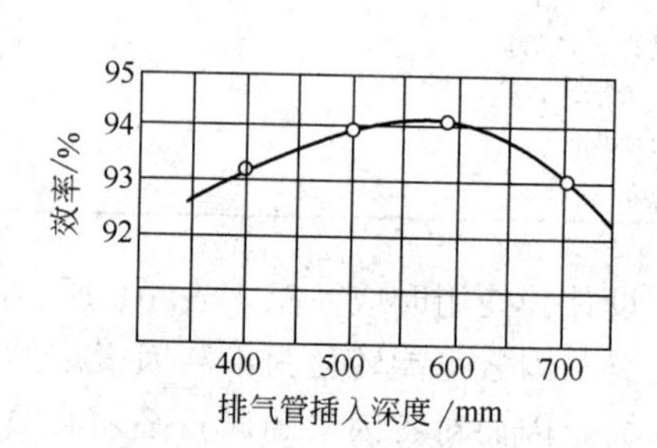

(b) 排气管插入深度对除尘效率的影响(筒体直径D=590mm)

图 4-15　排气管直径及插入深度对除尘性能的影响

4. 排灰口

排灰口的大小与结构对除尘效率有直接的影响。为防止粉尘重新扬起，通常采用排灰口直径 $D_o \leqslant (0.5 \sim 0.7) D_e$，也有采用 $D_o = D_e$ 的。

现通过一个实例说明旋风除尘器的设计步骤和计算方法。

【例 4-2】 设计一台运行在常温（20℃）、常压下处理含尘气体的通用型旋风除尘器。已知条件：处理气量 $Q=1300\text{m}^3/\text{h}$，气体密度 $\rho=1.29\text{kg/m}^3$，气体黏度 $\mu=1.75\times10^{-5}\text{Pa}\cdot\text{s}$，尘粒密度 $\rho_p=1960\text{kg/m}^3$，进口气体中粉尘的粒径分布情况如下。

平均粒径 $d_p/\mu\text{m}$	2	4	7.5	15	25	35	45	55	65
粒径分布 $f_d/\%$	3	11	17	27	12	9.5	7.5	6.4	6.6

设计步骤

1. 确定旋风除尘器各部分的几何尺寸

① 进口面积 A 根据推荐取进口气流速度 $v_1=18\text{m/s}$。

$$A=H_cB_c=\frac{Q}{v_1}=\frac{1300}{3600\times18}=0.02\ (\text{m}^2)$$

取 $H_c=2B_c$，则 $B_c=0.1\text{m}$，$H_c=0.2\text{m}$。

② 筒体直径 D 取 $B_c=0.25D$，则 $D=4B_c=0.4\text{m}$。

③ 筒体高度 H_1 取 $H_1=2.0D=0.8\text{m}$。

④ 锥体高度 H_2 取 $H_2=2.0D=0.8\text{m}$。

⑤ 排气管直径 D_e 与插入深度 S 取 $D_e=0.5D=0.2\text{m}$；$S=H_c+(0.1\sim0.2)D=0.2+0.1\times0.4=0.24\text{m}$。

⑥ 排灰口直径 取 $D_o=0.25D=0.1\text{m}$。

2. 计算压力损失 Δp

除尘器设计为标准型切向进口结构，故 $K=16$。根据式(4-20) 和式(4-21) 计算出压力损失：

$$\xi=K\frac{A}{D_e^2}=16\times\frac{0.02}{0.2^2}=8$$

$$\Delta p=\xi\frac{v_1^2\rho}{2}=8\times\frac{18^2\times1.29}{2}=1671.84\ (\text{Pa})$$

3. 计算除尘效率

根据分级效率计算式(4-17) 和除尘器进气口的粉尘粒径分布情况，利用总除尘效率计算式(4-19)，可分别求出分级效率 η_p 和总除尘效率 η_T，计算结果如下。

$d_p/\mu\text{m}$	2	4	7.5	15	25	35	45	55	65
$f_{di}/\%$	3	11	17	27	12	9.5	7.5	6.4	6.6
$\eta_{pi}/\%$	49.9	62.3	79.9	95.2	99.3	99.9	100	100	100
$f_{di}\eta_{pi}$	1.497	6.853	13.583	25.704	11.916	9.491	7.5	6.4	6.6
$\eta_T/\%$	89.5								

总除尘效率
$$\eta_T=\sum_{i=1}^{n}f_{di}\eta_{pi}=89.5\%$$

(二) 旋风除尘器运行因素

1. 进口气流速度 v_1 和气体流量 Q

旋风除尘器的除尘效率和压力损失与进口气流速度有直接的关系。如图 4-16 所示，在一定范围内，提高进口的气流速度，则气体流量增大，除尘器的分割直径变小，除尘效率提高。但速度大于30～40m/s时，由于紊流增加及沉积的尘粒被重新吹起，造成二次扬尘，导致除尘效率下降。由式(4-20)可知，压力损失与气流速度的平方成正比。在实际应用时，必须兼顾除尘效率和压力损失的变化确定进口气流速度。

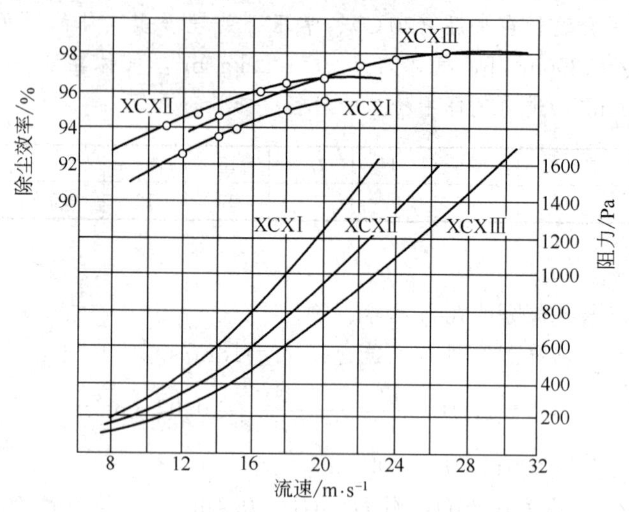

图4-16　进口气流速度对除尘效率和压力损失的影响

2. 气体的温度、黏度及密度

受气体温度影响最大的因素是黏度，随气体温度升高气体黏度将增大，如500℃时的黏度比20℃时的黏度增大一倍。因而，除尘效率随温度的升高而降低。由温度变化引起气体密度变化对除尘效率的影响很小，可以忽略不计。

3. 粉尘粒径、密度与浓度

粉尘粒径对除尘效率的影响非常敏感，图4-17所示为旋风除尘器的分级除尘效率。粉尘粒径大其所受离心力也大，所以易于被分离捕集。一般情况，旋风除尘器对于粒径小于5～10μm的粉尘捕集率不高，而对粒径在20～30μm以上的尘粒，其除尘效率可达90%以上。粉尘粒径对除尘器的压力损失影响可以忽略不计。

在实际应用时，由于粉尘的种类不同，其密度也存在着很大差别。尘粒密度越大，尘粒越容易被分离捕集，除尘效率越高。粉尘密度对除尘效率的影响如图4-18所示。可见，当密度达到一定值时，捕集效率增加并不明显。粉尘密度对除尘器的压力损失影响很小。

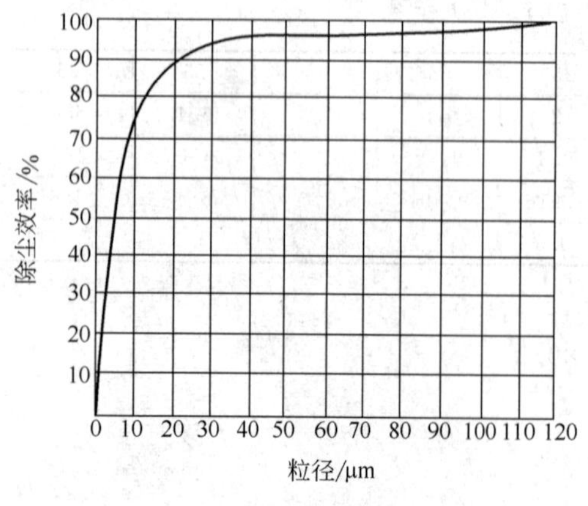

图4-17　旋风除尘器的分级除尘效率

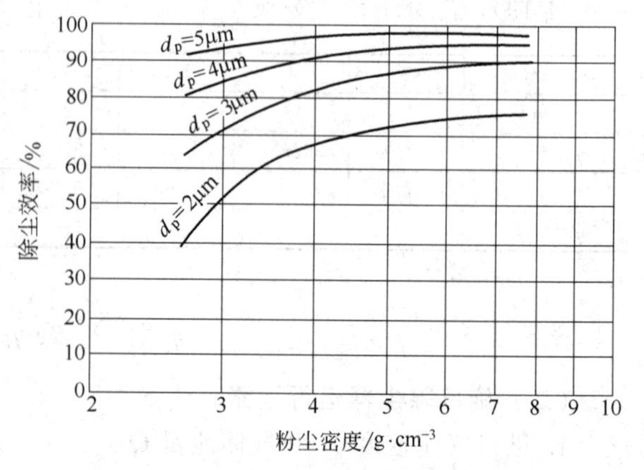

图4-18　粉尘密度对除尘效率的影响

含尘浓度的变化同样影响除尘效率。含尘浓度增大时，粉尘易于凝聚，使较小的尘粒凝聚在一起而被捕集。另外，含尘浓度大时，在大颗粒向器壁移动过程中，也会将小颗粒夹带至器壁而被分离。大颗粒对小颗粒的撞击也使小颗粒有可能被捕集。但值得注意的是，含尘浓度增加后，除尘效率虽有提高，可是排气管排出的粉尘的绝对量也会大大增加。

粉尘浓度对旋风除尘器的压力损失有很大影响。当进气口气体含尘浓度增加时，由于分离到除尘器壁的粉尘颗粒产生摩擦，使旋流速度降低，因而，压力损失也就下降。

4. 排灰口的密封情况

排灰口的密封性也能影响除尘效率。由于锥体底部也可能处于负压状态，若除尘器下部密封不严，漏入的空气会将正落入灰斗的粉尘重新带走，使除尘效率显著下降。因此，要做到在不漏风的情况下进行正常排灰，若除尘量较大，常采用锁气装置（卸尘阀）进行连续排灰。

四、旋风除尘器的选择

（一）旋风除尘器的型号

我国研制的旋风除尘器，通常是根据结构特点用汉语拼音字母来命名。表 4-2 中列出已开发的系列旋风除尘器的部分型号，可作为选型时的参考。下面介绍几种在工业上常用的除尘器型号。

1. XLT 型旋风除尘器

这种除尘器是应用最早的一种除尘器，属于典型结构，其结构形式如图 4-10 所示。试验表明，除尘器进口气流速度应控制在 12～18m/s 范围内，除尘效率大约为 80%～85%，压力损失大约为 500～700Pa。

2. XLP 型旋风除尘器

这种除尘器也称为旁路式旋风除尘器。根据器体及旁路分离室形状不同，XLP 型又分为半螺旋形分离室 XLP/A 型和全螺旋形分离室 XLP/B 型，如图 4-19 所示。XLP 型旋风除尘器对粒径 5μm 以上的尘粒有较高的除尘率，可达 90%，压力损失较小，约为 500～900Pa。

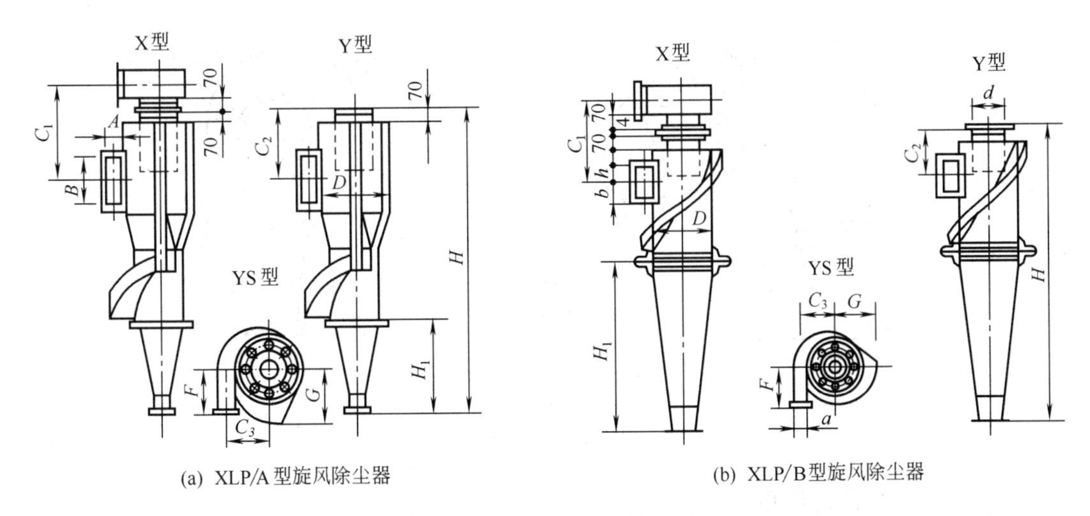

(a) XLP/A 型旋风除尘器 (b) XLP/B 型旋风除尘器

图 4-19 XLP 型旋风除尘器

3. XLK 型旋风除尘器

这种除尘器也称扩散式旋风除尘器，如图 4-20 所示。由于反射屏有效地防止了已沉降下来的细粉尘被重新吹起，因而提高了除尘效率。压力损失大约为 900～1200Pa，除尘效率可达 88%～92%。

4．XPW 型旋风除尘器

这种除尘器也称平面旋风除尘器，其结构形式如图 4-21 所示。含尘气流进入除尘器后在同一平面内进行旋转，然后由排气管的侧面经导向后排出。排气管的入口在侧面，排气管中设导流片，将横向涡流变成涡旋上升气流。平面旋风除尘器的排气管制成蜗壳形。XPW 型除尘器主要用于中、小型转炉及锅炉的烟气净化。

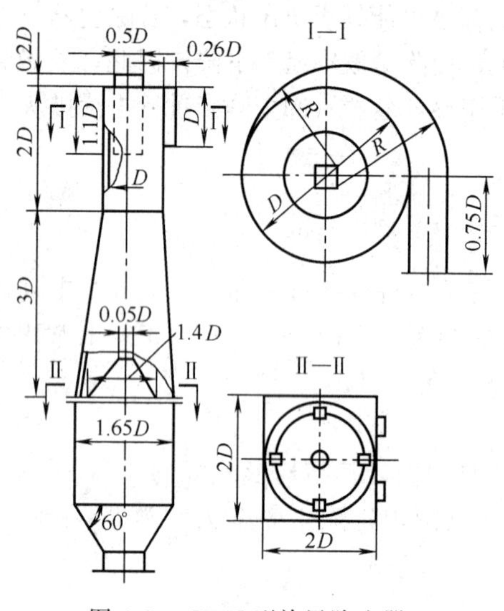

图 4-20 XLK 型旋风除尘器

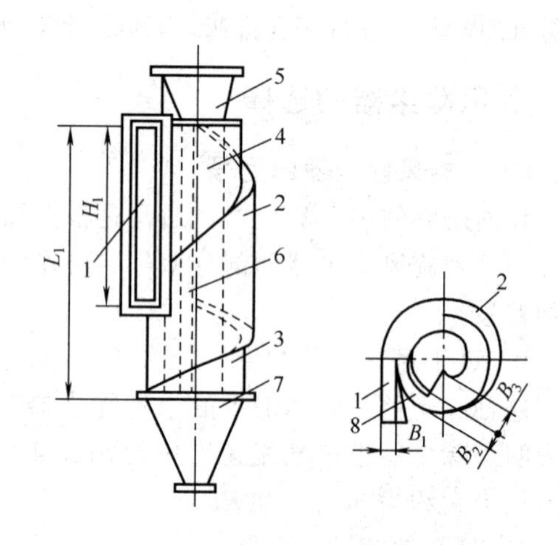

图 4-21 XPW 型旋风除尘器

1—进气管；2—下旋进气口；3—外筒；4—排气管；5—扩压管；6—导流叶片；7—锥体；8—翼状装置

除上述几种以外，还有很多在典型旋风除尘器结构基础上改型的旋风除尘器，如图2-22所示的采用牛角弯锥体的 XZD/G 型旋风除尘器等应用也较多。

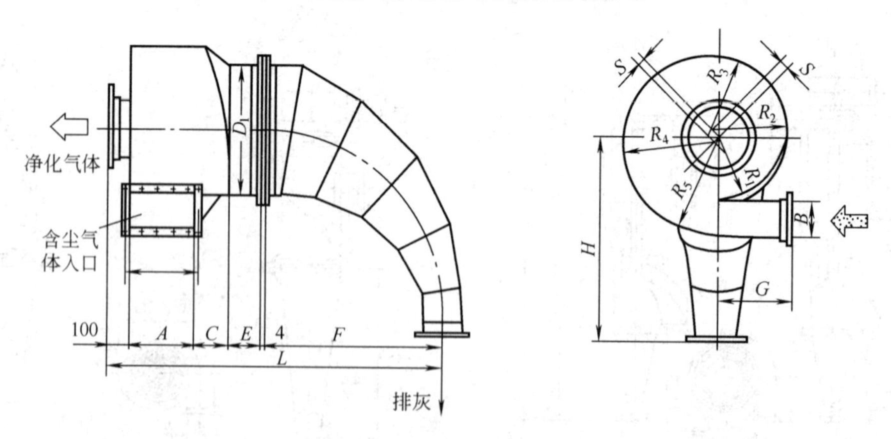

图 4-22 XZD/G 型旋风除尘器

（二）旋风除尘器的选用

选用旋风除尘器时，应考虑在技术上能满足生产工艺及环境保护的要求，在经济上又比较合算。一般可采用计算法或经验法，现在多用经验法来选择。具体步骤如下。

① 选择旋风除尘器的结构形式　根据需要处理含尘气体（除尘器入口）的含尘浓度、

粒径分布、气体密度等烟气特征，以及要求净化后的出口浓度（或排放标准）、允许的压力损失和制造条件等因素，计算出除尘器要达到的除尘率，经全面综合分析，合理选择旋风除尘器的结构形式。

② 确定进口气速 v_1　如果知道除尘器在各种温度下的进口气速 v_1 与压力损失 Δp 的关系数据，则根据使用时的压力损失选定进口气速；若没有上述数据，则根据允许的压力损失由式(4-20）计算进气口气体流速，进口气速一般应控制在 12～25m/s。

③ 确定进气口截面积 A、进气口宽度 B_c 和高度 H_c　根据处理气量 Q，可由下式计算进口截面积：

$$A=B_cH_c=\frac{Q}{v_1} \tag{4-24}$$

④ 确定除尘器的直径与型号规格　根据选择的除尘器类型，由进气口截面积 A 求出除尘器直径 D，然后从手册中查到所需的型号规格。

五、旋风除尘器的运行维护

① 在旋风除尘器运行时，必须保证设备和管线的气密性。

② 控制含尘气体处理量的变化不应超过 10%～12%。因为气体处理量减少，气流速度降低，从而导致除尘效率下降；处理量增加，压力损失就会增大，也会影响除尘效率。

③ 保证排灰通畅，及时清除灰斗中的粉尘。若沉积在除尘器锥体底部的灰尘，不能连续及时排出，就会有高浓度粉尘在底部流转，导致锥体过度磨损。

④ 防止贮灰和集灰系统中的粉尘结块硬化。粉尘越细、越软就越容易在器壁上结块，潮湿或黏性粉尘容易结块。控制进气口气流速度在 15m/s 以上，就可以减少粉尘粘壁现象。

第三节　袋式除尘器

袋式除尘器是使含尘气流通过滤袋滤去其中粉尘的除尘装置，是一种干式高效过滤除尘器。随着合成纤维等滤料的出现和除尘新技术的应用，袋式除尘器将得到更广泛的应用。

1. 袋式除尘器的优点。

① 除尘效率高。对细粉尘有很高的捕集效率，可用在净化要求很高的场合。

② 适应性强。可用于捕集各类颗粒粉尘，包括电除尘器不易处理的高比电阻粉尘。当入口粉尘浓度和气量在较大范围内变化时，也不会对除尘器的效率和压力损失产生明显的影响。

③ 产品规格多样。处理风量可由每小时数百立方米至数百万立方米。根据实际处理风量大小，可设计制成小型袋式除尘器或大型除尘器室。

④ 结构简单，使用灵活，易于维护。回收粉尘颗粒，没有污水污染以及腐蚀等问题，不存在污泥处理问题。

2. 袋式除尘器的缺点

① 袋式除尘器的应用主要受滤料的耐温、耐腐蚀性等性能的限制。特别是在耐高温方面，常用的滤料应工作在 100～150℃以下，玻璃纤维滤料可长期工作在 260℃左右。当含尘气体温度过高时，应对气体采取降温措施，或采用特殊滤料。

② 在捕集黏性较大及吸湿性较强的粉尘时，或者露点温度较高的烟气时，因容易阻塞滤袋，应采取相应措施。

③ 滤袋容易损坏、换袋困难、劳动条件比较差。

袋式除尘器的不足之处，将随着技术的改进和新材料的应用得到改善。

一、袋式除尘器的除尘机理与分类

（一）除尘机理

典型袋式除尘器的结构如图 4-23 所示。含尘气体进入除尘器后，首先是含尘气体通过清洁滤料，粉尘在截留、惯性碰撞、静电和扩散等作用下被滤袋捕集。随着被截留的粉尘量的逐渐增加，粉尘覆盖在滤料表面形成粉尘层（也称粉尘初层），此后的过滤过程主要靠粉尘层进行。这时粉尘层起着比滤料更重要的作用，并能显著提高除尘效率。透过滤袋的清洁气体由排气管排出。

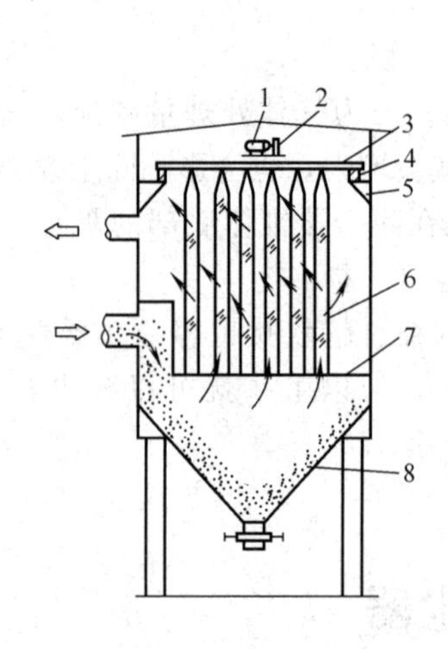

图 4-23　偏心轮振打清灰的典型袋式除尘器

1—电动机；2—偏心块；3—振动架；4—橡胶垫；5—支座；6—滤袋；7—花板；8—灰斗

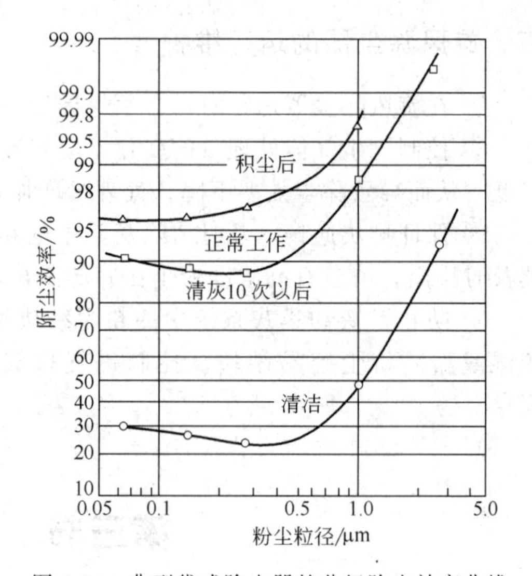

图 4-24　典型袋式除尘器的分级除尘效率曲线

随着粉尘在滤料上的积累，袋式除尘器的除尘效率不断增加，但是压力损失（阻力）也同时增加。当除尘系统阻力达到一定数值后，需进行清灰，将滤料表面的积灰清入到下部的灰斗。图 4-24 所示为典型滤袋在清洁状态和形成粉尘层后的分级除尘效率曲线。清灰时注意不能破坏粉尘初层，否则会降低除尘效果。

（二）袋式除尘器的分类

袋式除尘器的结构形式很多，通常根据其特点不同进行如下分类。

1. 按清灰方式分类

（1）机械清灰　这种清灰方式包括人工振打、机械振动、高频振荡等，是一种最简单、最古老的清灰方式。图 4-23 所示为机械振动清灰结构示意，这种清灰结构是利用电机带动振动机构产生水平或垂直振动。一般来讲，机械清灰的振动分布不均匀，要求的过滤风速低，对滤袋的损害较大。

（2）逆气流清灰　通过向滤袋通入与过滤方向相反的清灰气流，由于气流直接冲击滤袋表面上的粉尘块，再加上反吹气流使滤袋产生胀缩振动，促使滤料上的粉尘块脱落。在反向气流的带动下，尘块顺利掉入灰斗中。

逆气流清灰滤袋的工作过程可分为过滤、反吹清灰、沉降三个状态。反吹清灰后，应将进风口和反吹风口全部关闭，让滤袋内部的气流处于大约 40～50s 时间的静止状态，使粉尘有足够的时间沉降到灰斗内，如图 4-25 所示。

（3）脉冲喷吹清灰　这种清灰方式是使压缩空气瞬间高速喷入滤袋。压缩空气通过袋口的文氏管诱导周围的空气喷入滤袋，使滤袋产生剧烈的脉冲膨胀振动，将滤袋上的粉尘剥落掉入灰斗中，如图 4-26 所示。这种清灰方式的作用强度很大，而且其强度和频率都可以调节，因而清灰效果好。另外，在过滤工作状态下也可以进行清灰。由于这种清灰方式优点突出，已成为袋式除尘器的一种主要清灰方式。

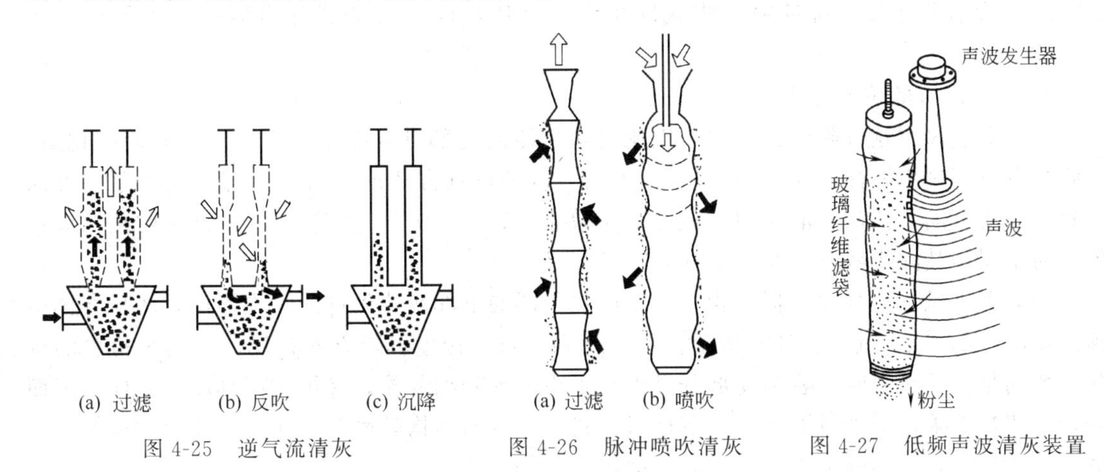

图 4-25　逆气流清灰　　图 4-26　脉冲喷吹清灰　　图 4-27　低频声波清灰装置

（4）声波清灰　是采用声波发生器使滤料产生附加的振动，将滤料上的粉尘振落下来。特别是作为玻璃纤维滤袋的清灰装置，可以克服玻璃纤维滤料抗折性差、易损坏的不足，在高温下采用声波辅助清灰效果更明显。图 4-27 所示为低频声波清灰装置。

2. 按滤袋形状分类

（1）圆袋　圆形滤袋的结构简单，便于清灰，应用较广。滤袋直径一般为 100～300mm，滤袋长度为 2～12m。脉冲喷吹清灰除尘器的滤袋直径一般为 120～160mm，长度一般为 2～6m；反吹袋式除尘器的滤袋直径一般为 160～300mm，袋长一般不受限制。但滤袋长度增加时，其直径也要相应增大。

（2）扁袋　扁袋除尘器由若干扁长滤袋所组成。扁袋通常是平板形（或称信封形），内部用骨架支撑。一般宽度约为 0.5～1.5m，长度约为 1～2m，滤袋的厚度以及滤袋之间的间隙为 25～50mm。扁袋布置紧凑，因此在相同体积的除尘器内所布置的过滤面积要大很多。例如，容积为 $0.37m^3$ 的扁袋过滤器，过滤面积可达 $20m^2$，若采用的圆袋（直径为 200mm）时，容积需要增加 4 倍。

3. 按含尘气流进入滤袋的方向分类

（1）内滤式　内滤式除尘器中的含尘气流是由内向外通过滤袋，粉尘积附于滤袋的内表面上，干净气体通过滤袋排出，如图 4-28(b)、(d) 所示。由于滤袋外侧为干净气体，对于过滤常温又无毒的气体时，有时可以在过滤状态下进入除尘器内进行检查与维护。内滤式除尘器一般采用机械清灰和逆气流清灰。

（2）外滤式　外滤式除尘器中的含尘气流由滤袋外侧通过滤袋进入其内，粉尘沉积在滤袋外表面上，如图 4-28(a)、(c) 所示。为使过滤顺利进行，在滤袋内部要设支撑骨架

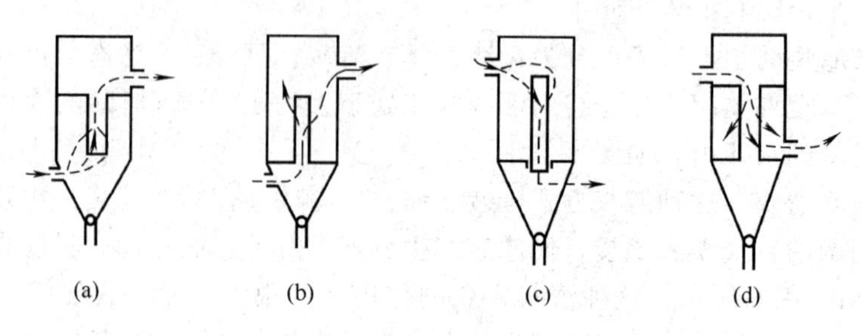

图 4-28 袋式除尘器的过滤、进风形式

（袋笼）。扁袋除尘器、脉冲喷吹袋式除尘器和高压反吹气流袋式除尘器一般多采用外滤式结构。

4. 按进出口的位置分类

（1）上进风　这种除尘器的含尘气流由除尘器的上部进入除尘器内，通过滤袋净化后，由除尘器下部排出，如图 4-28(c)、(d) 所示。这种进气方式的气流方向与粉尘下落的方向一致，气流有助于清灰，滤袋阻力较小，可降低 15%～30%。上进风方式的滤袋易形成均匀的粉尘层，其除尘效率也有一定提高。

（2）下进风　这种除尘器的含尘气流由除尘器的下部灰斗处进入除尘器内，净化气体由顶部排出，如图 4-28(a)、(b) 所示。由于气流方向与粉尘沉降方向相反，不利于粉尘的沉降，特别是在反清灰时，容易使部分微细粉尘还未沉降到灰斗，又被吹回到滤袋表面。因而降低了清灰效果，增加过滤阻力。下进风方式除尘器的结构较简单，而且可使粗颗粒粉尘在进入灰斗时，直接沉降下来，减轻滤袋磨损。

5. 按除尘器内的压力分类

（1）正压式除尘器　在这种除尘系统中，风机布置在除尘器前面，含尘气体由风机压入除尘器灰斗内。正压式除尘器结构简单、布局紧凑，对外壳结构的强度、密封性要求不高，一般采用薄钢板等材料制成。

（2）负压式除尘器　这种除尘系统是将风机布置在除尘器的后面，除尘器内处于负压，含尘气体被吸入除尘器后进行净化，净化后的气体吸入风机后排入大气。

二、滤料的选用

滤料是袋式除尘器中的核心部件，对除尘器的性能有很大影响。除尘器的除尘效率、压力损失及维护管理等都与滤料的选用有关。因此，合理选用滤料非常重要。

性能良好的滤料应具有容尘量大、除尘效率高、吸湿性小、透气率高、阻力小、尺寸稳定性好、不易结垢、使用寿命长等优点，同时具有耐热、耐磨、耐腐蚀、机械强度高、原料来源广、价格低等特点。滤料的除尘性能不仅与纤维本身的性质有关，还与滤料的表面结构有很大关系。表面光洁的滤料容尘量小、清灰方便，适应于含尘浓度低、黏性大的粉尘；绒面滤料容尘量大，可以选用较高的过滤速度。

袋式除尘器的滤料种类较多，按材质分类有天然纤维、无机纤维、人造合成纤维及纤维混合织品；按结构分类有滤布、毛毡。常用滤料纤维的主要特性见表 4-4，供选择滤料时参考。

选择滤料时，必须综合考虑含尘气体的特性（包括温度、湿度、酸碱性、粒径、含尘浓度、黏附性等）、滤料的特点和清灰方式。

表 4-4 常用滤料纤维的主要特性

品 名	化学类别	密度/$g \cdot cm^{-3}$	直径/μm	拉伸强度/MPa	伸长率/%	耐酸、碱性能		抗虫及细菌性能	耐温性能/℃		吸水率/%
						酸	碱		长期	最高	
棉	天然纤维	1.47～1.6	10～20	35～76.6	1～10	差	良	未经处理时差	75～85	95	89
麻	天然纤维		16～50	35				未经处理时差	80		
蚕丝	天然纤维		18	44				未经处理时差	80～90	100	
羊毛	天然纤维	1.32	5～15	14.1～25	25～35	弱酸、低温时良	差	未经处理时差	80～90	100	10～15
玻璃	矿物纤维有机硅处理	2.45	5～8	100～300	3～4	良	良	不受侵蚀	260	350	0
维纶	聚乙烯醇类	1.39～1.44			12～25	良	良	优	40～50	65	0
尼龙	聚酰胺	1.13～1.15		53.1～84	25～45	冷:良 热:差	良	优	75～85	95	4～4.5
耐热尼龙	芳香族聚酰胺	1.4					良	优	200	260	5
腈纶	(纯)聚丙烯腈	1.14～1.17		30～65	15～30	良	弱质:可	优	125～135	150	2
涤纶	聚酯	1.38			40～55	良	良	优	140～160	170	0.4
泰氟隆	聚四氟乙烯	2.3		33	10～25	优	优	不受侵蚀	200～250		0

三、袋式除尘器的性能与主要参数

(一) 袋式除尘器的性能

1. 除尘效率

袋式除尘器的除尘效率通常在99%以上，影响除尘效率的因素有粉尘粒径、滤料织造结构、清灰频率和强度等因素。

丹尼斯（Dennis）和克莱姆（Klemm）通过研究玻璃纤维滤料捕集粉尘的过程，推导出下述方程来预测除尘效率，可供使用时参考。

$$\eta=1-\left\{\left[P_n+(0.1-P_n)e^{-am}\right]+\frac{C_R}{C_1}\right\} \tag{4-25}$$

$$P_n=1.5\times10^{-7}\exp\left[12.7(1-e^{1.03v_f})\right] \tag{4-26}$$

$$a=3.6\times10^{-3}v_f^{-4}+0.094 \tag{4-27}$$

式中 P_n——无量纲参数；

m——滤料上粉尘负荷，g/m^2；

C_R——脱除浓度（常数），对于玻璃纤维滤料，$C_R=0.5mg/m^3$；

C_1——入口粉尘浓度，g/m^3；

v_f——过滤速度，m/min。

由此可见，滤料上的粉尘层越厚，粉尘负荷越高，除尘效率也就越高。

2. 压力损失

袋式除尘器的压力损失 Δp 由通过清洁滤料的压力损失 Δp_0 和通过粉尘层的压力损失 Δp_d 组成，总的压力损失 Δp 可以表示为

$$\Delta p=\Delta p_0+\Delta p_d=\xi_0\mu v_f+\xi_d\mu v_f=(\xi_0+\xi_d)\mu v_f=(\xi_0+mR)\mu v_f \tag{4-28}$$

$$\xi_0=\frac{80(1-\varepsilon_f)}{R_H\varepsilon_f} \tag{4-29}$$

$$R=\frac{30(1-\varepsilon_s)}{d_p^2\varepsilon_s^2\rho_s} \tag{4-30}$$

式中 ξ_0——滤料的阻力系数，m^{-1}；

ξ_d——粉尘层的阻力系数，m^{-1}；

R——粉尘层平均阻力系数，m/kg；

R_H——滤料纤维间小孔的水力半径，m；

ε_f——滤料二维孔隙率，%；

ε_s——粉尘层平均孔隙率（见图 4-29），%；

d_p——尘粒比表面直径，m；

ρ_s——粉尘层平均密度，kg/m^3。

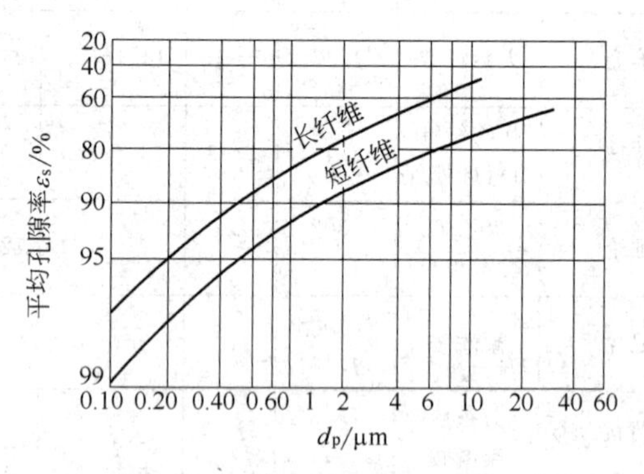

图 4-29 粉尘层的平均孔隙率

假设入口气体含尘浓度为 $C_1(g/m^3)$，平均除尘效率为 η，过滤时间为 t(s)，则滤料的粉尘负荷 m 为

$$m=\frac{C_1 v_f t\eta}{1000} \tag{4-31}$$

将此式代入式(4-28) 得压力损失 Δp 为

$$\Delta p=\left(\xi_0+\frac{1}{1000}C_1 v_f t\eta R\right)\mu v_f \tag{4-32}$$

式(4-32) 定量描述了在清灰前，压力损失随过滤时间变化的关系。过滤时间越长，沉积在滤料上的粉尘层越厚，压力损失也就越大。当滤层两侧压力差很大时，将会造成能量损耗过大和除尘效率降低，清灰后情况转好。袋式除尘器正常工作时其压力损失应按要求控制在一定范围内。

(二) 袋式除尘器的设计计算与主要参数

袋式除尘器的主要参数，应根据含尘气流的流量、粉尘性质、除尘效率、允许的压力损失、运行环境等条件，选择合适的滤料和清灰方式之后确定。

1. 过滤风速

过滤风速的大小对袋式除尘器的性能有很大影响。选用低的过滤风速，则处理相同气量的过滤面积就大，设备的体积和占地面积也大。过滤风速过高，使沉积于滤料上的粉尘层压实，阻力增加，引起过于频繁的清灰。因此，过滤风速的选择要综合粉尘的性质（粒度大小、含尘浓度）、滤料种类、清灰方式等因素来确定。袋式除尘器推荐的过滤风速 v_f 可参考表 4-5。

2. 过滤面积 A_f

$$A_f=\frac{Q}{60v_f}\ (m^2) \tag{4-33}$$

式中 Q——处理气量，m^3/h；

v_f——滤料过滤气速，m/min。

表 4-5　袋式除尘器推荐的过滤风速 v_f　　单位：m/min

等级	粉尘类型	清灰方式		
		振打与逆气流联合	脉冲喷吹	反吹风
1	炭黑①、氧化硅(白炭黑)；铅①、锌①的升华物，以及其他在气体中由于冷凝和化学反应而形成的气溶胶；化妆粉；去污粉；奶粉；活性炭；水泥等	0.45～0.5	0.8～2.0	0.33～0.45
2	铁①及铁合金①的升华物；铸造尘；氧化铝①；由球磨机排出的水泥①；炭化炉升华物①；石灰①；刚玉；安福粉及其他肥料；塑料；淀粉	0.5～0.75	1.5～2.5	0.45～0.55
3	滑石粉；煤；喷砂清理尘；飞灰①；陶瓷生产的粉尘；炭黑(二次加工)；颜料；高岭土；石灰石①；矿尘；铝土矿；水泥(来自冷却器)①；搪瓷①	0.7～0.8	2.0～3.5	0.6～0.9
4	石棉；纤维尘；石膏；珠光石；橡胶生产中的粉尘；盐；面粉；研磨工艺中的粉尘	0.3～1.1	2.5～4.5	

① 指基本上为高温的粉尘，多采用反吹风清灰袋式除尘器捕集。

3. 滤袋面积 a

若滤袋为圆形，则滤袋面积 a 为

$$a=\pi DL\ (\mathrm{m^2}) \tag{4-34}$$

式中　D——滤袋圆筒直径，m；

L——滤袋长度，m。

4. 滤袋个数 n

$$n=\frac{A_f}{a}=\frac{A_f}{\pi DL} \tag{4-35}$$

【例 4-3】 用袋式除尘器处理含尘烟气，过滤面积 $A_f=2000\mathrm{m^2}$，处理气量 $Q=3000\mathrm{m^3/min}$，烟气含尘浓度 $C_1=10\mathrm{g/m^3}$，除尘效率 $\eta=99\%$。已知清洁滤料的阻力系数 $\xi_0=4\times10^7\mathrm{m^{-1}}$，清洁滤料的压力损失 $\Delta p_0=100\mathrm{Pa}$。若在过滤 20min 时，粉尘层的平均阻力系数 $R=2\times10^9\mathrm{m/kg}$，求此时带有粉尘层的滤布的总压力损失。

解
$$v_f=\frac{Q}{A_f}=\frac{3000}{2000}=1.5\ (\mathrm{m/min})$$

由式(4-32)，并代入式(4-28)中的 $\mu=\Delta p_0/(\xi_0 v_f)$ 得

$$\begin{aligned}\Delta p&=\Delta p_0+R\eta C_1[\Delta p_0/(\xi_0 v_f)]v_f^2 t=\Delta p_0(1+R\eta C_1 v_f t/\xi_0)\\&=100\times\left(1+\frac{2\times10^9\times0.99\times10\times1.5\times20}{1000\times4\times10^7}\right)\\&=1585\ (\mathrm{Pa})\end{aligned}$$

滤袋的直径一般取 $D=100\sim600\mathrm{mm}$，通常选择为 $D=200\sim300\mathrm{mm}$。使用时尽量选用同一规格，以便检修更换。滤袋长度对除尘效率和压力损失几乎无影响，一般取 2～6m。

四、袋式除尘器的选用与运行维护

(一) 袋式除尘器的型号

国产袋式除尘器主要是按清灰方式来划分的，其型号也未统一。各型号后的数字均指滤袋数量。下面简单介绍几种具有代表性的袋式除尘器。

(1) 脉冲袋式除尘器　这种除尘器是利用周期性地向滤袋内或滤袋外喷吹压缩空气来清

灰的。它具有处理风量大、除尘效率高等优点。而且清灰机构没有运动部件，滤袋不受机械力的作用，使用寿命长。根据脉冲喷吹方向与过滤气流的方向不同，又可分为逆喷式（MC型）、顺喷式（LSB型）和对喷式（LDB型）三种。表4-6列出MC24～120-1型脉冲袋式除尘器的主要技术指标，可供选型时参考。

表4-6 MC24～120-1型脉冲袋式除尘器的主要技术指标

技术性能	除尘器型号							
	MC24-1型	MC36-1型	MC48-1型	MC60-1型	MC72-1型	MC84-1型	MC96-1型	MC120-1型
过滤面积/m^2	18	27	36	45	54	63	72	90
滤袋数量/条	24	36	48	60	72	84	96	120
滤袋规格(直径×长度)/mm	ϕ120×2000	ϕ120×2000	ϕ120×2000	ϕ120×2000	ϕ120×2000	ϕ120×2000	ϕ120×2000	ϕ120×2000
设备阻力/(mmH_2O)	120～150	120～150	120～150	120～150	120～150	120～150	120～150	120～150
除尘效率/%	99.0～99.5	99.0～99.5	99.0～99.5	99.0～99.5	99.0～99.5	99.0～99.5	99.0～99.5	99.0～99.5
入口含尘浓度/$g \cdot m^{-3}$	3～15	3～15	3～15	3～15	3～15	3～15	3～15	3～15
比负荷/$m^3 \cdot m^{-2} \cdot h^{-1}$	120～240	120～240	120～240	120～240	120～240	120～240	120～240	120～240
处理风量/$m^3 \cdot h^{-1}$	2160～4300	3250～6480	4320～8630	5400～10800	6450～12900	7530～15100	9650～17300	10800～20800
脉冲阀数量/个	4	6	8	10	12	14	16	18
脉冲控制仪表	电控或气控	电控或气控	电控或气控	电控或气控	电控或气控	电控或气控	电控或气控	电控或气控
外形尺寸(长×宽×高)/mm	1025×1678×3660	1025×1678×3660	1025×1678×3660	1025×1678×3660	1025×1678×3660	1025×1678×3660	1025×1678×3660	1025×1678×3660
设备质量/kg	850	116.8	1258.7	1572.66	1776.65	2028.88	2181.25	2610

注：$1mmH_2O=9.80665Pa$。

（2）机械振打袋式除尘器　这种除尘器是采用机械传动装置周期性振打滤袋，来清除滤袋上的粉尘。这类振打机的主要参数为频率（每分钟振打次数）、振幅（滤袋移动距离）和振打持续时间。根据振打部位不同，可分为顶部振打（LD型）和中部振打（ZX型）袋式除尘器。

（3）气环反吹袋式除尘器　这种除尘器是采用小型高压风机作为清灰气源，利用高速气体通过气环反吹滤袋，进行清灰操作。型号为QH型，是与脉冲袋式除尘器几乎同时发展的新型高效除尘设备。它适用于高浓度和较潮湿的粉尘，也能适应空气中含有水气的场合。但是，由于气环在滤袋上上下移动，对滤袋使用寿命有一定影响。此外，气环反吹清灰机构比较复杂，运动部件容易发生故障，故在应用上受到一定限制。

（4）双层单过滤袋式除尘器　这种除尘器是在一个大的外袋里衬一个小袋（内袋），两层滤袋分别以外滤和内滤相结合的方式滤尘。这种除尘器的型号为LFS型，与MC型脉冲袋式除尘器相比，过滤面积可增加60%，压力损失也降低30%，因而可缩小设备、减少占地面积、节约能量损耗。

（二）袋式除尘器的运行维护

最近十几年，我国的袋式除尘技术发展很快，依靠其清灰方式和滤料的改进使袋式除尘器的应用范围更加广泛。袋式除尘器除了处理一般尘气外，也能处理高温、高湿、黏结、磨琢及超细烟尘，有的还作为生产过程中物料回收的设备。在使用时应注意如下几点。

① 袋式除尘器运行之前，要检查滤袋全部完好，且固定、拉紧方法正确，粉尘的输送、回收及综合系统完好，确保除尘器完好无损。

② 在袋式除尘器运行过程中，应确保滤袋不能损坏，滤袋和清灰系统正常运行。还应注意被净化气体湿度和温度变化。同时，还必须避免滤袋织物过热，否则会造成织物丧失过滤性和织物损坏。

③ 根据要处理气体及粉尘的物理、化学性质，选择恰当的滤料，严格控制使用温度，当烟气含尘浓度超过 $5g/m^3$ 时，应进行预除尘。

第四节　颗粒层除尘器

颗粒层除尘器属于过滤式除尘器的一种，是利用一定粒径范围的固体颗粒（如硅石、砾石、矿渣或焦炭等）作为过滤介质层，将含尘气体中的粉尘去除的设备。这是继湿式、袋式和静电除尘器之后的又一种高效除尘器。具有结构简单、滤料来源广泛、耐高温、耐腐蚀、耐磨损、除尘效率高等优点，因此，在冶金、矿山、水泥、机械等工业中的应用日渐广泛。

1. 颗粒层除尘器的优点

① 除尘性能稳定。处理粉尘气量、气体温度和入口浓度等波动变化，不像其他除尘器那样，对除尘效率影响较大。

② 适应范围广。可以捕集大部分物性粉尘，能适应排风量和温度变化的场合，适当选取滤料，还可以对有害气体（如 SO_2）进行吸收，同时起到净化有害气体的作用。

③ 可净化高温含尘气体。颗粒层除尘器主要用来处理高温含尘气体，选择合适的过滤材料，如常用的石英砂滤料，其工作温度可达350～450℃，而且不易燃烧和爆炸。

④ 颗粒层滤料耐腐蚀、耐磨损。例如，石英砂滤料特别耐磨，使用数年也不用更换。这类滤料资源丰富，价廉物美，可以就地取材。

⑤ 颗粒层除尘器为干式作业，工作过程中不需要用水，所以不存在二次污染。

2. 颗粒层除尘器的缺点

① 对细微粉尘的除尘效果还不够理想。

② 清灰装置复杂。入口气体的含尘浓度不宜太高，否则将导致频繁清灰。

③ 受过滤速度较小的限制，为保证设计过滤面积，致使设备庞大，占地面积较大。近年来，采用多层结构设计，扩大了过滤面积，使设备结构紧凑，并可以减小占地面积。

一、颗粒层除尘器的分类

1. 按颗粒层位置分类

(1) 垂直床颗粒层除尘器　这种除尘器的颗粒滤料是由滤料两侧的滤网夹承，使滤料垂直布置，保证滤料的整体性，防止滤料颗粒飞出，含尘气体则水平通过滤层。

(2) 水平床颗粒层除尘器　这种除尘器是将颗粒滤料按一定厚度均匀地铺设在水平放置的筛网或筛板上，气流一般由上向下通过滤层。因床层处于固定状态，有利于提高除尘能力。

2. 按床层的状态分类

(1) 固定床　除尘器在过滤过程中床层固定不动。颗粒层除尘器多采用这种滤床结构。

(2) 移动床　除尘器在过滤过程中，床层可以移动，黏附粉尘的滤料不断排出，新滤料同时补充进入除尘器。垂直床层的颗粒层除尘器一般都采用移动床。

3. 按清灰方式分类

（1）振动反吹清灰　在反吹清灰过程中，启动清灰振动电机将颗粒床层振松，在反吹气流的作用下，将沉积在滤层中的粉尘清出，落入灰斗。

（2）耙子反吹清灰　在反吹清灰过程中，耙子旋转将颗粒层耙松，以便将沉积在滤层中的粉尘清出，得到较好的清灰效果。

（3）沸腾反吹清灰　通过控制反吹清灰的风速，使颗粒处于沸腾悬浮状态，在沸腾过程中颗粒相互摩擦，将黏附于其上的粉尘脱落下来，沉入灰斗内。

4. 按床层的数量分类

按床层的数量可分为单层和多层颗粒层除尘器。单层结构简单，应用较广泛。多层结构气体处理量大，又可以节约占地面积。

二、颗粒层除尘器的性能与影响因素

颗粒层除尘器的性能主要涉及除尘器的气体处理量、除尘效率及压力损失等。

1. 颗粒层除尘器的除尘效率

含尘气体进入除尘器后，尘粒在扩散、拦截、惯性及重力等效应的综合作用下，被滤床吸收。试验表明，颗粒层的除尘效率由滤料粒径、滤层厚度和过滤速度等因素决定。同时也受滤料和粉尘的性质、表面状态、滤料的排列形式、气体的温度与湿度、粉尘容含程度等的影响。过滤开始后，颗粒层内积存的粉尘也有过滤作用。随过滤时间的增加，除尘效率有一定增加。考虑到颗粒层除尘器的除尘机理比较复杂，除尘效率的计算公式中常数多，参数复杂难于确定，因而在此不作介绍，读者可查阅有关手册。一般情况下，颗粒层除尘器的除尘效率均能达90%以上，如果设计和操作正确，除尘效率最高可达98%～99%。

2. 颗粒层除尘器的压力损失

颗粒层对气流的阻力，由清洁滤料的阻力和过滤后积附在滤料上的粉尘阻力两部分组成。受过滤气速、滤料粒径、滤层厚度、滤料层容尘量等诸多因素影响，且随过滤气速增加、滤料粒径减小、滤层厚度增加、滤料层容尘量增多压力损失增大，各因素的影响十分复杂。

目前，计算颗粒层除尘器的压力损失，常采用 M. O. Abdullan 等通过试验得出的公式。

$$\frac{\Delta p}{h}=Av_0^B \tag{4-36}$$

式中　Δp——通过颗粒层的压力损失，Pa；

h——滤层厚度，cm；

v_0——过滤速度，cm/s；

A，B——由试验测出的常数（见表4-7）。

表4-7　试验常数 A、B 的数值

试验常数	玻璃球	拉西环	塑料丝网	玻璃毛
A	0.008	0.006	0.001	0.003
B	1.814	1.775	1.685	1.518

3. 影响因素

颗粒层除尘器的性能受诸多因素的影响，其中滤料大小、颗粒形状、滤层厚度、过滤速度、滤层的清灰方式是影响过滤性能的主要因素。下面进行简单的阐述。

(1) 滤料粒径 是影响颗粒层除尘器除尘性能的重要因素。一般情况下，减小滤料颗粒粒径，除尘效率会提高，但压力损失也会增加。在实际应用中，滤层由不同粒径颗粒组成，滤料的均匀程度对除尘性能也有影响。以石英砂滤料为例，用不同粗细的颗粒混合作滤层，其除尘效率接近或低于均一粒径的滤层，但压力损失却大得多。因此，一般选用粒径为2～4mm均匀颗粒。

(2) 滤层厚度 滤层的厚度越大，除尘效率越高，压力损失也越大。因此，有时在风机压力允许的范围内，可以通过增加床层厚度来提高效率。但当床层厚度增加到一定数值后，除尘效率的提高并不明显，压力损失却快速增加。有时，为降低压力损失，在能达到国家排放粉尘含量标准的条件下，床层厚度尽可能减小。因此，在确定床层厚度时，应综合考虑除尘效率和压力损失两者的关系。一般采用的厚度为100～150mm。

(3) 过滤风速 不但影响过滤性能，而且还决定除尘器尺寸。过滤风速的变化对各种除尘机理的影响也不完全一致。过滤风速提高，扩散、截留、筛滤等效应有所降低，而惯性碰撞效应提高。一般情况下，过滤风速增大，会导致除尘效率降低很快，而压力损失升高较慢。因此建议，在压力损失范围内（1000～1500Pa），过滤风速取0.3～0.8m/s为宜。实际应用中，在使用粒径为2.5～3.6mm石英砂时，过滤风速常控制在0.5～0.6m/s范围内。

三、典型颗粒层除尘器的应用

1. 耙式旋风-颗粒层除尘器

目前，耙式旋风-颗粒层除尘器仍被广泛应用。由于颗粒层除尘器的容尘量较小，一般均在除尘器前设置旋风筒进行预除尘，除去粒径较大的粉尘，充分发挥其除尘效率高的性能。图4-30所示为单层耙式旋风-颗粒层除尘器的常见结构形式，其筒体结构与旋风除尘器

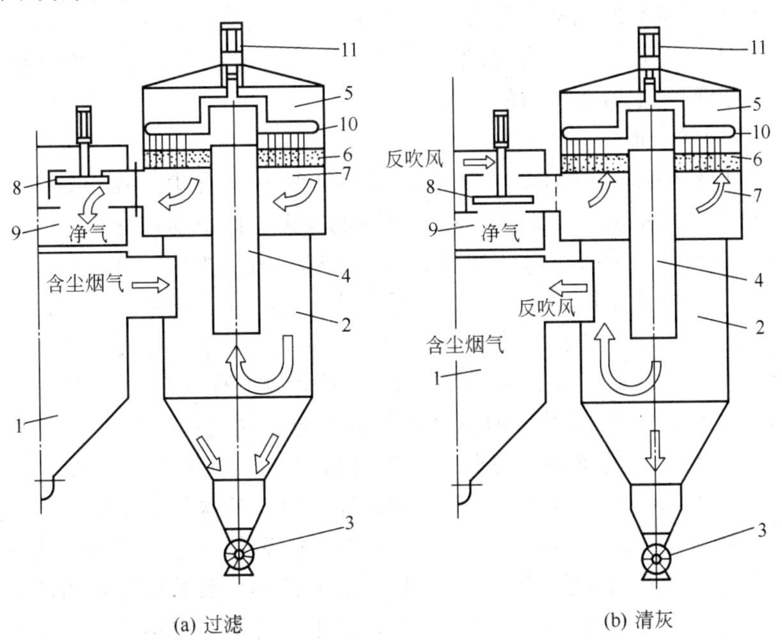

图4-30 单层耙式旋风-颗粒层除尘器

1—含尘气体总管；2—旋风筒；3—卸灰阀；4—插入管；5—过滤室；6—过滤床层；7—干净气体室；8—换向阀门；9—干净气体总管；10—耙子；11—电机

相似。工作（过滤）时，含尘气流由进气总管沿切线进入除尘器下部的旋风筒，大的尘粒在此沉降清除，气流则通过插入旋风筒内的中心管进入到过滤室中，然后向下通过过滤床进行最终净化。净化后的气体由干净气体室经换向阀进入干净气体总管。分离出来的粉尘经下部卸灰阀排出，如图 4-30(a) 所示。耙式旋风-颗粒层除尘器的常用参数见表 4-8。

表 4-8　耙式旋风-颗粒层除尘器的常用参数

主要参数	推荐数据	主要参数	推荐数据
除尘器直径/m	0.8～2.8	反吹风速/m·min^{-1}	45～50
每组过滤层数	3～5	反吹压力/Pa	1000～1100
过滤风速/m·s^{-1}	0.5～0.67	反吹时间/min	1.5
滤料粒径/mm	2～4.5	反吹周期/min	30～40
过滤层高度/mm	100～150	耙子转数/r·min^{-1}	11～13
烟气温度/℃	小于 650	耙子功率/kW	0.5～2.5
颗粒层阻力/Pa	初阻力：400～600 终阻力：900～1100	外壳钢板厚度/mm	3～5.5

水平床颗粒层除尘器由于受到 0.5～0.8m/s 过滤风速的限制，为保证过滤面积达到设计要求，致使设备比较庞大。为了扩大过滤面积，提高处理气体流量，可以采用多层结构设计。

当过滤阻力达到给定值时，除尘器开始清灰，如图 4-30(b) 所示。清灰时，换向阀门的阀杆轴推动阀板向下，将干净气体总管关闭，同时打开反吹风风口。由反吹风机提供的反吹气流先进入干净气体室，然后由下向上通过滤床层，将凝聚在滤料上的粉尘吹出，并通过中心管把粉尘带到下部的旋风筒中，粉尘在此沉降到灰斗中排出。为了能清除颗粒层内收集到的粉尘，在除尘器内设置了一套耙式反吹风清灰机构。在清灰过程中，电机带动耙子转动，耙子的作用是打碎颗粒层中产生的气泡和尘饼，松动滤料颗粒，促进粉尘与颗粒分离；另一方面，又将滤料层耙松耙平，使气流在过滤时能均匀通过滤层。该机构系统结构复杂，运动零部件比较多，工作条件十分恶劣，所以，运行的可靠性较差，检修维护又有许多不便。因此，影响此种除尘器在国内的快速推广。

2. 沸腾颗粒层除尘器

单排阀沸腾颗粒层除尘器的结构形式如图 4-31 所示。含尘气体由进气口进入除尘器，较大的粉尘颗粒在沉降室沉降，细的尘粒经过过滤室由上而下通过滤层，净化后的气体经净气口排入大气。当颗粒层的容尘量达到一定值时，启动清灰机构，进行反吹清灰操作。沸腾颗粒层除尘器的主要特征是取消耙子及其传动机构，采用流态化鼓泡床理论，定期进行沸腾反吹清灰，将积于颗粒层中的粉尘清除。因此，具有结构紧凑、投资小等特点。

控制反吹清灰风力的阀门可以采用汽缸阀门或电动推杆阀门，使用程序控制的电控装置，可实现自动清灰。图 4-32 所示为汽缸阀门的示意，阀门由汽缸控制启闭，汽缸的动作由压缩空气控制。工作（过滤）状态时，反吹气口关闭，净化后的气体由开启的净气口排出；清灰时，汽缸推动阀门开启反吹气口，关闭净气口，反吹气流由反吹气口进入，由下向上经下筛网进入颗粒层，使滤料均匀沸腾呈流化状态。颗粒间相互搓动，上下翻腾，使沉积在颗粒层中的粉尘从颗粒层中分离出来。然后气流夹带着凝聚的粗粉尘团进入沉降室沉积于灰斗内，细的粉尘随气流进入其他过滤层净化，粉尘由排灰口定期排出。每一层由两个过滤室构成，两室间用隔板隔开。根据处理气量，确定除尘器所需层数。目前在生产中已经有使用 11 层（两组共 22 层）的颗粒层除尘器，处理风量达 25000m^3/h 以上。不同层数的沸腾颗粒层除尘器处理气量见表 4-9。

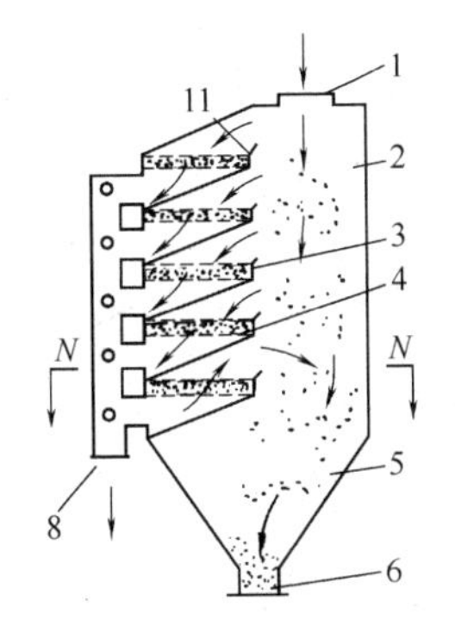

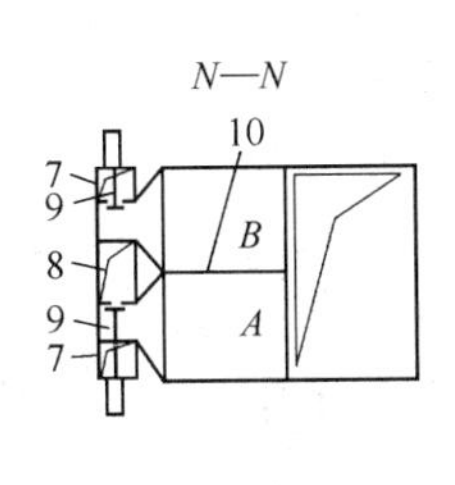

图 4-31　单排阀沸腾颗粒层除尘器

1—进风口；2—沉降室；3—颗粒层；4—分布板；5—灰斗；6—排灰口；7—反吹风口；8—净气口；9—汽缸阀；10—隔板；11—挡板；A,B—过滤断面

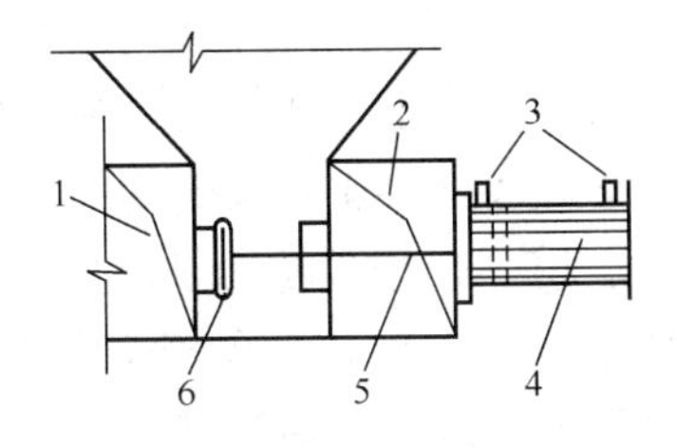

图 4-32　汽缸阀门示意

1—净气口；2—反吹气口；3—压缩空气接管；4—汽缸；5—轴；6—阀门

表 4-9　不同层数的沸腾颗粒层除尘器处理气量

过滤层数	6	10	14	18	22
处理气量/$m^3\cdot h^{-1}$	5400～9000	9000～15000	12600～21000	16200～27000	19800～33000

除尘器的滤层间距通常为 625mm，每层过滤面积 1.0m^2，除尘器总高为 8968mm。壳体采用 6mm 钢板，层间采用法兰螺栓或组装后焊接而成。底部设有一个灰斗，灰斗下部装有星形阀，用以定期排灰。除尘器的下筛板除了支撑其上的颗粒形成过滤床层外，还有另外的重要作用。当反吹气流通过筛板时，一部分动压转化成静压，使反吹气流均匀分布于整个断面上，在筛板上形成一层均匀的“气垫”，以形成良好的起始沸腾条件。板的开孔率及孔径大小，要根据颗粒的种类、气流分布均匀程度及阻力来选择。开孔率可取 5.6%～9%，孔径为 1mm 左右。

影响沸腾清灰的主要因素是反吹风速。使颗粒层达到流态化的最低反吹速度称为临界流化速度。为使反吹风速能把最大的粉尘吹走，又把最小的滤料颗粒留下，反吹气流速度应小于最小滤料颗粒的沉降速度。由于颗粒层内的粉尘能起到类似润滑剂的作用，所以在实际应用时，可以采用比滤料颗粒临界流化速度低的风速使颗粒层流态化。对于粒径为 0.5～5mm 的石英砂，其临界流化速度见表 4-10，反吹风速可取 0.67～0.835m/s。

表 4-10　石英砂的临界流化速度

石英砂当量直径/mm	0.5	1	2	3	4	5
临界流化速度/$m\cdot s^{-1}$	0.26	0.48	0.91	1.26	1.78	2.60

沸腾反吹清灰的周期与进口气体含尘浓度有关，可按表 4-11 选取，反吹时间为 5～10s。

表 4-11　沸腾反吹清灰的周期选取

进口气体含尘浓度/$g\cdot m^{-3}$	60	40	30	25	20	15	10	5
反吹清灰周期/min	4	6	8	10	12	16	24	48

3. 移动式颗粒层除尘器

移动床颗粒层除尘器主要是利用滤料颗粒在重力作用下，向下移动以完成清灰和更换滤料的过程。因此，一般都采用垂直床。工程实际中，应用较多的是交叉流式，即含尘气体的流动方向与颗粒床垂直交叉的结构形式。

图 4-33 所示为交叉流颗粒层除尘器的结构示意。干净的滤料装入上部料斗 1 中，通过回转给料器 2 送入到颗粒层床 3 和 4 中。床层两侧为内、外滤网，滤料夹在其中形成过滤层。含尘气流由进气管 6 进入，水平通过过滤层，使气体得到净化。黏附有粉尘的滤料在重力作用下向下移动，通过下部回转排料器 5 排出。

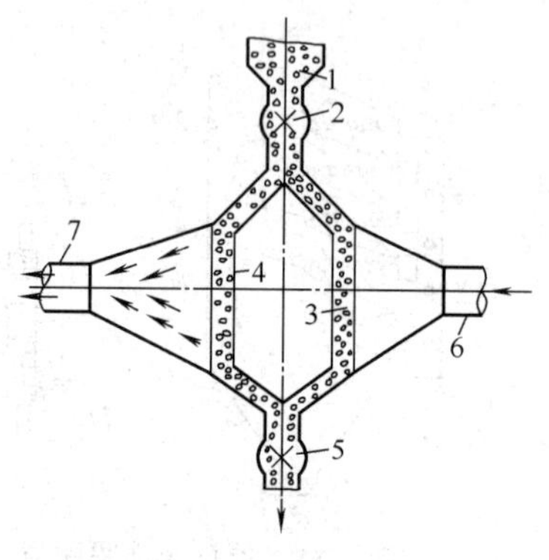

图 4-33 交叉流颗粒层除尘器
1—料斗；2—回转给料器；3,4—颗粒层床；5—回转排料器；6—进气管；7—排气管

交叉流颗粒层除尘器的优点是结构简单，过滤层厚度均匀；缺点是过滤层内沉积的粉尘是不均匀的，其下部积灰比较集中，而上部几乎为新滤料。因而过滤层上部阻力小，效率低。另外，除尘器在工作过程中，过滤层还有可能形成“棚料”现象（即滤料被卡住不向下移动，其下部出现无滤料区），使除尘效率大为下降，这一点应特别引起注意。

四、颗粒滤料的选择

颗粒层除尘器对颗粒滤料材质的要求是耐磨、耐腐蚀、耐高温，且价格低廉，资源充足。在工程中，一般选择含二氧化硅 99%以上表面粗糙、形状不规则、一定粒径的石英砂作为颗粒滤料。它具有很高的耐磨性，可在 300～400℃温度下长期使用，化学性质稳定，价格也便宜。可用作滤料的材料还有很多，如卵石、矿渣、河砂、焦炭、无烟煤、金属屑、陶粒、玻璃珠、橡胶屑、塑料粒子等，可根据具体的运行条件、含尘气体的特性等选择。

第五节 湿式除尘器

湿式除尘器是利用液体（通常为水）与含尘气流接触，并利用液滴、液膜、气泡等将含尘气流中的尘粒和有害气体去除的设备。在净化过程中，由于尘粒的惯性运动，使其与液滴、液膜、气泡发生碰撞、扩散和黏附作用而被液滴捕集。

湿式除尘器一般由捕集粉尘的净化器和从净化气体中分离液滴的脱水器两部分组成，这两部分的运行情况都直接影响除尘效率。

湿式除尘器有以下特点。

① 湿式除尘器结构简单，一次性投资费用低，占地面积少，操作及维护方便。选择适当的液体既可除尘，又可净化有害气体。但是，当净化含有腐蚀性的气体时，除尘器和污水系统要采用耐腐蚀材料或采取防腐保护措施。另外，湿式除尘器排出的污水泥浆需要进行处理，这将会增加二次治理费用，提高运行费用。

② 湿式除尘器适用于处理高温、高湿的烟气以及黏性大的粉尘，但不适用于气体中含有疏水性粉尘或遇水后容易引起自燃和结垢的粉尘。

③ 在消耗能量相同的情况下，湿式除尘器比干式除尘器的除尘效率要高。湿式除尘器可以有效地从气流中除去粒径为 0.1～20μm 的液态或固态粒子。例如，高能湿式洗涤器（文氏管除尘器）对于小至 0.1μm 的粉尘仍有很高的除尘效率。但在寒冷地区要增加防止冬

季结冰的投资。

一、湿式除尘器的常见类型

湿式除尘器的形式很多，通常按其消耗能量（压力损失）的高低，分为低能（Δp 为200～1500Pa以下）、高能（Δp 为2500～9000Pa）两类。低能除尘器主要用于治理废气，高能除尘器一般用于除尘。下面介绍几种常用的类型。

（一）喷淋塔

喷淋塔是一种最简单的湿式除尘器，根据塔内气体与液体的流动方向，可分为顺流、逆流和错流三种形式。最常见的是逆流喷淋式，其结构如图4-34所示。

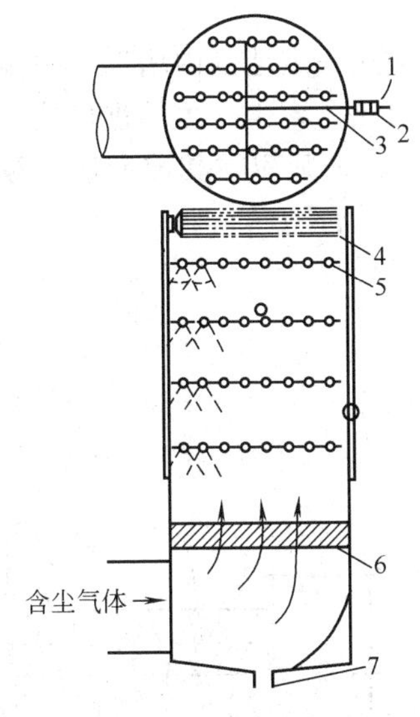

图4-34　喷淋塔结构示意

1—水入口；2—滤水器；3—水管；4—挡水板；5—喷嘴；6—气流分布板；7—污水出口

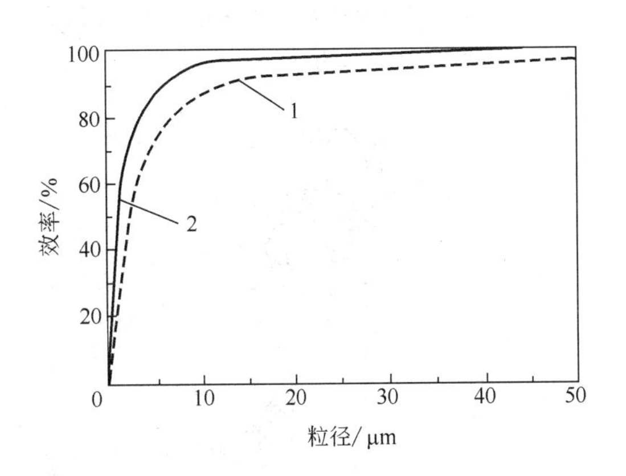

图4-35　干式和湿式旋风除尘器分级效率

1—干式；2—湿式

含尘气流从塔下部通过气流分布板均匀进入塔体内。塔上部设置一排或数排喷嘴，液滴通过喷嘴向下喷淋，喷水压力不低于0.15～0.20MPa。液滴在向下流动过程中，与含尘气流发生碰撞、接触将粉尘捕获。含尘气流经水雾净化后，经挡水板除去气流中的水滴，由除尘器上部排出。在实际应用中，当塔内流速较小，水滴的下降速度大于气流上升速度时，可以不设挡水板。喷淋塔中的气流速度一般为0.6～1.2m/s，停留时间为20～30s。试验表明，喷淋塔的水滴直径在0.5～1.0mm时，除尘效果最好。

喷淋塔的特点是压力损失小，包括挡水板、气流分布板的阻力，压力损失约为250～500Pa。可以处理高浓度的含尘气流，且耗水量小。在水压为0.14～0.73MPa时，耗水约0.4～2.7L/m^3；当耗水量较大时，还可以将总水量的30%～35%循环使用。喷淋塔的除尘效率与喷水量有关，喷水量越大，效率越高。一般对于粒径大于10μm的粉尘，其除尘效率约为90%，对于粒径小于5μm粉尘的除尘效率较低。因此，喷淋塔常用于降低烟气温度、预除尘或在除尘的同时去除其他有害气体。

（二）旋风水膜除尘器

这种除尘器是通过在旋风除尘器的内壁上形成一薄层水膜，来防止器壁上沉积粉尘的二次扬尘，从而有效提高旋风除尘器的效率。图4-35所示为大小相同的干、湿两种旋风除尘器分级效率的比较。由图 4-35 可以看出，对于 5μm 的粉尘，湿式除尘效率可达 87%，而干式仅在 70%左右。旋风水膜除尘器通常分为立式和卧式两种。

1. 立式旋风水膜除尘器

立式旋风水膜除尘器是一种运行简单、维护管理方便、应用广泛的湿式除尘器（见图 4-36）。立式旋风水膜除尘器在筒体上部沿圆周环形设置喷嘴，喷嘴将水雾沿切线方向喷向壳体内壁，在筒体内壁覆盖一层连续均匀向下流淌的薄水膜。含尘气体由圆筒下部切向进入除尘器旋转上升，气体中的尘粒在离心力的作用下被抛到筒壁，被水膜湿润捕获后随水膜沿筒壁下流，粉尘粒子随污水经除尘器底部的排泥口排出。这种除尘器通常设有 3～6 个喷嘴，水压控制在 0.3～0.5MPa，耗水量为 0.1～0.3L/m^3。一般情况下，除尘效率可达 90%以上，压力损失为 500～700Pa。

除尘器的除尘效率与进口气流速度密切相关。进口气速在一定范围内增加，除尘效率随之提高，但进口气速太高会使水膜破坏，压力损失激增。因此，含尘气体的进口速度一般取 13～22m/s。这种除尘器允许最大的入口含尘浓度为 2g/m^3，否则应在其前增加一级预除尘器，以降低进口含尘浓度。

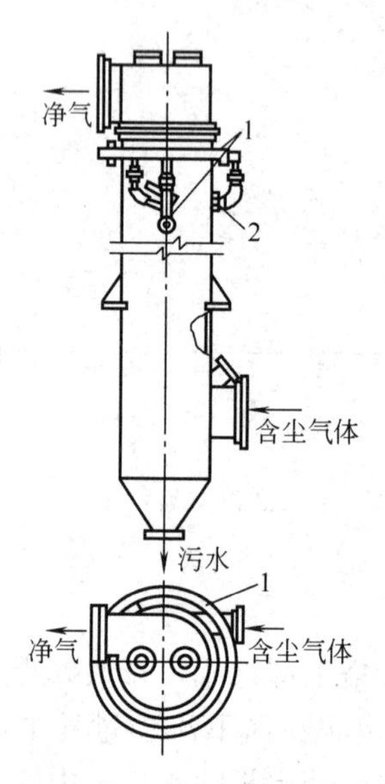

图 4-36 立式旋风水膜（CLS 型）除尘器

1—水管；2—喷嘴

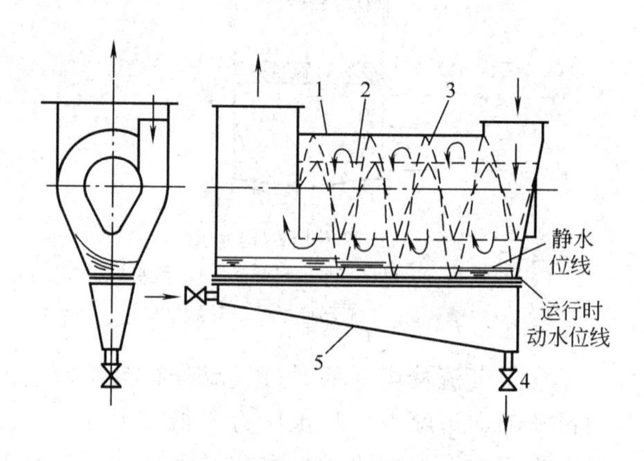

图 4-37 卧式旋风水膜除尘器

1—外壳；2—内筒；3—螺旋导流叶片；

4—排灰浆阀；5—灰浆斗

2. 卧式旋风水膜除尘器

卧式旋风水膜除尘器也称旋筒式水膜除尘器，其结构由横置的筒形外壳、倒梨形内筒、外壳与内筒之间的螺旋导流叶片、水槽等组成，如图 4-37 所示。卧式旋风水膜除尘器是一种阻力不高而除尘效率比较高的除尘器，具有结构简单、操作维护方便、耗水量小、不易磨损等优点。含尘气流由除尘器的一端沿切线方向进入，冲击水面后，在螺旋通道内流动。部分粗尘粒在冲击水面时，因惯性作用而落入水中。壳体下部水槽中的水因受到连续气流冲击而形成水花、水雾，并随气流运动，于是在除尘器外壳内壁和内壳外壁上形成 3～5mm 厚水膜。粉尘及水滴在惯性和离心力等复合作用下，被甩到外壳内壁的水膜中而被捕集，并随水膜流入下部水槽。尘粒经沉淀后，通过排灰浆阀定期排出。

保持除尘器内的最佳水位是使除尘器能在高效率、低阻力下运行的关键。可通过设置溢流管及水封装置等各种措施，保证最佳的水位。在除尘器运行中，进口气速应控制在 11～16m/s 的范围内。当水面调整到适当位置，风量在±20%的范围内变化时，除尘效率几乎不受影响。这种除尘器适合于非黏固性及非纤维性粉尘，常用于常温和非腐性场合的除尘。

（三）冲击式除尘器

冲击式除尘器是一种高效的湿式除尘设备，具有结构简单紧凑、占地面积小、便于施工、维修管理简单、用水量少等优点，适用于净化各种非纤维性粉尘。因没有喷嘴及很窄的缝隙，故不易发生阻塞。但对叶片的制作和安装要求较高，压力损失也较大（一般在 1～1.6kPa）。

如图 4-38 所示，含尘气流进入进气室内转向下冲击水面，粗尘粒由于惯性作用落入水中，细尘粒则随着气流以 18～35m/s 的速度通过 S 形叶片通道，S 形叶片结构如图 4-39 所示。高速气流在 S 形叶片通道处，强烈地冲击水面，形成大量的水花，使气液充分接触，尘粒被液滴所捕获。净化后的气体通过气液分离室和挡水板，脱除水滴后排出。被捕获的尘粒则沉至漏斗底部，并定期排出，如果泥浆较多，也可安装机械刮泥装置。

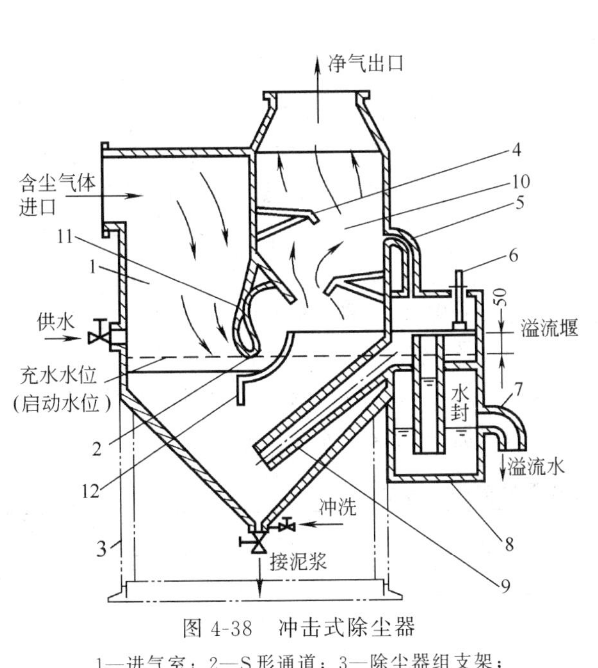

图 4-38 冲击式除尘器

1—进气室；2—S 形通道；3—除尘器组支架；4—挡风板；5—通气道；6—水位自动控制装置；7—溢流管；8—溢流箱；9—连通管；10—净气分雾室；11—上叶片；12—下叶片

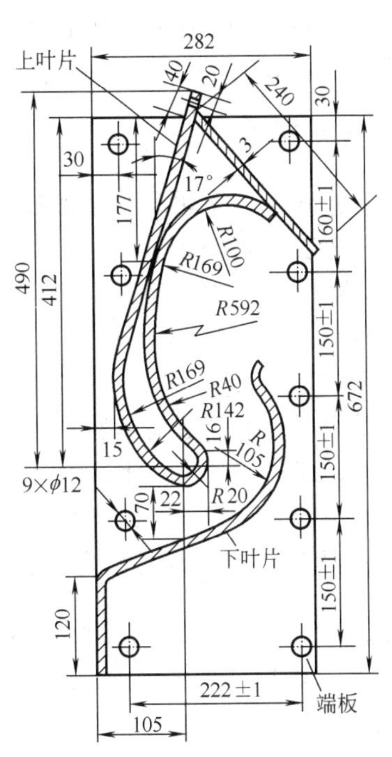

图 4-39 S 形叶片结构

除尘器的水位对除尘效率、压力损失都有很大影响。水位高，除尘效率提高，压力损失也相应增加；反之，则压力损失和除尘效率都降低。根据试验，以溢流堰高出上叶片下沿 50mm 为最佳。为保持一个稳定的水位，常采用两路供水，并有溢流箱及水位自动控制装置。

（四）文氏管除尘器

文氏管除尘器是湿式除尘器中效率最高的一种，其结构由引水装置（喷雾器）、文氏管本体以及脱水器三部分组成，如图 4-40 所示。含尘气体从渐缩管进入，液体可从渐缩管或喉管进入，液气比一般为 0.7L/m³。含尘气体通过喉管时，其流速一般为 50～120m/s，在此将进入的液体化为细小的液滴，使粉尘与液滴发生有效的碰撞。夹带尘粒的液滴，通过旋转气流调节器进入离心脱水器，在脱水器中将含尘液滴截留，并经排液口排出。净化后的气体通过顶部的旋流板除雾器脱雾后排出。从而在文氏管除尘器中实现雾化、凝聚和脱水三个过程。

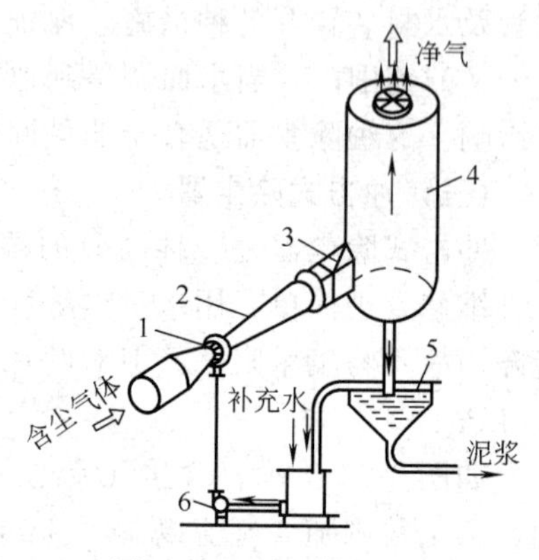

图 4-40　文氏管除尘器

1—喷水；2—文氏管；3—挡板；4—脱水器；5—沉淀池；6—循环泵

文氏管除尘器有多种形式：按文氏管的形状分类，有圆形和矩形两种；按喉管结构分类，有定径文氏管和变径文氏管两种；按供水方式分类，有中心喷水、周边辐射内喷和水膜引水等多种；按文氏管的组合方式分类，有单管和多管组合两种。

文氏管除尘器的特点是除尘效率高（可达 99%以上），能捕集 1μm 以下的微细尘粒，且结构简单，造价低廉，维护管理简单。因为粉碎水滴需要消耗较高能量，因此，动能消耗比较大，压力损失一般为 1470～4900Pa。

二、脱水装置

湿式除尘器净化后的气体都会含有不同程度的水雾，为防止水雾进入大气影响周围环境，一般要在除尘器出口设置脱水装置，将水滴分离出来。脱水装置也称脱水器，可以设置在除尘器内部，成为除尘器的一部分；也可以设置在除尘器外部，成为单独的设备。常用的脱水器有以下几种。

1. 重力脱水器

重力脱水器是最简单的一种形式，与重力沉降室基本相同。夹带水滴的气体进入重力脱水器后，流速降低。当水滴的重力沉降速度大于气体上升速度时，水滴即可从气流中分离出来。利用第 4 章第 1 节的计算方法，根据气体上升速度可计算出水滴沉降的临界直径（见表 4-12）。例如，当气流上升速度小于 2m/s 时，可以脱下的含尘水滴直径为 120～150μm。

表 4-12　水滴沉降的临界直径

气流上升速度/m·s⁻¹	2.0	2.5	3.0	3.5	4.0	4.5	5.0
水滴沉降临界直径/μm	120～150	190～230	270～330	370～440	490～570	620～740	760～900

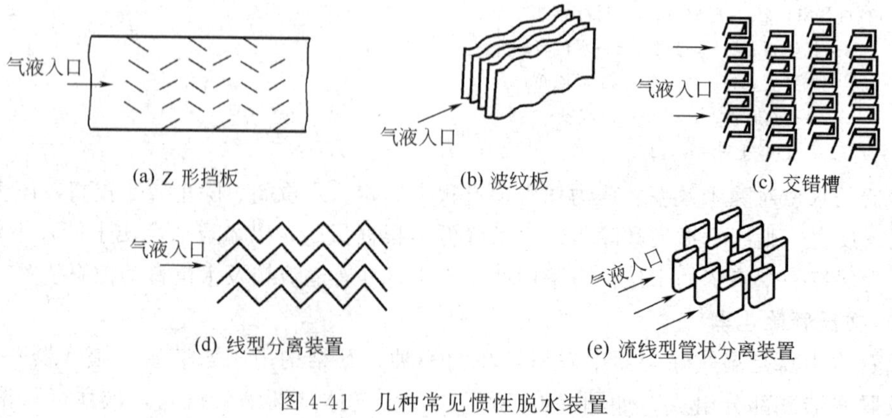

气液入口

(a) Z 形挡板

气液入口

(b) 波纹板

气液入口

(c) 交错槽

气液入口

(d) 线型分离装置

气液入口

(e) 流线型管状分离装置

图 4-41　几种常见惯性脱水装置

2. 惯性脱水器

惯性脱水器在低能湿式除尘器中得到广泛应用。图 4-41 所示为几种常见的惯性脱水装置形式，它设在除尘器的出口，其原理与惯性除尘器相同，一些惯性除尘器也可用作脱水器。当含有液滴的气流通过挡板时，由于气体流线的偏离，使水滴碰撞到挡板上，液滴就被捕集下来，气体则通过脱水装置排入大气。

惯性脱水器的另一种结构形式是在内部设置填料层，当含有液滴的气流通过填料层时，液滴被除去，脱水效率比较高。作为填料层的材料很多，如砂粒、矿渣、拉西环、球形填料，甚至采用过滤网格或其他过滤材料均可。

3. 旋风脱水器

旋风脱水器的结构形式如图 4-42 所示。可以除去较小的液滴，而且脱水效率较高，旋风脱水器的筒体直径与圆筒高度的关系可参照表 4-13，筒体下部圆锥顶角一般为 100°。气流进入旋风筒的切向流速一般为 20～25m/s，其在圆筒断面的上升速度为 2.5～5.5m/s；当入口含水量为 $0.2g/m^3$ 以下时，出口不超过 $0.03g/m^3$，可除去的最小液滴直径为 5μm 左右，旋风筒的阻力为 590～1470Pa。

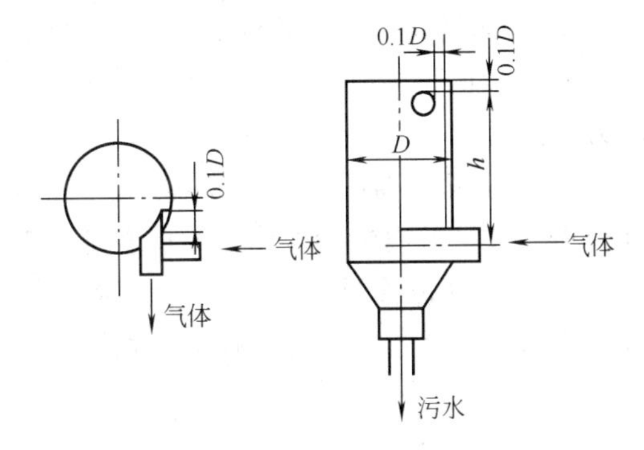

图 4-42　旋风脱水器

表 4-13　筒体直径与圆筒高度的关系

气体在圆筒内的上升速度/$m \cdot s^{-1}$	2.5～3.0	3.0～3.5	3.5～4.5	4.5～5.5
筒体高度与直径比	2.5	2.8	3.8	4.6

4. 旋流板脱水器

旋流板脱水器是利用其内部的固定叶片使气流产生旋转，在离心力作用下将水滴分离的装置。旋流板脱水器通常设置在除尘器的出口处，用于脱水、除雾效果很好，一般脱水效率达 90%～99%左右。旋流板的叶片形状就像固定的风车叶片，其结构如图 4-43 所示。

旋流板可以直接安装在除尘器的顶部或管道内。由于不占地，效率高、阻力低，常作为湿式除尘器后的脱水、除雾装置。这种脱水器有圆柱形和圆锥形两种，旋流板可用塑料或金属材料制成。

三、湿式除尘器的运行维护

湿式除尘器在运行过程中，由于尘粒及其他物质的沉淀和黏附，容易造成堵塞；腐蚀性气体或液体通过的部位与设备的干湿面交界处都容易遭到腐蚀，气体、液体的高速流动也会对设备产生磨损，所以它的运行维护应比干式除尘器更精心。设备运行中注意做到如下几点。

① 定期对除尘器的喷嘴进行检查和清洗，防止喷嘴堵塞，当磨损严重时应进行更换。对除尘器的易磨损

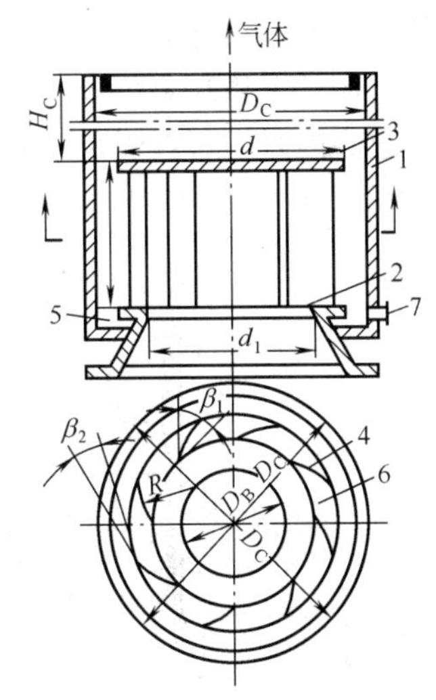

图 4-43　旋流板脱水器

1—外壳；2—圆环；3—圆板；4—叶片；5—水槽；6—气液通道；7—污水口

部位（如文氏管的喉部）进行定期检查，对磨损、腐蚀严重的部位应进行修补或更换。

② 保证除尘器的喷淋、泥浆处理、辅助设备和管线等系统完好。注意整个系统的气密性，不允许气体和喷淋液泄漏。

③ 保证湿式除尘器（特别是冲击式和旋风水膜除尘器）的最佳供水条件。除尘器的液位对除尘器的性能有很大影响，液位控制在最佳范围之内。注意让气体在洗涤塔和其他除尘器内得到充分喷淋。

④ 保证最佳的供气条件。特别是对洗涤塔等湿式除尘设备，供气制度等决定着除尘效率。另外，在装有填料的湿式除尘器中，应注意其压力损失的变化，因为填料堵塞可能引起压力损失增大。

⑤ 保证除尘器的泥浆不断排出，并将其运往指定地点，不允许各种设备内积聚泥浆等沉积物。对设备内的淤积物、黏附物应及时进行清除。

⑥ 注意喷淋液再生（用试剂澄清、冷却、处理）和泥浆利用设施的正常运行。保证脱水装置的正常运行，以使气体充分脱水后排出。

第六节 电除尘器

电除尘器也称静电除尘器，是利用静电力实现粒子（固体或液体粒子）与气流分离的一种除尘装置。电除尘器与其他除尘器的根本区别在于除尘过程的分离力直接作用在尘粒上，而不是作用在整个气流上。因而电除尘器具有能耗低，气流阻力小的特点，是一种捕集微细粉尘的高效除尘器，因此，在火力发电、冶金、水泥、化工、造纸、机械等行业的空气净化工程中得到广泛的应用。

电除尘器的工作原理是通过在除尘器的放电极（又称电晕极）和集尘极之间施加直流高电压，维持一个足以使气体电离的静电场。气体电离后，生成大量的自由电子和气体离子。当含尘气体通过两极间非均匀电场时，自由电子、气体离子与粉尘碰撞并被尘粒所俘获，使粉尘粒子荷电。荷电后的粒子在通过延续的电场时，在静电力的作用下，向集尘极运动，放出所带电荷并沉积在集尘极上。电除尘器的工作原理如图 4-44 所示。当集尘极上的粉尘沉积到一定厚度时，可以通过清灰装置将其清除掉，使之落入下部灰斗中。电晕极也会附着少

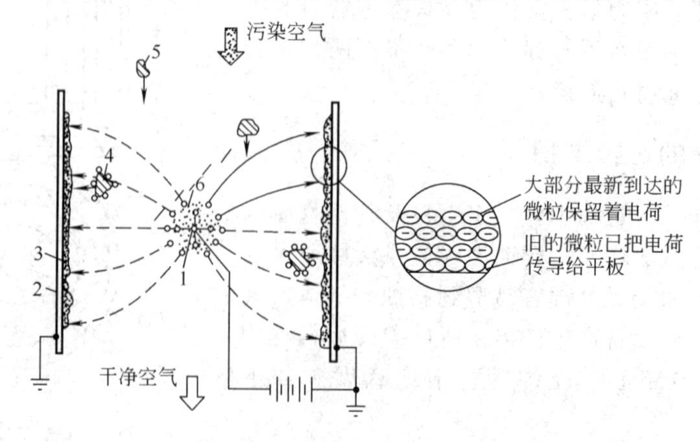

图 4-44 电除尘器的工作原理

1—放电极；2—集尘极；3—粉尘层；4—荷电的尘粒；5—未荷电的尘粒；6—放电区

量粉尘，隔一定时间也需进行清灰。

一、电除尘器的性能特点

① 除尘性能优异。电除尘器几乎可以捕集一切细微粉尘及雾状液滴，除尘效率高（可达99%以上），且保持长期稳定不变。另外，设备磨损很小，只要设计合理，制造安装正确，维护保养及时，电除尘器一般都能长期高效运行，可做到十年一大修。

② 压力损失小，能源消耗低。电除尘器是利用库仑力捕集粉尘，所以风机仅负担烟气的运载，因而气流阻力很小，约100～300Pa。另外，虽然除尘器本身的运行电压很高，但是电流却非常小，因此，除尘器所消耗的电功率是很小的。

③ 适用范围广。电除尘器可以在低温、低压至高温（300～400℃）、高压很宽的范围内使用。尤其能耐高温，最高可达500℃。且处理烟气量大，可达$1\times10^5\sim1\times10^6m^3/h$。当烟气中的各项指标在一定范围内变化时，除尘器的除尘性能基本保持不变。

④ 维护保养简单。如果电除尘器种类规格选用得当，设备的安装质量良好，运行过程严格执行操作规程，日常的维护保养工作很少。最新的控制装置在计算机的控制下，智能化地自动选择最佳运行方式，实现电除尘器的计算机自动控制和远距离操作运行。

但是与其他除尘设备相比，电除尘器也存在如下主要缺点：设备结构复杂、钢材消耗多、占地面积较大、每个电场需要配置一套高压电源及控制装置，因此一次性投资费用高；除尘器受粉尘比电阻等物理性质的限制，不宜直接净化高浓度含尘气体。但是用于处理大流量的烟气（$60000m^3/h$以上）或长时间使用电除尘设备时，其运行费用比其他除尘器要低，这就能够发挥其经济性了。

二、电除尘器类型

电除尘器的种类很多，可以根据除尘器的结构和气体流动方式等特点，进行如下分类。

（一）根据集尘极的结构形式分类

（1）管式电除尘器　这种电除尘器是将电晕线放置在金属圆管的轴线位置上，圆管内壁成为集尘极的表面，如图4-45所示。圆管的内径通常为150～300mm，长2～5m。圆管结构的电晕极和集尘极的极间距相等，电场强度变化均匀，电场强度较高。通常采用多排圆管并列结构，以提高除尘器的处理量，为了充分利用空间也可以用六角形的管子代替圆管（即蜂窝形结构）。

（2）板式电除尘器　这种电除尘器是采用一定形状的钢板作为集尘极，在平行的集尘极间均匀设置电晕极。极板间的通道数一般为几个到几十个，甚至可以上百个，如图4-44所示。除尘器的长度可根据对除尘效率的要求确定。板式电除尘器由于几何尺寸很灵活，根据工艺要求和净化程度，可设计制作成大小不同的各种规格，以电除尘器进口有效断面积来表示。板式电除尘器电场强度变化不均匀，清灰方便，制作安装比较容易。

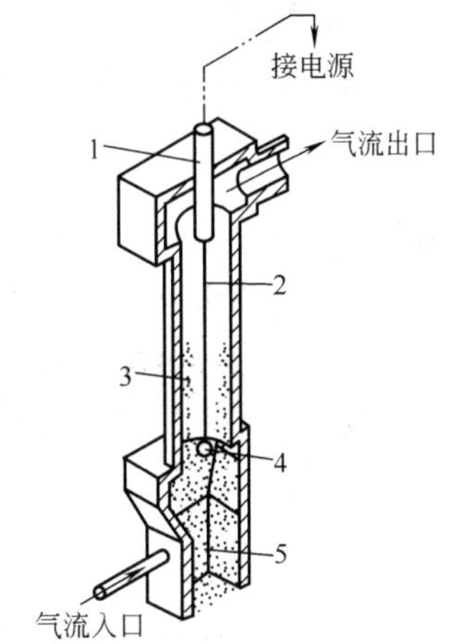

图4-45　管式电除尘器
1—绝缘管；2—电晕线；3—集尘极；4—吊锤；5—捕集的粉尘

（二）根据气流流动方式分类

（1）立式电除尘器　气流在立式电除尘器内通常由下到上垂直流动，在流动中完成净化过程。这种除尘器占地面积小、高度较高，净化后的气体可以从其上部直接排入大气。缺点是检修不方便、气体分布不易均匀、已被捕集的细粉尘容易产生二次飞扬。

(2) 卧式电除尘器　这种除尘器的含尘气流是在沿水平方向运动中完成净化过程的。根据结构及供电的要求，卧式电除尘器可以设计成若干个电场供电，容易实现对不同粒径粉尘的分离，有利于提高除尘效率。此外，在检修方面，卧式电除尘器也较立式方便得多。

(三) 根据粉尘的荷电及电极在除尘器内空间布置分类

(1) 单区电除尘器　这种除尘器的电晕极系统和集尘极系统都装在一个区域内，气体中尘粒的荷电及分离均在同一区域内进行，是在工业排气除尘中应用最广泛的一种电除尘器。

(2) 双区电除尘器　这种除尘器的电晕极系统和集尘极系统分别装在两个不同区域内，前区安装电晕极系统产生离子，称荷电区，粉尘粒子在前区荷电；后区安装集尘极系统，称分离区，其供电电压较低。双区电除尘器一般用于空调净化方面。近年来，在工业废气净化中也采用双区电除尘器，但其结构与空调净化有所不同。

三、电除尘器的除尘效率和主要参数

(一) 电除尘器的除尘效率

与其他除尘器一样，电除尘器的除尘效率 η 也可以用除尘器进口和出口处的含尘浓度差与进口浓度之比的百分数来表示，即

$$\eta=\frac{C_1-C_2}{C_1}\times 100\%=\left(1-\frac{C_2}{C_1}\right)\times 100\% \tag{4-37}$$

式中　C_1——除尘器入口处含尘浓度，g/m^3；

C_2——除尘器出口处含尘浓度，g/m^3。

式(4-37) 中的 C_1 和 C_2 需要根据实际测试确定。所以必须把 C_2/C_1 换算成与除尘器结构有关的参数，才能根据除尘器的结构推算出除尘效率。电除尘器的除尘效率与电场强度、气流速度、粒子性质、气体性质及除尘器结构等因素有关。

德意希 (Deutsch) 在 1922 年推导出除尘效率的计算公式。在推导该公式时作了如下基本假定。

① 粉尘的粒径是均匀的，在垂直于集尘极表面的任一断面上粒子浓度和气流分布均匀。

② 粉尘粒子进入电除尘器后，就认为其完全荷电。

③ 粉尘只受沿气流方向的作用力和垂直于集尘极方向的静电力。

除尘效率的计算公式如下。

$$\eta=1-\exp\left(-\frac{\omega A}{Q}\right) \tag{4-38}$$

式中　ω——粉尘向集尘极移动的速度（粉尘的驱进速度），m/s；

A——集尘极板的表面积，m^2；

Q——通过电除尘器的气体流量，m^3/s；

A/Q——比集尘极板表面积，$m^2/(m^3/s)$。

对于板式电除尘器，则除尘效率的计算公式可改写为

$$\eta=1-\exp\left(-\frac{\omega L}{bv}\right) \tag{4-39}$$

对于管式电除尘器，除尘效率的计算公式为

$$\eta=1-\exp\left(-\frac{2\omega L}{Rv}\right) \tag{4-40}$$

式中　L——除尘器的电场长度，m；

b——电晕极与集尘极的距离，m；

v——通过除尘器的气流速度，m/s；

R——圆管式电除尘器圆管集尘极的半径，m。

（二）电除尘器的主要参数

电除尘器的主要参数包括气流速度、集尘极板间距、电晕线线距、粉尘的驱进速度等，这些参数对除尘效果有直接影响。

1. 气流速度

在集尘区气流速度变化比较大，除尘器内气流的平均速度是设计和运行中的重要参数。气流平均速度 v_s 是指电除尘器在单位时间内处理的烟气量与电场断面的比值，计算公式如下。

$$v_s=\frac{Q}{3600F} \tag{4-41}$$

式中　Q——通过电除尘器的气体流量，m^3/h；

F——电场通道的断面面积，m^2。

含尘气体的气流速度对清灰方式和二次扬尘有重要影响。对于集尘极面积一定的除尘器，气流速度过高，会使电除尘器的电场长度增加，而且引起粉尘的二次飞扬。而气流速度过低时，又会增加电场通道断面积。因此，在实际应用中，气体流速一般控制在 0.5～2.5m/s 范围内。

2. 集尘极板间距

集尘极板间距对除尘器的除尘性能有很大影响。若集尘极板间距太小（小于 200mm），则电压升不高；如果间距太大，又会减弱放电强度，降低除尘效果。从德意希（Deutsch）除尘效率公式也可以看出，在处理的烟气量 Q 一定的情况下，$A\omega$ 值最大时，电除尘器的效率最高。而 $A\omega$ 又是集尘极板间距的函数。因此，要确定极板间距为最佳值，通常此最佳值为 250～350mm。

3. 电晕线线距

在管式电除尘器中，每一除尘管内安装一根电晕线，电晕线之间不存在相互影响的问题。卧式电除尘器则不同，电晕线间距对放电强度影响很大。当电晕线间距过大时，会减少电晕线的根数，使空间电流密度降低，从而降低除尘器的除尘效率。但线距也不宜太小，否则会因电屏蔽作用（负电场的抑制作用）使导线单位电流值降低。设计过程中应尽量选取最佳线距，一般取 150～250mm，应考虑电晕线和极板的形式及外加电源的情况，通过试验确定。

4. 粉尘的驱进速度

粉尘的驱进速度是电除尘器设计的重要参数。荷电粉尘在电场中，受静电力的作用向集尘极移动，同时又受到与粉尘移动速度成正比的气体阻力作用，当气体阻力与静电力达到平衡时，粉尘向集尘极匀速运动，此速度即为粉尘的驱进速度。根据粉尘在电场中受到的电场力及运动时所受到的阻力之间的关系，粉尘驱进速度的计算公式为

$$\omega=\frac{qE_pC}{3\pi\mu d_p} \tag{4-42}$$

C 可近似地估算为

$$C=1+\frac{1.7\times10^{-7}}{d_p} \tag{4-43}$$

式中　ω——粉尘向集尘极移动的速度（粉尘的驱进速度），m/s；

q——粉尘粒子的荷电量，C；

E_p——粉尘粒子所处位置的电场强度，V/m；

C——修正系数；

μ——气体的黏度，Pa·s；

d_p——粉尘粒子的直径，m。

由此可见，粉尘的驱进速度与粒子的荷电量、粉尘粒径、电场强度及气体黏度有关，其运动方向与静电力的方向一致，垂直指向集尘极表面。

在工程实际中，由于各种因素的影响，驱进速度的理论计算值与实际测量值之间往往存在较大差异。为此，实际中常常根据在一定的除尘器结构形式和运行条件下，测得除尘效率值后，再代入德意希（Deutsch）除尘效率公式反算出相应的驱进速度值，并称之为有效驱进速度（用 ω_e 表示）。利用有效驱进速度可表示电除尘器的性能，并可用于同类型电除尘器的设计。粉尘的有效驱进速度一般为 0.02～0.20m/s。表 4-14 列出一些工业炉窑电除尘器的电场风速和有效驱进速度。

表 4-14　工业炉窑电除尘器的电场风速与有效驱进速度

主要工业炉窑电除尘器		电场风速/$m \cdot s^{-1}$	有效驱进速度/$cm \cdot s^{-1}$
电厂锅炉飞灰		1.2～2.4	5.0～15.0
纸浆造纸工业锅炉黑液回收		0.9～1.8	6.0～10.0
钢铁工业	烧结机	1.2～1.5	2.3～11.5
	高炉	2.7～3.6	9.7～11.3
	吹氧平炉	1.0～1.5	7.0～9.5
	碱性氧气顶吹转炉	1.0～1.5	7.0～9.0
	焦炉	0.6～1.2	6.7～16.1
水泥工业	湿法窑	0.9～1.2	8.0～11.0
	立波尔窑	0.8～1.0	6.5～8.6
	干法窑(增湿)	0.7～1.0	6.0～9.0
	干法窑(不增湿)	0.4～0.7	4.0～6.0
	烘干机	0.8～1.2	10.0～20.0
	球磨机	0.7～0.9	7.0～10.0
硫酸雾		0.9～1.5	6.1～9.1
城市垃圾焚烧炉		1.1～1.4	4.0～12.0
接触分解过程			3.0～11.8
铝煅烧炉			8.2～12.4
铜焙烧炉			3.6～4.2
有色金属炉		0.6	7.3
冲天炉(灰口铁)			3.0～3.6

四、影响电除尘器性能的因素

1. 粉尘的粒径、导电性能

对电除尘器性能产生影响的粉尘特性主要包括粉尘的粒径、导电性能、黏附性及粉尘的密度。由于尘粒在除尘器中的驱进速度与粒径大小有关，粒径分布对电除尘器效率影响是显而易见的。通过对许多电除尘器除尘效率的实际测量表明，对于微米级区间的粉尘粒子，除尘效率具有增大的趋势。例如，粒径为 1μm 的粉尘捕集效率为 90%～95%，对粒径为 0.1μm 的粒子捕集效率可达 99%以上。

粉尘的导电性能对除尘效率的影响作用很大，粉尘比电阻是衡量粉尘导电性能的指标。粉尘比电阻是指对于面积为 $1cm^2$，高为 1cm 自然堆积的圆柱形粉尘层，沿其高度方向测量的电阻值，单位为 Ω·cm。比电阻过低的尘粒，沉积到集尘极与阳极板接触后，不仅容易释放负电荷，而且也容易带上正电荷，因同种电荷相排斥，结果有可能重新返回气流中，被气流带出除尘器，降低除尘效果。比电阻过高时，尘粒达到集尘极后，电荷释放不畅，随着粉尘越积越厚，极板和粉尘层间将形成一个越来越强的电场，在这个区域内产生“反电晕放电”现象，正离子被排斥到除尘空间，中和了驱向极板的荷负电粉尘，导致除尘效果降低。

电除尘器最适宜捕集比电阻值在 1×10^4～5×10^{10} Ω·cm 范围内的粉尘。比电阻值小于此范围的称为低比电阻粉尘，大于此范围的称为高比电阻粉尘。当比电阻过高或过低时，若要采用电除尘则需进行预处理，如对于高比电阻粉尘可采用调质处理。

2. 含尘气体的温度、压力、湿度

含尘气体的温度、压力、成分、湿度、含尘浓度均能对除尘器性能产生影响。含尘气体的温度和压力对发生电晕的起始电压、起晕时电晕极表面的电场强度、电晕极附近的空间电荷和分子、离子的有效迁移率等均产生一定影响。温度升高或降低时，起晕电压降低，离子的有效迁移率增大。含尘气体中水分含量对电气条件也产生很大影响，一般来说烟气中水分多些，除尘效率大，但水分过大，烟气温度达到露点，会对电除尘器壳体及电极系统产生腐蚀。

3. 含尘浓度

除尘器的电场内同时存在着两种电荷，一种是气体离子电荷，另一种是带电粉尘电荷。如果气体含尘浓度过高，电场内尘粒的空间电荷会很高，这将导致离子迁移率降低，以致使电晕电流急剧下降，严重时可能会趋近于零，出现电晕闭塞，除尘效果显著恶化。因此，在处理含尘浓度较高的气体时，必须采取相应措施。如提高工作电压，增设预除尘器、降低烟尘浓度、降低烟气流速等。一般，当气体含尘浓度超过 $30g/m^3$ 时，应增加预净化设备。

4. 设备结构因素

影响电除尘器性能的结构因素主要是电极的几何因素和气流分布。电极几何因素包括极板间距、电晕线的半径、电晕线的粗糙度等。这些因素将对除尘器的电气性能产生不同的影响。极板间距、电晕线间距存在一个最佳值；减小电晕线半径则所需的起晕电压降低。为了使电除尘器获得最佳性能，每台供电装置所担负的极板面积不宜太多，即电场要有一定的分组数，电场的增多一般可以提高电除尘器总除尘效率。

电除尘器内气流分布的均匀程度对除尘效率的影响作用非常突出，因此在结构设计时，要给予足够的重视，采取有效的措施保证气流分布均匀。

五、电除尘器的结构设计

电除尘器的设计主要是根据需要处理的含尘气体流量和净化要求，确定除尘器的基本设计参数，并进行具体的结构设计。

电除尘器一般由除尘器本体和供电装置两大部分组成，如图 4-46 所示。除尘器本体主要包括电晕极、集尘极、气流分布装置、高压绝缘装置、清灰机构、外壳及灰斗等。

在设计电除尘器之前，应充分了解各部分的作用及有关的影响因素，使各部分组成一个

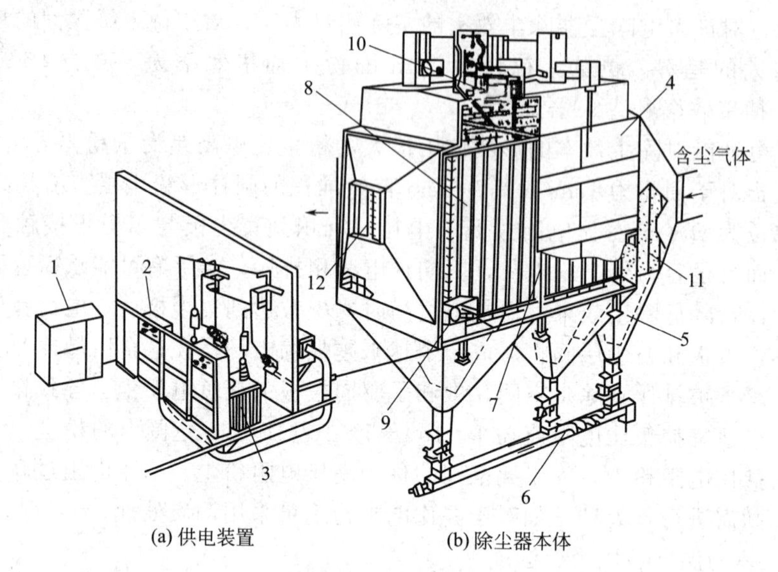

图 4-46 电除尘器

1—低压电源控制柜；2—高压电源控制柜；3—电源变压器；4—除尘器本体；5—下灰斗；6—螺旋除灰机；7—放电极；8—集尘极；9—集尘极振打清灰装置；10—放电极振打清灰装置；11—进气气流分布板；12—出气气流分布板

有机的整体，提高整台除尘器的技术性能。为了达到电除尘器的功能要求，设计电除尘器时，应掌握下述数据：需净化的含尘烟气量（m^3/h）、烟气的温度（℃）、烟气中的含尘浓度（g/m^3）、粉尘的粒径分布、比电阻值、出口允许排放的含尘浓度等资料。

设计电除尘器时，应在经济合理的前提下，保证除尘器的技术性能最佳，达到适宜的除尘效率，符合国家规定的排放标准，保证除尘器长期高效地安全运行。

（一）电除尘器基本设计参数与计算

电除尘器的基本设计参数包括比集尘板面积、集尘极板面积、电场长度、电晕极和集尘极的数量和间距等。

1. 比集尘板面积 f 和集尘极板面积 A

比集尘板面积是指集尘极板面积 A 与要处理的含尘气体流量 Q 的比值。首先根据运行和设计经验，查阅相关技术资料，确定有效驱进速度 ω_e，利用德意希（Deutsch）除尘效率公式求出比集尘板面积 f，即

$$f=\frac{A}{Q}=\frac{1}{\omega_e}\ln\frac{1}{1-\eta} \tag{4-44}$$

式中 η——要求达到的除尘效率；

ω_e——有效驱进速度，m/s，其值可参考表 4-15。

表 4-15 常见工业粉尘的有效驱进速度

粉 尘 种 类	有效驱进速度/$m \cdot s^{-1}$	粉 尘 种 类	有效驱进速度/$m \cdot s^{-1}$
粉煤炉飞灰	0.10～0.14	干法水泥尘	0.06～0.07
纸浆及造纸尘	0.08	湿法水泥尘	0.10～0.11
平炉烟尘	0.06	多层床焙烧炉烟尘	0.08
硫酸雾	0.06～0.08	石膏尘	0.16～0.20
悬浮焙烧烟尘	0.08	红磷尘	0.03
催化剂粉尘	0.08	二级高炉烟尘	0.125
冲天炉烟尘	0.03～0.04	氧化锌尘	0.04

比集尘板面积 f 值求出后，根据已知要处理的含尘气体流量 Q，即可确定集尘极板面积 A，其数值大小决定了除尘器的规格大小。由于电除尘器的实际工作条件与设计时确定的条件和选取的参数可能存在一些出入，所以在确定集尘极板面积时，必须考虑适当增大集尘极板面积。设计所需集尘极板的面积时，可按下式计算，即

$$A=fQK \tag{4-45}$$

式中　K——补偿系数，$K=1.0\sim1.3$，根据生产工艺和环保要求确定。

2. 集尘极间距和排数

集尘极与电晕极的间距对除尘器的电气性能及除尘效率均有较大影响。集尘极板之间的距离称为通道宽度，用 $2b$ 表示（b 为电晕线到集尘极之间的距离），对于圆管式电除尘器即为圆管内径。目前，电除尘器集尘极的间距一般为 250～350mm。

集尘极板的排数 n 可以根据电场断面的宽度和集尘极的间距确定，计算公式如下。

$$n=\frac{B}{2b}+1 \tag{4-46}$$

式中　n——集尘极板的排数；

　　B——电场断面的宽度，m。

3. 电场长度与电场数量

集尘极板面积确定后，再根据集尘极的排数和电场高度，计算出电场的长度。在计算集尘极板面积时，靠近电除尘器壳体的最外层集尘极，其面积按单面积计算；其余集尘极均按双面计算。电场长度 L 的计算公式为

$$L=\frac{A}{2(n+1)H} \tag{4-47}$$

式中　H——电场高度，m。

目前常用的单一电场长度是 2～4m，当实际要求的电场长度超过 4m 时，可将电极沿气流方向分成几段，形成多个电场。采用分场供电时，每个电场可施加不同的电压，一般第一个电场中的气体含尘量高，工作电压相对低一些；后续的电场内含尘量逐渐减少，工作电压也可逐渐增高，有利于提高除尘率。电场数越多，这种效果越明显。设计时电场数量的选择可参照表 4-16。

表 4-16　电场数量的选择

驱进速度 ω/m·s^{-1}	$-v\ln(1-\eta)$		
	＜3.6～4	＞4～7	＞7～9
≤5	3	4	5
＞5～9	2	3	4
≥9～13		2	3

（二）电除尘器结构设计

电除尘器的结构一般都由电晕极、集尘极、清灰装置、壳体和灰斗等部分构成。除尘器结构设计主要是确定上述除尘器的各组成部分。

1. 电晕极系统

电晕极是电除尘器的放电极，也称阴极，是产生电晕放电的主要部件，其性能优劣直接影响除尘器的性能。电晕极系统包括电晕线、电晕极框架、框架吊杆、支承套管及电晕极振打装置等。

（1）电晕线的形式　常用的有：直径为 1.5～3.0mm 的圆形线，多采用耐热合金钢制

作；断面形状如图 4-47(a) 所示的星形线，采用普通碳素钢冷轧成星形断面；芒刺状电晕线，极线一般采用 Q235A 低碳钢制成，在电晕线的主干上设置若干个芒刺。电晕线接电工作时，在芒刺尖上会产生强烈的电晕放电。如果芒刺电极结构设计正确，使用过程中不会产生刺尖结瘤，也不会出现电腐蚀，可长期使用不必更换。图 4-47(b)～(g) 所示为目前常见的几种芒刺电晕线形式。芒刺线的电晕电流值与电晕线上刺尖的间距和刺的长度有密切的关系。在设计中应根据实际情况选取刺尖间距和芒刺长度。

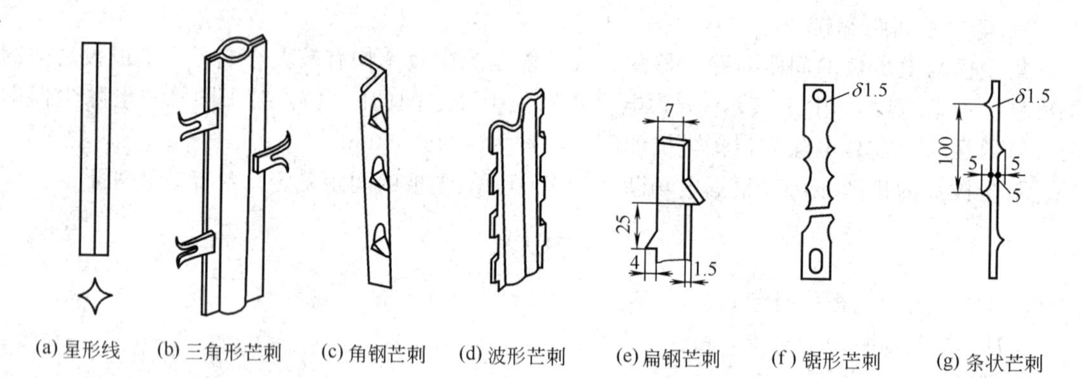

(a) 星形线　(b) 三角形芒刺　(c) 角钢芒刺　(d) 波形芒刺　(e) 扁钢芒刺　(f) 锯形芒刺　(g) 条状芒刺

图 4-47　各种形式的电晕线

对电晕线的要求包括起晕电压低、放电性能好、击穿电压高、电晕电流高、机械强度高、耐腐蚀、耐高温、能维持准确的极距及容易清灰。

(2) 电晕线的固定　固定方式通常有重锤悬吊式与框架式两种。

图 4-48(a) 所示为重锤悬吊式，将电晕线固定在除尘器上部，下部与重锤联接，利用重锤的重力将电晕线拉紧。以保持电晕线处于平衡的伸直状态，通过设于下部的固定导向装置，防止电晕线摆动，保持其与集尘极的距离稳定。

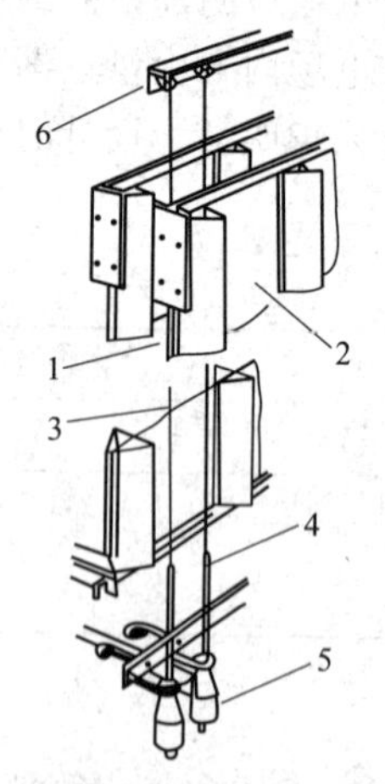

(a) 重锤悬吊张紧电晕极
1—气流；2—集尘极板；3—电晕极；4—绝缘护套；5—重锤；6—顶部梁

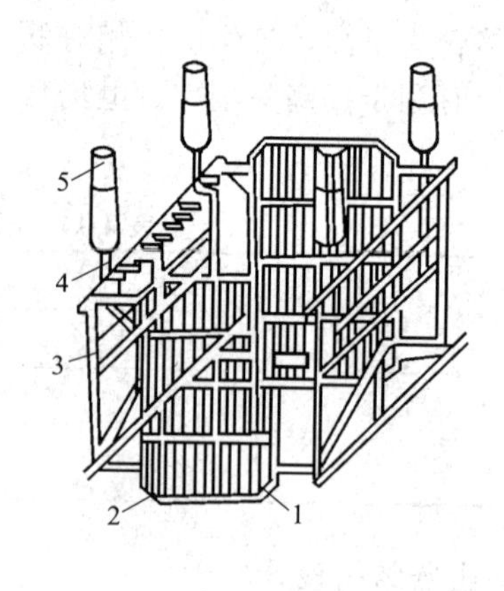

(b) 框架绷紧电晕极
1—框架电晕极；2—电晕线；3—框架电晕线吊架；4—悬吊杆；5—绝缘套杆

图 4-48　电晕线的两种固定方式

图 4-48(b) 所示为框架式，首先用钢管制成框架，然后将电晕极绷紧布置于框架上。如果框架高度尺寸较大，则需每隔大约 0.6～1.5m 增设一横杆，以增加框架的整体刚性，并可缩短单根电晕线的长度。若电场强度很高时，可将框架做成双层，并采用独立的支架和

振打机构。这种结构工作可靠，断线少，采用较多。

在布置电晕线时应注意，电晕线之间的距离对放电强度影响很大，要根据电晕线和极板形式及尺寸等配置情况确定。

2. 集尘极系统

电除尘器的集尘极也可称为除尘极或阳极等。对集尘极的要求是：具有良好的电性能，极板电流密度分布要均匀；易于粉尘在极板上沉积，具有良好的防止粉尘二次飞扬性能；便于清灰；形状简单易于制造，钢材耗量少，具有足够的强度和刚度。集尘极系统包括集尘极板、极板悬挂构件和清灰装置。

(1) 集尘极的形式　立式电除尘器的集尘板有郁金花状和圆管状两种。郁金花状集尘极具有防止粉尘二次飞扬的特点，如图 4-49 所示。圆管状集尘极为直径 250～300mm 的圆管，长度为 3m 左右。大型集尘极的直径可达 400mm，长度为 6m。每台除尘器的集尘极数目少则几个，多则可达 100 个以上。

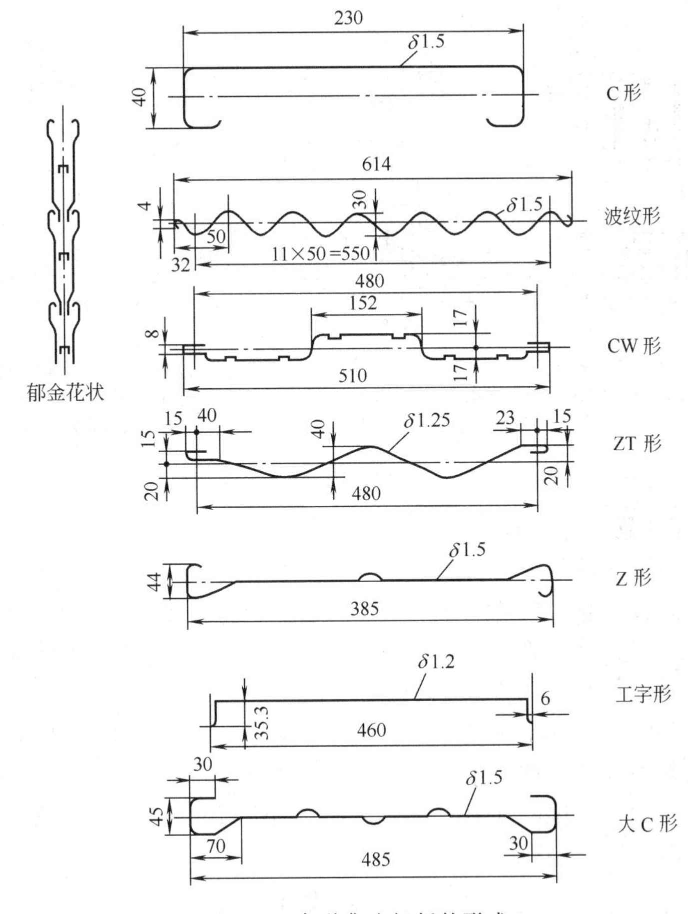

图 4-49　各种集尘极板的形式

卧式电除尘器的极板形式很多，如图 4-49 所示。极板两侧通常要加工出沟槽和挡板，以增加极板的刚度及防止气流直接冲刷到极板的表面而产生二次扬尘。其中，Z 形、C 形极板的拼装方式如图 4-50 所示。通常情况下，极板采用普通碳素钢 Q235A、优质碳素钢 10 等制造。用于净化腐蚀性气体时，应选用不锈钢制作极板。为抑制粉尘二次飞扬，要在极板上加工出防风沟，防风沟的宽度与极板宽之比为 1∶10。

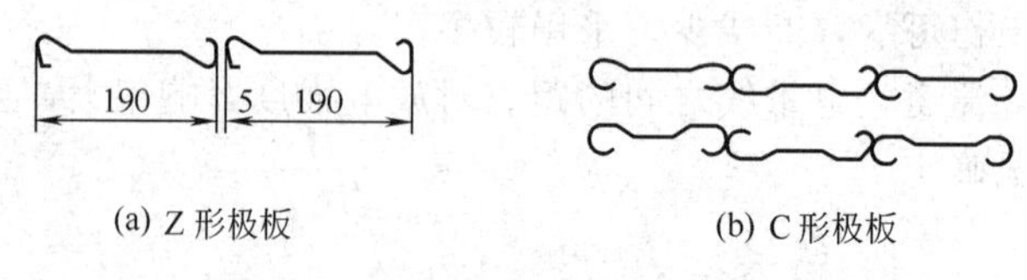

(a) Z形极板 (b) C形极板

图 4-50 Z形、C形极板的拼装方式

（2）极板的悬挂 板式除尘器的集尘极板垂直安装，电晕极置于相邻的两极板之间。集尘极板高度一般为10～15m。极板通常被悬吊在固定于壳体顶梁的悬吊梁上。电除尘器极板的固定形式如图4-51所示：图（a）所示为常用的一种结构形式，悬吊梁由两根槽钢组成，极板伸入两槽钢中间，在极板与槽钢之间衬垫支撑块，紧固螺栓时能将极板紧紧压住；上端固接的悬吊方法也可以采用图（b）所示的形式，极板的一端焊接一块厚为6～8mm的联接板，将极板用螺栓紧固于悬吊梁上。

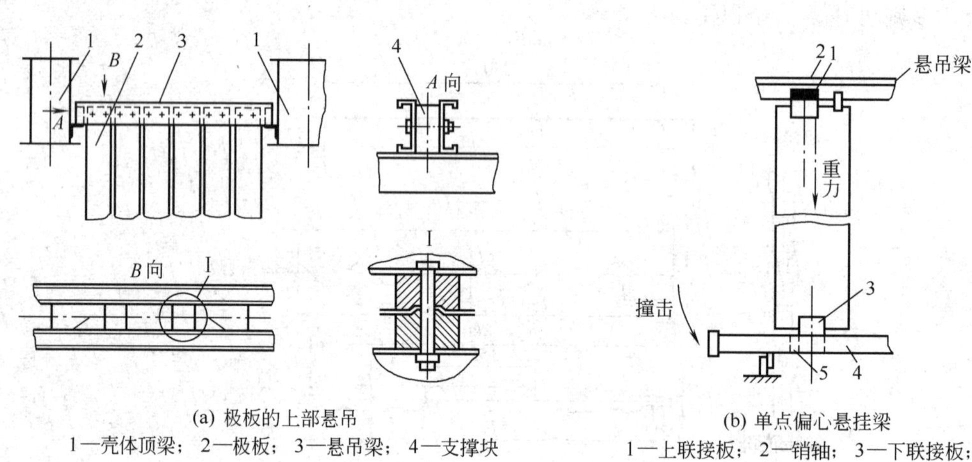

(a) 极板的上部悬吊
1—壳体顶梁；2—极板；3—悬吊梁；4—支撑块

(b) 单点偏心悬挂梁
1—上联接板；2—销轴；3—下联接板；
4—清灰撞击杆；5—挡块

图 4-51 极板的固定形式

（三）气流分布装置

电除尘器内气流分布的均匀性对除尘效率的影响较大，因此，要求气流分布装置有很好的均匀分布气流的性能，且对气流的阻力小。为了减少涡流发生，保证气流均匀分布，在除尘器的进、出口处应设置渐扩管（进气箱）和渐缩管（出气箱），进气口渐扩管内设置气流分布板，气流分布板的层数常取2～3。

气流分布板的结构形式有很多种，如图4-52所示。最常见的有多孔板式、分布格子式、垂直偏转板、垂直折板式、槽钢式和百叶窗式等，其中多孔板因其结构简单，易于制造，使用最为广泛。多孔板通常采用厚度为3.0～3.5mm的钢板制成，圆孔直径为30～50mm，开

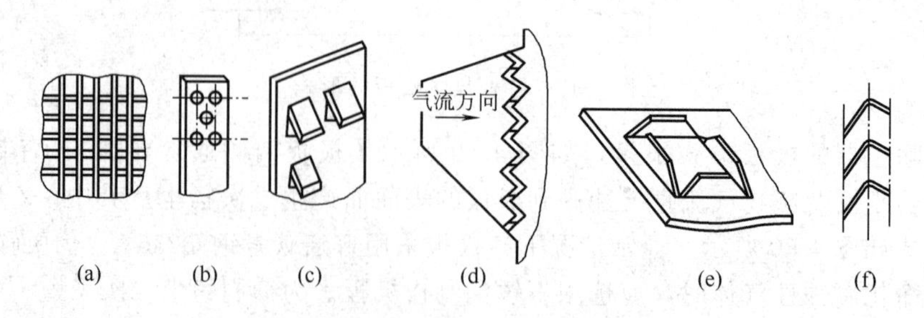

(a) (b) (c) (d) (e) (f)

图 4-52 气流分布板的结构形式

孔率约为25%～50%，并需要通过试验确定。

为进一步促进气流的均匀分布，还可以在渐扩管的入口处设置气流导向板。对于中心进气的渐扩管，导向板多采用格子式，如图4-53所示。当渐扩管大小端口的面积比大于5时，导向板至少要选用2×2块。导流板方向按电场分段高度确定，导流板长度可取500mm，如图4-54所示。

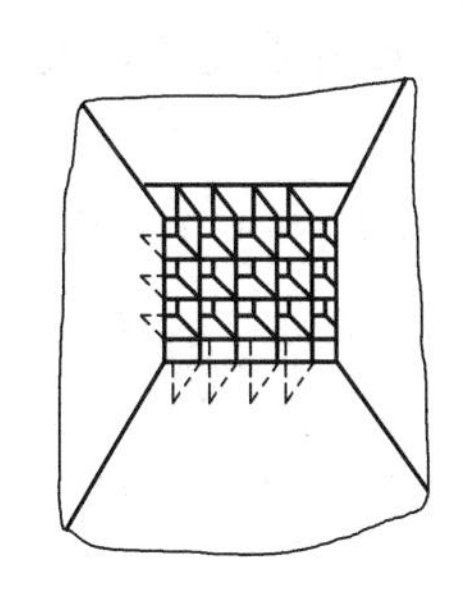

图4-53　方格子导向板

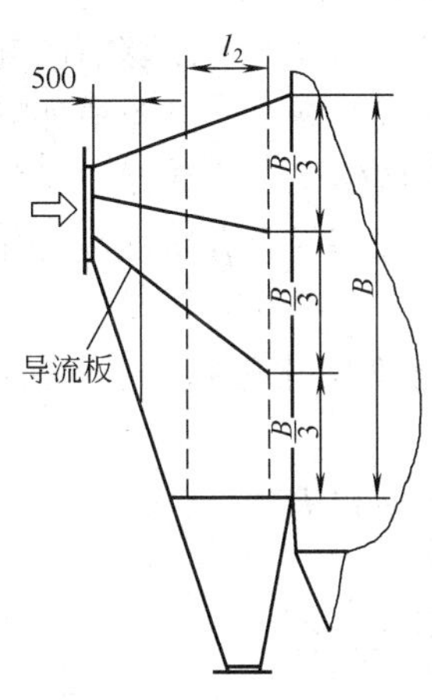

图4-54　导流板

（四）清灰装置

除尘器在运行过程中，电晕极和集尘极上都会有粉尘沉积，粉尘层厚度为几毫米，甚至几厘米。粉尘沉积在电晕极上会影响电晕电流的大小和均匀性。集尘极板上粉尘层较厚时，会导致火花电压降低，电晕电流减小。因此，及时清除沉积在电晕极和集尘极上的粉尘，保持电晕极和集尘极表面清洁，是保证电除尘器高效运行的重要措施。

电除尘器有湿式和干式两种不同的清灰方法。湿式清灰是采用喷雾或溢流方式，在集尘极板表面经常保持一层水膜，粉尘沉降在水膜上时，便随水膜一起流下，从而达到清灰的目的。图4-55所示为喷水型湿式清灰方式；图4-56所示为水膜清灰方式。湿式清灰的优点是无二次扬尘，同时可净化部分有害气体，如SO_2、HF等；缺点主要是腐蚀结垢问题较严重，污泥需要处理。

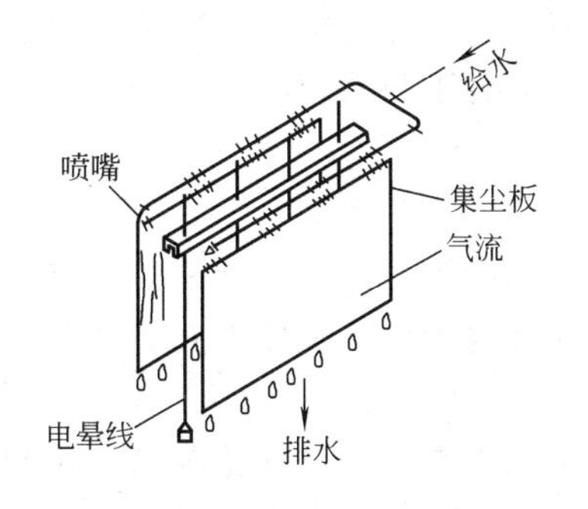

图4-55　喷水型湿式清灰方式

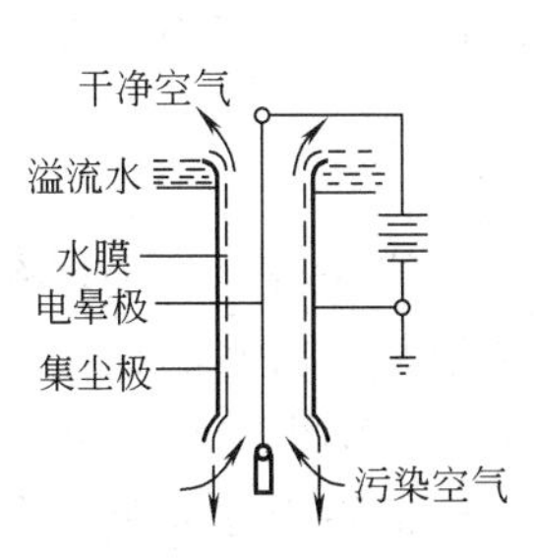

图4-56　水膜清灰方式

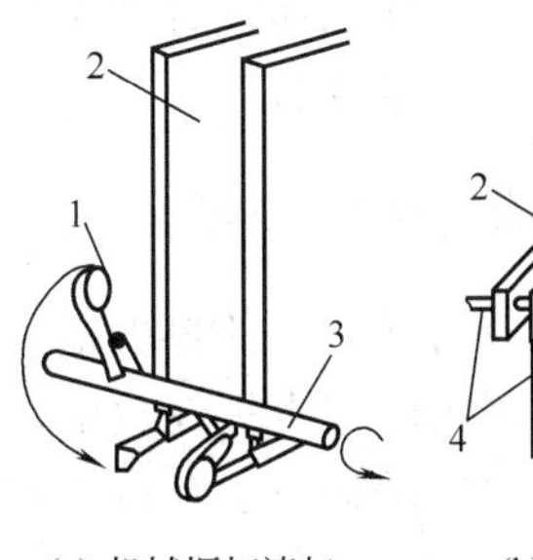

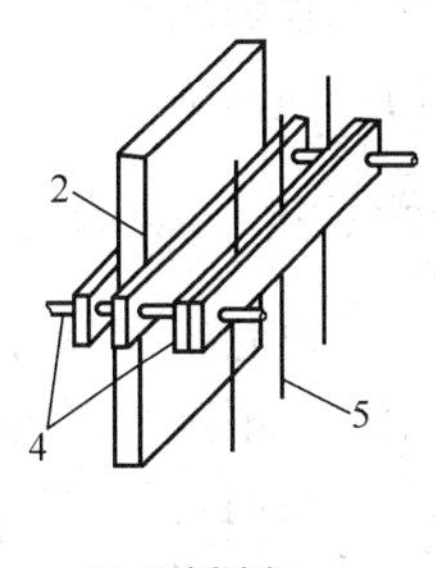

图4-57　干式清灰方式

1—锤；2—集尘极；3—驱动轴；4—刮板；5—电晕极

干式清灰方式有振打清灰和刮板清灰两种。振打清灰方式是通过振动将电极上的积灰清除干净。常用的振打装置有机械振打、电磁振打及压缩空气振打等。干式振打清灰需要合适的振打强度，振打强度太小难于清除积尘，太大可能引起二次扬尘。合适的振打强度和振打频率一般应在现场调试中进行确定。

图 4-57(a) 所示为水平转轴挠臂锤击振打电极框机械清灰装置，目前应用比较广泛。图 4-57(b) 所示为移动刮板清灰装置，适合清除黏性粉尘。

(五) 壳体结构与几何尺寸

电除尘器的壳体结构主要由箱体、灰斗、框架及进、排风口风箱等组成。为了保证电除尘器正常运行，壳体除要有足够的刚度、强度、稳定性之外，对密封性的要求也很高。要求壳体严密，尽量减少漏风，避免增加风机负荷及因风速提高导致除尘效率降低。

除尘器外壳的结构形式和使用材料要根据被处理烟气性质和实际情况确定。一般多采用钢结构，当被处理烟气含有腐蚀性气体时，可采用铅衬板或混凝土壳体，腐蚀性严重的还要内衬耐酸砖或瓷砖。

电除尘器壳体尺寸包括壳体截面积、极板高度、除尘器长度等，可按式(4-48)～式(4-50) 计算。

(1) 壳体截面积 F

估算公式为

$$F=\frac{Q}{3600v_s} \tag{4-48}$$

式中 Q——通过电除尘器的气体流量，m^3/h；

v_s——电场气流速度，m/s。

(2) 极板高度 H

当 $F \leqslant 80m^2$ 时：

$$H \approx \sqrt{F} \tag{4-49}$$

当 $F > 80m^2$ 时：

$$H \approx \sqrt{\frac{F}{2}} \tag{4-50}$$

电除尘器的每个区下面，应设置一个灰斗，灰斗的斜壁与水平方向夹角大于 60°。灰斗有四棱台和棱柱槽等形式。电除尘器灰斗下设置有排灰装置，并应保证其工作可靠，密闭性能好，满足排灰要求。常用的排灰装置有螺旋输送机、仓式泵、回转下料器、链式输送机等。根据灰斗的形式和卸灰方式选择其形式，当选用螺旋输送机或链式输送机作为排灰装置时，为保证排灰时的密封要求，其出口端可装设双闸板排灰闸或叶轮下料器。

六、电除尘器的供电设备

电除尘器只有在良好的供电情况下，才能获得高除尘效率。当除尘器的电压升高到一定值时，电除尘器内将产生火花放电，为了使每次出现的火花都能及时消失，在发生火花放电的一瞬间，要立即降低正、负极之间的电压，随即电压再恢复上升。

大量现场运行的实际经验表明，每一台电除尘器或每一个电场都有一最佳火花频率（即每分钟产生的火花次数），一般为 50～100 次/min。一般说来，电除尘器在最佳火花频率下运行时，平均电压最高，除尘效率也最高。因此，在实际运行时，可借助测量平均电压的仪表，方便地将供电装置的输出电压调整为合适值，使电除尘器运行工况最佳。

电除尘器的供电通常是用 220V 或 380V 的工频交流电升压和整流后得到的单向高电压。高压供电装置输出的峰值电压为 70～100kV，电流为 100～2000mA。同时要求电压波形有明显的峰值和谷值，峰值可以提高除尘效率，谷值则可迅速熄弧，保护电场零件，减少运行事故。由于晶闸管高压硅整流设备具有使用寿命长，工作可靠且无噪声，调压性能良好等特点，所以在电除尘器中已得到广泛的应用。图 4-58 所示为产生全波和半波脉动电压的高压硅整流器原理。

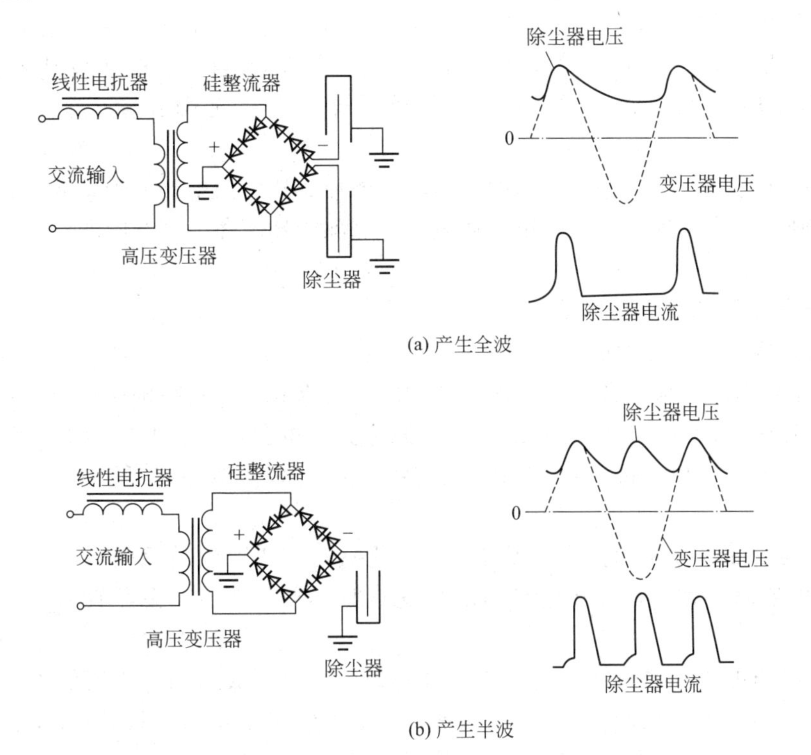

图 4-58　脉动电压的高压硅整流器原理

1. 工作电压

根据实际经验，工作电压一般可按下式计算。

$$U=250\times 2b \tag{4-51}$$

式中　U——工作电压，kV。

2. 工作电流

工作电流可按下式计算。

$$I=Ai \tag{4-52}$$

式中　I——工作电流，A；

A——集尘极板的表面积，m^2；

i——集尘极电流密度，可取 $0.0005A/m^2$。

为使电除尘器能在较高电压下运行，避免过大的火花损失，在确定电源容量时，首先要仔细确定电场大小。高压电源容量不能太大，否则必须分组供电。增加电除尘器供电机组数目，减少每个机组供电的电晕线数，能改善电除尘器的性能。但是增加供电机组数和电场分组数，必然要增加设备投资。因此，应同时将保证除尘效率和减少投资两方面因素进行优化考虑。

七、电除尘器的选用、安装与维护

（一）电除尘器的选用

电除尘器的选型要根据处理含尘气体的性质与处理要求确定，其中粉尘的比电阻是最重要的因素。

如果粉尘的比电阻适中，可选用普通干式除尘器。对高比电阻的粉尘，则采用特殊电除尘器，如宽极距型电除尘器和高温电除尘器等。若仍然要采用普通干式电除尘器时，则应在含尘气体中加入适量的调理剂，如 NH_3、SO_2 或水等，来降低粉尘的比电阻。对于低比电阻的粉尘，一般的干式电除尘器难于捕集，因为粉尘通过电除尘器后聚集成大的颗粒团，所以在电除尘器后增加一个旋风除尘器或过滤式除尘器，可获得良好的除尘效果。

湿式电除尘器既能捕集比电阻高的粉尘，又能捕集比电阻低的粉尘，而且具有很高的除尘效率。其缺点是会带来污水处理以及通风管道和除尘器本体的腐蚀问题，所以一般尽量不采用湿式电除尘器。

（二）电除尘器的安装与调试

1. 电除尘器安装注意事项

安装电除尘器除了应遵照一般机械设备的安装要求外，还要特别注意以下几个问题。

① 除尘器密闭性良好。除尘器密闭性能的优劣，将会直接影响除尘器的性能和使用寿命。因此，壳体上所有焊接部位均应采用连续焊缝，并用煤油渗透法检查，以保证其密闭性。

② 除尘器表面处理光滑。除尘器在安装、焊接过程中产生的毛刺、飞边往往是操作电压不能升高的原因。因此，需将电场内的焊缝打磨平整，必须除去所有毛刺、飞边、凸起物等。

③ 集尘极与电晕极的极间距精确。两极间距大小直接关系到除尘器的工作电压，在电极安装过程中，必须按照设计要求仔细调整，对于规格在 $40m^2$ 以下的电除尘器，极间距偏差应小于±5mm，大于此规格的除尘器，其偏差应小于±10mm。

2. 电除尘器的调试

电除尘器安装完毕后，应在冷态下检查各部件的安装质量，进行适当调整，调试内容主要包括如下几项。

① 关闭各检查门，向除尘器通入气体。测定其进、出口气体量，计算漏风率，漏风率小于7%为合格，否则应仔细检查焊缝和联接处。

② 向除尘器内通入冷风，在第一电场前端测定沿电场断面的气流分布均匀性。要求任何一点的流速不得超过该断面平均流速的40%；任何一个测定断面，85%以上的测点流速与平均流速相差不得超过25%。如未达到要求，应调整气流分布板。例如，可堵去多孔分布板若干个孔进行调整；可调整翼形板的翼片角度。

③ 启动两极振打清灰装置，使其运转8h，检查装置运转是否正常。要特别注意振打轴向电机是否发热，测定集尘极的振打频率等，是否达到设计要求。

④ 启动排灰装置和锁风装置，使其运转4h，检查运转是否正常，电机是否发热。

⑤ 每个电场至少测定三排集尘极板面上若干点的振动加速度，若个别点加速度过小则应加固极板与撞击杆的联接。

⑥ 接通高压硅整流器，向电场送电，并逐步升高电压，除尘器的电场应能升至65kV而不发生击穿，否则应进行适当调整。

（三）电除尘器的维护与故障处理方法

电除尘器的维护主要包括供电设备和除尘器本体两部分。电除尘器运行过程中常见故障、产生原因及一般处理方法见表4-17。

表 4-17　电除尘器常见故障、产生原因及一般处理方法

故障现象	产生原因	处理方法
一次工作电流大，二次电压升不高，甚至接近于零	①集尘极板和电晕极之间短路 ②石英套管内壁冷凝结露，造成高压对地短路 ③电晕极振打装置的绝缘瓷瓶破损，对地短路 ④高压电缆或电缆终端接头击穿短路 ⑤灰斗内积灰过多，粉尘堆积至电晕极框架 ⑥电晕极断线，线头靠近集尘板	①清除短路杂物或剪去折断的电晕线 ②擦抹石英套管，或提高保温箱内温度 ③修复损坏的绝缘瓷瓶 ④更换损坏的电缆或电缆接头 ⑤清除下灰斗内的积灰 ⑥剪去折断的电晕线线头
二次工作电流正常或偏大，二次电压升至较低电压便发生短路	①两极间的距离局部变小 ②有杂物挂在集尘极板或电晕极上 ③保温箱或绝缘室温度不够，绝缘套管内壁受潮漏电 ④电晕极振打装置绝缘套管受潮积灰，造成漏电 ⑤保温箱内出现正压，含湿量较大的烟气从电晕极支撑绝缘套管向外排出 ⑥电缆击穿或漏电	①调整极间距 ②清除杂物 ③擦抹绝缘套管内壁，提高保温箱内温度 ④提高绝缘套管箱内温度 ⑤采取措施，防止出现正压或增加一个热风装置，鼓入热风 ⑥更换电缆
二次电压正常，二次电流显著降低	①集尘极板积灰过多 ②集尘极板或电晕极的振打装置未开或失灵 ③电晕线粗大，放电不良 ④烟气中粉尘浓度过大，出现电晕闭塞	①清除积灰 ②检查并修复振打装置 ③分析原因，采取必要措施 ④改进工艺流程，降低烟气的粉尘含量
二次电压和一次电流正常，二次电流无读数	①整流输出端的避雷器或放电间隙击穿破损 ②毫安表并联的电容器损坏，造成短路 ③变压器至毫安表联接导线在某处接地 ④毫安表本身指针卡住	查找原因，消除故障
二次电流不稳定，毫安表指针急剧摆动	①电晕线折断，其残留段受风吹摆动 ②烟气湿度过小，造成粉尘比电阻值上升 ③电晕极支撑绝缘套管对地产生沿面放电	①剪去残留段 ②通知工艺人员，适当处理 ③处理放电的部位
一、二次电压、电流正常，但集尘效率显著降低	①气流分布板孔眼被堵 ②灰斗的阻流板脱落，气流发生短路 ③靠出口处的排灰装置严重漏风	①检查气流分布板的振打装置是否失灵 ②检查阻流板，并进行适当处理 ③加强排灰装置的密闭性
排灰装置卡死或保险跳闸	①有掉锤故障 ②机内有杂物掉入排灰装置 ③若是拉链机，则可能发生断链故障	停机修理

第七节　集气罩与气体输送管网

由于工业生产过程产生的各种粉尘和有害气体不断增加，目前常采用局部气体净化系统对气体中的污染物进行控制，即将污染物在发生源处用集气罩收集起来，经过净化设备净化后再排到大气中去。局部排风净化系统主要由集气罩、排风管道、净化设备、风机、烟囱等组成，如图 4-59 所示。

一、集气罩的设计

集气罩是用于收集含有污染物气流的装置。由于污染源、设备结构及生产操作工艺不同，集气罩的结构形式也多种多样。

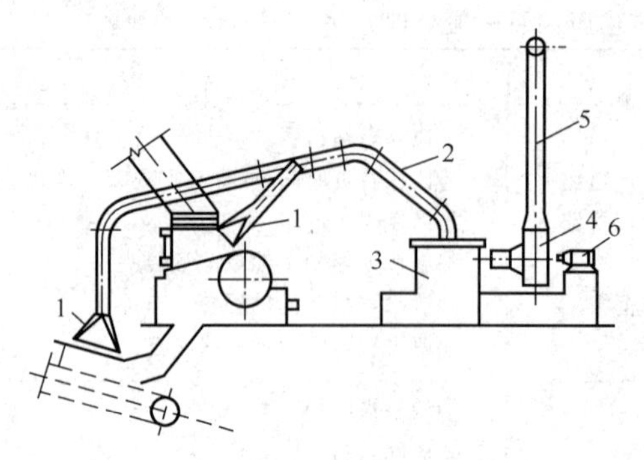

图 4-59 局部排风净化系统示意
1—集气罩；2—排风管道；3—净化设备；4—风机；5—烟囱；6—电机

(一) 集气罩的基本形式

集气罩的形式很多，通常按罩口气流流动方向，将常用的集气罩分为以下几种。

1. 密闭罩

密闭罩是将污染源的局部或整体密闭起来的一种结构形式，将污染物的扩散限制在一个很小的密闭空间内，并通过向罩子外排出一定量的空气，使罩内保持一定的负压，防止污染物外逸。密闭罩与其他类型集气罩相比，所需的排风量最小，控制效果最好，且不受车间横向气流的干扰。因此，在设计净化系统时，应优先选用密闭罩。一般情况下，密闭罩多用于粉尘发生源处，故也称防尘密闭罩。根据密闭罩的结构特点，可将其分为以下三种。

(1) 局部密闭罩　是将产尘地点局部密闭起来的密闭罩。一般适用于产尘部位固定、含尘气流速度较小且污染源连续散发粉尘的地方，如皮带运输机的受料点（见图 4-60）。

(2) 整体密闭罩　是将产尘设备或地点全部或大部分密闭起来，只将设备需要经常观察或检修的部分留在罩外的密闭罩。其特点是容积大，密闭性能好。适用于有振动且气流速度较大的产生污染的设施，如铸造行业使用的混砂机等（见图 4-61）。

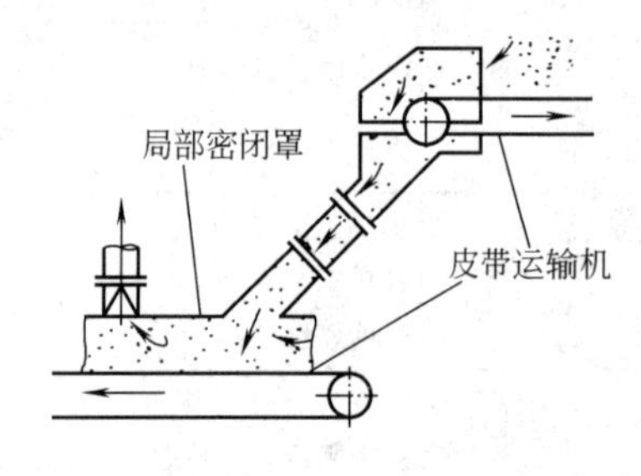

图 4-60 局部密闭罩

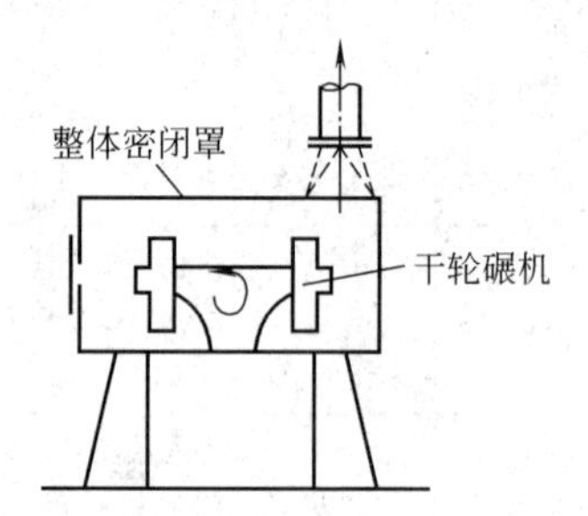

图 4-61 整体密闭罩

(3) 大容积密闭罩　是将污染设备或地点全部密闭起来的密闭罩。其特点是容积大，可以缓冲产尘气流，减少局部正压，可以在罩内进行设备检修，适用于多点产尘、阵发性产尘、污染气流速度大的设备或地点，如多交料点的皮带运输机转运点、振动筛等设施（见图 4-62）。

2. 排气柜

排气柜也称箱式集气罩。产生有害物质的操作过程完全在罩内进行。根据这一工艺需要，要在罩上开有较大的操作孔，并通过孔口吸入气流来控制有害物的外逸。化学实验室的通风柜和小零件喷漆箱就是排气柜的典型代表，如图 4-63 所示。

3. 外部集气罩

外部集气罩是通过罩口的抽吸作用，在污染源附近把污染物吸收起来的集气罩。外部集气罩的形式较多，按集气罩与污染源的相对位置可以分为上部集气罩、下部集气罩、侧吸罩和槽边集气罩四种，如图 4-64 所示。

外部集气罩的吸气方向与污染气流方向往往不一致，一般需要较大的排风量才能控制污染气流的扩散，而且容易受到室内横向气流的干扰，所以捕集效率较低。适用于因工艺条件限制，不宜使用密闭罩的地方。

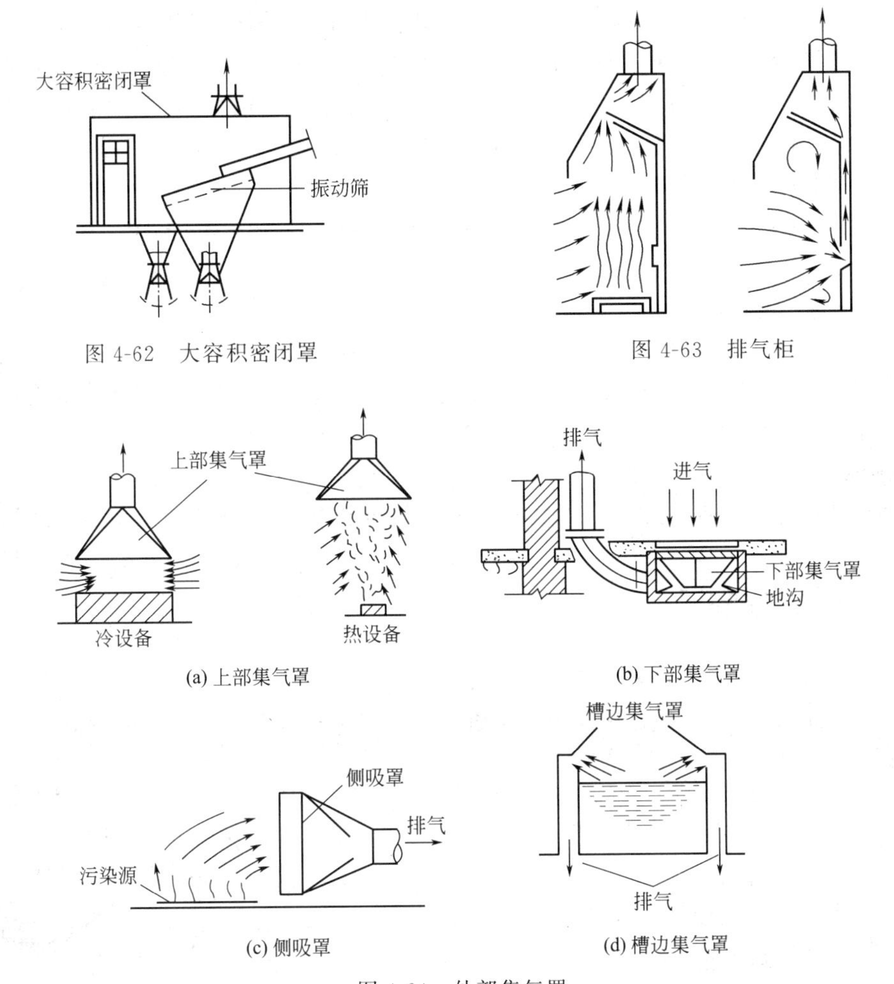

图 4-62　大容积密闭罩

图 4-63　排气柜

(a) 上部集气罩

(b) 下部集气罩

(c) 侧吸罩

(d) 槽边集气罩

图 4-64　外部集气罩

4. 接受式集气罩

有些生产过程（如热过程、机械运动过程等）本身会产生或诱导污染气流。接受式集气罩是沿污染气流的运动方向设置，污染气流自动流入的一种集气罩。图 4-65(a) 所示为热源上部的伞形接受式集气罩，图 4-65(b) 所示为捕集砂轮磨屑及粉尘的接受式集气罩。

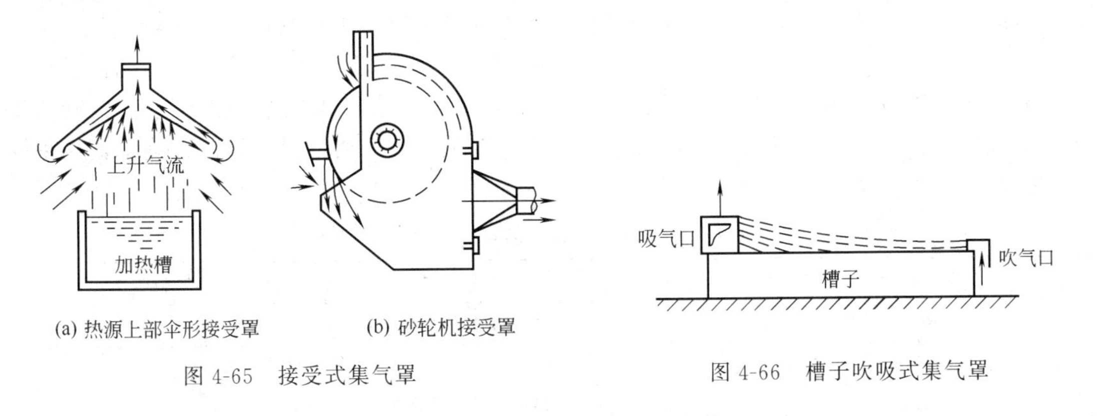

(a) 热源上部伞形接受罩

(b) 砂轮机接受罩

图 4-65　接受式集气罩

图 4-66　槽子吹吸式集气罩

5. 吹吸式集气罩

当外部集气罩与污染源的距离较大时，单纯依靠罩口的抽吸作用往往控制不了污染物扩散，这时可以在集气罩对面设置吹气口。利用吹出的射流作为动力，把污染物吹送到吸气罩口，再由吸气罩排除；或者利用射流进行围挡，控制污染物的扩散。由于吹出气流的速度衰减慢，以及气幕作用，使室内空气混入量大为减少，所以达到同样的控制效果时，要比单纯采用外部集气罩节约风量，且不易受到室内横向气流的干扰，如图 4-66 所示。

(二) 集气罩的性能与计算

集气罩的排风量和压力损失是表示集气罩性能的两个主技术经济指标，下面简要介绍其确定方法。

1. 排风量的确定

排风量的确定分为两种情况：一种是运行中的集气罩是否达到设计要求，可用现场测试的方法来确定；另一种是在工程设计中，为了达到预期的设计目的，通过计算来确定集气罩的排风量。下面分别予以介绍。

(1) 排风量的测定方法

集气罩的排风量可以通过实测罩口上的平均吸气速度和罩口面积来确定，计算公式如下。

$$Q=A_0v_0 \tag{4-53}$$

式中 Q——集气罩的排风量，m^3/s；

A_0——集气罩的罩口面积，m^2；

v_0——罩口上的平均吸气速度，m/s。

除此之外，也可以通过测定联接集气罩直管中的平均速度或气流静压计算排风量，如图 4-67 所示。

$$Q=Av=A\sqrt{\frac{2|p_s|}{\rho}} \tag{4-54}$$

式中 A——管路的截面积，m^2；

v——管道内气体流速，m/s；

ρ——气体密度，kg/m^3；

$|p_s|$——气流静压绝对值，Pa。

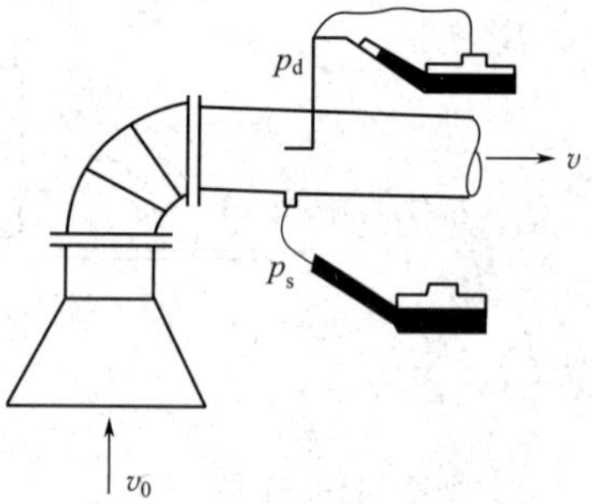

图 4-67 测定联接集气罩直管中的平均速度或气流静压计算排风量

(2) 排风量的计算方法

在工程设计中，通常采用控制速度法和流量比法两种方法计算排风量。

① 控制速度法　控制速度是指在集气罩口前污染物扩散方向的任意点上，均能将污染物吸走的最小吸气速度。吸气气流有效控制范围内的最远点称为控制点。

在工程设计中，当控制速度确定后，即可根据不同形式集气罩的气流衰减规律，求出罩口上的气流速度 v_0。在已知罩口面积时，便可按式(4-53) 求得集气罩的排风量。控制速度值与集气罩结构、安装位置以及室内气流运动情况有关，一般要通过现场测试确定，如果缺乏实测数据，可参考表 4-18 数值确定。

表 4-18 控制速度参考数据

污染物的产生状况	举例	控制速度 $v/m\cdot s^{-1}$
以轻微速度放散到相当平静的空气中	蒸气的蒸发；气体从敞开的容器中外溢	0.25～0.50
以轻微速度放散到尚属平静的空气中	喷漆室内喷漆；焊接；断续倾倒干物料	0.50～1.0
以相当大的速度放散或放散到空气运动迅速的区域	翻砂；脱模；高速皮带运输机的转运点、混合装袋或装箱	1.0～2.5
以高速度放散或放散到空气运动迅速的区域	磨床；重破碎；在岩石表面工作	2.5～10

② 流量比法　将集气罩的排风量 Q 看作是污染气流量 Q_1 与从罩口周围吸入的室内空气量 Q_2 之和，即

$$Q=Q_1+Q_2=Q_1\left(1+\frac{Q_2}{Q_1}\right)=Q_1(1+K) \tag{4-55}$$

比值 K 称为流量比。从式（4-55）中可以看出，K 值越大，吸入的室内空气量 Q_2 越大，污染物越不易溢出罩外，集气罩的捕集效果越好。但考虑到设计的经济合理性，把能保证污染物不溢出罩外的最小 K 值称为临界流量比，用 K_m 表示。

研究表明，K_m 值与污染源和集气罩的相对尺寸有关，如图 4-68 所示。通过实验研究 K_m 值可由下式计算。

$$K_m=\left[1.5\left(\frac{F_3}{E}\right)^{-1.4}+2.5\right]\left[\left(\frac{E}{L_1}\right)^{1.7}+0.2\right]\left[\left(\frac{H}{E}\right)^{1.5}+0.2\right]\left[0.3\left(\frac{U}{E}\right)^{2.0}+1.0\right] \tag{4-56}$$

式中，E、L_1、H、F_3、U 符号含义如图 4-68 所示，单位为 m。

K_m 值的计算式可参看有关设计资料和专业书籍。K_m 值确定之后，因考虑到室内横向气流的影响，在计算排风量时，应适当增加排风量，可将式(4-55）改写为

$$Q=Q_1(1+mK_m) \tag{4-57}$$

式中　m——考虑干扰气流影响的安全系数。

m 与干扰气流有关，按表 4-19 确定。

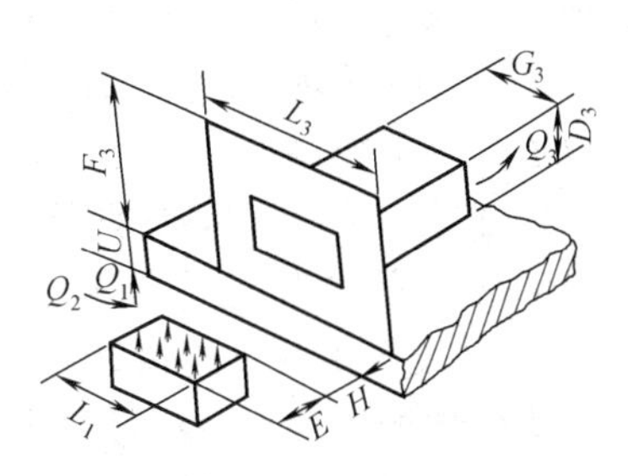

图 4-68　侧吸罩

表 4-19　流量比法流量安全系数

横向干扰气流流速/m·s^{-1}	安全系数 m	横向干扰气流流速/m·s^{-1}	安全系数 m
0～0.15	5	0.30～0.45	10
0.15～0.30	8	0.45～0.60	15

【例 4-4】　振动筛（见图 4-68）的尺寸为 $E=800$mm，$L_1=650$mm，粉状物料用手工投向筛上时，粉尘的散发速度为 $v=0.5$m/s，周围干扰气流速度为 0.3m/s，在该处设计侧吸罩，试确定其排风量。

解　侧吸罩罩口尺寸取 $G_3\times D_3=650\text{mm}\times400\text{mm}$，罩口法兰边全高 $F_3=800$mm，罩口下缘贴近振动筛（$v=0$），则 $U=0$、$H=0$。所以，污染气体发生量为

$$Q_1=0.65\times0.8\times0.5=0.26\ (\text{m}^3/\text{s})$$

将已知数据代入式(4-56）中，计算临界流量比 K_m。

$$K_m=\left[1.5\left(\frac{0.8}{0.8}\right)^{-1.4}+2.5\right]\times\left[\left(\frac{0.8}{0.65}\right)^{1.7}+0.2\right]\times\left[\left(\frac{0}{0.8}\right)^{1.5}+0.2\right]\times\left[0.3\times\left(\frac{0}{0.8}\right)^{2.0}+1.0\right]$$

$$=4.0\times1.62\times0.2\times1.0$$

$$=1.3$$

干扰气流速度为 0.3m/s，按表 4-19 选取 $m=8$。

所以排风量为

$$Q=Q_1(1+mK_m)=0.26\times(1+8\times1.3)=2.96\ (\text{m}^3/\text{s})$$

应用流量比法计算应注意，临界流量比的计算式都是在特定条件通过试验求得的，应用时应注意其适用范围。

2. 压力损失的确定

集气罩的压力损失 Δp 一般可以用压力损失系数与直管中气流动压的乘积来表示。

$$\Delta p=\xi p_{\mathrm{d}}=\xi\frac{\rho v^2}{2} \tag{4-58}$$

式中 ξ——压力损失系数；

p_{d}——气流的动压，Pa；

ρ——气流的密度，kg/m^3；

v——气流的速度，m/s。

（三）集气罩设计的注意事项

集气罩是气体净化系统中的重要组成部分，其性能对净化系统的技术经济指标有很大影响。集气罩设计合理，使用较小的排风量就可有效地控制污染物的扩散；反之，排风量很大也不一定达到预期效果。因此，设计集气罩应注意以下事项。

① 集气罩应尽可能将污染源包围起来，使污染物的扩散限制在最小的范围内，以便防止横向气流的干扰，减少排气量，提高控制效果。

② 集气罩的吸气方向尽可能与污染气流运动方向一致，充分利用污染气流的初始动能，可以适当降低控制速度。

③ 在保证控制污染的前提下，尽量减少集气罩的开口面积，以减少排风量。

④ 集气罩的吸气气流不允许经过人的呼吸区再进入罩内。

⑤ 在集气罩的结构设计和安装过程中，不应妨碍人工操作和设备检修。

集气罩的设计方法一般是先确定集气罩的结构尺寸、安装位置，再确定排风量和压力损失，通常是根据经验数据确定，一般可在有关设计手册中查到。

二、气体输送管网的设计

气体输送管网是净化系统中的重要组成部分。合理地设计、施工和使用管道系统，与整个净化系统运转的技术、经济合理性密切相关。

（一）各种装置的定位及管道布置

首先根据生产工艺和净化工艺的要求确定各种装置的安装位置，集气罩的安装位置因其受散发污染物产生位置的限制，一般要安装在生产设备上或附近，其他装置的定位比较灵活。各种装置的安装位置确定之后，管道布置方案也就基本确定了。具体布置时应注意以下几个问题。

① 厂房内的管道要统一考虑、布置，应力求做到简单紧凑、整齐美观、操作维护方便。

② 当集气罩（排气点）较多时，可以集中在一个净化系统中。但应注意出现下面几种情况时，不能合为一个净化系统：污染物混合后有引起燃烧或爆炸危险；不同温度和湿度的含尘气体混合后可能引起管道内结露；粉尘或气体性质不同，混合后会影响回收或净化效率。

③ 管道的敷设一般应采用明装方式，这种方式虽然有碍美观，但安装、维护方便。

④ 管道应尽量集中、平行沿墙、柱敷设，管径大的或保温管道应设在靠墙的内侧。

⑤ 管道与厂房梁、柱、墙、设备以及管道之间应有一定的距离，以满足施工、运行、工艺操作、检修和热胀冷缩的要求。

⑥ 管道不应遮挡室内采光和妨碍门窗的启闭，并避免通过电机、配电盘、仪表盘上空。

⑦ 水平管道应有一定的坡度，以便放气、放水、疏水和防止积尘，坡度一般为0.002～0.005。对含有固体结晶或黏性大的流体，坡度可酌情增加，最大可为0.01。输送含尘气体管道，坡度可更大些，并在管道最低处设清扫孔。

⑧ 输送热流体及冷流体的管道，必须采取保温措施，并要考虑热胀冷缩问题。要尽量

利用管道的L及Z形管段对热伸长的补偿，不足时可安装各种伸缩器。

（二）管道系统的计算

管道系统的设计计算主要是确定管道截面尺寸和压力损失，以便按系统总流量和总压损选择合适的引风机及电机。在各种设备选型、定位和管道布置确定的基础上，管道系统的设计计算可按以下步骤进行。

① 绘制管道系统轴测图，对各管段进行编号、标注长度和流量。管道长度一般按两管件中心线之间的长度计算，不扣除管件（如弯头、三通等）本身的长度。

② 选择管道内的流体流速。管道内流体流速的选择涉及技术和经济两方面的问题。当流量一定时，如果流速选择大了，虽然管道截面尺寸与材料消耗减小，但会导致压力损失增大，运行费用增高，同时还会增大设备与管道的磨损，提高噪声；若流速选低了，情况正好相反。因此，要达到管道系统设计得经济合理，必须选择合适的流速，使投资和运行费用的总和为最小。管道内各种流体常用的流速范围可参考表4-20。

表4-20　管道内各种流体常用的流速范围

流体类型	管道内流体种类及条件		流速 v/m·s^{-1}	管路材质
含尘气体	粉状的黏土和砂、干型砂		11～13	钢板
	耐火泥		14～17	
	重矿物粉尘		14～16	
	轻矿物粉尘		12～14	
	煤灰、谷物粉尘		10～12	
	钢、铁尘末		13～15	
	棉絮、干微尘		8～10	
	水泥粉尘		12～22	
	钢、铁屑		19～23	
	灰土砂尘		16～18	
含尘气体	锯屑和刨屑		12～14	钢板
	大块干木屑		14～15	
	染料粉尘		14～18	
	大块湿木屑		18～20	
	麻（短纤维尘、杂质）		8～12	
锅炉烟气	烟道	自然通风	3～5 8～10	砖 钢板
		机械通风	6～8 10～15	砖 钢板

③ 根据选定的流速和各管段的流量确定各管段的截面尺寸，在已知流量和流速后，管道的截面尺寸，可按下式计算。

$$d=18.8\sqrt{\frac{Q}{v}} \tag{4-59}$$

式中　d——管道直径，mm；

Q——气体流量，m^3/h；

v——管道内气体流速，m/s。

④ 从压损最大的管路开始计算压力损失，并计算系统的总压力损失。管道内气体流动的压力损失有两种：摩擦压力损失和局部压力损失。

a. 摩擦压力损失　根据流体力学的原理，气体流经截面不变的直管时，摩擦压力损失可按下面公式计算。

$$\Delta p_m = LR_L \tag{4-60}$$

$$R_L = \frac{\lambda}{d} \times \frac{\rho v^2}{2} \tag{4-61}$$

式中　R_L——单位长度管道的压力损失（比压损），Pa/m；

L——直管段的长度，m；

λ——摩擦压损系数；

d——圆形管道直径，m。

对于边长为 a 和 b 的矩形截面管道，可用速度当量直径 d_e 来代替。速度当量直径的计算公式如下。

$$d_e = \frac{2ab}{a+b} \tag{4-62}$$

速度当量直径的含义是，当一根圆形管道与一根矩形管道的流体流速、压力损失系数、比压损均相等时，该圆形管道的直径就称为矩形管道的速度当量直径。

摩擦压损系数 λ 值的计算比较困难，在工程设计中，为了避免繁琐的计算，通常是查阅有关计算表或线算图确定。

b. 局部压力损失　是指流体流经管道系统中的异形管件（如阀门、三通、弯头等）时，由于流动方向或速度发生改变所产生的能量损失。其计算公式为

$$\Delta p_j = \xi \frac{\rho v^2}{2} \tag{4-63}$$

式中　ξ——局部压损系数；

v——异形管件处管道内的平均流速，m/s。

局部压损系数通常是由试验确定，各种管件的局部压损系数在有关设计手册中也可以查到。

c. 并联管道的压力平衡计算　并联使用的分支管段的压力差应符合以下要求：除尘系统两管段的压力差应小于10%；其他通风系统应小于15%。否则，必须进行管径调整或增设调压装置（阀门、阻力圈等）。通过调整管径来平衡压力，可按下式计算。

$$d_2 = d_1 \left(\frac{\Delta p_1}{\Delta p_2} \right)^{0.225} \tag{4-64}$$

式中　d_1，d_2——调整前、后的管道直径，mm；

Δp_1——调整前的压力损失，Pa；

Δp_2——压力平衡基准值，Pa。

d. 除尘系统的总压力损失　是系统总的摩擦压力损失、局部压力损失及各装置压力损失等之和，通过以上计算内容，便可确定系统的总压力损失。

e. 选择风机　根据除尘系统的总风量和总压力损失选择风机和配套电机。

风机的风量 Q_0 按下式计算。

$$Q_0 = (1+K_1)Q \tag{4-65}$$

式中　Q——系统的总风量，m^3/h；

K_1——裕度系数，除尘系统一般取0.10～0.15。

在除尘系统中，常温下工作的风机，其风压 Δp_0 可按下式计算。

$$\Delta p_0=(1+K_2)\Delta p_{总} \tag{4-66}$$

式中　$\Delta p_{总}$——系统总压力损失，Pa；

K_2——考虑计算误差等采用的安全系数，除尘系统一般取0.15～0.20。

配套电功率 N_e 按下式计算。

$$N_e=\frac{Q_0\Delta p_0 K}{3600\times1000\eta_1\eta_2} \tag{4-67}$$

式中　K——电机备用系数，对于通风机，电机功率为2～5kW时取1.2，大于5kW时取1.3，对于引风机取1.3；

η_1——通风机的全压效率，可从风机产品样本中查到，一般为0.5～0.7；

η_2——机械传动效率，对于直联传动为1，联轴器直接传动的为0.98，V带传动为0.95。

思考题与习题

4-1　重力沉降室的除尘机理是什么？设计与应用重力沉降室应注意哪些问题？

4-2　某沉降室拟处理气流量 $Q=10m^3/s$，气流速度 $v=1.0m/s$。要求对粒径 $d_p=60\mu m$，$\rho=2000kg/m^3$ 的粉尘的捕集效率为96%，不设隔板（即 $n=0$），$\mu=1.81\times10^{-5}Pa\cdot s$，若 $B=5m$，试按层流沉降室确定其尺寸，并通过计算雷诺数 Re 验算能否满足层流条件。

4-3　旋风除尘器的除尘机理是什么？影响其工作性能的主要因素有哪些？

4-4　已知气体处理量 $Q=5000m^3/h$，气体的密度 $\rho=1.2kg/m^3$，尘粒直径范围为10～50μm，尘粒密度 $\rho_p=1850kg/m^3$，允许压力降 $\Delta p=1200Pa$，试确定一台普通旋风除尘器各部分的尺寸。

4-5　试设计一台如图4-10所示的典型旋风除尘器，处理气流量 $Q=1000m^3/s$，尘粒密度 $\rho_p=1050kg/m^3$，且对 $d_p=25\mu m$ 的尘粒，要求分级除尘效率达99%。

4-6　袋式除尘器的除尘机理是什么？它对滤料有哪些要求？

4-7　袋式除尘器有几种清灰方式？各有什么特点？

4-8　根据袋式除尘器设计系统分析，试设计一台袋式除尘器，要求处理气流量 $Q=28m^3/s$，尘粒直径 d_p 约为25μm，$\Delta p<1500Pa$，含尘浓度 $C_1=12g/m^3$ 的常温含尘气体。

4-9　颗粒层除尘器的除尘机理是什么？影响其性能的主要因素有哪些？

4-10　试比较耙式旋风-颗粒层除尘器和沸腾颗粒层除尘器的结构，分析各自的特点，设计时应注意哪些问题？

4-11　湿式除尘器的除尘机理是什么？它有什么特点？常见的湿式除尘器有哪几种？

4-12　电除尘器性能的主要影响因素是什么？试对其进行分析。

4-13　试述电除尘器的主要参数及其确定依据。

4-14　电晕线有哪几种形式，各有何特点？电晕线通常如何固定？

4-15　试述驱进速度与有效驱进速度的异同与作用。

4-16　电除尘器为何分区供电，有什么好处？

4-17　某炼铜电炉排气系统，排气量 $Q=10000m^3/h$，现在要求回收排气中含有的氧化铜粉尘，除尘效率 $\eta=90\%$，试设计一电除尘器。

4-18　某产尘设备设有防尘密闭罩，已知罩上缝隙及工作孔面积 $F=0.08m^2$ 时，密闭罩流量系数为0.4，物料带入罩内的诱导空气量为 $0.2m^3/s$，要求在罩内形成25Pa的负压，计算该集气罩的排风量，如果运行一段时间后，罩上又出现面积为 $0.08m^2$ 的孔洞而没有及时修补，会出现什么问题？

4-19　根据现场测定，已知某外部集气罩联接管直径 $D=200mm$，联接管中的静压 $p_s=-55Pa$，并已知该罩的流量系数为0.82，罩口尺寸 $A\times B=500mm\times600mm$，假定气体密度 $\rho=1.2kg/m^3$，试确定：

① 该集气罩的排风量；

② 集气罩罩口吸气速度；

③ 集气罩的压力损失。

第五章　气态污染物净化设备

【学习指南】

本章主要讲述了大气污染净化设备的类型与特点、工作原理、选用、操作与维护的基本知识。通过学习，了解吸收设备、吸附设备、冷凝设备、气固催化反应设备以及除尘脱硫一体设备的类型与特点，掌握上述设备的工作原理、结构特点，能够根据大气净化要求正确选用净化设备，并具有一定的设备操作和维护保养能力。

第一节　吸收设备

吸收净化法是利用各种气体在液体中的溶解度不同，使污染物组分被吸收剂选择性吸收，从而使废气得以净化的方法。吸收净化法效率高，适应性强，各种气态污染物一般都可以选择适当的吸收剂进行处理。如工业废气中的二氧化硫、氮氧化物、卤化物、硫化物、一氧化碳及碳氢化合物等都可以用吸收法予以治理。吸收法净化废气的主要设备是吸收塔。

一、吸收塔的类型与特点

按气液接触基本构件的特点，吸收塔可分为填料塔、板式塔和特种接触塔。

（一）填料塔

填料塔以填料作为气液接触的基本构件。填料塔的结构如图 5-1 所示。

塔体为直立圆筒，筒内支撑板上堆放一定高度的填料。气体从塔底送入，经过填料间的空隙上升。吸收剂自塔顶经喷淋装置均匀喷洒，沿填料表面下流。填料的润湿表面就成为气液连续接触的传质表面，净化气体最后从塔顶排出。

填料塔具有结构简单、操作稳定、适用范围广、便于用耐腐蚀材料制造、压力损失小、适用于小直径塔等优点。塔径在 800mm 以下时，较板式塔造价低、安装检修容易。但用于大直径的塔时，则存在效率低、重量大、造价高以及清理检修麻烦等缺点。近年来，随着性能优良的新型填料的不断涌现，填料塔的适用范围正在不断扩大。

（二）板式塔

板式塔通常是由一个呈圆柱形的壳体及沿塔高按一定的间距水平设置的若干层塔板所组成，如图 5-2 所示。在操作时，吸收剂从塔顶进入，依靠重力作用由顶部逐板流向塔底排出，并在各层塔板的板面上形成流动的液层；气体由塔底进入，在压力差的推动下，由塔底向上经过均布在塔板上的开孔，以气泡的形式分散在液层中，形成气液接触界面很大的泡沫层。气相中部分有害气体被吸收，未被吸收的气体通过泡沫层后进入上一层塔板，气体逐板上升与板上的液体接触，被净化的气体最后由塔顶排出。由此可见，塔板是塔内气液接触的基本构件。

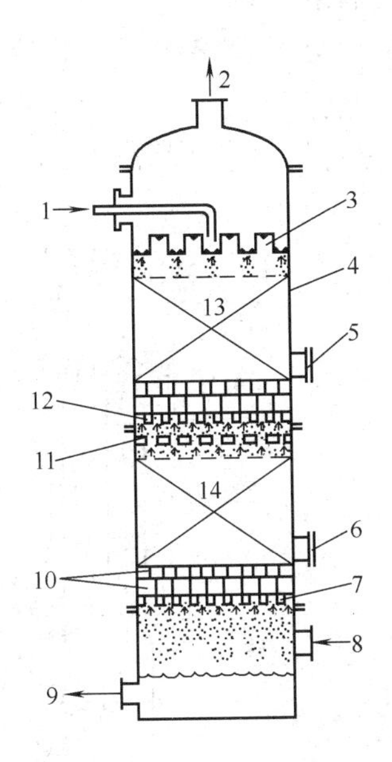

图 5-1　填料塔结构

1—液体入口；2—气体出口；3—液体分布器；4—外壳；5—填料卸出口；6—人孔；7,12—填料支撑；8—气体入口；9—液体出口；10—防止支撑板堵塞的大填料和中等填料层；11—液体再分布器；13,14—填料

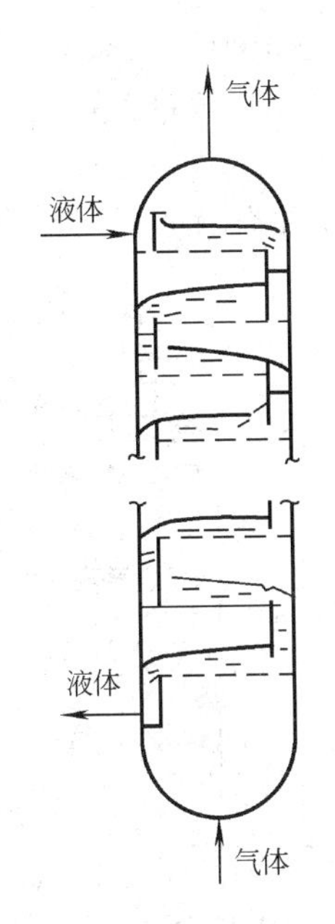

图 5-2　板式塔结构

板式塔的类型很多，主要区别在于塔内所设置的塔板结构不同。板式塔的塔板可分为有降液管及无降液管两大类，如图 5-3 所示。在有降液管的塔板上，有专供液体流通的降液管，每层板上的液层高度可以由溢流挡板的高度调节。在塔板上气液两相呈错流方式接触。常用的板型有泡罩塔、浮阀塔和筛板塔等。在无降液管的塔板上，没有降液管，气液两相同时逆向通过塔板上的小孔呈逆流方式接触，常用的板型有筛孔和栅条等形式。

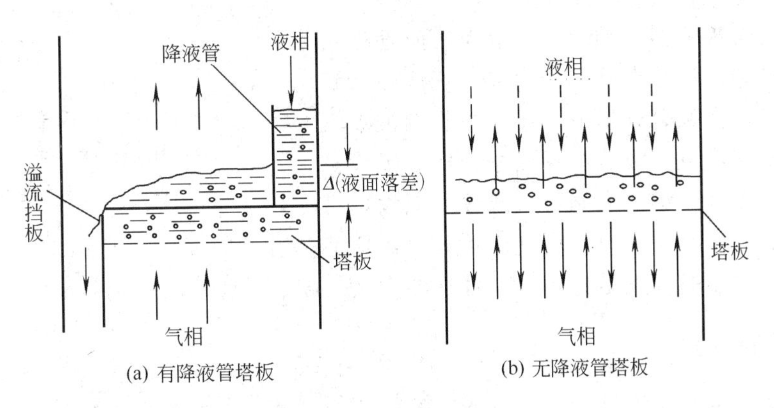

图 5-3　塔板结构类型

与填料塔相比，板式塔的空塔速度高，因而生产能力大，但压降较高。直径较大的板式塔，检修清理较容易，造价较低。

(三) 特种接触塔

在这种塔型中，气体为连续相，液体以液滴形式分散于气体中形成气液接触界面。常用的有喷洒塔、喷射吸收器和文氏管吸收器等。

（1）喷洒塔　图 5-4 所示为具有三层喷嘴的喷洒塔。高压液体经喷嘴喷洒分散于气体中，气体由塔底进入，经气体分布系统均匀分布后与液滴逆流接触，净化后气体经除沫后由塔顶排出。

喷洒塔的优点是结构简单、造价低廉、气体压降小，且不会堵塞。

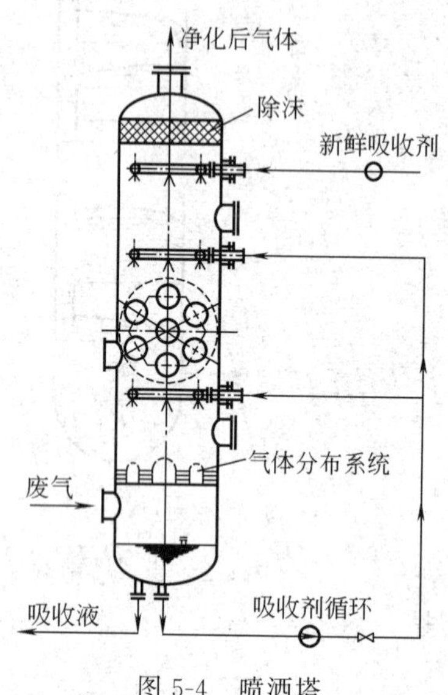

图 5-4　喷洒塔

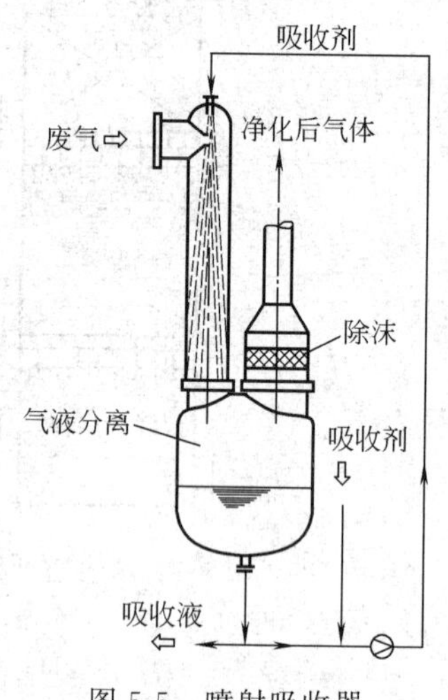

图 5-5　喷射吸收器

（2）喷射吸收器　图 5-5 所示为喷射吸收器。吸收剂由顶部压力喷嘴高速喷出，形成射流，产生的吸力将气体吸入后并流经吸收管，液体被喷成细小的雾滴和气体充分混合，完成吸收过程，然后气液进行分离，净化气体经除沫后排出。

喷射吸收器的优点是气体不需风机输送、气体压降小；缺点是能耗高。

（3）文氏管吸收器　图 5-6 所示为文氏管吸收器。由文氏管和气液分离器组合而成。气体在渐缩管被逐渐加速，在喉管处形成负压，吸收剂被吸入并分散成雾滴，形成气液接触界面。气体流经渐扩管时压力逐渐上升，细小雾滴凝聚成较大液滴，后经气液分离器分离除去，净化后气体从分离器顶部排出。

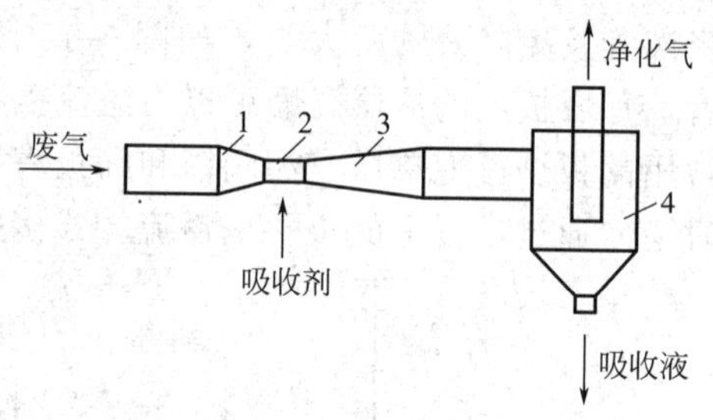

图 5-6　文氏管吸收器

1—渐缩管；2—喉管；3—渐扩管；4—旋风分离器

文氏管吸收器的优点是体积小、处理能力大；缺点是噪声大、消耗能量多。

二、吸收塔的选用

吸收设备的主要功能是建立尽可能大的、并能迅速更新的气液相接触界面。选择吸收设备不仅要考虑其自身的性能，而且要根据被处理气体所含污染物的性质、浓度以及气体的含尘量等因素综合考虑决定。吸收塔除需满足特定工艺要求外，尚需考虑如下要求：生产能力要大、吸收效率要高、压降或能耗要少、操作弹性要大、耐腐蚀性要好、设备结构力求简单、造价要低、检修要方便等。

喷洒塔、喷射吸收器及文氏管吸收器等设备结构简单、造价低、不易堵塞，但能耗高，适用于以除尘为主，同时吸收易溶气体的场合。

填料塔和板式塔生产能力大、吸收效率高、操作弹性大，是目前工业上广泛应用的吸收设备。对气膜控制的吸收过程，一般宜采用填料塔；对液膜控制的吸收过程，一般宜采用板式塔；对于易起泡、黏度大、有腐蚀性、热敏性的物料宜采用填料塔；对于吸收过程中产生大量热量而需要移去的过程或需有其他辅助物料加入、取出的过程，宜采用板式塔；对于有悬浮固体颗粒或淤渣的过程宜采用板式塔。由于填料塔结构简单，便于用耐腐蚀材料制造，因而在气态污染物控制上被广泛选用。

三、填料塔的设计

填料塔主要由塔体、填料、填料支撑装置、液体喷淋装置、液体再分布装置、气体进出口管等部件组成。填料塔设计程序如下。

（一）收集资料

根据实地调查或任务书给定的气、液物料系统和温度、压力条件，查阅手册和相关资料。若无合适数据可供采用时，则应通过试验找出气、液平衡关系。

（二）确定流程

吸收流程可采用单塔逆流流程，也可采用单塔吸收或部分吸收剂再循环的流程；或采用多塔串联、部分吸收剂循环（或无部分循环）的流程。

部分吸收剂再循环的主要作用是提高喷淋密度，保证完全润湿填料和除去吸收热，其次是可以调节产品的浓度。

当设计计算所得填料层高度过高时，应将其分为数塔，然后加以串联。有时填料层虽不太高，由于系统容易堵塞或其他原因，为了维修方便也可采用数塔串联。

（三）计算吸收剂用量

对于废气处理，一般气、液相浓度都较低，吸收剂的最小用量计算如下。

$$L_{\min}=\frac{y_1-y_2}{\dfrac{y_1}{m}-x_2}G \tag{5-1}$$

式中　y_1，y_2——气相进、出口摩尔分数，kmol 溶质/kmol 混合气；

x_2——液相进口摩尔分数，kmol 溶质/kmol 溶液；

m——气液相平衡常数；

G——气相摩尔流率，kmol/(m^2·h)；

$L_{\min}$——最小液相摩尔流率，kmol/(m^2·h)。

为了保证填料表面充分润湿，必须保证一定的喷淋密度，否则操作无法进行；但如果吸收剂用量过大，不但增加能耗，操作时会出现带液现象严重，而且增加了吸收剂再生费用或者造成大量的工业污水，污染环境。因此，一般取吸收剂用量为

$$L=(1.2\sim2.0)L_{\min} \tag{5-2}$$

（四）选择填料

塔中大部分容积被填料所填充，填料的作用是增加气液两相的接触表面积和提高气相的湍动程度，促进吸收过程的进行，它是填料塔的核心部分，是影响填料塔经济性的重要因素。填料的主要特性参数有比表面积、空隙率、填料因子、单位堆积体积内的填料数目等。

填料的种类很多，大致可分为通用型填料和精密填料两大类，如图 5-7 所示。拉西环、鲍尔环、矩鞍和弧鞍填料等属于通用型填料，其特点是适用性好，但效率低，可由金属、陶

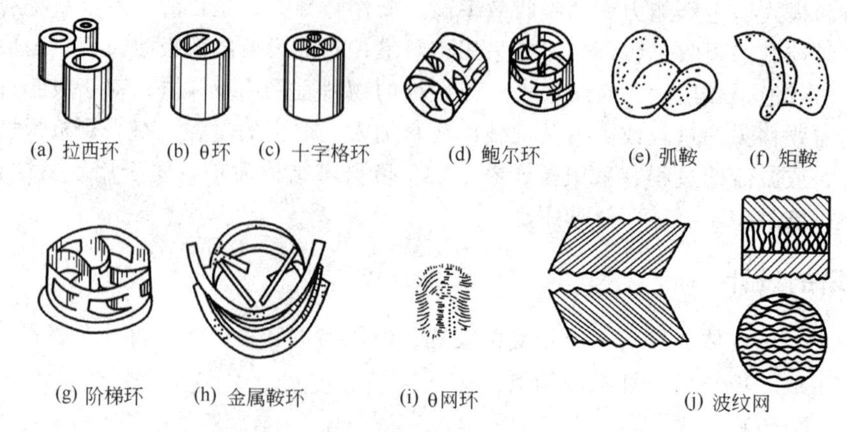

图 5-7　填料种类

瓷和塑料等材质制成。θ网环和波纹网填料等属于精密填料，其特点是效率较高，但要求较苛刻，应用受到限制，其主要材质为金属材料，部分填料也可用非金属材料制成。

填料在填料塔内的装填方式有乱堆与整砌两种。

① 乱堆填料　装卸方便，压降大。一般直径在50mm以下的填料多采用乱堆方式装填。

② 整砌填料　常用规整填料整齐砌成，压降小。适用于直径在50mm以上的填料。

（五）填料塔的直径

填料塔的直径应根据生产能力和空塔气速决定。先用泛点和压降通用关联图计算泛点气速，空塔气速通常为泛点气速的50%～80%。图5-8所示为填料塔泛点和填料层压力降的通用关联图。此图显示了泛点与压降、填料因子、液气比等参数的关系。

空塔气速确定后，填料塔直径可采用式(5-3)计算。

$$D=\sqrt{\frac{4V_S}{\pi v}} \tag{5-3}$$

式中　D——塔径，m；

V_S——操作条件下混合气体的体积流量，m^3/s；

v——空塔气速，m/s。

在吸收过程中，由于吸收质不断进入液相，故混合气体量由塔底至塔顶逐渐减小。在计算塔径时，一般应以塔底的气量为依据。

计算塔径的关键在于确定适宜的空塔气速。选择较小的气速，则压力降小，动力消耗少，操作弹性大，设备投资大，而生产能力低；低气速也不利于气液充分接触，使分离效率降低。若选择较高的气速，则不仅压力降大，且操作不稳定，难于控制。

计算出的塔径应按有关公称直径标准进行圆整。直径在1m以下时，间隔为100mm；直径在1m以上时，间隔为200mm。

（六）填料塔的高度

填料塔的高度主要决定于填料层高度，另外还要考虑塔顶空间、塔底空间及塔内的附属装置等。如图5-9所示，填料塔的高度计算如下。

$$H=H_d+Z+(n-1)H_f+H_b \tag{5-4}$$

$$Z=H_{OG}N_{OG} \tag{5-5}$$

式中　H——塔高（从A至B，不包括封头、支座高），m；

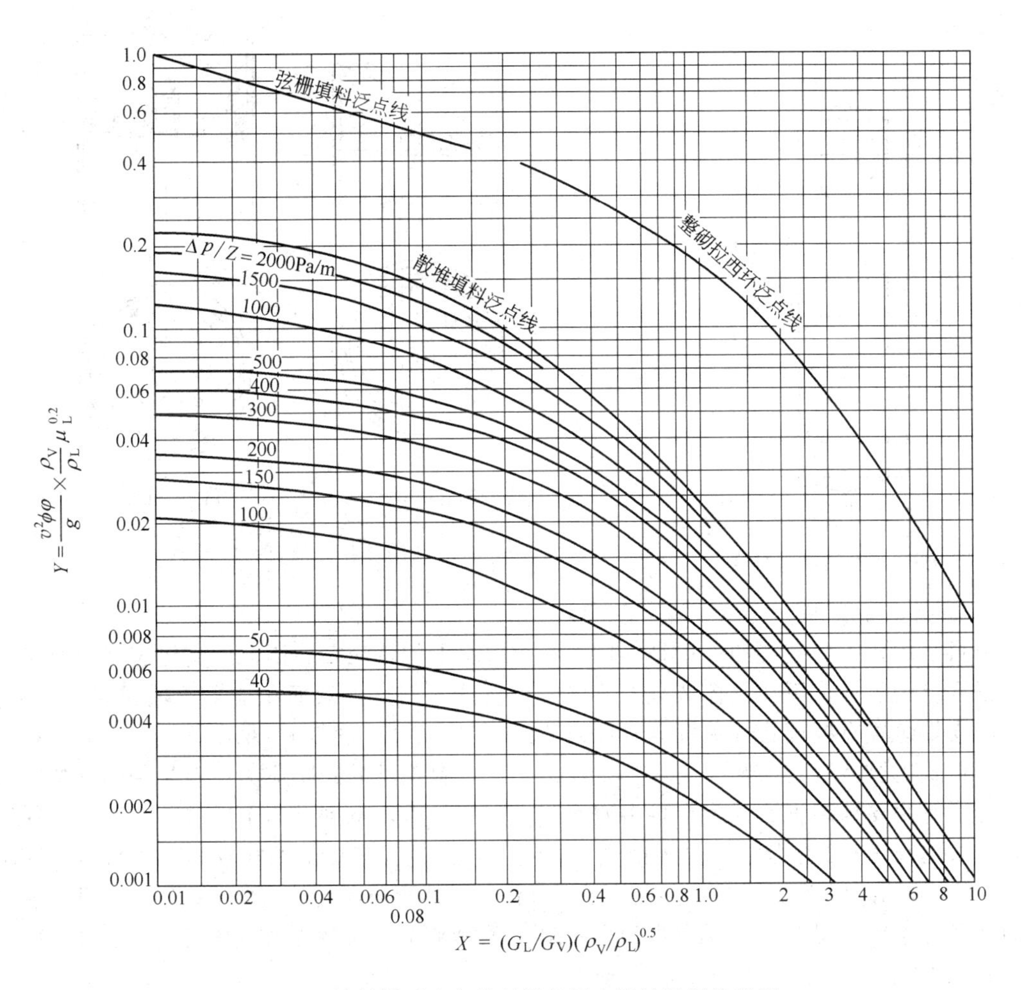

图 5-8　填料塔泛点和填料层的压力降的通用关联图

v—空塔气速，m/s；g—重力加速度，m/s^2；φ—填料因子，m^{-1}；ρ_V、ρ_L—气体与液体的密度，kg/m^3；ϕ—液体密度校正系数，等于水与液体的密度之比；μ_L—液体的黏度，MPa·s；G_V、G_L—气、液相的质量流量，kg/h

H_f——装置液体再分布器的空间高，m；

H_d——塔顶空间高（不包括封头部分），m，一般取 $H_d=0.8\sim1.4$m；

H_b——塔底空间高（不包括封头部分），m，一般取 $H_b=1.2\sim1.5$m；

n——填料层分层数；

Z——填料层高度，m；

H_{OG}——传质单元高度，m；

N_{OG}——传质单元数。

填料层如果太高，塔内液流的器壁效应将很严重，这将导致填料表面利用率下降。因此，当填料层高度超过一定数值时，塔内填料要分层，层与层间加设液体再分布器，以保证塔截面上液体喷淋均匀。

（七）填料塔附件的设计与选用

填料塔的附件包括填料支撑装置、液体分布装置及再分布装置、气液进口及出口装置等。

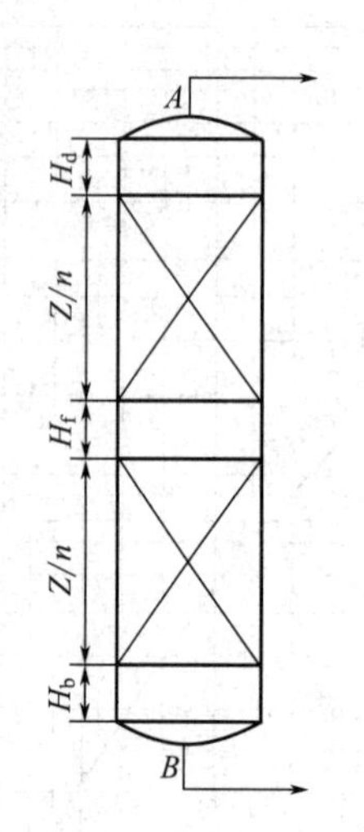

图 5-9 填料塔塔高计算

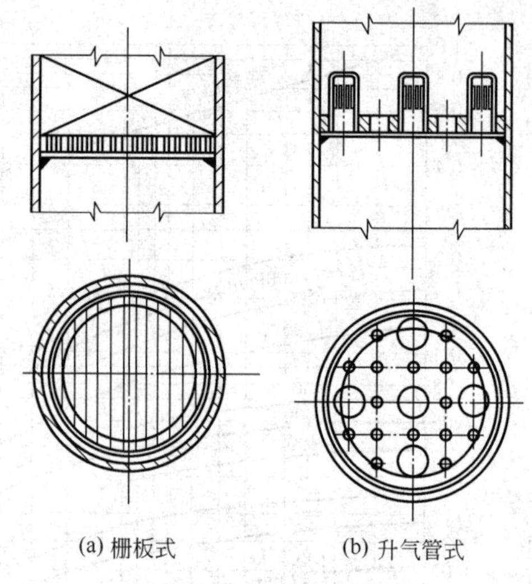

(a) 栅板式 (b) 升气管式

图 5-10 填料支撑装置

1. 填料支撑装置

填料塔中，支撑装置的作用是支撑填料及填料上的持液量，因此，支撑装置应有足够的机械强度。为了保证不在支撑装置上首先发生液泛，其自由截面积应大于填料层中的空隙。常用的支撑装置有栅板式［见图 5-10(a)］和升气管式［见图 5-10(b)］。

栅板式支撑装置是由竖立的扁钢条焊接而成，扁钢条的间距应为填料外径的 0.6～0.7。

为了解决支撑装置的强度与自由截面积之间的矛盾，特别是为了适应高空隙率填料的要求，可采用升气管支撑装置。气体由升气管上升，通过气道顶部的孔及侧面的齿缝进入填料层，而液体则由支撑装置底板上的孔流下，气体、液体分道而行，彼此干扰很小。升气管有圆形的（多为瓷制），也有条形的（多为金属制）。此种形式的支撑装置气体流通面积可以很大。

2. 液体分布装置

液体分布装置对填料塔的操作影响很大，若液体分布不均匀，则填料层内的有效润湿面积会减少，并可能出现偏流和沟流现象，影响传质效果。

常用的液体分布装置有喷洒分布器和盘式分布器等，如图 5-11 所示。

喷洒式分布器（莲蓬头式）如图 5-11(a) 所示。一般用于直径小于 600mm 的塔中。其优点是结构简单，缺点是小孔易于堵塞，因而不适用于处理污浊液体，操作时液体的压头必须维持恒定，否则喷淋半径改变会影响液体分布的均匀性，此外，当气量较大时，会产生并夹带较多的液沫。

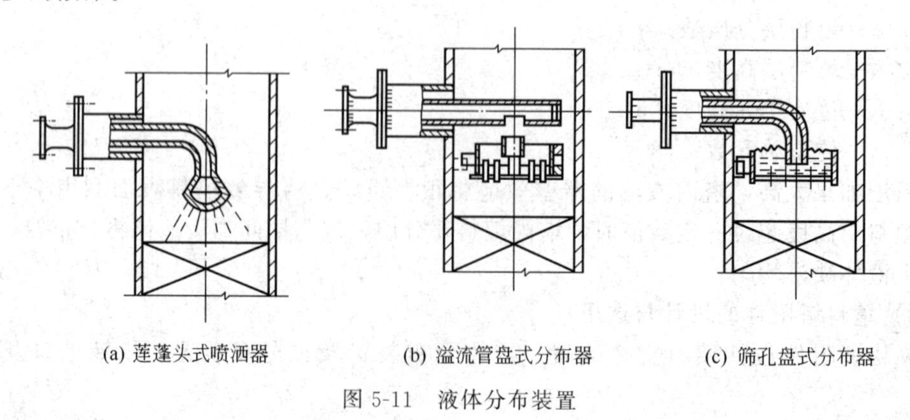

(a) 莲蓬头式喷洒器 (b) 溢流管盘式分布器 (c) 筛孔盘式分布器

图 5-11 液体分布装置

盘式分布器如图 5-11(b)、(c) 所示。液体加至分布盘上，盘底装有许多直径及高度均相同的溢流短管，称为溢流管式。在溢流管的上端开缺口，这些缺口位于同一水平面上，便于液体均匀地流下。盘底开有筛孔的称为筛孔式，筛孔式的分布效果较溢流管式好，但溢流管式的自由截面积较大，且不易堵塞。

盘式分布器常用于直径较大的塔中，此类分布器制造比较麻烦，但可以基本保证液体的均匀分布。

常用的液体分布装置还有齿槽式分布器和多孔环管式分布器等。

3. 液体再分布装置

液体在乱堆填料层向下流动时，有一种逐渐偏向塔壁的趋势，即壁流现象。为改善壁流造成的液体分布不均，在填料层中每隔一定高度应设置一液体再分布器。常用的液体再分布器为截锥式再分布器，如图 5-12 所示。其中，图 5-12(a) 的结构最简单，是将截锥筒体焊在塔壁上。截锥筒本身不占空间，其上下仍能充满填料。图 5-12(b) 的结构是在截锥筒的上方加设支撑板，截锥下面要隔一段距离再放填料。

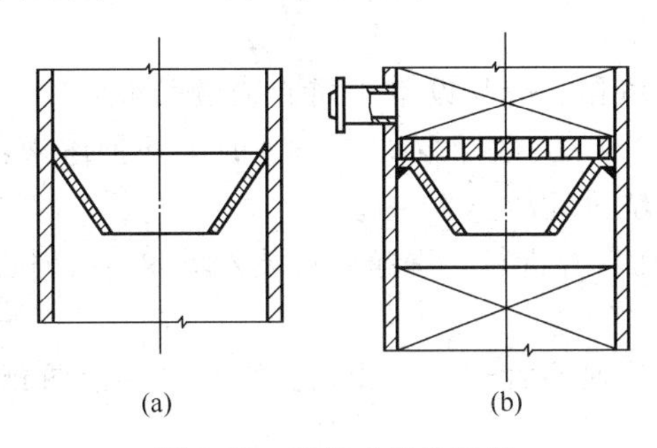

图 5-12　截锥式再分布器

安排再分布装置时，应注意其自由截面积不得小于填料层的自由截面积，以免当气速增大时首先在此处发生液泛。

对于整砌填料，一般不需设再分布装置，因为在这种填料层中液体沿竖直方向流下，没有趋向塔壁的效应。

4. 气液进口及出口装置

填料塔的气体进口装置应既具有防止塔内下流的液体进入管内，又能使气体在塔截面上分布均匀两个功能。对于塔径在 500mm 以下的小塔，常见的方式是使进气管伸至塔截面的中心位置，管端做成 45°向下倾斜的切口或向下弯的喇叭口，对于大塔可采用盘管式结构的进气装置。

液体的出口装置既要便于塔内排液，又要防止夹带气体，常用的液体出口装置可采用水封装置。若塔的内外压差较大时，也可采用倒 U 形管密封装置。

气体出口装置应能保证气流的畅通，并能尽量除去被气体夹带的液体雾滴，故应在塔内装设除雾装置，以分离出气体中所夹带的雾滴。常用的除雾装置有折板除雾器、填料除雾器和丝网除雾器等。

吸收塔除了开有气液介质的进出口外，还必须有填料卸出口、必要的放空口、排污口和联接温度计、压力计等仪表的接管口，以便能取出填料和清理检修。

四、填料吸收塔的基本操作

(一) 装填料

吸收塔经检查吹扫后，即可向塔内装入用清水洗净的填料，对拉西环、鲍尔环和矩鞍形、弧鞍形以及阶梯环等填料，均可采用不规则和规则排列法装填。若采用不规则排列法，则先在塔内注满水，然后从塔的人孔部位或塔顶将填料轻轻地倒入，待填料装至规定高度后，把漂浮在水面上的杂物捞出，并放净塔内的水，将填料表面耙平，最后封闭人孔或顶盖。在填装填料时，要注意轻拿轻倒，以免碰碎而影响塔的操作。若采用规则法排列，则操作人员从人孔处进入塔内，按排列规则将填料排至规定高度。塔内填料装完后，即可进行系统的气密性试验。

（二）设备的清洗及填料的处理

① 设备清洗　在运转设备进行联动试车的同时，还要用清水清洗设备除去固体杂质。清洗中不断排放污水，并不断向溶液槽内补加新水，直至循环水中固体杂质含量小于0.005%为止。

在生产中，有些设备经清水清洗后即可满足生产要求，有些设备则要求清洗后，还要用稀碱溶液洗去其中的油污和铁锈。方法是向溶液槽内加入5%的碳酸钠溶液，启动溶液泵，使碱溶液在系统内连续循环18～24h，然后放掉碱液，再用软水清洗，直至水中含碱量小于0.01%为止。

② 填料的处理　瓷质填料一般与设备一同清洗后即可使用。塑料填料在使用前必须碱洗，其操作为：用温度为90～100℃、浓度为5%的碳酸钾溶液清洗48h，随后放掉碱液；用软水清洗8h；按设备清洗过程清洗2～3次。

塑料填料的碱洗一般在塔外进行，洗净后再装入塔内。有时也可装入塔内进行碱洗。

（三）填料塔的操作

① 进塔气体的压力和流速不宜过大，否则会影响气、液两相的接触效率，甚至使操作不稳定。

② 进塔吸收剂不能含有杂物，避免杂物堵塞填料缝隙。在保证吸收率的前提下，尽量减少吸收剂的用量。

③ 控制进入温度，将吸收温度控制在规定的范围。

④ 控制塔底与塔顶压力，防止塔内压差过大。压差过大，说明塔内阻力大，气、液接触不良，致使吸收操作过程恶化。

⑤ 经常调节排放阀，保持吸收塔液面稳定。

⑥ 经常检查泵的运转情况，以保证原料气和吸收剂流量的稳定。

⑦ 定时巡回检查各控制点的变化情况及系统设备与管道的泄漏情况，并根据要求做好记录。

第二节　吸附设备

吸附净化法是用多孔固体吸附剂将废气中的有害组分积聚在其表面上，从而使废气得到净化的方法。由于吸附作用可以进行得相当完全，因而能有效地清除用一般手段难以处理的低浓度气态污染物。吸附法通常用来回收废气中的有机污染物及去除恶臭。如人造纤维工业中回收丙酮、二硫化碳，油漆工业中回收甲苯、二甲苯、酯类等。此外，还可用于治理烟道气中的硫氧化物（0.3%～1%）、氮氧化物、汽车排出的CO、硝酸车间尾气等。

一、吸附设备的类型与特点

按吸附剂运动状态的不同，吸附设备可分为固定床吸附器、移动床吸附器、流化床吸附器和其他类型的吸附器。

（一）固定床吸附器

在固定床吸附器内，吸附剂在承载板上固定不动。固定床吸附器结构简单、工艺成熟、性能可靠，特别适合于小型、分散、间歇性的污染源治理。目前常用的固定床吸附器有立式、卧式和环式三种类型。

（1）立式固定床吸附器　如图 5-13 所示。分上流和下流式两种。吸附剂装填高度以保证净化效率和一定的阻力降为原则，一般取 0.5～2.0m。床层直径以满足气体流量和保证气流分布均匀为原则。立式固定床吸附器适合于小气量、浓度高的情况。

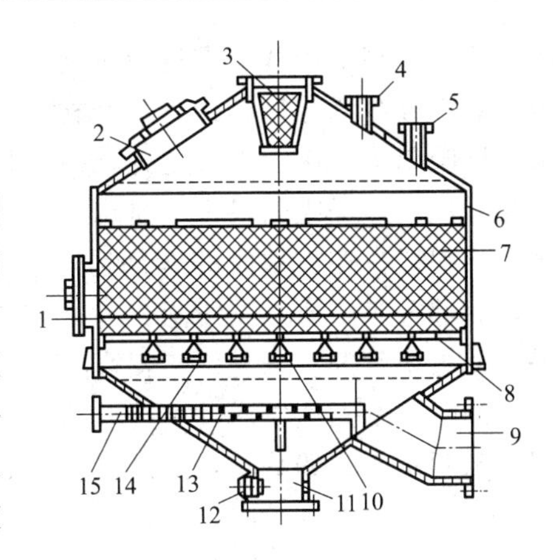

图 5-13　立式固定床吸附器

1—卸料孔；2—装料孔；3—废气及空气入口；4—脱附气排出；5—安全阀接管；6—外壳；7—吸附剂；8—栅板；9—净气出口；10—梁；11—视镜；12—冷凝排放及供水；13—扩散器；14—梁支架；15—扩散器水蒸气接管

（2）卧式固定床吸附器　适合处理气量大、浓度低的气体，其结构如图 5-14 所示。卧式固定床吸附器为一水平摆放的圆柱形装置，吸附剂装填高度为0.5～1.0m，待净化废气由吸附层上部或下部入床。卧式固定床吸附器的优点是处理气量大、压降小，缺点是由于床层截面积大，容易造成气流分布不均。

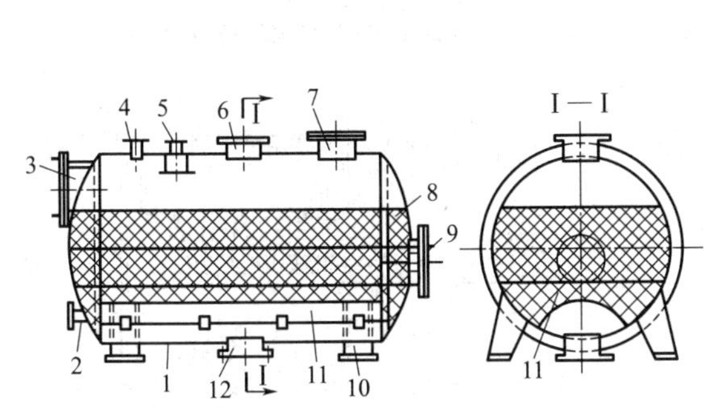

图 5-14　卧式固定床吸附器

1—壳体；2—供水；3—人孔；4—安全阀接管；5—蒸汽进口；6—净化气体出口；7—装料口；8—吸附剂；9—卸料口；10—支脚；11—填料底座；12—蒸汽及热空气出入口

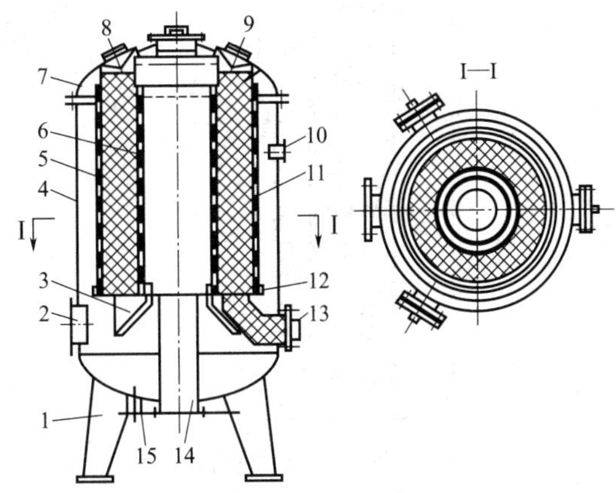

图 5-15　环式固定床吸附器

1—支脚；2—废气及冷热空气入口；3—吸附剂筒底支座；4—壳体；5,6—多孔外筒和内筒；7—顶盖；8—视孔；9—装料口；10—安全阀接管；11—吸附剂；12—吸附剂筒底座；13—卸料口；14—净化器出口及脱附水蒸气入口；15—脱附时排气口

（3）环式固定床吸附器　又称径向固定床吸附器，其结构比立式和卧式吸附器复杂，如图 5-15 所示。吸附剂填充在两个同心多孔圆筒之间，吸附气体由外壳进入，沿径向通过吸附层，汇集到中心筒后排出。

（二）移动床吸附器

在移动床吸附器内固体吸附剂在吸附层中不断移动，一般固体吸附剂由上向下移动，而气体则由下向上流动，形成逆流操作。吸附剂在向下移动过程中，依次经历冷却、吸附、精馏和脱附各过程。移动床吸附器的结构如图 5-16 所示。最上段是冷却器用于冷却吸附剂。

吸附段Ⅰ、精馏段Ⅱ、汽提段Ⅲ之间由分配板分开。分配板的结构如图 5-17 所示。吸附器下部装有吸附剂控制机构，其结构如图 5-18 所示。在吸附段，待净化的气体由吸附段的下部（即吸附器的中上部）进入，与从顶部下来的活性吸附剂逆流接触并把吸附质吸附下来，净化后的气体经吸附段顶部排出。吸附了吸附质的吸附剂继续下降，经过精馏段（增浓段）到达汽提段。在汽提段的下部通入热蒸汽，使吸附剂上的吸附质进行脱附。吸附剂经过汽提，大部分吸附质都被脱附，为了使之更彻底地脱附再生，在汽提段下面又加设了一个脱附塔，使吸附剂的温度进一步提高，一是为了干燥目的，二是为了使吸附剂更好地再生。经过再生的吸附剂到达塔底，由提升器将其返回塔顶，于是完成了一个循环过程。移动床克服了固定床间歇操作的缺点，适用于稳定、连续、量大的气体净化。

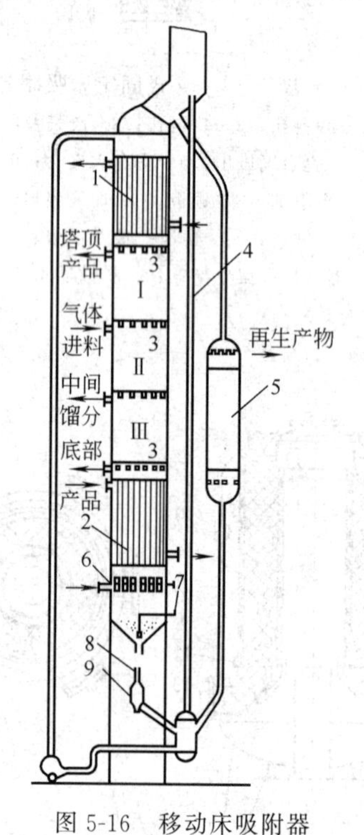

图 5-16 移动床吸附器

1—冷却器；2—脱附塔；3—分配板；4—提升管；5—再生器；6—吸附器控制机构；7—固粒料面控制器；8—封闭装置；9—出料阀门

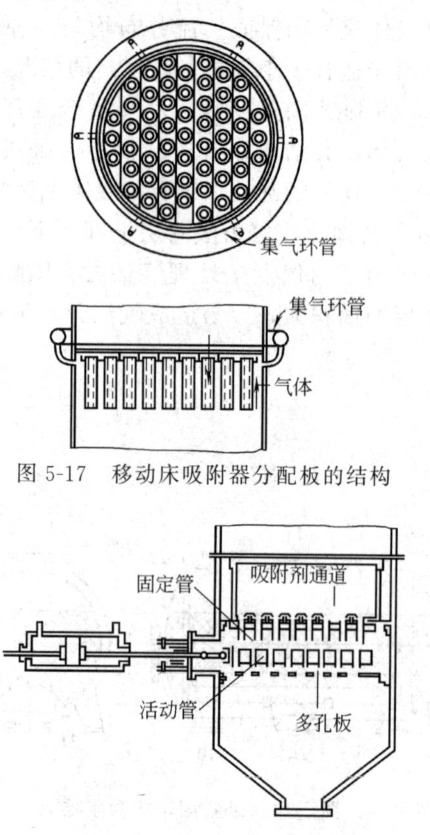

图 5-17 移动床吸附器分配板的结构

图 5-18 移动床吸附器的吸附控制机构

（三）流化床吸附器

在流化床吸附器内，吸附层内的固体吸附剂呈沸腾状态。流化床吸附器的结构如图5-19所示。进入锥体的待净化气体以一定速度通过筛板向上流动，进入吸附段后，将吸附剂吹起，在吸附段内，完成吸附过程。净化后气体进入扩大段后，由于气速降低，气体中夹带的固体吸附剂再回到吸附段，而气体则从出口管排出。与固定床相比，流化床所用的吸附剂粒度较小，气流速度要提高 3～4 倍以上，气、固接触相当充分，吸附速度快，但吸附剂的损耗较多。流化床吸附器适用于连续、稳定的大气量污染源治理。

二、固定床吸附器的设计与选用

固定床吸附器主要由壳体、吸附剂、吸附剂承载装置、气体进出口管和脱附再生剂进出口管等部件组成。固定床吸附器的设计程序如下。

1. 收集数据

固定床吸附器操作时影响吸附过程的因素很多。床层内有已饱和区、传质区和未利用区。在传质区内吸附质的浓度随时间而改变。随着传质区的移动，三个区的位置又不断改变。因此，设计吸附器时需收集废气风量、废气成分、浓度、温度、湿度以及排放规律等资料。此外，还应尽可能地选用与工业生产条件相似的模拟试验，或参照相似的生产装置，取得饱和吸附量和穿透规律等必要的数据。

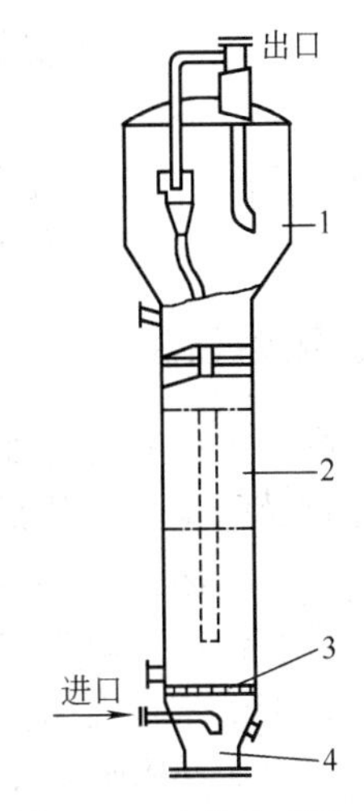

图 5-19　流化床吸附器

1—扩大段；2—吸附段；3—筛板；4—锥体

2. 吸附剂的选用

选择吸附剂时最重要的条件是饱和吸附量大和选择性好。除此之外，还应具备解吸容易、机械强度高、稳定性好、气流通过阻力小等条件。

活性炭对非极性饱和的化合物优先吸附，且有疏水性，常用于吸附含碳氢化合物的废气。硅胶、活性氧化铝对极性和不饱和的化合物优先吸附且有亲水性，多用于脱水、干燥。

粉状吸附剂阻力大，而且容易被气流夹带，所以不便直接使用。为减少气相阻力，一般应采用颗粒状（球形、圆柱形）的吸附剂。

3. 空塔气速

固定床空塔气速过小则处理能力低，空塔气速太大，不仅阻力增大，而且吸附剂易流动而影响吸附层气流分布。固定床吸附器的空塔气速一般为 0.2～0.5m/s。

4. 主要尺寸计算

固定床床层高度可用希洛夫近似法计算，计算式如下。

$$Z=\frac{\tau_B+\tau_0}{K} \tag{5-6}$$

式中　Z——床层高度，m；

τ_B——穿透时间，s；

τ_0——吸附操作的时间损失，s，可由试验确定；

K——常数，通常由试验测得。

固定床床层高度一般取 0.5～1m，立式直径与床层高度大致相等，卧式长度大约为床层高的 4 倍。

$$\text{吸附装置截面积}=\frac{\text{处理风量}}{\text{空塔气速}}$$

5. 压力降计算

流体通过固定床吸附剂床层的压力降近似计算如下。

$$\frac{\Delta p}{Z}\times\frac{\varepsilon^3 d\rho}{(1-\varepsilon)G_S^2}=\frac{150(1-\varepsilon)}{Re}+1.75 \tag{5-7}$$

式中　Δp——通过床层的压力降，Pa；

Z——床层高度，m；

ε——吸附层空隙率，是指颗粒间的空隙体积与整个床层体积之比，%；

d——吸附颗粒平均直径，m；

ρ——气体密度，kg/m^3；

G_S——气体通过床层的速率，$kg/(m^2 \cdot s)$；

Re——气体绕吸附剂颗粒流动的雷诺数，$Re=d\rho/\mu$；

μ——气体黏度，$Pa \cdot s$。

三、吸附设备的应用注意事项

废气中的粉尘、油烟、雾滴、焦油状物质等会使吸附剂劣化。废气温度太高或湿度太大会导致吸附量减少甚至不吸附。因此，可根据具体情况选择必要的预处理方法。

吸附法净化气态污染物一般由吸附及再生两部分组成。合理的再生过程对吸附法的经济性有重要作用。解吸和再生用的水蒸气量和动力消耗，因回收的物质和设备不同而不同。一般回收1kg溶剂需水蒸气3～5kg，动力0.08～0.18kW/h，回收率可达95%以上。

固定床吸附设备采用间歇操作，包括吸附、解吸、干燥和冷却，一般是两台或两台以上吸附器轮流进行吸附和解吸、再生。在操作过程中要注意防止吸附层温升过高；当采用高压风机时应注意减振和消除噪声；用水蒸气或洗涤液再生时应避免废水污染。

第三节 冷凝设备

冷凝净化法是利用物质在不同温度下具有不同的饱和蒸气压这一性质，采用降低系统温度或提高系统压力，使处于蒸气状态的污染物质冷凝并从废气中分离出来。冷凝法适用于回收蒸气状态的有害物质，特别适用于回收浓度较高的有机溶剂蒸气。使用室温水作为冷却剂，往往不能将污染物脱除至规定要求，但冷凝法所需设备和操作条件比较简单，回收物质的纯度比较高，所以常作为吸附、燃烧等净化方法的前处理，以减轻使用这些方法时的负荷。此外，高湿度废气也用冷凝法使水蒸气冷凝下来，大大减少气体量，以利于下一步操作。常用于废气处理的冷凝设备有接触冷凝器和表面冷凝器。

一、接触冷凝器

接触式冷凝器一般用水作冷却剂，有害气体与冷却剂直接接触。其优点是有利于强化传热，防腐问题容易解决。不溶于水的冷凝液可按密度不同加以分离回收。一般冷凝液不易回收，易造成二次污染。

1. 喷射式接触冷凝器

喷射式接触冷凝器如图5-20(a)所示，喷出的水流既冷凝蒸汽，又带出废气，不必另加抽气设备。喷射式冷凝器用水量较大，可根据冷却水用量来选择设备。

2. 喷淋式接触冷凝器

喷淋式接触冷凝器的结构类似于喷淋吸收塔，如图5-20(b)所示。利用塔内喷嘴把冷却水分散在废气中，在液体表面进行热交换。

3. 填料式接触冷凝器

填料式接触冷凝器结构类似于填料吸收塔，如图5-20(c)所示。利用填料表面进行热交换。填料的比表面积和空隙率大，有利于增加接触面积和减少阻力。

4. 塔板式接触冷凝器

塔板式接触冷凝器的结构类似于板式塔。塔板筛孔直径为3～8mm，开孔率为10%～

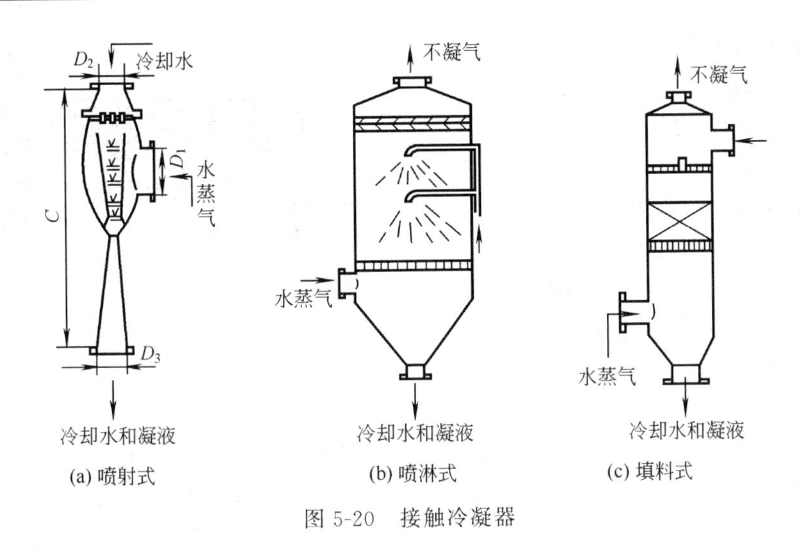

图 5-20　接触冷凝器

15%。与填料式相比，单位容积的传热量大，但冷凝器阻力较大。

二、表面冷凝器

表面冷凝器又称间壁式冷凝器。在表面冷凝器内，有害气体与冷却剂被间隔开，两种流体完全不接触，因此不会造成二次污染。

1. 翅管空冷冷凝器

翅管空冷冷凝器也称为空冷器，特点是换热管外装有许多金属翅片，翅片可用机械轧制、焊接或铸造。它是利用空气在翅片管的外面流过，以冷却冷凝管内通过的流体，一般当冷热流体的传热膜系数相差 3 倍或更多时采用。优点是节约水，缺点是装置庞大，占空间大，动力消耗大，适用于缺水地区。

2. 螺旋式冷凝器

螺旋式冷凝器如图 5-21 所示，其结构紧凑，传热效率高，不易堵塞。缺点是操作压力和温度不能太高。目前国内已有系列标准的螺旋板式换热器，采用的材质主要为碳钢和不锈钢。

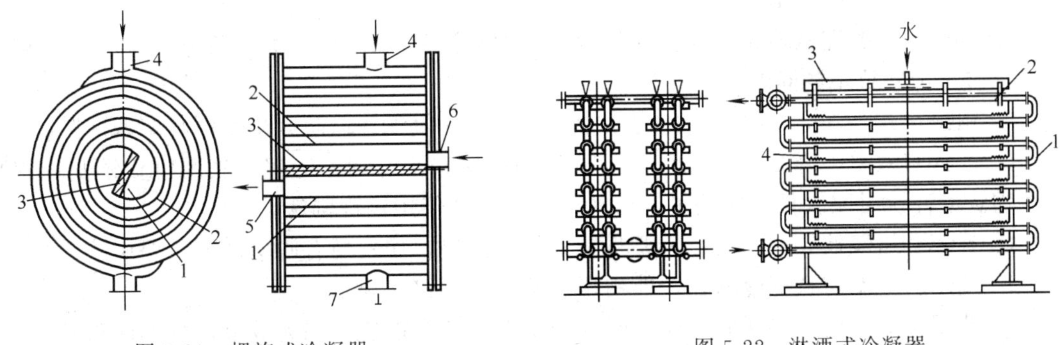

图 5-21　螺旋式冷凝器

1,2—金属片；3—隔板；4,5—冷流体联接管；6,7—热流体联接管

图 5-22　淋洒式冷凝器

1—U 形管；2—直管；3—水槽；4—挡板

3. 淋洒式冷凝器

淋洒式冷凝器结构如图 5-22 所示。被冷却冷凝的流体在管内流动，冷却水自上喷淋而下。其优点是结构简单，传热效果较好，便于检修和清洗；缺点是占地较大，水滴易溅洒周

围环境，且喷淋不易均匀。

4．列管式冷凝器

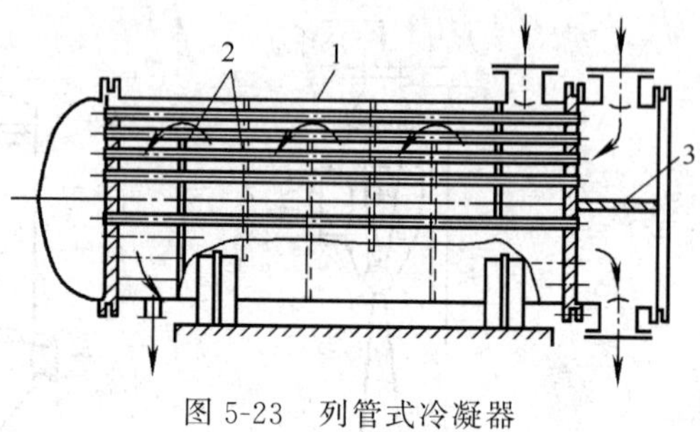

图 5-23　列管式冷凝器

1—壳体；2—挡板；3—隔板

列管式冷凝器结构如图 5-23 所示，主要由壳体、封头、管束、管板、法兰、支座等部件组成。其优点是单位体积所具有的传热面积大且传热效果好、结构简单、制造材料较为广泛、处理能力大、适应性强、操作弹性大。

① 固定管板式冷凝器　结构简单、造价低廉，但壳程清洗困难。适用于管、壳程温度差小于 60～70℃，壳程压力较小的情况。

② U 形管式冷凝器　结构较简单、重量轻，但管程清洗困难。适用于高温和高压的情况。

③ 浮头式冷凝器　适应性强，便于进行管、壳程的清洗和维修，但结构比较复杂，造价较高。

三、冷凝器的使用与维护

1．列管式冷凝器的使用

① 使用前应检查压力表、温度计以及有关阀门是否齐全好用。

② 输进废气之前先打开冷凝水排放阀门，排除积水和污垢；打开放空阀，排除空气和不凝结气体。

③ 使用时，先打开冷却液体阀门和放空阀向其注液，当液面达到规定位置时缓慢或分数次开启废气阀门，防止骤冷骤热有损冷凝器的使用寿命。

④ 经常检查冷热两种工作介质的进出口温度、压力变化，发现温度、压力有超限度变化时，要立即查明原因，消除故障。

⑤ 定时分析介质成分变化，以确定有无内漏，以便及时处理（堵管或换管）。

⑥ 定时检查冷凝器有无渗漏，外壳有无变形以及冷凝器有无振动现象，若有应及时处理。

2．板式换热器的使用

① 进入该冷凝器的冷、热流体如果含有大颗粒泥砂（1～2mm）和纤维质，一定要提前过滤，防止堵塞狭小的间隙。

② 用海水作冷却介质时，要向海水中通入少量的氯气，以防微生物滋长堵塞间隙。

③ 当传热效率下降 20％～30％时，要清理结垢和堵塞物，清理方法用竹板铲刮或用高压水冲洗，冲洗时波纹板片应垫平，以防变形。严禁使用钢刷刷洗。

④ 拆卸和组装波纹板片时，不要将垫弄伤或掉出，如发现有脱落部分，应用胶质粘好。

⑤ 使用时，要防止骤冷骤热，使用压力不可超过铭牌规定。

⑥ 使用中发现垫口渗漏时，应及时冲洗结垢，调紧螺栓，如无效果，应解体重新组装。

⑦ 常查看压力表和温度计数值，掌握运行状况。

3．换热器的维护和保养

（1）列管式冷凝器的维护和保养

① 保持主体设备外部整洁，保温层和油漆完好。

② 保持压力表、温度计、安全阀和液位计等附件的安全、灵敏和准确。

③ 发现法兰和阀门联接处渗漏时，应及时处理。

④ 开停冷凝器时，不应将废气阀门开得太猛，否则容易造成外壳与列管冲击，局部骤然胀缩，产生热应力，使局部焊缝开裂或管子联接口松弛。

⑤ 尽可能减少冷凝器的开停次数，停止使用时应将内部的水放净，防止冻裂和腐蚀。

⑥ 定期测量冷凝器的壳体壁厚，一般两年一次。

(2) 列管冷凝器常见故障、产生原因与处理方法（见表 5-1）

表 5-1　列管冷凝器常见故障、产生原因与处理方法

故障名称	产生原因	处理方法
传热效率下降	① 列管结垢或堵塞 ② 管路或阀门有堵塞	① 清洗管子 ② 检查清理
发生振动	① 壳程介质流速太快 ② 管路振动所引起 ③ 管束与折流板结构不合理 ④ 机座刚度较小	① 调节进气量 ② 加固管路 ③ 改进设计 ④ 适当加固
管板与壳体联接处发生裂纹	① 焊接质量不好 ② 外壳歪斜，联接管线拉力或推力甚大 ③ 腐蚀严重，外壳壁厚减薄	① 清除补焊 ② 重新调整找正 ③ 鉴定后修补
管束和胀口渗漏	① 管子被折流板磨破 ② 壳体和管束温差过大 ③ 管口腐蚀或胀接质量差	① 用管堵堵死或换管 ② 补胀或焊接 ③ 换新管或补胀

(3) 板式冷凝器的维护和保养

① 保持设备整洁，油漆完整。紧固螺栓的螺纹部分应涂防锈油并加外罩，防止生锈和粘灰尘。

② 保持压力表和温度计清晰，阀门和法兰无泄漏。

③ 定期清理和更换过滤器，预防换热器堵塞。

④ 注意基础有无下沉不均匀现象和地脚螺栓有无腐蚀。

⑤ 拆装板式冷凝器时，螺栓的拆装和拧紧应对称进行，松紧适宜。

(4) 板式冷凝器常见故障、产生原因与处理方法（见表 5-2）

表 5-2　板式冷凝器常见故障、产生原因与处理方法

故障名称	产生原因	处理方法
密封垫处渗漏	① 胶垫未放正或扭曲歪斜 ② 螺栓紧固力不均匀或紧固力小 ③ 胶垫老化或有损伤	① 重新组装 ② 紧固螺栓 ③ 更换新垫
内部介质渗漏	① 波纹板有裂纹 ② 进出口胶垫不严密 ③ 侧面压板腐蚀	① 检查更新 ② 检查修理 ③ 补焊、加工
传热效率下降	① 波纹板结垢严重 ② 过滤器或管路堵塞	① 解体清理 ② 清理

第四节　气固催化反应设备

一、废气催化反应净化机理

1. 催化净化机理

催化净化法是利用催化剂的催化作用将废气中的有害物质转化成各种无害的物质，或者转化成比原来存在状态更易除去的物质的一种方法。例如，硝酸尾气中 NO_x，可在铜铬催化剂的催化作用下转化成无害的 N_2。该法对不同浓度的废气均有较高的转化率，但催化剂价格较高，还要消耗预热热能，故适用于处理连续排放的高浓度废气。

按照气态污染物在催化反应过程中的氧化还原性质，催化净化法可分为催化氧化法和催化还原法。催化燃烧可以看作是催化净化中的一个特殊分支，是用催化剂使废气中可燃物质在较低温度下氧化分解的净化方法，主要用于含水蒸气及碳氢化合物的废气净化处理。

2. 催化剂

废气净化中一般采用固体催化剂，催化剂是多种物质组成的复杂体系，它主要由活性物质、助催化剂和载体组成。催化剂的活性是指它对一特定反应的反应速率影响大小，对反应速率影响越大的催化剂，其活性就越高。

（1）活性物质　它是决定催化剂有无活性的关键组分，一般以该组分的名称命名催化剂。铂常常单独使用或与其他贵重金属联合使用作活性物质；铂的催化活性高，又具有化学惰性和稳定的耐高温性能。以非贵金属作活性物质的主要有钡、铬、锰、铁、钴、镍、铜和锌等，通常在这些金属中选择几种金属合制成一种多活性组分催化剂。

（2）助催化剂　它是加到催化剂中的少量物质，这种物质本身没有活性或者活性很小，但能提高主要催化活性物质的活性、选择性和稳定性。

（3）载体　它是催化活性物质的分散剂、胶黏剂和支持物。载体提高了催化剂的机械强度和热稳定性。载体结构有片粒状和蜂窝状两种。片粒状载体又包括棒状、片状、球状、圆柱状以及其他形式。蜂窝状结构由于压力损失小，对热冲击适应性强，是一种很有发展前途的结构。

二、固定床催化反应器的类型与选择

催化法净化气态污染的主要设备是气固催化反应器。工业上常见的气固催化反应器分固定床和流化床两大类。固定床催化反应器结构简单、体积小、催化剂不易磨损、完成同样生产任务、所需要的催化剂用量较少、容易控制。

1. 固定床催化反应器的类型

（1）单段绝热式固定床反应器　结构如图 5-24 所示，其外形一般呈圆筒形，在反应器内的下部装有栅板，催化剂均匀堆置其上形成床层，物料进口处有保证气流均匀分布的气体分布器。气体自上而下通过催化剂床层并进行反应。整个反应器与外界无热量交换。这种反应器的优点是结构简单、气体分布均匀、反应空间利用率高、造价低，适用于反应热效应较小、反应过程对温度变化不敏感、副反应较少的反应过程。

（2）多段绝热式反应器　可看作是串联起来的单段绝热反应器，它把催化剂分成数层，热量由几个相邻床层之间引出（或加入），避免了床层热量的积累，使得每段床层的温度保持在一定的范围内，并具有较高的反应速率。多段绝热式反应器又分为反应器间设换热器、各段间设换热构件、冷激式等几种形式，如图 5-25 所示。这种反应器适用于中等热效应的反应。

（3）管式反应器　其结构与列管式换热器相似。通常在管内充填催化剂，管间通入热载体（在用高压介质作热载体时，把催化剂放在管间，管内通入热载体），原料气体自上而下通过催化剂床层进行反应，反应热则由床层通过管壁与管外的热载体进行热交换。管式反应器的传热效果好，适用于反应热特别大的情况。

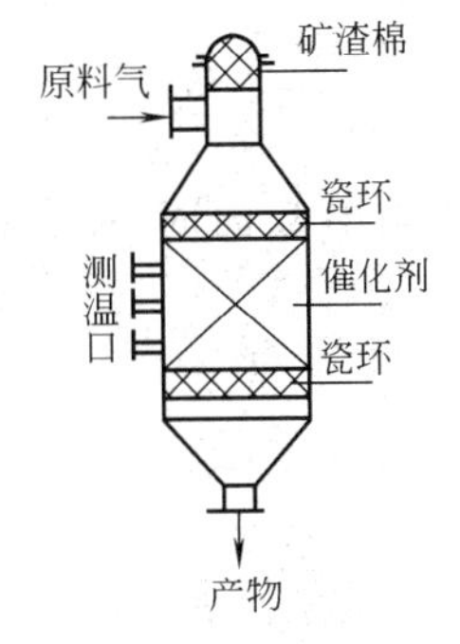

图 5-24　单段绝热式固定床反应器

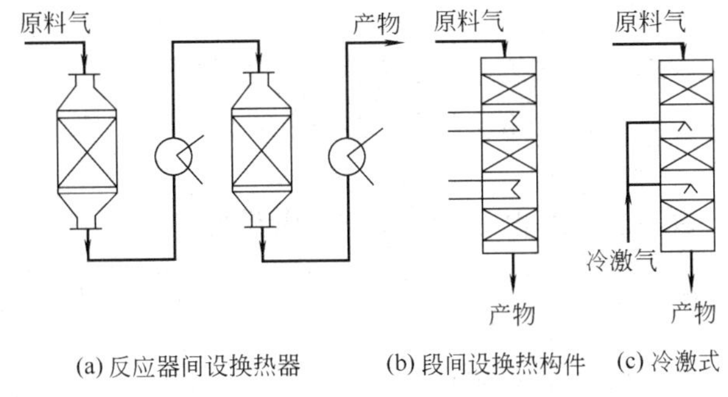

图 5-25　多段绝热式反应器

2. 固定床催化反应器的选择

固定床催化反应器在设计和选型时，会碰到多种可行的方案，必须根据实际情况作出选择。一般选择原则是根据催化反应热的大小、反应对温度的敏感程度以及催化剂活性温度范围，选择反应器的结构类型，把床温分布控制在一个许可的范围内；反应器的阻力要小，这对气态污染物的净化尤为重要；反应器操作容易、安全可靠，并力求结构简单、造价低、运行与维修费用经济。

由于催化净化气态污染物所处理的废气风量大、污染物的浓度低、反应热效应小、一般选用单段绝热式固定床反应器即可。

三、固定床催化反应器设计与应用

绝热固定床反应器主要由壳体、催化剂层、催化剂承载装置、气体进出口管及分布板等组成。固定床反应器的设计计算主要包括催化剂床层体积、床层截面积和高度、床层压降等，主要计算方法有数学模型法和经验法两种。数学模型法主要用于理论研究和反应器的优化设计；经验法是用实验室、中间试验装置或工厂生产装置中测得的一些最佳条件，如空间速度、接触时间等数据作为计算的依据。经验法虽然计算比较原始、准确程度相对较低，但在缺少动力学数据和缺乏对气固相催化反应过程研究时，是进行固定床反应器计算的主要方法。

1. 催化剂床层体积

在已知空间速度和需要处理废气量时，所需催化剂体积计算如下。

$$V_R=\frac{Q_0}{v_{SP}} \tag{5-8}$$

式中　V_R——催化剂床层体积，m^3；

Q_0——废气流量，m^3/h；

v_{SP}——空间速度，表示单位时间内单位催化剂体积所能处理的反应混合物的体积（标准状态），简称空速，$m^3/(m^3$ 催化剂 · h)。

在已知接触时间和需要处理废气量时，所需催化剂体积计算如下。

$$V_R=t_0Q_0 \tag{5-9}$$

式中　t_0——接触时间，指反应物通过催化剂层的时间，等于空速倒数，h。

2. 床层截面积和高度

催化剂床层截面积计算如下。

$$A_t=\frac{Q_0}{3600v_0} \tag{5-10}$$

式中 A_t——催化剂床层截面积，m^2；

v_0——气体空床速度，指在反应条件下，反应气体通过床层截面时的气流速度，m/s。

由床层截面积可求出反应器内径为

$$D_T=\sqrt{\frac{4A_t}{\pi}} \tag{5-11}$$

式中 D_T——反应器内径，m。

反应器的内径经圆整后，催化剂床层高度计算如下。

$$H=\frac{V_R}{(1-\varepsilon)\frac{\pi}{4}D_T^2} \tag{5-12}$$

式中 H——催化剂床层高度，m；

ε——床层空隙率，是指颗粒间的空隙体积与整个床层体积之比，m^3/m^3。

3. 床层压力降

气体通过催化剂床层时的压力降计算如下。

$$\Delta p=\lambda\frac{H}{d_S}\times\frac{\rho_G v_0^2}{2}\times\frac{1-\varepsilon}{\varepsilon^3} \tag{5-13}$$

式中 Δp——床层压力降，Pa；

λ——摩擦因数；

H——床层高度，m；

d_S——非球形颗粒的比表面当量直径，m；

ρ_G——气相密度，kg/m^3；

v_0——气体空床速度，m/s；

ε——床层空隙率，m^3/m^3。

经实验研究表明，摩擦因数与雷诺数关系为

$$\lambda=\frac{150}{Re}+1.75 \tag{5-14}$$

$$Re=\frac{d_S v_0 \rho_G}{\mu(1-\varepsilon)} \tag{5-15}$$

式中 μ——气体黏度，Pa·s。

由于生产流程中，气体的压力是有限的，因而一般要求固定床中的压力降不超过床内压力的15%。如计算出的压力降过大，可重新选用较大直径的催化剂或加大床层截面积，以减少床层高度来降低压力降。

4. 催化净化装置的应用

用催化法净化气态污染物的关键是催化剂。因此，良好的催化剂应活性高、选择性好、机械强度高、抗毒性强、热稳定性好、成本低且来源容易、使用寿命一般不小于一年等。

另外在催化净化装置的应用中还注意以下问题。

① 凡可能引起催化剂中毒的物质，必须经预处理除去。通常用过滤器除尘，洗涤器除去油烟等。若预处理不经济则应选用抗毒性好的催化剂。

② 必须控制废气浓度使其低于爆炸下限的25%，并设置回火、泄爆、报警等装置，以确保操作安全。

③ 催化剂在使用过程中，由于某些物理因素和化学因素的影响而逐渐劣化，使催化转化率降低。一般可适当提高反应温度或采用适当的方法进行再生，否则应及时更换已劣化的催化剂。

第五节　除尘脱硫一体化设备

一、湿式除尘脱硫设备

除尘脱硫一体化设备是一种投资省、运行费用低、便于维护、适合于中小型锅炉的除尘脱硫装置。根据主体设备结构的不同，湿式除尘脱硫一体化设备可分为卧式网膜塔、喷射式吸收塔和筛板塔等多种形式。

(一) 卧式网膜塔除尘脱硫装置

1. 工作原理与结构

该装置主体设备是一卧式网膜塔，配备设备包括循环水池和水泵等，如图5-26所示。在水力冲渣条件下，主要利用灰渣中碱性物质脱硫。对于沸腾炉、循环流化床炉及煤粉，主要利用粉尘中的碱性物质脱硫。为了提高对灰渣及粉尘中碱性物质的利用率，循环水中可加入催化剂。

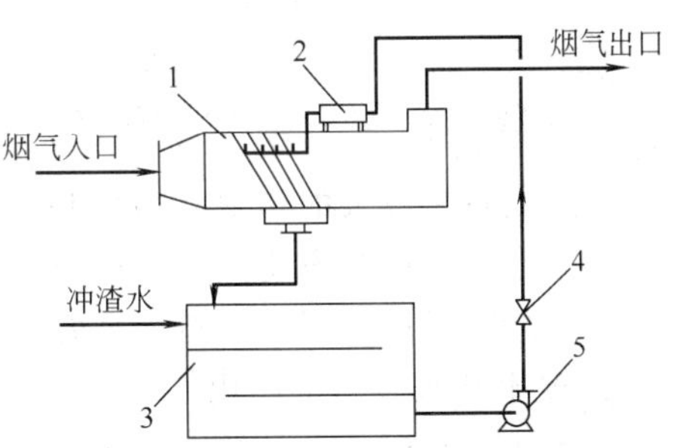

图5-26　卧式网膜塔除尘脱硫装置

1—网膜塔；2—布水器；3—循环水池；4—调节阀；5—水泵

网膜塔的结构可分为雾化段、冲击段、筛网段和脱水段。雾化段的主要作用是使烟气降温和使微细粉尘凝聚成较大的颗粒；冲击段主要作用是除尘，同时也有使部分微细粉尘凝聚的作用；筛网段由若干片筛网组成，网上端布水，网上形成均匀水膜，烟气穿过液膜，激起水滴、水花、水雾等，造成气液充分接触的条件，该段的作用是脱硫和除去粉尘；脱水段的主要作用是脱水，防止烟气带水影响引风机正常运行。

网膜塔的壳体可用普通碳钢制造，内衬防腐、耐磨、耐热材料；也可采用无机材料（如麻石）砌筑。塔内核心件及脱水件等全部采取防腐、耐磨措施；核心件均为活动的组装件，以便于可以随时抽出修理。

网膜塔的主要技术指标主要包括除尘效率、脱硫效率、压力降和液气比等。

2. 卧式网膜塔的应用

网膜塔除尘脱硫装置的主要特点是阻力小，对微细粉尘有较高的捕集效率，有较强的适用性，既适用于层燃锅炉，又适用于排尘浓度很高的沸腾炉、循环流化床炉和抛煤机炉等。

(二) 喷射式吸收塔除尘脱硫装置

1. 工作原理

喷射式吸收塔是一种新型实用除尘脱硫装置，其工作原理是把气流的动能传递给吸收液并使其雾化。喷射式吸收塔的构造如图5-27所示，烟气从塔顶进入气液分配段1，吸收液经环形管进入此段下部，均匀溢入杯形喷嘴2，沿其内壁呈液膜向下流动。当气流穿过喷嘴时，流速逐渐增大，流出喷嘴突然扩散，将液膜雾化。在吸收段3形成极大的气液接触面积。气液混合流体在分离段4速度降低，液滴靠惯性作用落入塔底部，经排液管5排出。净化后的烟气经排出管6排至烟囱。也可在排出管6出口加设脱水除雾装置后直接排入大气。由分离段排出的污水可经配置的循环池、循环泵、再生罐等设施进行再生，并循环使用。

喷嘴的形式和相对尺寸对喷射式吸收塔的性能影响很大。研究表明，圆锥形喷嘴上、下口面积之比、圆锥角以及水气比是影响雾化效果和气流阻力的主要参数。研究结果推荐折线形喷嘴（见图5-28），它具有吸收效率高和气流阻力低的优点。

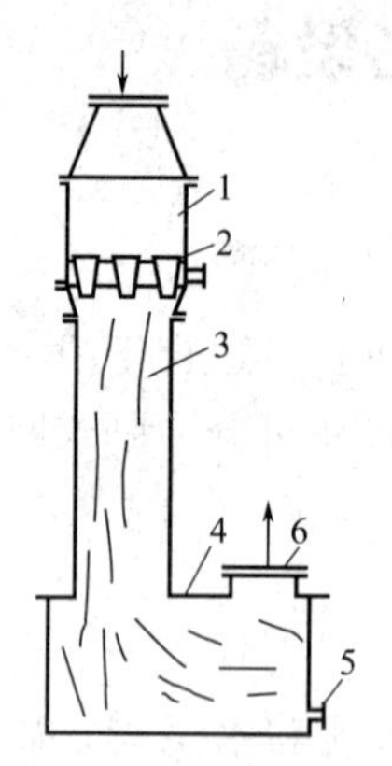

图5-27 喷射式吸收塔

1—气液分配段；2—喷嘴；3—吸收段；4—分离段；5—排液管；6—气体排出管

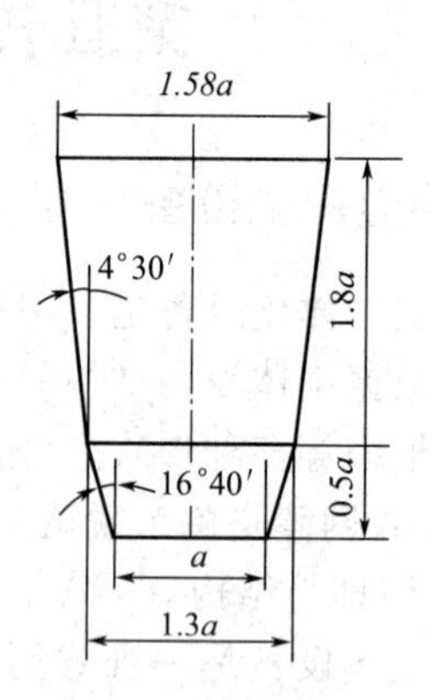

图5-28 折线形喷嘴

烟气处理量较大的喷射式吸收塔，需要布置多喷嘴。为使供液稳定，除采用多管进液外，还可在喷嘴周围安装挡水环形板。

喷射式吸收塔主要技术指标主要包括烟气的相关流速、液气比、气流阻力等。

2. 喷射式吸收塔的应用

喷射式吸收塔的优点是烟气穿塔速度高，因此，处理同样烟气量时塔的体积小；塔的结构简单，没有活动和易损件；能处理含尘烟气，不易堵塞；维护管理方便；对易溶性气体的净化效率较高。缺点是气流阻力较大。在安装杯形喷嘴时，应保证喷嘴上缘在一个水平面上，以便吸收液均匀溢流，否则将影响雾化效果。

（三）SHG型除尘脱硫装置

1. 工作原理

SHG型除尘脱硫装置的工艺流程如图5-29所示。含尘烟气由塔的中部进入干式除尘段，除去颗粒较大的粉尘。然后烟气由中间芯管上升到筛板段，筛板上布有吸收液，在上升烟气的冲击下呈沸腾状，烟气与吸收液的充分接触可除去SO_2和微细粉尘；最后烟气经脱水段脱水，并经出口处设置的除雾装置除去烟气中蒸汽冷凝所形成的水珠后排出。同样，循环池、循环泵和再生罐的作用是对吸收液进行再生并循环使用。影响该装置除尘脱硫效率的主要因素包括空塔速度、吸收液的

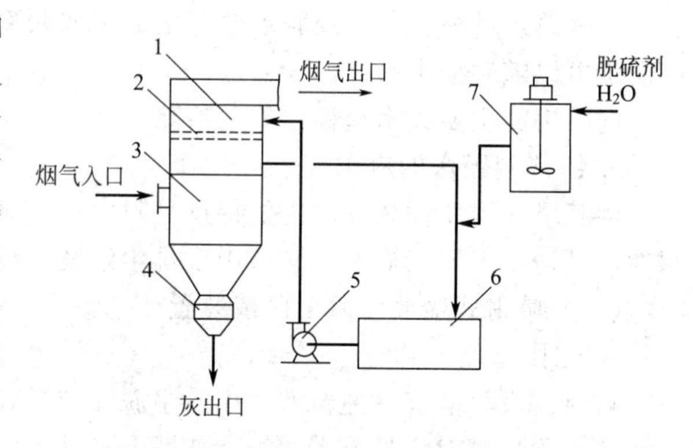

图5-29 SHG型除尘脱硫装置工艺流程

1—脱水段；2—筛板；3—干式除尘段；4—干灰斗；5—循环泵；6—循环池；7—再生罐

pH 值、液气比等。

SHG 型除尘脱硫装置主要技术指标主要包括除尘效率、脱硫效率、气流阻力、液气比等。

2. SHG 型除尘装置的应用

由于该装置采用了干湿相结合的结构形式，大部分粉尘被预先除去。因此，液气比较小，循环液量小，减小了循环池的体积，节省了循环池的占地面积和投资；塔内持液量较大，气液接触充分，强化了传质过程，有较高的脱硫除尘效率。该装置特别适用于 6t/h 以下小型层燃锅炉配套使用，燃煤为低硫、中硫和高硫分煤均可。

二、电晕放电除尘脱硫装置

在低温常压不加任何化学药品的前提下，应用高能非平衡等离子体技术，可把有害气体 SO_2 等分解成无害的氧气和固体微粒子 S，且分解率高、能耗低。该方法是一种新的有害气体治理技术，但还处于研究试验阶段。

分解试验装置如图 5-30 所示。反应器由耐腐蚀不锈钢制成，内壁涂以 Ni 为母体的 B 种催化剂，电晕极为不锈钢星形线材。根据试验要求，空气、SO_2 等和粉体发生器产生一定浓度的烟尘，通过反应器进行反应。波形成型器供给分解反应中所需要的等离子体和控制定向反应的反应条件。

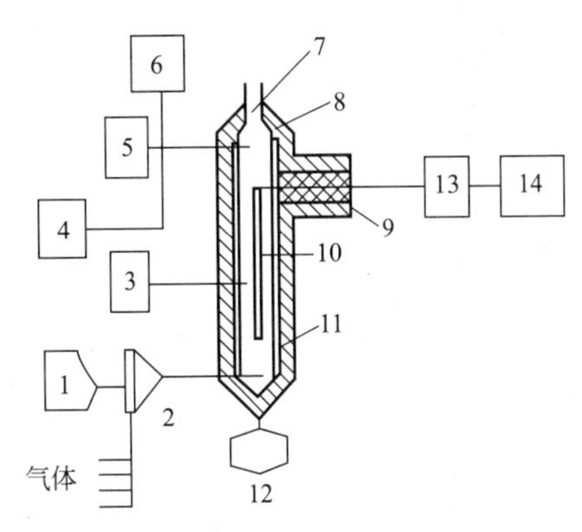

图 5-30　电晕放电除尘脱硫试验装置

1—粉体发生器；2—气尘混合发生器；3—测温仪；4—红外气体分析仪；5—质谱仪；6—色谱仪；7—反应器本体；8—保温层；9—绝缘子；10—电晕极；11—催化剂层；12—粉体回收器；13—波形成型器；14—脉冲电源

本装置采用超高压脉冲（幅值 250kV，脉宽 1μs，频率 1000Hz，脉冲电流 5A）电晕放电技术，在纳秒数量级内，使容器中烟气分子突然获得“爆炸”式的巨大能量，成为活化分子。只有高能量的活化分子，才能在发生频繁有效碰撞间（ns），将动能转化为内部势能，破坏了旧的化学键，使一个或几个键断裂。在 B 种催化剂的作用下，气体分子活化能大幅降低。在定向化学反应条件控制下，SO_2 等分解成单质气体分子 O_2 等和单质固体微粒 S 等。单质固体微粒 S 等粉尘由粉体回收器回收。

思考题与习题

5-1　吸收设备的主要类型有哪些？各有哪些特点？如何选用？

5-2　填料的类型有哪些？填料的装填方式有哪几种？

5-3　填料塔的附件有哪些？各有何种类型？

5-4　填料塔的基本操作内容是什么？

5-5　吸附设备有哪些类型？各有什么特点？

5-6　吸附剂如何选用？

5-7　冷凝设备有哪些类型？各有什么特点？冷凝设备的运行与维护包括哪些内容？

5-8　催化净化的机理是什么？固定床催化反应器的类型有哪些？催化净化装置在应用中应注意哪些问题？

5-9　除尘脱硫一体化设备有哪几种？各有什么特点？

5-10　空气中含二氧化硫 2%（摩尔分数），用清水洗涤以除去其中的二氧化硫。吸收塔的操作压力为 101.3kPa，温度为 20℃；操作条件下的气体流量为 1500m^3/h，气体密度为 1.235kg/m^3，清水流量为 32000kg/h，分别计算采用 25mm 陶瓷拉西环（填料因子为 $450m^{-1}$）时填料塔的内径和每米填料层的压力降（液体密度校正系数 $\phi=1$）。

5-11 某厂用活性炭吸附废气中的 CCl_4，气量为 $1000m^3/h$，浓度为 $4\sim5g/m^3$，活性炭直径为 3mm，空隙率为 0.33～0.43，空塔气速为 20m/min，并在 20℃和 1 个大气压下操作，通过试验测得 $K=2143m/min$，$\tau_0=95min$，试求穿透时间 $\tau_B=48h$ 的床层高度及压力降。

5-12 某化工厂硝酸车间的尾气量为 $12400m^3/h$，尾气中含 NO_x 为 0.26%，N_2 为 94.7%，H_2O 为 1.554%。选用氨催化还原法，催化剂为 5mm 直径的球粒，反应器入口温度为 493K，空间速度为 $18000h^{-1}$，反应温度为 533K，空气速度为 1.52m/s。求催化剂床层的体积、高度以及床层阻力（废气近似以 N_2 计，533K 时黏度为 $2.78\times10^{-5}Pa\cdot s$，密度为 $1.25kg/m^3$，床层空隙率为 0.92）。

第六章　典型污水处理设备

【学习指南】

污水处理设备就是运用污水处理技术将污水中所含污染物分离出来，使污水得以净化的设备。本章主要介绍物理法、化学法、生物法污水处理设备。通过本章学习，应掌握典型污水处理设备的工作原理、结构特点、设计计算及应用维护知识，能够根据实际情况正确选用污水处理设备，并具有一定的设备操作和维护保养能力。

第一节　格　　栅

格栅一般设置在污水处理流程之首，或泵站集水池的进口处，是污水处理厂的第一道处理设施。在水处理流程中，格栅不是污水处理的主体设备，但位于关键部位，对后续处理设施具有保护作用。

一、格栅的结构与分类

（一）格栅的结构

格栅是由一组平行的金属栅条制成的框架，放置在进水渠道上或泵站集水池的进口处，用以拦截污水中大块的呈悬浮或飘浮状态的污物。格栅的结构如图 6-1 所示。

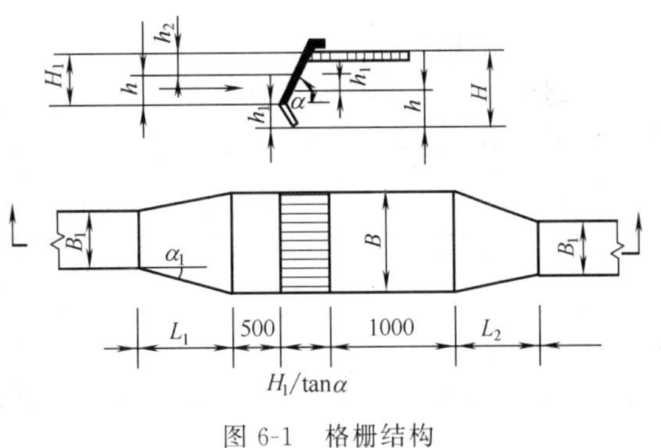

图 6-1　格栅结构

（二）格栅的分类

按格栅所截留污物的清除方式可分为人工清除格栅、机械清除格栅和水力清除格栅三种；按格栅的形状可分为平面格栅和曲面格栅两种；按格栅栅条的净间隙可分为粗格栅（50～100mm）、中格栅（10～50mm）和细格栅（3～10mm）三种。格栅截面形状与尺寸见表 6-1。

表 6-1　格栅截面形状与尺寸

栅条断面	正方形	圆　形	矩　形	带半圆的矩形	两头半圆的矩形
尺寸/mm	20 20 20	20 20 20	10 10 10 50	10 10 10 50	10 10 10 50

在中小型城市生活污水厂或所需要截留污物量较少时，一般均设置人工清理的格栅。这

类格栅用圆或直钢条制成，按 50°～60°倾角安放，这样可增加有效格栅面积 40%～80%，而且便于清除污物、防止因堵塞而造成过高的水头损失。为改善劳动条件，一些小型污水处理厂也采用机械清除格栅。

机械格栅除渣机的类型很多，常见的几种除渣机的优缺点与适用范围见表 6-2。

表 6-2 常见格栅除渣机的优缺点与适用范围

类型	优点	缺点	适用范围
链条式	① 结构简单 ② 占地面积小	① 杂物进入链条、链轮之间容易卡住 ② 套筒滚子链造价高、耐腐蚀性差	深度不大的中小型格栅，主要清除生活污水中纤维、带状杂物
移动伸缩臂式	① 不清污时设备全部在水面上，维修检修方便 ② 可不停水检修 ③ 钢丝绳在水面上运行寿命长	① 需 3 套电机、减速器，结构复杂 ② 移动时齿耙与格栅间隙对位较困难	中等深度的宽大格栅。耙斗式适于污水除污
圆周回转式	① 结构简单 ② 动作可靠，容易检修	① 配置圆弧形格栅，制造较困难 ② 占地面积较大	深度较浅的中小型格栅
钢丝绳牵引式	① 适用范围广 ② 固定设备部件维修方便	① 钢丝绳干湿交替，易腐蚀，需采用不锈钢丝绳 ② 有水下固定设备，维护检修需停水	固定式适用于中小型格栅，移动式适用于宽大格栅。深度范围广

在大型污水处理厂、污水和雨水提升泵站前均设置机械清除格栅，格栅一般与水平面成 60°～70°，有时成 90°设置。格栅除渣机传动系统有电力传动、液压传动及水力传动三种。我国多采用电力传动系统。

二、格栅的设计与计算

1. 格栅的选择

格栅作为预处理设备，应综合考虑后续设备的性能和格栅位置进行选择。水泵前格栅间隙应根据水泵要求确定，污水泵型号与栅条间隙之间的关系见表 6-3。

表 6-3 污水泵型号与栅条间隙之间的关系

水泵型号	栅条间隙/mm	水泵型号	栅条间隙/mm
2½PW，2½PWL	≤20	8PWL	≤90
4PW，4PWL	≤40	10PWL	≤110
6PWL	≤70	12PWL	≤150

污水处理系统前格栅栅条间隙应符合下列要求：人工清除格栅栅条间隙 25～40mm；机械清除格栅栅条间隙 10～25mm。栅条间隙还应综合考虑处理污水状况与特征、污水流量和排水体制等因素。

栅渣量与栅条间隙有关，当缺乏运行资料时，可按表 6-4 确定。

表 6-4 栅条间隙与栅渣量之间的关系

栅条间隙/mm	栅渣量/$m^3 \cdot (10^3 m^3$ 污水$)^{-1}$	栅条间隙/mm	栅渣量/$m^3 \cdot (10^3 m^3$ 污水$)^{-1}$
16～25	0.10～0.05	30～50	0.03～0.01

圆形栅条水力条件较好，水力阻力小，但刚度差。一般多采用矩形断面栅条。选用机械

清除格栅时，一般不少于 2 台。大型污水处理厂应设置粗细两道格栅。

2. 栅条设计参数的确定

① 格栅前渠道内的污水流速一般取 0.4～0.9m/s。

② 污水通过格栅流速一般取 0.6～1.0m/s。

③ 格栅前后渠底高差 h_1 一般取 0.08～0.15m。

④ 格栅倾角 α 一般取 45°～75°。人工清除格栅取低值，机械清除格栅最大可取 80°。

⑤ 格栅间必须设置工作台，工作台面应高出栅前最高设计水位 0.5m，工作台上应安装安全和冲洗设施。工作台两侧行人过道宽度不应小于 0.7m，正面过道宽度按清渣方式确定，人工清渣时不应小于 1.2m，机械清渣时不应小于 1.5m。

3. 格栅的设计计算

(1) 格栅槽的建筑宽度 B

$$B=s(n-1)+bn \tag{6-1}$$

式中　s——栅条宽度，m；

b——栅条间隙，m；

n——栅条间隙数目。

当栅条间的间隙数为 n 时，栅条的数目应为 $n-1$。

$$n=\frac{Q_{\max}\sqrt{\sin\alpha}}{bhv} \tag{6-2}$$

式中　$Q_{\max}$——最大设计流量，m^3/s；

α——格栅倾角，(°)；

h——栅前水深，m；

v——过栅速度，m/s。

(2) 通过格栅的水头损失 h_1

$$h_1=Kh_0 \tag{6-3}$$

$$h_0=\xi\frac{v^2}{2g}\sin\alpha \tag{6-4}$$

式中　h_0——计算水头损失，m；

K——考虑截留污物引起的阻力增大的系数，一般取 K 为 2～3；

ξ——阻力系数，依表 6-5 计算。

工程中为了简化计算，h_1 也可按经验选取，一般取 h_1 为 0.08～0.15m。

表 6-5　格栅截面形状与阻力系数 ξ 关系的对照计算

栅条截面形状	计算公式	形状系数
矩形	$\xi=\beta\left(\frac{s}{b}\right)^{\frac{4}{3}}$	$\beta=2.42$
圆形		$\beta=1.79$
带半圆的矩形		$\beta=1.83$
双头半圆的矩形		$\beta=1.67$
正方形	$\xi=\left(\frac{b+s}{\varepsilon b}-1\right)^2$	ε 为收缩系数，一般取 0.64

(3) 栅后槽总高度 H

$$H=h+h_1+h_2 \tag{6-5}$$

式中 h——栅前水深，m；

h_2——栅前渠道超高，取 $h_2=0.3$m。

（4）格栅的总建筑长度 L

$$L=L_1+L_2+1.0+0.5+\frac{H_1}{\tan\alpha} \tag{6-6}$$

$$L_1=\frac{B-B_1}{2\tan\alpha_1} \tag{6-7}$$

式中 L_1——进水渠道渐宽部位长度，m；

B_1——进水渠道宽度，m；

α_1——进水渠道渐宽部位展开角，一般取 $\alpha_1=20°$；

L_2——格栅槽与出水渠道联接处的渐窄部位长度，一般取 $L_2=0.5L_1$；

H_1——格栅前的渠道深度，m。

（5）每日栅渣量 W

$$W=\frac{3600\times 24Q_{max}W_1}{1000K_2} \tag{6-8}$$

式中 Q_{max}——最大设计流量，m^3/s；

W_1——栅渣量，$m^3/10^3m^3$ 污水；

K_2——生活污水流量总变化系数（见表 6-6）。

表 6-6 生活污水流量总变化系数 K_2 与平均流量关系对照

平均流量/$L\cdot s^{-1}$	4	6	10	15	25	40	70	120	200	400	750	1600
K_2	2.3	2.2	2.1	2.0	1.89	1.80	1.69	1.59	1.51	1.40	1.30	1.20

注：表中平均流量是指一天当中的平均流量。

栅渣的含水率一般约为 80%，密度约为 $960kg/m^3$。污水处理厂内贮存栅渣容器的容积，不应小于一天的栅渣体积量。

机械格栅的动力装置（除水力传动外）一般应设在室内，或采用其他保护设施加以防护。

【例 6-1】 已知某城市污水处理厂的最大设计流量 $Q_{max}=0.2m^3/s$，试设计格栅设备。

解 格栅设计草图如图 6-1 所示。选用带半圆的矩形格栅。

（1）栅条的间隙数目 设栅前水深 $h=0.4$m，过栅流速 $v=0.9$m/s，栅条间隙宽度 $b=20$mm，格栅倾角 $\alpha=60°$，则

$$n=\frac{Q_{max}\sqrt{\sin\alpha}}{bhv}=\frac{0.2\times\sqrt{\sin 60°}}{0.02\times 0.4\times 0.9}\approx 26\text{（个）}$$

（2）格栅的宽度 取栅条宽度 $s=10$mm，则

$$B=s(n-1)+bn=0.01\times(26-1)+0.02\times 26=0.77\text{（m）}$$

（3）栅后槽总高度 取阻力系数 $K=3$，依式（6-3）、式（6-4）及表 6-5，则通过格栅的阻力损失为

$$h_1=Kh_0=K\xi\frac{v^2}{2g}\sin\alpha=3\times 1.83\times\left(\frac{0.01}{0.02}\right)^{\frac{4}{3}}\times\frac{0.9^2}{2\times 9.81}\times\sin 60°=0.078\text{（m）}$$

取 $h_1=0.08$m。

取栅前渠道超高 $h_2=0.3$m，则栅后槽总高度为

$$H=h+h_1+h_2=0.4+0.08+0.3=0.78\ (\mathrm{m})$$

(4) 栅槽总长度

① 进水渠道渐宽部分长度 L_1　取进水渠宽度 $B_1=0.65\mathrm{m}$，其渐宽部位展开角 $\alpha_1=20°$。

$$L_1=\frac{B-B_1}{2\tan\alpha_1}=\frac{0.77-0.65}{2\tan20°}=0.16\ (\mathrm{m})$$

② 栅槽与出水渠道联接处的渐窄部位长度 L_2

$$L_2=0.5L_1=0.08\ (\mathrm{m})$$

③ 栅槽总长度 L

$$L=L_1+L_2+1.0+0.5+\frac{H_1}{\tan\alpha}=0.16+0.08+1.0+0.5+\frac{0.7}{\tan60°}=2.15\ (\mathrm{m})$$

(5) 每日栅渣量计算　取 $W_1=0.06\mathrm{m}^3/10^3\mathrm{m}^3$ 污水，流量变化系数 $K_2=1.5$。

$$W=\frac{Q_{\max}W_1\times3600\times24}{K_2\times1000}=\frac{0.2\times0.06\times3600\times24}{1.5\times1000}=0.69\ (\mathrm{m}^3/\mathrm{d})$$

每日栅渣量 $0.69\mathrm{m}^3/\mathrm{d}>0.3\mathrm{m}^3/\mathrm{d}$，采用机械清除格栅。

三、格栅的运行与维护

在所有水处理设备的运行与维护工作中格栅是最为简单的设备之一。对于人工清除污物的格栅，运行管理人员的主要任务是及时清除截留在格栅上的污物，防止栅条间隙堵塞；对于机械清除格栅，则是保证机械除污机的正常运转。

机械清除格栅通常采用间歇式的清除装置，其运行方式可用定时装置控制操作，也可根据格栅前后渠道水位差的随动装置控制操作。为保证设备的安全运行，机械除污装置应设超负荷自动保护装置。

为了保证机械除污机的正常运转，应制定详细的维护检修计划，对设备的各部位进行定期检查维修并认真做好检修记录，如轴承减速器、链条的润滑情况，传动皮带或链条的松紧程度，控制操作的定时装置或水位差的随动装置是否正常等，及时更换损坏的零部件。

当机械除污机出现故障或停机检修时，应采用人工方式清污。

第二节　沉　淀　池

沉淀池是污水处理厂一级处理的主要构筑物，使水中的悬浮物质（主要是可沉固体）在重力作用下下沉从而实现与水分离的水处理设备。它的构造简单，分离效果好，应用非常广泛。在各种类型的污水处理系统中，沉淀池几乎是不可或缺的设备，而且在同一处理系统中可能多次采用。

沉淀池的主要类型有平流式、辐流式、竖流式和斜板（管）式四种。各种沉淀池的特点及适用条件见表 6-7。

一、平流式沉淀池

平流式沉淀池是水从池的一端流入，从另一端流出，水流在池内作水平运动，池平面形状呈长方形，可以是单格或多格串联的沉淀池。池的进口端底部或沿池长方向，设有一个或

表 6-7 各种沉淀池的特点及适用条件

类型	优点	缺点	适用条件
平流式	① 沉淀效果好 ② 对冲击负荷和温度变化的适应能力强 ③ 施工简单，造价低	① 占地面积大 ② 配水不易均匀 ③ 采用多斗排泥时，每个泥斗需单独设排泥管，操作工作量大、管理复杂；采用链条式刮泥机时，机件浸入水中，易腐蚀	① 地下水位高及地质条件差的地区 ② 大、中、小型水处理厂
辐流式	① 多为机械排泥，运行较好，管理简单 ② 排泥设备已定型，运行效果好	① 水流不易均匀，沉淀效果差 ② 机械排泥设备复杂，对施工质量要求较高	① 适用于地下水位较高地区 ② 大、中、小型水处理厂
竖流式	① 排泥方便，管理简单 ② 占地面积小	① 池子深度较大，施工困难 ② 造价较高 ③ 对冲击负荷和温度变化的适应能力较差 ④ 池径不宜过大，否则布水不均	大、中、小型污水处理厂
斜板式	① 沉淀效果好，生产能力大 ② 占地面积小	构造复杂，斜板、斜管造价高，需定期更换，易堵塞	① 地下水位高及地质条件差的地区 ② 选矿污水浓缩等

多个贮泥斗，贮存沉积下来的污泥。图 6-2 所示为一种常用的平流式沉淀池，图 6-3 所示为多斗式平流沉淀池。平流式沉淀池建造容易，处理污水量大，沉淀效果好，工作稳定，适用于大中型水厂，但占地面积较大，排泥困难。

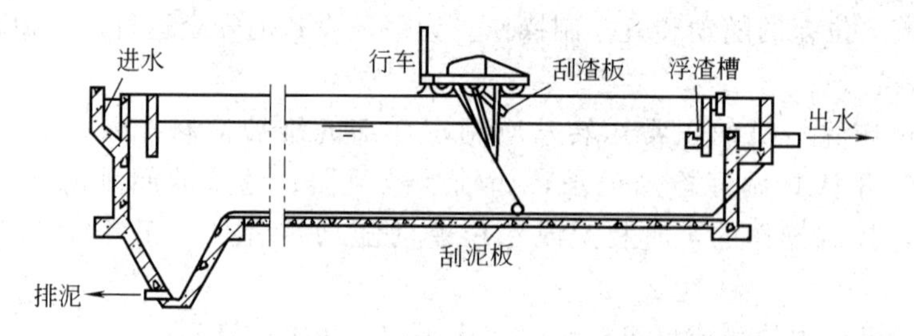

图 6-2 设有行车刮泥机的平流式沉淀池

平流式沉淀池的结构按功能可分流入区、流出区、沉淀区、污泥区和缓冲层五部分。流入区和流出区的任务是使水流均匀地流过沉淀区；沉淀区即工作区，是可沉颗粒与水分离的区域；污泥区是污泥贮放、浓缩和排出的区域；而缓冲层则是分隔沉淀区和污泥区的水层，保证已沉下的颗粒不因水流搅动浮起。

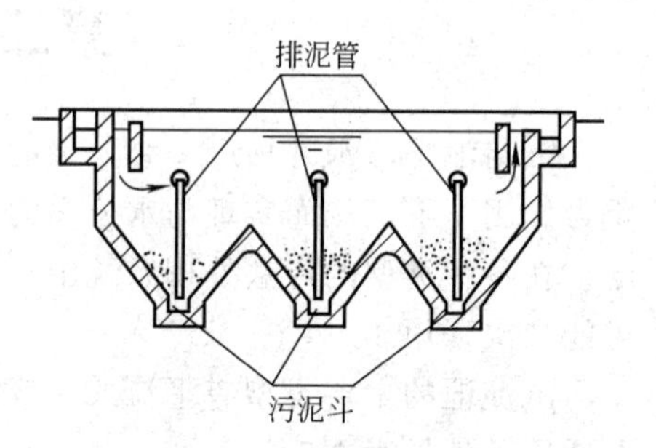

图 6-3 多斗式平流沉淀池

（一）平流式沉淀池的结构形式

1. 入流装置

入流装置由设有侧向或槽底潜孔的配水槽、挡流板组成。其作用是使水流均匀地分布在沉淀池的整个过水断面上，尽可能减少扰动。在给水处理中，沉淀池流入装置可设计成图 6-4(a)、(b)、(c) 所示的形式，其中图 6-4(c) 为穿孔墙布水的形式，采用较多，穿孔墙上的开孔面积为池断面面积的 6%～20%，孔口应均匀分布在整个穿孔墙宽度上，为防止絮体破坏穿孔墙，

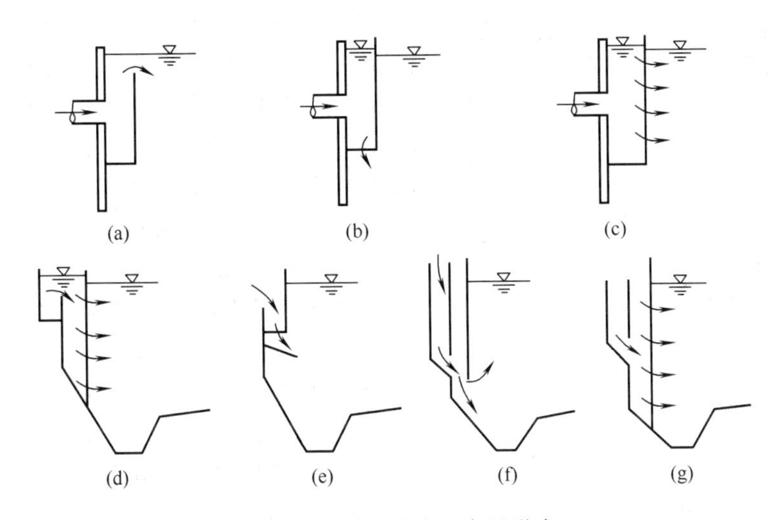

图 6-4　沉淀池进水口布置形式

孔口流速不宜大于 0.15～0.2m/s，孔口的断面形状沿水流方向逐渐扩散，以减少进口的射流。

污水处理中也有采用图 6-4(d)、(e)、(f)、(g) 所示的形式，这些形式与给水处理中沉淀池进水装置的差别是增设了消能整流设备，以保证均匀布水。图 6-4(f) 所示挡板，要求高出水面 0.15～0.2m，伸入水面下不小于 0.2m，距进水口 0.15～1.0m。

2. 出流装置

出流装置由出水堰和流出槽组成。出水堰是沉淀池的重要组成部分，不仅控制池内水面的高度，而且对池内水流的均匀分布有直接影响，单位长度堰口流量必须相等，并要求堰口下游应有一定的自由落差。

图 6-5 所示为淹没孔口出水，孔口流速宜取 0.6～0.7m/s，孔径取 20～30mm。孔口应设在水面下 0.12～0.15m 处，水流应自由跌落到出水渠中，这种形式出水堰可以阻挡浮渣随水流走。

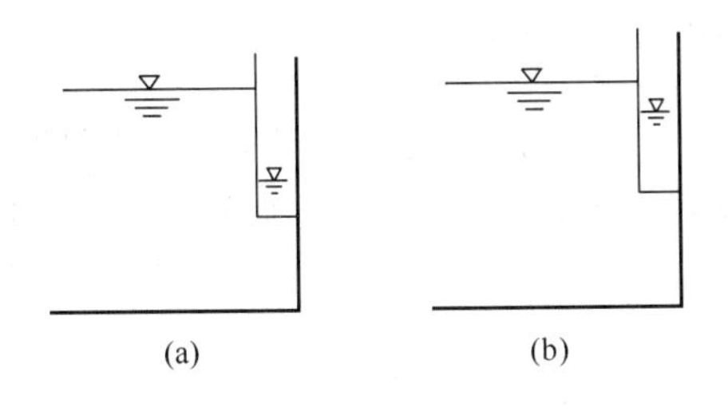

图 6-5　淹没孔口溢流堰

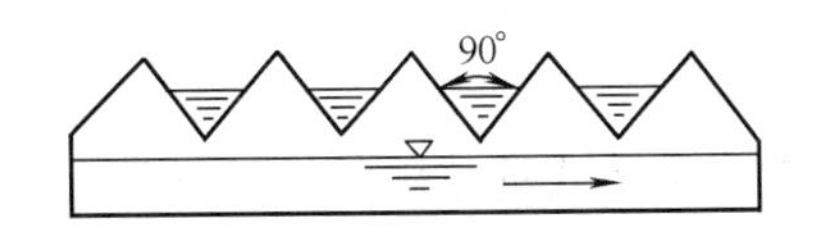

图 6-6　锯齿形溢流堰

图 6-6 所示为锯齿形溢流堰。这种溢流堰易于加工，并能保证均匀出水，水面应位于齿高度的 1/2 处。为阻拦浮渣，堰前应设置挡板，挡板下沿应插入水面下 0.3～0.4m，挡板距出水口 0.25～0.5m。初次沉淀池最大负荷不大于 2.9L/(m^2·s)，二次沉淀池不大于 2.0L/(m^2·s)。

3. 排泥装置

及时排出沉淀池的污泥是保证沉淀池正常工作、出水水质的一项重要措施，常用的排泥方法有静水压力法和机械排泥法。

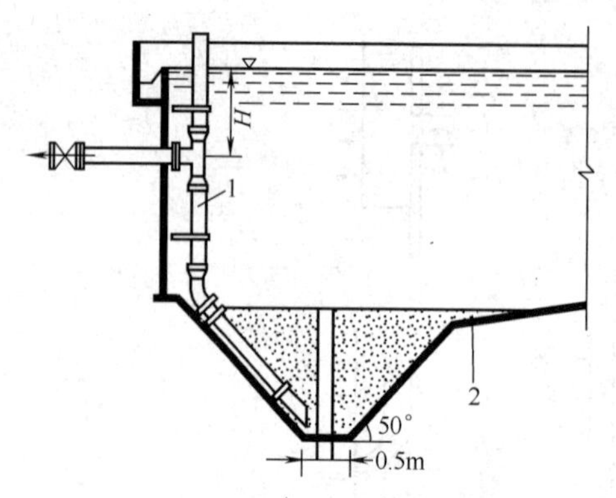

图 6-7 静水压力排泥装置
1—排泥管；2—污泥斗

静水压力法是利用池内的静水位，将污泥排出池外，如图 6-7 所示。排泥管直径通常取 200mm，下端插入污泥斗，上端伸出水面。初次沉淀池静水压力 $H=1.5$m，活性污泥曝气池后的二次沉淀池取 0.9m，生物膜法后的二次沉淀池应不小于 1.2m。为减小池的总深度，也可采用多斗式平流沉淀池，如图 6-3 所示。

图 6-2 所示为行走小车刮泥机的机械排泥法，小车沿池壁上的导轨往返行走，刮板将沉泥刮入污泥斗，浮渣刮入浮渣槽。由于整套刮泥机都在水面上，不易腐蚀，便于维修。图 6-8 所示为设有链条刮泥机的平流式沉淀池。链条装有刮板，沿池底缓慢移动，速度约为 1m/min，将沉泥缓慢刮入污泥斗，当链条刮板转到水面时，又可将浮渣推入浮渣槽。链条式刮泥机的缺点是机件长期浸于池水中，易被腐蚀，难以维修。被刮入污泥斗的沉泥，可用静水压力等方法排出池外。

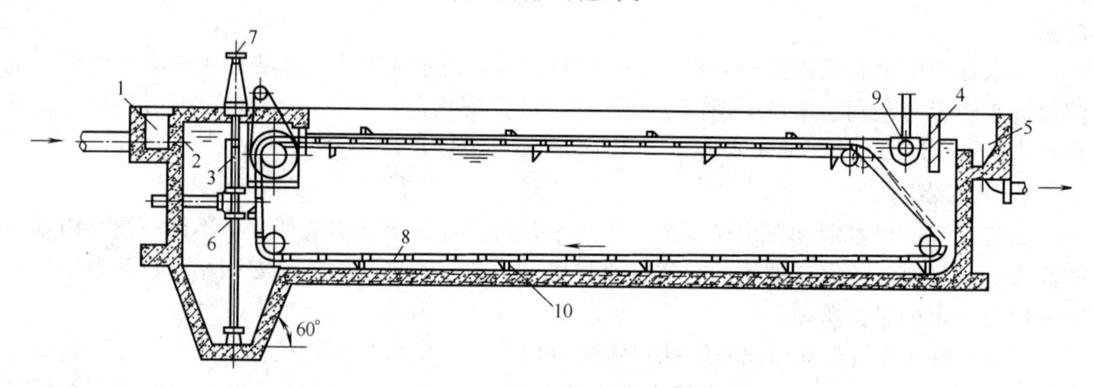

图 6-8 设有链条刮泥机的平流式沉淀池
1—进水槽；2—进水孔；3,6—排泥管；4—出水挡板；5—出水槽；7—排泥阀门；
8—链条；9—可转动排渣管槽；10—刮板

上述两种机械排泥法主要适用于初次沉淀池。对于二次沉淀池，由于活性污泥的密度小，含水率高达 99%以上，呈絮状，不可能被刮除，可采用单口扫描泵排除，使集泥和排泥同时完成。

（二）平流式沉淀池的设计计算

1. 沉淀池的设计参数确定

(1) 设计流量　对于给水处理厂，因原水为江河水，并用泵输送到处理厂，流量比较稳定。污水处理厂的原水来自城市排水系统，水量变化较大，当污水是自流进入沉淀池时，应按每星期最大流量作为设计流量，当污水是通过泵提升进入沉淀池时，应按水泵工作时的最大组合流量作为设计流量。

(2) 沉淀池的数目　沉淀池的数目应不少于两座，并应考虑其中一座发生故障时，全部流量通过其他沉淀池时的沉淀效果良好。

(3) 沉淀池的几何尺寸　沉淀池超高不小于 0.3m，缓冲层高采用 0.3～0.5m，贮泥斗与斜壁倾角，方斗不宜小于 60°，圆斗不宜小于 55°，排泥管直径不小于 200mm。

（4）贮泥斗的容积 一般按不大于2天的污泥量计算。对于二次沉淀池，按贮泥时间不超过2h计算。

2. 平流式沉淀池的设计

（1）沉淀区设计 沉淀区尺寸的计算方法有多种，可以根据收集的资料等具体情况加以选用。

① 当没有进行沉淀试验，缺乏具体数据时，可以根据沉淀时间和水平流速或选定的表面负荷进行计算，其计算公式如下。

a. 沉淀池的面积 A

$$A=\frac{Q_{\max}\times 3600}{q} \tag{6-9}$$

式中 $Q_{\max}$——最大设计流量，m^3/s；

q——表面负荷，$m^3/(m^2\cdot h)$，城市污水一般取1.5～3.0$m^3/(m^2\cdot h)$。

b. 沉淀池长度 L

$$L=vt\times 3.6 \tag{6-10}$$

式中 v——设计流量时的水平流速，mm/s，给水处理取10～25mm/s，污水处理取5～7mm/s；

t——水在池中设计停留时间，h，初次沉淀池取1.0～2.0h，二次沉淀池取1.5～2.5h。

c. 沉淀区有效水深 h_2

$$h_2=qt \tag{6-11}$$

沉淀区的有效水深通常取2～3m。

d. 沉淀区的有效容积 V_1

$$V_1=Ah_2=3600Q_{\max}t \tag{6-12}$$

e. 沉淀池总宽度 B

$$B=\frac{A}{L} \tag{6-13}$$

f. 沉淀池座数或分格数 n

$$n=\frac{B}{b} \tag{6-14}$$

式中 b——每座沉淀池（分格）宽度，m。

平流式沉淀池的长度一般取30～50m，为了保证水在池内均匀分布，要求长宽比不小于4。若采用机械排泥时，池的宽度应结合机械格架的跨度来确定。

② 如已做过沉淀试验，取得了与水处理效率相对应的最小沉速值 u_0，则沉淀池的设计表面负荷 $q=u_0$。

沉淀池的有效水深为

$$h_2=qt=\frac{Q_{\max}t}{A}=u_0t \tag{6-15}$$

其他参数计算同①。

沉淀池的尺寸决定后，可以用弗罗德数来复核沉淀池中水流的稳定性。其计算公式如下。

$$Fr=\frac{v^2}{Rg} \tag{6-16}$$

$$R=\frac{A}{P}$$

式中 Fr——弗罗德数，一般控制为 $1\times10^{-4}\sim1\times10^{-5}$；

v——平均水流速度，cm/s；

R——水力半径，cm；

A——水流断面面积，cm^2；

P——湿周，cm。

（2）污泥区设计

① 污泥区所需容积　污泥贮存容积可根据每日所沉淀下来的污泥量和污泥贮存周期决定。每日沉淀下来的污泥量与水中悬浮固体浓度、沉淀时间以及污泥含水率等参数有关。如为生活污水，可按每个设计人口每日所产生的污泥量计算，其具体数值见表 6-8，污泥区的容积为

$$V=\frac{SNt_1}{1000}\ (m^3) \tag{6-17}$$

式中 S——每个设计人口每日产生污泥量，L/(人·d)；

N——设计人口数，人；

t_1——两次排泥间隔时间，一般取 2 天。

表 6-8　生活污水沉淀产生的污泥量

沉淀时间/h	污泥量		污泥含水率/%	沉淀时间/h	污泥量		污泥含水率/%
	g·人$^{-1}$·d^{-1}	L·人$^{-1}$·d^{-1}			g·人$^{-1}$·d^{-1}	L·人$^{-1}$·d^{-1}	
1.5	17～25	0.4～0.66	95	1.0	15～22	0.36～0.6	95
		0.5～0.83	97			0.44～0.73	97

如果已知污水和出水悬浮浓度，污泥区容积 W 计算如下。

$$W=\frac{Q(C_1-C_2)\times100t}{\gamma(100-p)} \tag{6-18}$$

式中 Q——每日污水量，m^3/d；

C_1——原污水中悬浮浓度，kg/m^3；

C_2——出水中悬浮浓度，kg/m^3；

p——污泥的含水率，%，一般城市污水为 95%～97%；

γ——污泥的密度，kg/m^3，当污泥中的主要成分为有机物，含水率在 95%以上时，其密度可按 $1000kg/m^3$ 考虑。

② 污泥斗容积

当采用方形污泥斗时计算如下。

$$V=\frac{1}{3}h_4(f_1+f_2+\sqrt{f_1f_2})\ (m^3) \tag{6-19}$$

式中 h_4——污泥斗高，m；

f_1，f_2——污泥斗上、下口面积，m^2。

③ 沉淀池的总高度

$$H=h_1+h_2+h_3+h_4\ (m) \tag{6-20}$$

式中 h_1——沉淀池超高，m；

h_3——缓冲层高度，m，非机械排泥时取 0.5m。

【例 6-2】 某城市污水处理厂最大设计流量 0.15m^3/s，悬浮物浓度为 200mg/L，沉淀处理后要求悬浮物去除率为 70%，污泥含水率为 97%。试验沉淀曲线如图 6-9 所示。试设计一平流式沉淀池。

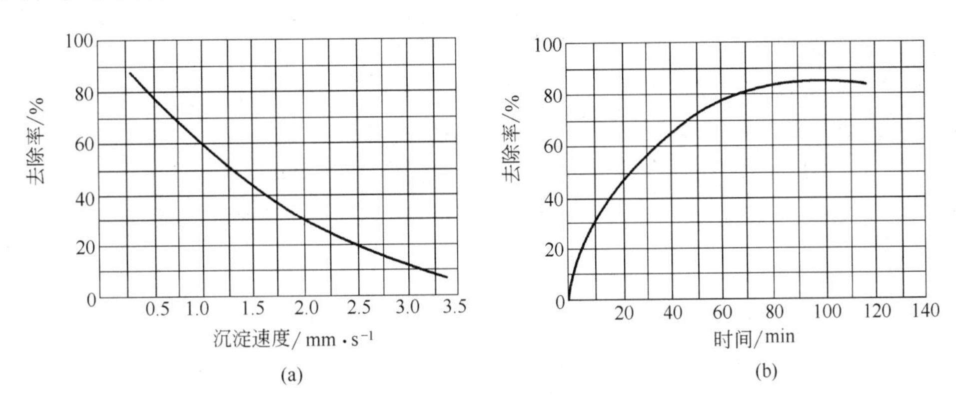

图 6-9 试验沉淀曲线

解

(1) 各设计参数确定

① 表面负荷及沉淀时间　根据沉淀曲线，当去除率为 70%时，应去除最小颗粒的沉速为 0.7mm/s (2.52m/h)，即表面负荷 $q_0=2.52m^3/(m^2 \cdot h)$，沉淀时间 $t_0=50min$。

② 设计表面负荷与设计沉淀时间　为使设计留有余地，将表面负荷缩小 1.5 倍，沉淀时间放大 1.75 倍，即

$$q=\frac{q_0}{1.5}=\frac{2.52}{1.5}=1.68\ [m^3/(m^2 \cdot h)]$$

$$t=1.75t_0=1.75\times 50=87.5(min)=1.46\ (h)$$

(2) 沉淀区尺寸确定

① 沉淀池总有效沉淀面积

$$A=\frac{3600Q_{max}}{q}=\frac{0.15\times 3600}{1.68}=321.43\ (m^2)$$

采用 2 座沉淀池，每个池的表面积为 160.71m^2。

② 沉淀池有效水深

$$h_2=qt=1.68\times 1.46=2.45\ (m)$$

③ 沉淀池长度　每个池宽 b 取 6m，则池长为

$$L=\frac{A_1}{b}=\frac{160.71}{6}\approx 26.79\ (m)$$

取 $L=27m$。

长宽比 $L/b=4.5>4$，符合要求。

(3) 污泥区尺寸确定

① 每日产生的污泥量

a. 处理后悬浮物浓度　$C_2=C_1(1-\eta)=200\times(1-0.7)=60\ (mg/L)$

b. 每日产生的污泥量

$$W=\frac{Q(C_1-C_2)\times 100}{\gamma(100-p)}=\frac{0.15\times 3600\times 24\times(200-60)\times 100}{1000\times 1000\times(100-97)}=60.48\ (m^3)$$

每个池中的污泥量为 30.24m^3。

② 污泥斗的容积　取污泥斗高度 $h_4=2.8m$，则污泥斗容积

$$V=\frac{1}{3}h_4(f_1+f_2+\sqrt{f_1f_2})=\frac{1}{3}\times2.8\times(36+0.16+\sqrt{36\times0.16})=36\ (m^3)$$

即每个污泥斗可贮存 1 天的污泥量，设 2 个污泥斗，则可容纳 2 天的污泥量。

(4) 沉淀池结构尺寸

① 沉淀池的总高度（采用机械刮泥设备）　沉淀池超高取 0.3m；沉淀池的缓冲层高度，由于采用机械刮泥设备，其上缘应高出挡板 0.3m，整个高度取 0.6m。

$$H=h_1+h_2+h_3+h_4=0.3+2.45+0.6+2.8=6.15\ (m)$$

② 沉淀池的总长度　流入口至挡板距离取 0.5m，流出口至挡板的距离取 0.3m。则沉淀池总长度为

$$L=0.5+0.3+27=27.8\ (m)$$

沉淀池各部位尺寸如图 6-10 所示，尺寸单位为 m。

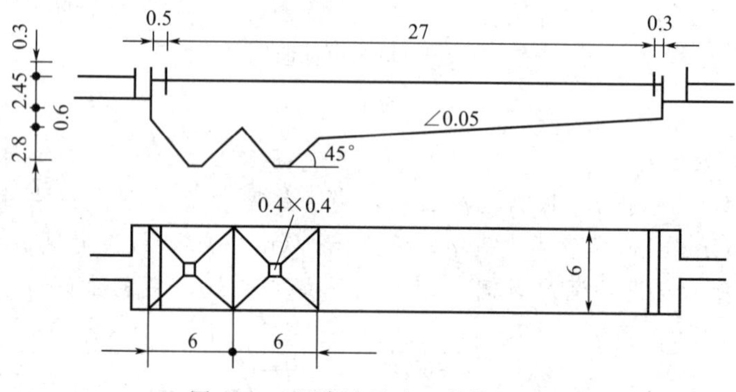

图 6-10　沉淀池尺寸（单位：m）

二、辐流式沉淀池

1. 辐流式沉淀池的类型与特点

辐流式沉淀池的池表面呈圆形或方形，池内污水呈水平方向流动，但流速是变动的。按水流方向及进出水方式的不同，辐流式沉淀池可分为普通辐流式沉淀池和向心辐流式沉淀池两种。

(1) 普通辐流式沉淀池　呈圆形或正方形，直径（或边长）一般为 6～60m，最大可达 100m，中心深度为 2.5～5.0m，周边深度 1.5～3.0m。水从沉淀池的中心进入，由于直径比深度大得多，水流呈辐射状向周边流动，沉淀后的污水由四周的集水槽排出。由于是辐射状流动，水流过水断面逐渐增大，而流速逐渐减小。

图 6-11 所示为中心进水周边出水机械排泥的普通辐流式沉淀池。池中心处设中心管，

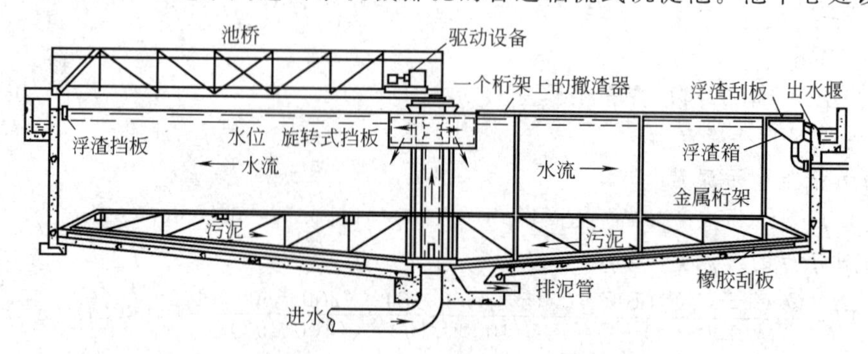

图 6-11　中心进水周边出水机械排泥普通辐流式沉淀池

污水从池底进入中心管，或用明槽自池的上部进入中心管，在中心管周围常有用穿孔隔板围成的流入区，使污水能沿圆周方向均匀分布。为阻挡漂浮物，出水槽堰口前端设挡板及浮渣收集与排出装置。

普通辐流式沉淀池大多采用机械刮泥（尤其是池径大于20m时，几乎都用机械刮泥），将全池的沉积污泥收集到中心泥斗，再借静压力或污泥泵排出。刮泥机一般为桁架结构，绕池中心转动，刮泥刀安装在桁架上，可中心驱动或周边驱动。池底坡度多为0.05，坡向中心泥斗，中心泥斗的坡度为0.12～0.16。

除机械刮泥的辐流式沉淀池外，常将池径小于20m的辐流式沉淀池建成方形，污水沿中心管流入，池底设多个泥斗，使污泥自动滑入泥斗，形成斗式排泥。

(2) 向心辐流式沉淀池　普通辐流式沉淀池为中心进水，中心导流筒内流速达100mm/s，作二次沉淀池使用时，活性污泥在其间难以絮凝，这股水流向下流动的动能较大，易冲击底部沉泥，池子的容积利用系数较小（约48%）。向心辐流式沉淀池是圆形，周边为流入区，而流出区既可设在池周边［见图6-12(a)］，也可设在池中心［见图6-12(b)］。由于结构上的改进，在一定程度上可以克服普通辐流式沉淀池的缺点。

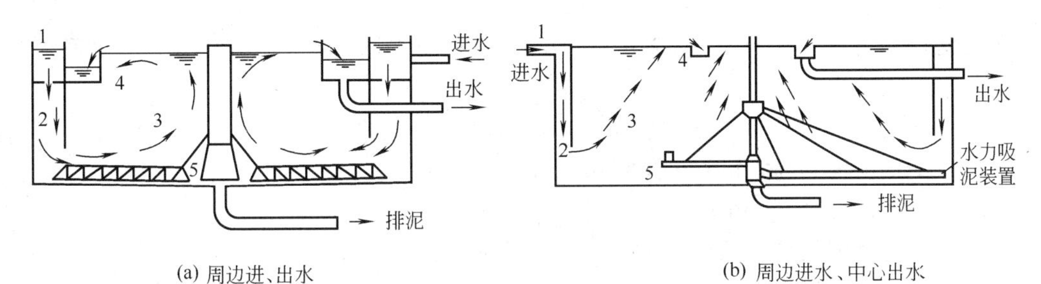

图6-12　向心辐流式沉淀池

1—配水槽；2—导流絮凝区；3—沉淀区；4—出水区；5—污泥区

向心辐流式沉淀池有5个功能区，即配水槽、导流絮凝区、沉淀区、出水区和污泥区。

配水槽设于周边，槽底均匀开设布水孔及短管。

作为二次沉淀池时，导流絮凝区由于设有布水孔及短管，使水流在区内形成回流，促进絮凝作用，从而可提高去除率；且该区的容积较大，向下的流速较小，对底部沉泥无冲击现象。底部水流的向心流动可将沉泥推入池中心的排泥管。

出水槽的位置可设R处、$R/2$处、$R/3$处或$R/4$处。出水槽不同位置的容积利用系数不同，见表6-9。可见，出水槽位置设置在R处，即周边进、出水，容积利用系数最高。

表6-9　出水槽不同位置的容积利用系数

出水槽位置	容积利用系数/%	出水槽位置	容积利用系数/%
R	93.6	$R/3$	87.5
$R/2$	79.7	$R/4$	85.7

2. 向心辐流式沉淀池的结构设计

(1) 配水槽、导流絮凝区

① 配水槽　采用环形平底槽，等距离设布水孔，孔径一般取50～100mm，并加50～100mm长度的短管。管内水流平均流速一般为0.3～0.8m/s。

② 导流絮凝区　为了施工安装方便，宽度$B>0.4$m，与配水槽等宽。

（2）沉淀池的表面积和池径

① 表面积

$$A_1=\frac{Q_{max}}{nq_0} \tag{6-21}$$

式中 n——沉淀池个数；

q_0——表面负荷，$m^3/(m^2 \cdot h)$，一般通过试验确定，对向心辐流式沉淀池的表面负荷，处理生活污水，取 $q_0=3.0\sim4.0m^3/(m^2 \cdot h)$。

② 池直径

$$D=\sqrt{\frac{4A_1}{\pi}} \tag{6-22}$$

式中 A_1——沉淀池的表面积，m^2。

对辐流式沉淀池，直径 D（或正方形的边长）不宜小于 16m。

（3）沉淀池的有效水深

$$h_2=\frac{Q_{max}t}{nA_1} \tag{6-23}$$

沉淀池的平均有效水深 h_2 一般不大于 4m，直径与水深之比一般介于 6～12 之间。

（4）沉淀池的总高度

$$H=h_1+h_2+h_3+h_4+h_5 \tag{6-24}$$

式中 h_1——沉淀池超高，m，一般取 0.3m；

h_3——缓冲层高度，m；

h_4——与刮泥机械有关的高度，m，污泥斗以上部分高度；

h_5——泥斗高度，m。

（5）出水槽

出水槽可用锯齿堰出水，使每齿的出水流速均较大，不易在齿角处积泥或滋生藻类。

三、竖流式沉淀池

1. 竖流式沉淀池结构与特点

图 6-13 所示为圆形竖流式沉淀池。竖流式沉淀池表面多设计成圆形，也有方形或多边形的。

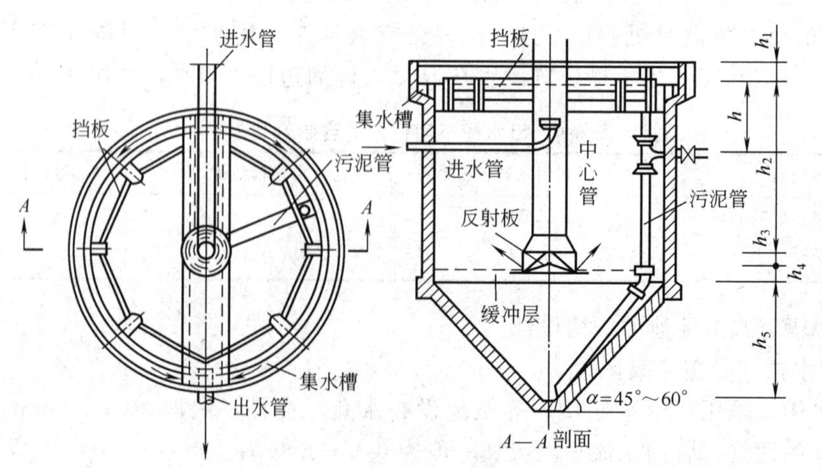

图 6-13 圆形竖流式沉淀池示意

污水从中心管流入，由下部流出，通过反射板的阻拦向四周均匀分布，然后沿沉淀区的整个断面上升，澄清后的污水由池面四周溢出。为了保证水流自下而上垂直流动，要求池直径（D）与沉淀区深度（h）之比不大于3：1，若比值过大，池内水流就有可能变成辐射流，絮凝作用减少，发挥不了竖流式沉淀池的优点，所以直径或边长常控制在4～7m之间，一般不超过10m。

竖流式沉淀池水流方向与颗粒沉淀方向相反。当颗粒发生自由沉淀时，其沉淀效果比平流式沉淀池低得多。当颗粒具有絮凝性时，则上升的小颗粒和下沉的大颗粒之间相互接触、碰撞而絮凝，使粒径增大，沉速加快。另一方面，沉速等于水流上升速度的颗粒将在池中形成一悬浮层，对上升的小颗粒起拦截和过滤作用，因而沉淀效率比平流式沉淀池更高。

中心管和中心管下部反射板组成的流入装置的构造及尺寸如图6-14所示。污水在中心管内的流速对悬浮物质的去除有一定影响，当在中心管下部设反射板，其流速应大于100mm/s，污水中心管喇叭口与反射板间溢出的流速应不大于40mm/s，反射板底距污泥表面的高度（即缓冲层）为0.3m。当中心管下部不设反射板时，污水在中心管内的流速应不大于30mm/s。

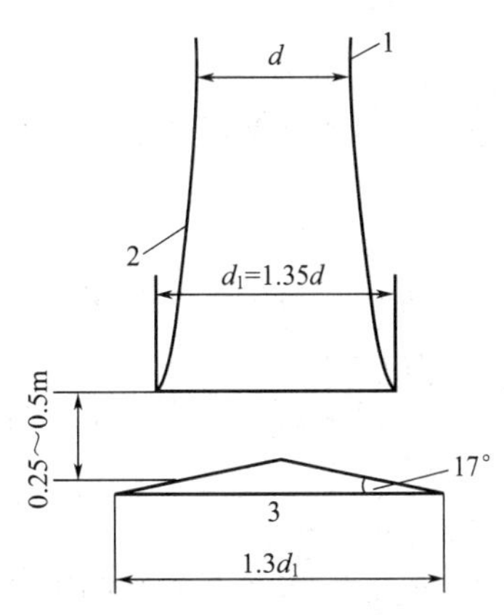

图6-14　中心管反射板结构示意

1—中心管；2—喇叭口；3—反射板

出流区设于池周，澄清后的出水采用自由堰或三角堰从池四周溢出。为了防止漂浮物外溢，在水面距池壁0.4～0.5m处安设挡流板，挡流板伸入水中部分的深度为0.25～0.3m，伸出水面高度为0.1～0.2m，池的保护高度为0.3m。

竖流式沉淀池下部呈截头圆锥状的部分为污泥区，贮泥斗倾角要求50°～60°，采用静水压力排泥，静水压力为1.5～2.0m，污泥管上端超出水面应不小于0.4m。

2. 竖流式沉淀池的设计计算

竖流式沉淀池设计所使用的公式与平流式沉淀池相似，污水上升速度应等于或小于颗粒的最小沉速。沉淀池的过水断面等于水的表面积与中心管的面积之差。

首先根据原水中悬浮物浓度及排放水中允许含有的悬浮物浓度，计算应当达到的去除率。然后根据沉淀曲线确定与去除率相对应的最小沉速，以及所需要的沉淀时间。

（1）沉淀池总面积

① 沉淀池工作部分的有效断面积

$$A_2=\frac{q_{\max}}{v} \tag{6-25}$$

式中　$q_{\max}$——单池设计最大流量，m^3/s；

v——污水在沉淀区的上升速度，m/s。

如有试验资料，v等于拟去除的最小颗粒的沉速，如无沉淀试验资料，则取0.0005～0.001m/s。

② 中心管面积与直径

$$A_1=\frac{q_{\max}}{v_0} \tag{6-26}$$

式中　A_1——中心管有效面积，m^2；

v_0——中心管内流速，m/s；

根据中心管的有效面积即可计算出中心管的有效直径。

③ 沉淀池总面积

$$A = A_1 + A_2 \tag{6-27}$$

④ 沉淀池池径

$$D = \sqrt{\frac{4A}{\pi}} \tag{6-28}$$

(2) 沉淀池的有效水深

沉淀池有效水深，即中心管的高度

$$h_2 = 3600vt \tag{6-29}$$

式中 t——沉淀时间，h，一般取 1.0～2.0h。

(3) 中心管喇叭口到反射板之间的间隙高度

$$h_3 = \frac{q_{max}}{v_1 \pi d_1} \tag{6-30}$$

式中 v_1——污水从间隙流出的速度，m/s，一般不大于 0.02m/s；

d_1——喇叭口直径，m，$d_1 = 1.35d$。

(4) 污泥区（截头圆锥）容积

$$V = \frac{\pi h_5}{3}(R^2 + r^2 + Rr) \tag{6-31}$$

式中 h_5——污泥室截头圆锥部分高度，m；

R——截头圆锥上部半径，m；

r——截头圆锥下部半径，m。

(5) 沉淀池总高度

$$H = h_1 + h_2 + h_3 + h_4 + h_5 \tag{6-32}$$

式中 h_1——超高，m，一般取 0.3m；

h_4——缓冲层高度，m，一般取 0.3m。

如果没有进行沉淀试验，缺乏相应的设计参数时，可以采用设计规范中规定的数据。

四、斜板（管）式沉淀池

1. 斜板（管）式沉淀池的工作原理

设原有沉淀池几何尺寸长度（L）、宽度（B）、高度（H）均不变，若将沉淀池分为 n 层，则每层高度为 H/n。设水平流速（v）和沉速（u_0）不变，则分层后的沉降轨迹线坡度不变。那么，沉淀池长度可缩小到 L/n，如图 6-15 所示。如仍保持原来的沉降效率，则池体积可缩小到原来的 $1/n$。若沉淀池长度（L）不变，则流速可增加至原来的 n 倍，即分层后的流量可增加 n 倍，如图 6-16 所示。

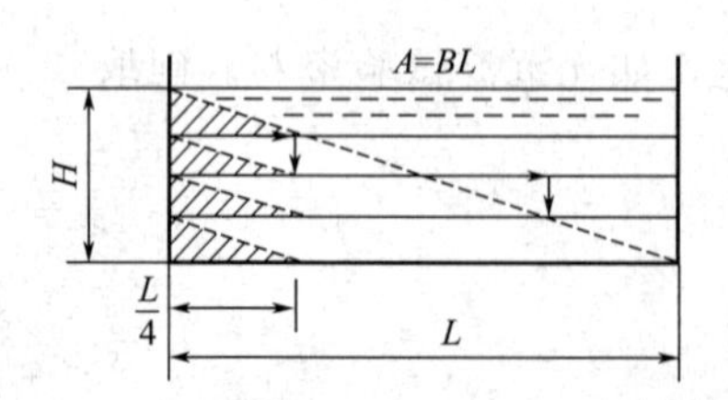

图 6-15 四层沉淀池分层后长度缩小示意

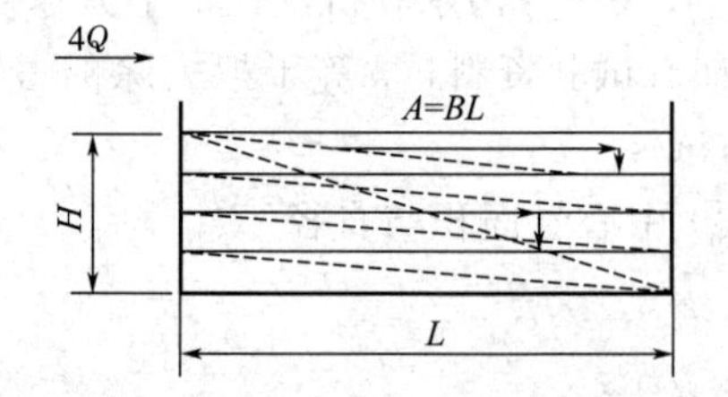

图 6-16 四层沉淀池分层后流速增加示意

为了解决排泥问题，可用 n 层斜板代替水平隔板，当分为 n 层时水平投影总面积为 nA，而沉降间距同样为 H/n，沉淀效率也增加 n 倍。

斜板（管）式沉淀池具有较大的湿周，较小的水力半径，使雷诺数 Re 大为降低，弗罗德数 Fr 明显提高（一般 Re 为 100～1000，Fr 为 1×10^{-3}～1×10^{-4}），固体和液体在层流条件下分离，沉淀效率可大大提高。由于颗粒沉降距离缩小，沉淀时间也大大缩短，因而大大缩小沉淀池的体积。

2. 斜板（管）式沉淀池的构造与设计

斜板（管）与水平面呈 60°。斜管断面形状呈六角形并组成蜂窝状斜管堆。水由下向上流动，颗粒沉于斜管底部，颗粒积累到一定程度后便会自行下滑。清水在池上部由穿孔管收集，污泥则由设于池底部的穿孔排泥管排出。

实际施工中常采用异向流斜板（管）式沉淀池。异向流斜板（管）长度通常为 1.0m，斜板净距（或斜管孔径）一般为 80～100mm，倾角为 60°，斜板（管）区上部水深为 0.7～1.0m，底部缓冲层为 1.0m。

斜板（管）的材料要求轻质、坚固、无毒而价廉，使用较多的有薄塑板、玻璃钢等。斜管除上述材料外，还可用酚醛树脂涂刷的纸蜂窝。

图 6-17 所示为斜板沉淀池水流方向示意，图 6-18 所示为斜板（管）式沉淀池结构示意。

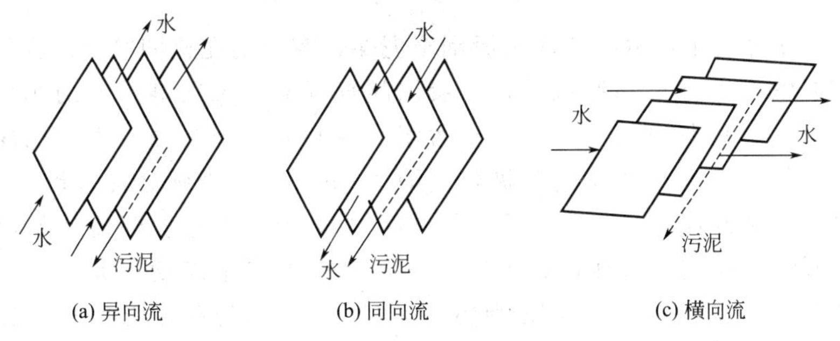

图 6-17　斜板沉淀池水流方向示意

斜板过长会增加造价，而沉淀效率的提高则有限。目前的斜板（管）长度多采用 800～1000mm。

从沉淀效率考虑，斜板间距越小越好，但从施工安装和排泥角度看，不宜小于 50mm，也不大于 150mm，生产中斜板间距多采用 100mm。斜管管径（多边形内切圆直径）一般不大于 50mm。

同向流和异向流斜板间（管内）流速为

$$v=\frac{Q}{A\sin\theta} \tag{6-33}$$

式中　Q——沉淀池的流量，m^3/s；

A——斜板（管）的净出口面积，m^2；

θ——斜板（管）的倾角，(°)。

五、沉淀池的运行与管理

1. 刮泥和排泥操作

刮泥和排泥操作一般有两种方式，间歇刮（排）泥和连续刮（排）泥。

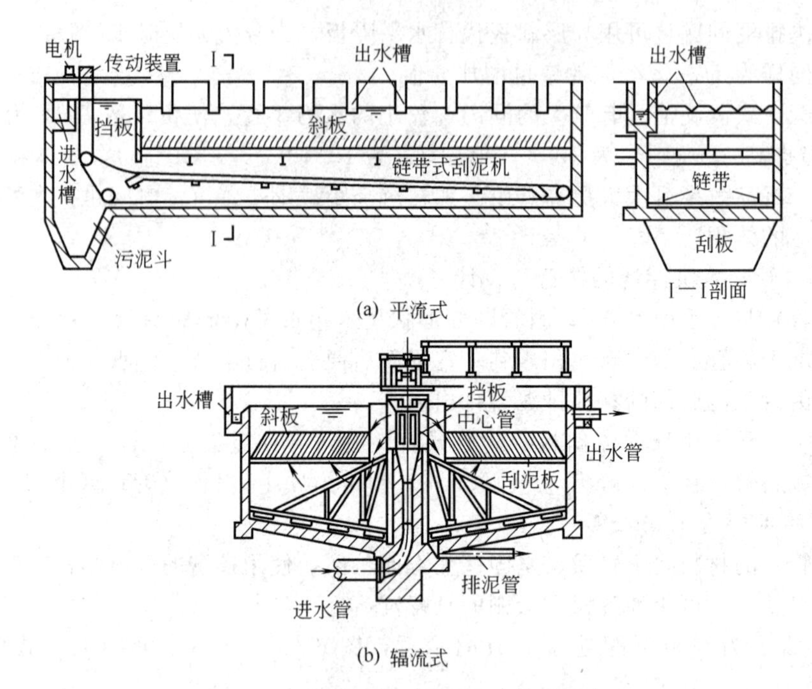

图 6-18　斜板（管）式沉淀池结构示意

（1）刮泥　通过刮泥机械把池底污泥刮至泥斗，有的刮泥机同时将池面浮渣刮入浮渣槽。平流式初沉池采用行车刮泥机时，一般用间歇刮泥；采用链条式刮泥机时，则既可间歇也可连续刮泥。刮泥周期长短取决于污泥的量和质，当污泥量大或已腐变时，应缩短周期，但刮板行走速度不能超过其极限，即 1.2m/min，否则会搅起已经沉淀的污泥，影响出水质量。连续刮泥易于控制，但链条和刮板磨损较严重。辐流式初沉池周边沉淀的污泥要较长时间才能被刮板推移到中心泥斗，一般需采用连续刮泥。采用周边刮泥机时，周边线速度不可超过 3m/min，否则周边沉淀污泥会被搅起，使沉淀效果下降。

（2）排泥　对排泥操作的要求是既要把污泥排净，又要使污泥浓度较高。排泥时间长短取决于污泥量、排泥泵流量和浓缩池要求的进泥浓度。排泥时间确定方法如下：在排泥开始时，从排泥管定时连续取样测定含固量变化，直至含固量降至基本为零，所需时间即排泥时间。大型污水处理厂一般采用自动控制排泥。多用时间程序控制，即定时开停排泥泵或阀，这种方式不能适应泥量的变化。较先进的排泥控制方式是定时排泥，并在排泥管路上安装污泥浓度计或密度计，当排泥浓度降至设定值时，泥泵自动停止。PLC 自动控制系统能根据积累的污泥量和设定的排泥浓度自动调整排泥时间，既不降低污泥浓度，又能将污泥较彻底排除。

2. 运行管理注意事项

沉淀池运行管理的基本要求是保证各项设备安全完好，及时调控各项运行控制参数，保证出水水质达到规定的指标。为此，应着重做好以下几方面工作。

（1）避免短流　进入沉淀池的水流，在池中停留的时间通常并不相同，一部分水的停留时间小于设计停留时间，很快流出池外；另一部分则停留时间大于设计停留时间，这种停留时间不相同的现象称为短流。

短流使一部分水的停留时间缩短，得不到充分沉淀，降低了沉淀效率；另一部分水的停留时间可能很长，甚至出现水流基本停滞不动的死水区，减少了沉淀池的有效容积，死水区易滋生藻类。总之短流是影响沉淀池出水水质的主要原因之一。

形成短流的原因很多，为避免短流，一是在设计中尽量采取一些措施。如采用合理的进水分配装置，以消除进口射流，使水流均匀分布在沉淀池的过水断面上；降低紊流产生，防止污泥区附近的流速过大；增加溢流堰的长度；沉淀池加盖或设置隔墙，以降低池水受风力和光照升温的影响；高浓度水经过预沉淀等。二是加强运行管理，应严格检查出水堰是否平直，发现问题，要及时修理。另外，在运行中，浮渣可能堵塞部分溢流堰口，致使整个出流堰的单位长度溢流量不等而产生水流抽吸，操作人员应及时清理堰口上的浮渣。通过采取上述措施，可使沉淀池的短流现象降低到最小限度。

(2) 正确投加混凝剂　当沉淀池用于混凝工艺的液固分离时，正确投加混凝剂是沉淀池运行管理的关键之一。根据水质水量的变化及时调整投药量，特别要防止断药事故的发生，因为即使短时期停止加药也会导致出水水质的恶化。

(3) 及时排泥　这是沉淀池运行管理中极为重要的工作。污水处理过程中沉淀池中所含污泥量较多，且绝大部分为有机物，如不及时排泥，就会产生厌氧发酵，致使污泥上浮，不仅破坏了沉淀池的正常工作，而且使出水水质恶化。

初沉池排泥周期一般不宜超过 2 天，二次沉淀池排泥周期一般不宜超过 2h。当排泥不彻底时应停止工作，采用人工冲洗的方法彻底清除污泥。机械排泥的沉淀池要加强排泥设备的维护管理，一旦机械排泥设备发生故障，应及时修理，防止池底非正常积泥，影响出水水质。应规定日常维护检修项目，并做好检修记录。

(4) 防止藻类滋生　在给水处理中的沉淀池，当原水藻类含量较高时，会导致藻类在池中滋生，尤其是在气温较高的地区，沉淀池中加装斜板或斜管时，这种现象可能更为突出。藻类滋生虽不会严重影响沉淀池的运转，但对出水的水质不利。防止措施有：在水中加氯，抑制藻类生长，另外采用三氯化铁混凝剂也对藻类有抑制作用；对于已经在斜板和斜管上生长的藻类，可用高压水冲洗的方法去除，冲洗时先放去部分池水，使斜管或斜板的顶部露出水面，然后用高压水冲洗。

第三节　气浮设备

气浮设备是一类向水中加入空气，使空气以高度分散的微小气泡形式作为载体将水中的悬浮颗粒载浮于水面，从而实现固-液和液-液分离的水处理设备。在水处理技术中，气浮不宜用于高浊度原水的处理。它主要适用于如下场合。

① 用于处理低浊、含藻类及一些浮游生物的饮用水处理工艺中（一般原水常年悬浮物含量在 100mg/L 以下）。

② 用于石油、化工及机械制造业中的含油（包括乳化油）污水的油水分离中。

③ 用于有机及无机污水的物化处理工艺中。

④ 用于污水中有用物资的回收，如造纸厂污水中纸浆纤维及填料的回收工艺。

⑤ 水源受到一定污染及色度高、溶解氧低的原水。

⑥ 用于污水处理厂剩余污泥的浓缩处理工艺。

一、气浮设备的类型与应用

在水处理工艺中采用的气浮设备，按水中产生气泡的方式不同可分为布气气浮设备、溶气气浮设备和电解气浮设备等几种类型。

(一) 布气气浮设备

布气气浮设备是利用机械剪切力，将混合于水中的空气粉碎成微细气泡，从而进行气浮的设备。按空气气泡粉碎方法的不同，布气气浮设备又可分为水泵吸水管吸气气浮、射流气浮、叶轮气浮和扩散板曝气气浮四种。

1. 水泵吸水管吸气气浮设备

利用水泵吸水管部位的负压作用，在水泵吸水管上开一小孔，并装上进气量调节阀和计量仪表，空气遂进入水泵吸水管，在水泵叶轮的高速搅拌和剪切作用下形成气水混合流体，进入气浮池实现固-液或液-液分离。

这种气浮设备虽然构造简单，但是由于水泵特性限制，吸入空气量不能过多，一般不大于吸水量的10%（按体积计）。当吸入气体量过大时，水泵将会产生汽蚀，此时泵的流量和扬程急剧下降，并伴有噪声和振动，严重时会在短时间内损坏水泵装置。此外，气泡在水泵内破碎不够完全，粒度大，因此气浮效果不好。这种方法用于处理通过隔油池后的石油污水，除油效率一般在50%～60%。

2. 射流气浮设备

射流器的结构如图6-19所示。由喷嘴射出的高速污水使吸入室形成负压，并从吸气管吸入空气，在水气混合体进入喉管段后进行激烈的能量交换，空气被粉碎成微小气泡，然后进入扩压段（扩散段），动能转化为势能，进一步压缩气泡，增大了空气在水中的溶解度，然后进入气浮池中进行泥水分离，即气浮过程。

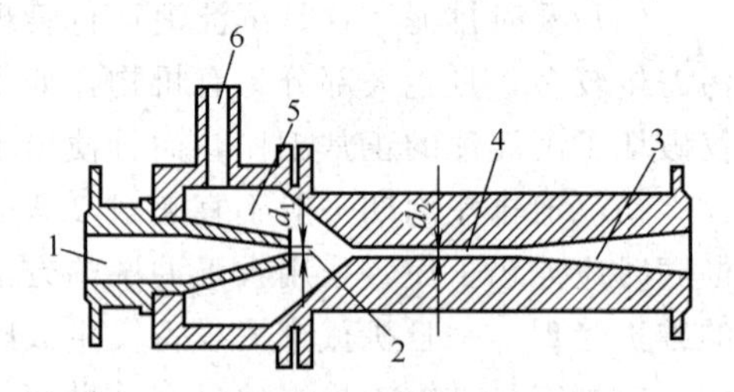

图6-19 射流器结构示意

1—喷嘴；2—渐缩段；3—扩散段；4—喉管段；5—吸入室；6—吸气室

射流气浮法的优点是设备比较简单、投资少；缺点是动力损耗较大、效率低、喷嘴及喉管处较易被油污堵塞。射流器也可以与加压泵以联合供气方式进入溶气罐，构成加压溶气气浮设备。

3. 叶轮气浮设备

叶轮气浮设备结构如图6-20所示。在气浮池底部设有旋转叶轮，在叶轮上装着带有导向叶片的固定盖板，盖板上有孔洞。当电机带动叶轮旋转时，在盖板下形成负压，从空气管吸入空气，污水由盖板上的小孔进入。在叶轮的搅动下，空气被粉碎成细小

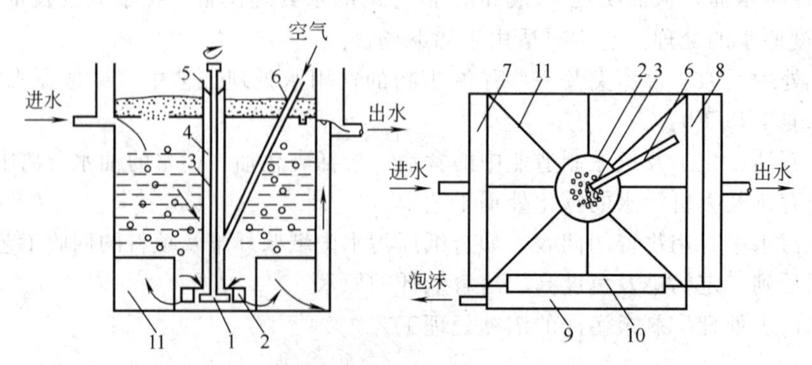

图6-20 叶轮气浮设备结构示意

1—叶轮；2—盖板；3—转轴；4—轮套；5—轴承；6—进气管；7—进水槽；8—出水槽；9—泡沫槽；10—刮沫板；11—整流板

的气泡，并与水充分混合成为水气混合体，甩出导向叶片之外。导向叶片使水流阻力减小，又经整流板稳流后，在池体内平稳地垂直上升，进行气浮。污物不断地被刮板刮出池外。

这种气浮池采用正方形，叶轮直径一般为200～400mm，最大不超过600～700mm，叶轮转速为900～1500r/min。池有效水深一般为1.5～2.0m，最大不超过3.0m。

叶轮气浮法的优点是设备不易堵塞，适用于处理水量不大、污染物浓度较高的污水。缺点是其产生的气泡较大，气浮效果较低。

4. 扩散板曝气气浮设备

扩散板曝气气浮是早年采用最为广泛的一种充气气浮法。压缩空气通过具有微细孔隙的扩散板或微孔管，使空气以细小气泡的形式进入水中，进行浮选过程。这种方法的优点是简单易行，但缺点较多，其中主要的是空气扩散装置的微孔易于堵塞、气泡较大、浮选效果不高，因此近年已少应用。

（二）溶气气浮设备

溶气气浮设备可分为溶气真空气浮设备和加压溶气气浮设备两种。溶气真空气浮设备是使空气在常压或加压条件下溶入水中，而在负压条件下析出的气浮设备。该设备能得到的空气量因受所能达到的真空度（一般运行真空度40kPa）的影响，析出的气泡数量很有限，只适用于污染物浓度不高的污水，且设备构造复杂，运行维修管理不便，目前已逐步被淘汰。加压溶气气浮设备是目前应用最广泛的一种气浮设备。该设备适用于污水处理（尤其是含油污水的处理）、污泥浓缩以及给水处理。

加压溶气气浮设备是将原水加压，同时加入空气，使空气溶解于水，然后骤然减至常压，溶解于水的空气以微小气泡（气泡直径约为20～100μm）从水中析出，将水中的悬浮颗粒浮于水面，从而实现污染物的气浮分离。

加压溶气气浮设备主要由空气饱和设备、空气释放及与原水相混合的设备、固-液或液-液分离设备三部分组成。根据原水中所含悬浮物的种类、性质、处理水净化程度，可分为全部加压溶气气浮、部分加压溶气气浮和回流加压溶气气浮三种形式，其工艺流程分别如图6-21～图6-23所示。

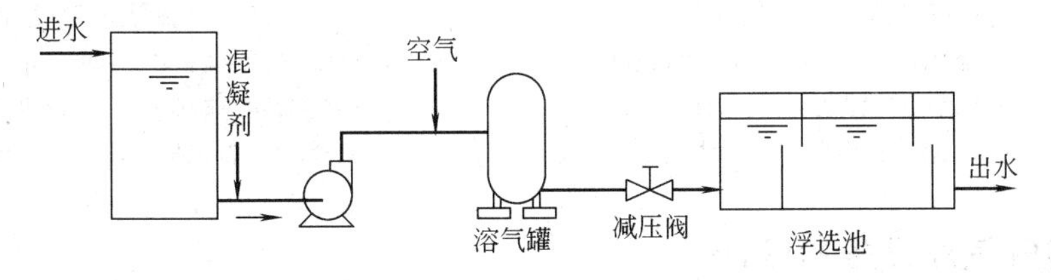

图6-21　全部加压溶气气浮工艺流程

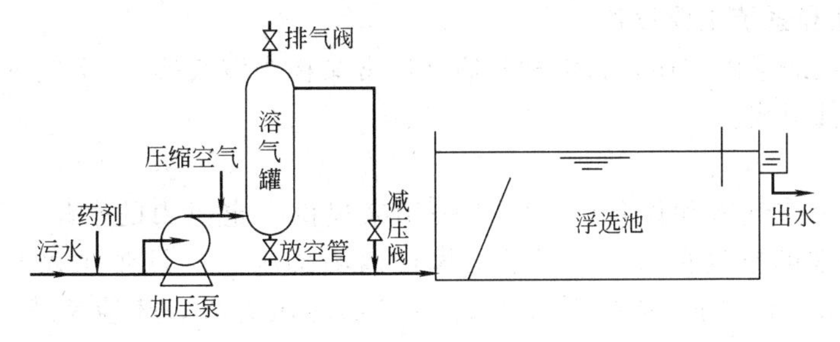

图6-22　部分加压溶气气浮工艺流程

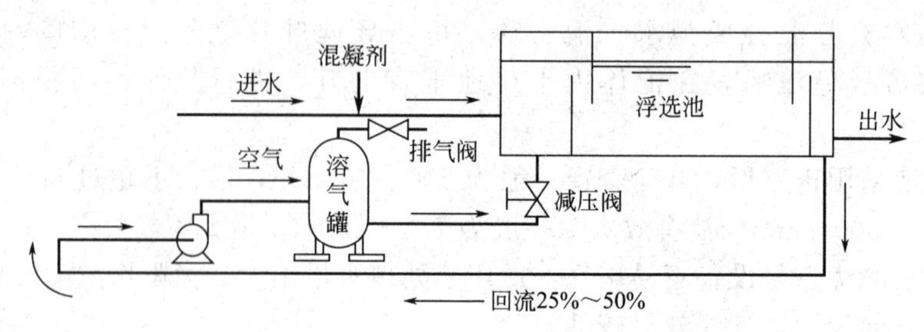

图 6-23 回流加压溶气气浮工艺流程

(三) 电解气浮设备

电解气浮设备是用不溶性阳极和阴极直接电解污水，靠产生的氢气和氧气的微小气泡将水中颗粒状污染物浮至水面进行分离的一种技术。电解法产生的气泡尺寸小于溶气气浮和布气气浮产生的气泡尺寸，不产生紊流。该方法去除的污染物范围广，具有降低BOD的作用，还有氧化、脱色和杀菌作用，对污水负载变化的适应性强、生成污泥量少、占地少、不产生噪声。近年来在处理水量较小的场合得到应用。但由于电耗、操作管理及电极结垢、损耗大等问题，较难适应处理水量大的场合。电解气浮设备分平流式和竖流式两种，分别如图 6-24 和图 6-25 所示。

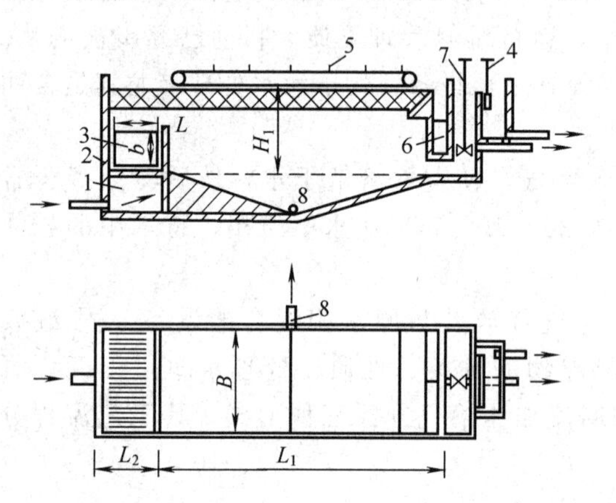

图 6-24 双室平流式电解气浮池

1—入流室；2—整流栅；3—电极组；4—出口水位调节器；5—刮渣机；6—浮渣室；7—排渣室；8—污泥排出口

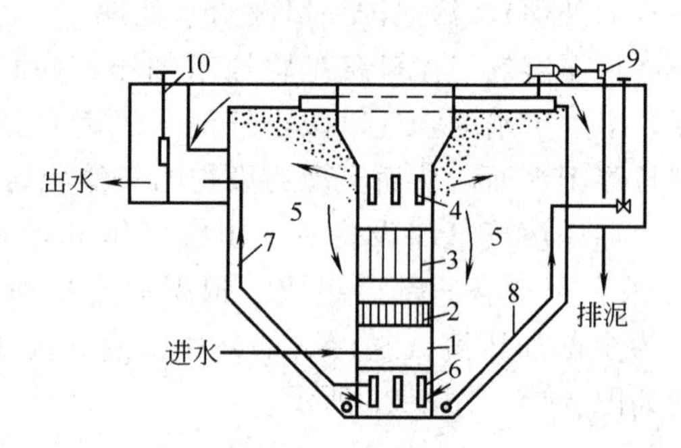

图 6-25 竖流式电解气浮池

1—入流室；2—整流栅；3—电极组；4—出流孔；5—分离室；6—集水孔；7—出水管；8—排泥管；9—刮泥机；10—水位调节器

二、加压溶气气浮设备的设计

加压溶气气浮设备主要包括空气饱和系统、溶气水减压释放装置和气浮池三个部分。

(一) 空气饱和系统主要设备

空气饱和系统通常由加压泵、饱和容器（通常又称为溶气罐）、空气供给设备及液位自动控制设备等部件组成。

1. 加压泵

加压泵在整个空气饱和设备中的作用是用来提供一定压力的水量，压力与流量按照不同水处理所要求的空气量决定。目前的国产离心泵压力一般在 0.25～0.35MPa 之间，流量在 10～200m^3/h 之间。选择时除考虑溶气水的压力外，还应考虑管道系统的压力损失。

2. 压力溶气罐

压力溶气罐有多种形式，多采用密封耐压钢罐。该种压力溶气罐用普通钢板加工而成，其设计制造按一类压力容器考虑。

图 6-26 所示为喷淋式填料塔。其溶气效率比不加填料的高约 30%，在水温 20～30℃范围内，释气量约为理论饱和溶气量的 90%～99%。罐中的填料可采用瓷环、塑料斜交错淋水板、不锈钢圈填料、塑料阶梯环等，因塑料阶梯环溶气效率高，可优先考虑。填料直径应根据罐径来确定，填料层高度通常取 1～1.5m。罐的直径根据过水断面负荷率 100～150$m^3/(m^2 \cdot h)$ 确定，罐高 2.5～3.0m。布气方式、进气的位置和气流流向等因素对填料罐溶气效率几乎没有影响，因此，进气的位置及形式一般不予考虑。

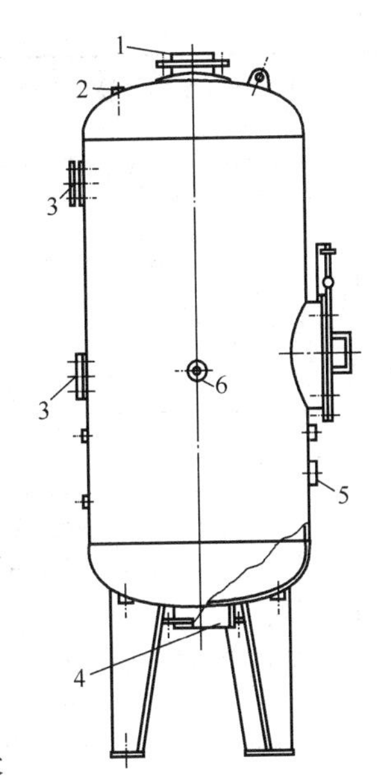

图 6-26　喷淋式填料塔
1—进水管；2—进气管；3—观察窗；4—出水管；5—液位传感器；6—放气管

压力溶气罐的主要参数见表 6-10。

（二）溶气释放器

常用的溶气释放器为 TS 型溶气释放器及其改良型 TJ 型溶气释放器和 TV 型专利溶气释放器。其主要特点为：释气完全，在 0.15MPa 以上即可释放溶气量的 99%左右；可在较低的压力下工作，在 0.2MPa 以上时即可取得良好的净水效果，节约电耗；释放出的气泡微细，气泡平均直径为 20～40μm，气泡密集，附着性能良好。TS 型溶气释放器结构如图 6-27 所示，性能见表 6-11；TJ 型溶气释放器结构如图 6-28 所示，性能见表 6-12；TV 型溶气释放器结构如图 6-29 所示，性能见表 6-13。

表 6-10　压力溶气罐的主要参数

型 号	罐直径/mm	适用流量 /$m^3 \cdot h^{-1}$	使用压力/MPa	进水管径/mm	出水管径/mm	罐高(包括支脚) /mm
TR-2	200	3～6	0.2～0.5	40	50	2550
TR-3	300	7～12	0.2～0.5	70	80	2580
TR-4	400	13～19	0.2～0.5	80	100	2680
TR-5	500	20～30	0.2～0.5	100	125	3000
TR-6	600	31～42	0.2～0.5	125	150	3000
TR-7	700	43～58	0.2～0.5	125	150	3180
TR-8	800	59～75	0.2～0.5	150	200	3280
TR-9	900	76～95	0.2～0.5	200	250	3330
TR-10	1000	96～118	0.2～0.5	200	250	3380
TR-12	1200	119～150	0.2～0.5	250	300	3510
TR-14	1400	151～200	0.2～0.5	250	300	3610
TR-16	1600	201～300	0.2～0.5	300	350	3780

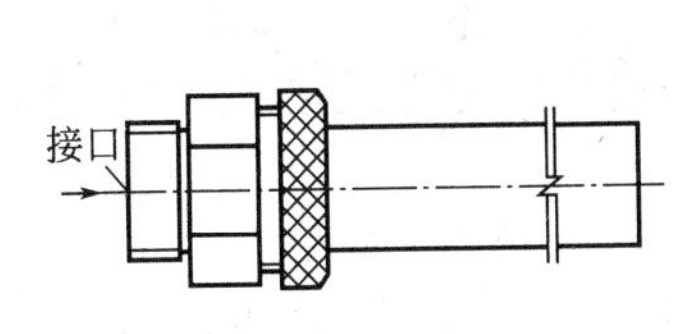

图 6-27　TS 型溶气释放器结构

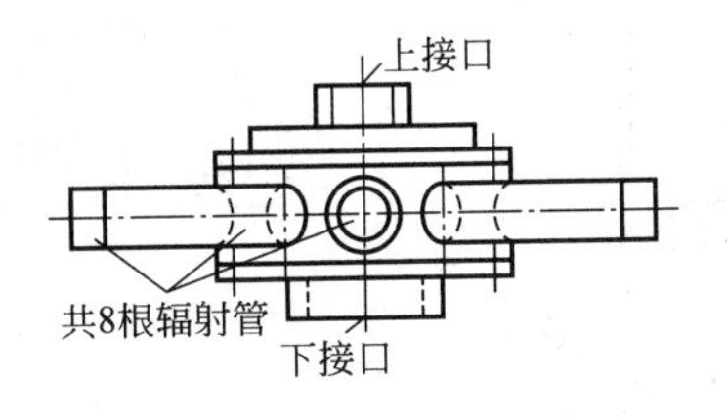

图 6-28　TJ 型溶气释放器结构

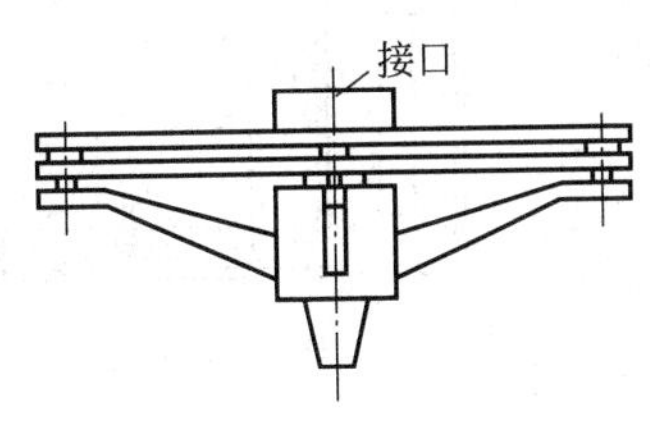

图 6-29　TV 型溶气释放器结构

表 6-11 TS 型溶气释放器性能

型　号	溶气水支管接口直径/mm	不同水压(MPa)下的流量/m³·h⁻¹					作用直径/cm
		0.1	0.2	0.3	0.4	0.5	
TS-Ⅰ	15	0.25	0.32	0.38	0.42	0.45	25
TS-Ⅱ	20	0.52	0.70	0.83	0.93	1.00	35
TS-Ⅲ	20	1.01	1.30	1.59	1.77	1.91	50
TS-Ⅳ	25	1.68	2.13	2.52	2.75	3.10	60
TS-Ⅴ	25	2.34	3.47	4.00	4.50	4.92	70

表 6-12 TJ 型溶气释放器性能

型号	规格	溶气水支管接口直径/mm	抽真空管接口直径/mm	不同水压(MPa)下的流量/m³·h⁻¹								作用直径/cm
				0.15	0.2	0.25	0.3	0.35	0.4	0.45	0.5	
TJ-Ⅰ	8×(15)	25	15	0.98	1.08	1.18	1.28	1.38	1.47	1.57	1.67	50
TJ-Ⅱ	8×(20)	25	15	2.10	2.37	2.59	2.81	2.97	3.14	3.29	3.45	70
TJ-Ⅲ	8×(25)	50	15	4.03	4.61	5.15	5.60	5.98	6.31	6.74	7.01	90
TJ-Ⅳ	8×(32)	65	15	5.67	6.27	6.88	7.50	8.09	8.69	9.29	9.89	100
TJ-Ⅴ	8×(40)	65	15	7.41	8.70	9.47	10.55	11.11	11.75			100

表 6-13 TV 型溶气释放器性能

型　号	溶气水支管接口直径/mm	不同水压(MPa)下的流量/m³·h⁻¹								作用直径/cm
		0.15	0.2	0.25	0.3	0.35	0.4	0.45	0.5	
TV-Ⅰ	25	0.95	1.04	1.13	1.22	1.31	1.4	1.48	1.51	40
TV-Ⅱ	25	2.00	2.16	2.32	2.48	2.64	2.8	2.96	3.18	60
TV-Ⅲ	40	4.08	4.45	4.81	5.18	5.54	5.91	6.18	6.64	80

（三）气浮池

气浮池的布置形式较多，根据待处理水的水质特点、处理要求及各种具体条件，目前已经建成了许多种形式的气浮池，其中有平流与竖流、方形与圆形等布置，同时也出现了气浮与反应、气浮与沉淀、气浮与过滤等工艺一体化的组合形式。

平流式气浮池在目前气浮净水工艺中使用最为广泛，常采用反应池与气浮池合建的形式，如图 6-30 所示。污水进入反应池（可用机械搅拌、折板、孔室旋流等形式）完成反应后，将水流导向底部，以便从下部进入气浮接触室，延长絮体与气泡的接触时间，池面浮渣刮入集渣槽，清水由底部集水管集取。这种形式的优点是池身浅、造价低、构造简单、管理方便；缺点是与后续处理构筑物在高程上配合较困难、分离部分的容积利用率不高等。

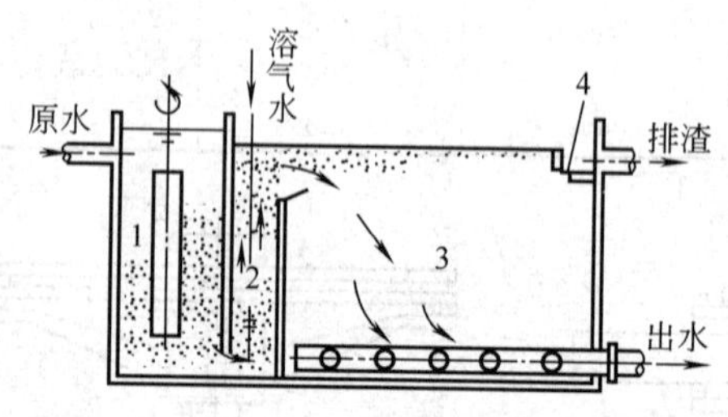

图 6-30　反应、气浮合建的平流式气浮池

1—反应池；2—接触池；3—气浮池；4—集渣槽

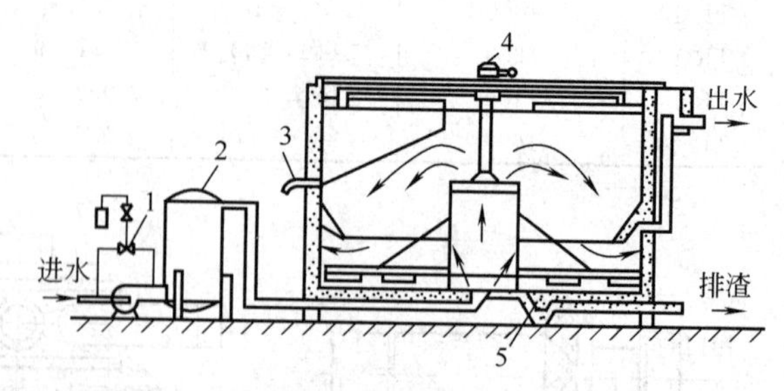

图 6-31　竖流式气浮池

1—射流器；2—溶气罐；3—泡沫排出管；4—变速装置；5—沉泥（渣）斗

较常用的还有竖流式气浮池，如图 6-31 所示。其优点是接触室在池中央，水流向四周扩散，水力条件比平流式单侧出流要好，便于与后续构筑物配合；缺点是与反应池较难衔接，容积利用率低。

综合式气浮池常分为气浮-反应一体式、气浮-沉淀一体式、气浮-过滤一体式三种。

气浮池的工艺形式多样化，实际应用时需根据原污水水质、水温、建造条件（如地形、用地面积、投资、建材来源）及管理水平等方面综合考虑。

此外，常用气浮设备还有空气压缩机、刮渣机等。常用空气压缩机型号与性能见表 6-14。

表 6-14　常用空气压缩机型号与性能

型　号	排气量/$m^3 \cdot min^{-1}$	最大压力/MPa	电机功率/kW	适应处理水量/$m^3 \cdot d^{-1}$
Z-0.036/7	0.036	0.7	0.375	<5000
Z-0.08/7	0.08	0.7	0.75	<10000
Z-0.12/7	0.12	0.7	1.1	<15000
Z-0.36/7	0.36	0.7	3	<40000

（四）平流式气浮池的设计

1. 平流式气浮池构造与设计参数确定

平流式气浮池的池深一般为 1.5～2.0m，最深不超过 2.5m，长宽比通常采用（1：1)～(1：1.5)。设计停留时间 20～30min，表面负荷率 5～10$m^3/(m^2 \cdot h)$。

为了防止进入气浮池的水流干扰悬浮颗粒的分离，在气浮池的前面均设置隔板。在隔板前面的部分称为接触区，其设计参数为：隔板下端的水流上升速度一般取 20mm/s 左右，而隔板上端的上升流速一般取 5～10mm/s；接触区的停留时间不少于 2min。

气浮池排渣一般采用刮渣机定期排除，刮渣机的行车速度为 5m/min。

2. 气浮所需气体流量计算

$$Q_g = QR'\alpha_c\psi \tag{6-34}$$

式中　Q_g——所需气体流量，L/h；

Q——原水流量，m^3/h；

R'——试验条件下的回流比，%；

α_c——试验条件下的释气量，L/m^3；

ψ——水温校正系数，取 1.1～1.3。

空气压缩机额定排气流量取（1.2～1.5)Q_g。

3. 加压溶气水流量计算

$$Q_R = \frac{Q_g}{736\eta p K_T} \tag{6-35}$$

式中　Q_R——回流加压水的流量，m^3/h；

p——溶气压力，MPa；

K_T——随水温变化的溶解度系数，可按表 6-15 查取；

η——加压溶气系统的溶气效率，一般取 0.6～0.8。

表 6-15　不同温度下的 K_T 值

温度/℃	0	10	20	30	40
K_T	3.77×10^{-2}	2.95×10^{-2}	2.43×10^{-2}	2.06×10^{-2}	1.79×10^{-2}

4. 气浮池接触区面积计算

$$A_c=\frac{Q+Q_R}{3600v_c} \tag{6-36}$$

式中 A_c——气浮池接触区面积，m^2；

v_c——接触区水流上升平均流速，m/s。

5. 气浮池分离区面积计算

$$A_s=\frac{Q+Q_R}{3600v_s} \tag{6-37}$$

式中 A_s——气浮池分离区面积，m^2；

v_s——分离区水流下降的平均流速，m/s。

6. 气浮池有效水深计算

$$H=v_s t_s \tag{6-38}$$

式中 H——气浮池有效水深，m；

t_s——气浮池分离区水的停留时间，s。

7. 气浮池容积计算

$$V=(A_c+A_s)H \tag{6-39}$$

【例 6-3】 某厂采用回流溶气气浮法处理有机污染污水。污水流量 $Q=50m^3/h$，溶气压力 0.3MPa，溶气水量占处理水量的 30%，接触区水流上升平均流速 10mm/s，分离区水流下降的平均流速 2mm/s，气浮区水的停留时间为 20min。试设计一平流式气浮池。

解

(1) 溶气所需气体量计算

释气量 $\alpha_c=52L/m^3$，水温校正系数 ψ 取 1.2。

$$Q_g=QR'\alpha_c\psi=50\times0.3\times52\times1.2=936\ (L/h)$$

所需空气压缩机的气体量为 $1.4Q_g=1.4\times936=1310L/h=0.022m^3/min$，故可选用 Z-0.025/7 型压缩机。

(2) 气浮池设计

① 接触区面积

$$A_c=\frac{Q+Q_R}{3600v_c}=\frac{50+50\times0.3}{3600\times0.01}=1.806\ (m^2)$$

取池宽 $B=2.5m$，则接触区长度 $L_c=0.72m$。

②分离区面积

$$A_s=\frac{Q+Q_R}{3600v_s}=\frac{50+50\times0.3}{3600\times0.002}=9.028\ (m^2)$$

取池宽 $B=2.5m$，则分离区长度 $L_s=3.61m$。

③ 气浮池有效水深

$$H=v_s t_s=0.002\times20\times60=2.4\ (m)$$

三、加压溶气气浮设备的调试与运行

(一) 加压溶气气浮设备的调试

为确定实际设备的工作条件，必须按下列顺序对加压溶气气浮设备进行调试。这里不包括通常的工作，如按设计参数加以校对，泵和机械设备的试运转，电气设备的空载、满载试验等。

加压溶气气浮设备的调试包括如下内容。

① 使被处理水在气浮池内均匀分布。

② 调节压力溶气罐和管道的压力，使其符合设计要求。

③ 调节泵吸水管的进气量或加压溶气水的回流量。

④ 检查气浮池表面浮渣，浮渣应均匀。

⑤ 确定排除浮渣的周期。

⑥ 制定从气浮池表面排除浮渣的操作规程。

⑦ 确定气浮设备的工作效率。

⑧ 当出现处理的实际效率与原设计有偏差时，应修正其主要的工艺参数（如泵的压力、供气量、回流比等），以建立最适宜的工作条件。

⑨ 提出气浮设备的运行条件及明确规定所有的工作参数，以指导运行管理工作。

（二）加压溶气气浮设备的运行

气浮设备的运行，主要是对复杂的物理、化学现象与过程进行经常的观察。管理人员应经过专门培训，具有较熟练的技术，主要操作包括如下内容。

① 管理全部装置，调整各种泵的流量。

② 调节压力溶气罐的压力。

③ 调节空气量或回流水量。

④ 按时按规定完成投药工作。

⑤ 开启和关闭刮渣机械，调节其运行速度。

⑥ 调节气浮池的出水量。

⑦ 调节排渣量。

⑧ 操纵输送浮渣的机械设备。

第四节　快　滤　池

快滤池是一种通过具有一定孔隙率的粒状滤料床层，进行机械筛滤、沉淀以及接触絮凝，从而分离水中污物的水处理设备。可用于污水的预处理和最终处理。

一、快滤池的构造与工作原理

普通快滤池的构造如图 6-32 所示，由池本体、进出水管、冲洗水管、排水管等及附件组成，池内设有滤料层、承托层、配水系统、排水系统和排水槽等。快滤池管廊内有原水进水、清水出水、冲洗排水等主要管道和与其相配套的闸阀。排水系统用以收集滤后水，更重要的是均匀分配反冲水。冲洗水排水槽即洗水槽，用以均匀地收集反洗污水和分配进水。

快滤池工作主要是过滤和冲洗两个过程的交替循环。过滤是生产清水过程，待过滤原水经进水总管和排水槽流入滤池，经滤料层过滤截留水中悬浮物质，清水则经配水系统收集，由清水总管流出滤池。过滤过程中，由于滤层不断拦截污物，孔隙逐渐减小，水流阻力不断增大，当滤层的水头损失达到最大允许值或当过滤出水水质接近超标时，则应停止滤池运行，进行反冲洗。一般滤池工作周期应大于 8～12h。

滤池反冲洗时，水流逆向通过滤料层，使滤层膨胀、悬浮，借水流剪切力和颗粒碰撞摩

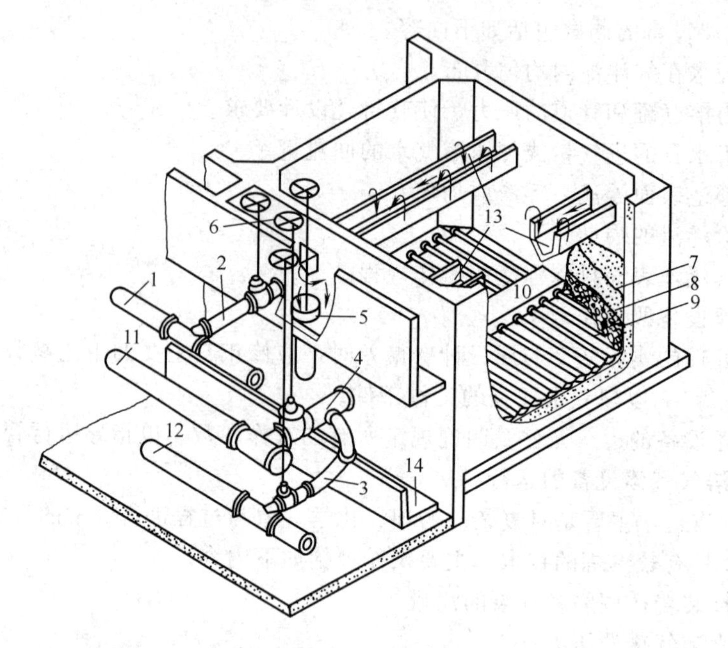

图 6-32 普通快滤池构造（箭头表示冲洗时水流方向）
1—进水总管；2—进水支管；3—清水支管；4—冲洗水支管；5—排水阀；6—污水渠；7—滤料层；8—承托层；9—配水支管；10—配水干管；11—冲洗水总管；12—清水总管；13—排水槽；14—废水渠

擦力清洗滤料层并将滤料层内污物排出。反冲水一般由冲洗水箱或冲洗水泵供给，经滤池配水系统进入滤池底部反冲洗；冲洗污水由排水槽、污水渠和排污管排出。

二、快滤池的设计

（一）滤池总面积计算

$$F=\frac{Q}{v} \tag{6-40}$$

式中 F——滤池总面积，m^2；

Q——设计流量（包括厂内自用水量），m^3/s；

v——设计滤速，m/s。

快滤池的设计应选择合适的过滤速度，一般控制在 1.4～3.0mm/s 范围内，可参照类似或相近的污水水质处理流程选定，也可通过试验确定。普通快滤池用于给水和清洁污水的滤速可采用 5～12m/h；粗砂快滤池处理污水，流速可采用 3.7～37m/h；双层滤料滤池的滤速采用 4.8～24m/h；三层滤料滤池的滤速一般可与双层滤料滤池相同。滤速确定后，根据设计水量可以计算出滤池的总面积。

（二）滤池个数及尺寸确定

滤池的个数不能少于 2 个，应从造价、冲洗效果和运行管理等因素综合考虑，经过经济技术比较后确定。也可从表 6-16 所列的数据中参考选定。

表 6-16 滤池总面积与滤池个数的关系

滤池总面积/m^2	＜30	30～50	100	150	200	300
滤池个数	2	3	3 或 4	5 或 6	6 或 8	10 或 12

每个滤池的面积为

$$f=\frac{F}{N} \tag{6-41}$$

式中 N——滤池个数。

单个滤池面积小于或等于 30m² 时，长宽比一般为 1∶1；单个滤池面积大于 30m² 时，长宽比一般为（1.25～1.5）∶1。

滤池高度包括超高（0.2～0.3m）、滤层上部水深（1.5～2m）、滤料层及承托层厚度、配水系统高度。总高度一般为 3.0～3.5m。

（三）快滤池滤层

1. 滤料的选择

快滤池滤料层是滤池的核心，滤料的种类、性质、形状和级配等是决定滤层截留杂质能力的重要因素。滤料的选择应满足以下要求。

① 滤料必须具有足够的机械强度，以免在反冲洗过程中很快地磨损和破碎。一般磨损率应小于 4%，破碎率应小于 1%，磨损率与破碎率之和应小于 5%。

② 滤料化学稳定性要好。对滤料盐酸可溶率上限值应有所规定，一般不大于 5%，并且对不同滤料，其值有所不同。

③ 滤料应不含有对人体健康有害及有毒物质，不含有对生产有害、影响生产的物质。

④ 滤料的选择应尽量采用吸附能力强、截污能力大、产水量高、过滤出水水质好的滤料，以利于提高水处理厂的技术经济效益。

此外，滤料宜价廉、货源充足和就地取材。

具有足够的机械强度、化学稳定性好和对人体无害的分散颗粒材料均可作为水处理滤料，如石英砂、无烟煤粒、矿石粒以及人工生产的陶粒滤料、瓷料、纤维球、塑料颗粒、聚苯乙烯泡沫颗粒等，目前应用最为广泛的是石英砂和无烟煤。

2. 滤床滤层的确定

用于给水和污水过滤的快滤池，按所采用滤床层数分为单层滤料、双层滤料和三层滤料滤池，如图 6-33 所示。

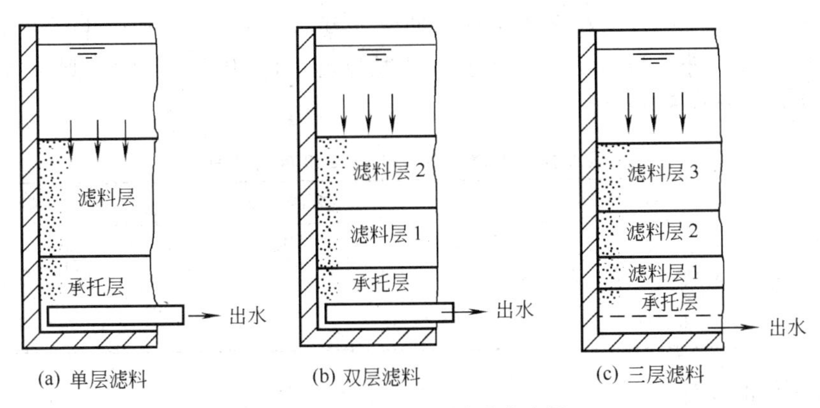

图 6-33 快滤池不同形式滤层

（1）单层滤料滤池 这种滤池适用于给水，在污水处理中，仅适用于一些清洁的工业污水处理。用于污水二级处理出水时，由于滤料粒径过细，短时间内会在砂层表面发生堵塞。因此适用于污水二级处理出水的单层滤料滤床应采用其他形式滤层，如单层粗砂深层滤床滤池，由于所用粒径较粗，即使污水所含颗粒较大，当负荷很大时也能取得较好过滤效果；采用单层滤料不分层滤床，由粒径大小不同的单一滤料均匀混合组成滤床与气水反冲洗联合使用。气水反冲洗时只发生膨胀（约为10%），不使其发生水力筛分分层现象。因此，滤床整个深度上孔隙大小分布均匀，有利于增大下部滤床去除悬浮杂质的能力。

不分层滤床的有效粒径与双层滤料滤池上层滤料粒径大致相同，通常为1～2mm左右，并保持池深与粒径比在800～1000以上。

（2）双层滤料滤池　双层滤料滤床的种类有无烟煤和石英砂、陶粒和石英砂、纤维球和石英砂、活性炭和石英砂、树脂和石英砂、树脂和无烟煤等。以无烟煤和石英砂组成的双层滤料滤池使用最为广泛。双层滤料滤池属于反粒度过滤，截留杂质能力强，杂质穿透深，过滤能力大，适于在给水和污水过滤处理中使用。

新型普通双层滤料滤池可分为如下两种。一种是均匀-非均匀双层滤料滤池，将普通双层滤池上层级配滤料改装均匀粗滤料，即可进一步提高双层滤池的生产能力和截污能力。上层均匀滤料可采用均匀陶粒，也可采用均匀煤粒、塑料372b、ABS颗粒。均匀-非均匀双层滤料的厚度与普通双层滤池相同。另一种是均匀双层滤料滤池，上层采用1.0～2.0mm的均匀陶粒或煤粒，下层采用0.7～0.9mm的石英砂。滤床厚度与普通双层滤池相同或稍厚一些，床深与粒径比大于800～1000。均匀双层滤料滤池也属于反粒度过滤，可提高截留杂质能力1.5倍左右。

（3）三层滤料滤池　这种滤池最普遍的形式是上层为无烟煤（相对密度为1.5～1.6），中层为石英砂（相对密度为2.6～2.7），下层为磁铁矿（相对密度为4.7）或石榴石（相对密度为4.0～4.2）。这种借密度差组成的三层滤料滤池更能使水由粗滤层流向细滤层呈反粒度过滤，使整个滤层都能发挥截留杂质作用，减少过滤阻力，保持很长的过滤时间。

承托层的作用一是防止过滤时滤料从配水系统中流失，二是在反冲洗时起一定的均匀布水作用。承托层一般采用天然鹅卵石铺垫而成。

（四）滤池冲洗系统设计

冲洗的目的是清除滤料中所截留的污物，使滤池恢复工作能力。通常采用自下而上的水流进行冲洗，也可在冲洗的同时，辅以表面辅助冲洗，或采用空气助冲。

1. 冲洗强度的确定

单位面积滤层上所通过的冲洗流量称为冲洗强度，以L/(s·m^2）计。在20℃水温下，设计冲洗强度一般按表6-17确定。如果实际情况与表6-17相差较大时，则应通过计算并参照类似情况下的生产经验确定。

表6-17　冲洗强度、膨胀率和冲洗时间

滤　　层	冲洗强度/L·s^{-1}·m^{-2}	膨胀率/%	冲洗时间/min
石英砂滤料	12～15	45	7～5
双层滤料	13～16	50	8～6
三层滤料	16～17	55	7～5

2. 配水系统的设计

配水均匀性对冲洗效果影响很大。配水不均匀，局部冲洗水量过大，滤料流化程度高，将会使这部分滤料移到反洗水量小的地方。滤层的水平移动使滤料分层混乱，局部滤料厚度减薄、出水水质恶化、反洗阻力减小，在下一次反洗时，单位面积的反洗水量进一步增大，更进一步促使滤料平移，如此恶性循环，会造成漏砂（料）现象，甚至导致滤池无法正常工作。

配水系统可分为大阻力配水系统和小阻力配水系统两种。大阻力配水系统由一条干管和多条带孔支管构成，如图 6-34 所示。干管设在池底中心，支管埋于承托层中间，距池底有一定高度，支管下开两排小孔，与中心线成 45°角交错排列。孔的口径小，出流阻力大，使管内沿程水头损失的差别与孔口水头损失相比非常小，从而使整个孔口的水头损失趋于一致，以达到均匀布水的目的。另外，若使集水室中的水头损失与配水系统本身相比很小，也可达到均匀布水的目的。若采用多孔滤板、滤砖、格栅、滤头等方式配水，则均属小阻力配水系统。

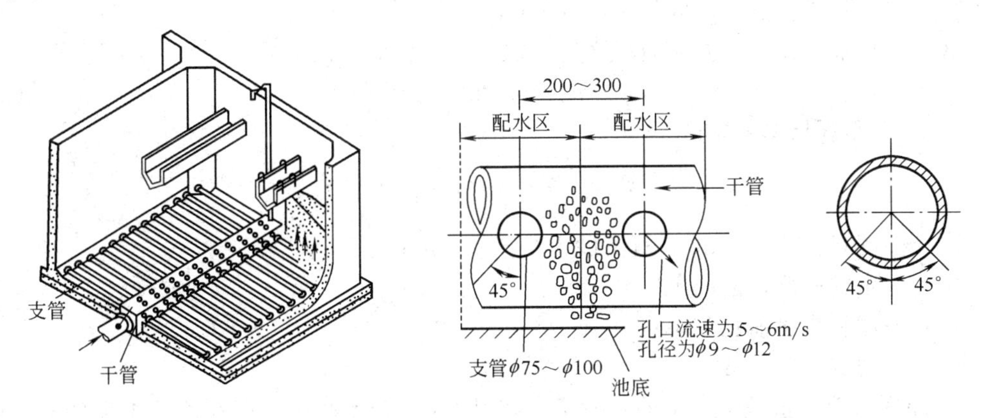

图 6-34　管式大阻力配水系统示意

3. 冲洗水供应系统的设计

滤池所需的冲洗水量，由冲洗强度与滤池面积的乘积确定。冲洗水可由冲洗水泵或冲洗高位水箱供给，如图 6-35 所示。前者投资省，但操作较麻烦，在冲洗的短时间内耗电量大，对厂区电网冲击较大，影响供电质量；后者造价较高，但操作简单，允许较长时间内向水箱输水，专用水泵小，耗电较均匀。如地形或其他条件许可时，建造冲洗水塔较好。

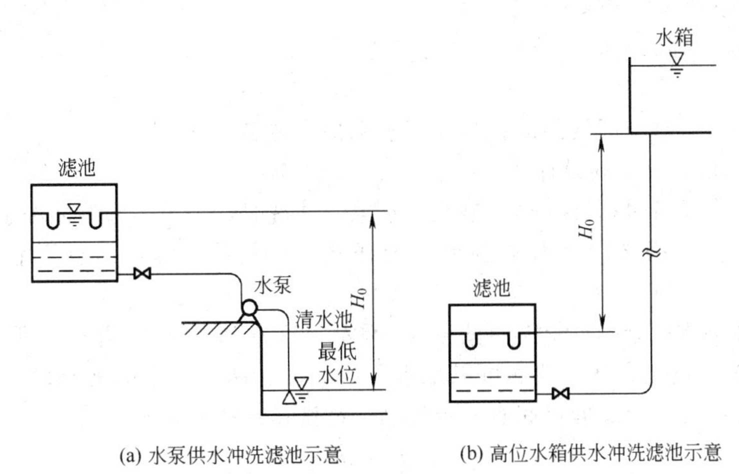

图 6-35　水泵及高位水箱供水冲洗滤池示意

（1）冲洗水泵　利用水泵冲洗滤池，布置形式如图 6-35(a) 所示，水泵流量按冲洗强度和单个滤池面积计算，但需考虑备用措施。水泵扬程为

$$H=H_0+h_1+h_2+h_3+h_4+h_5 \tag{6-42}$$

式中　H_0——排水槽顶与清水池最低水位高差，m；

h_1——从清水池到滤池管路中总的水头损失，m；

h_2——配水系统水头损失，m；

h_3——承托层水头损失，m；

h_4——滤料层水头损失，m；

h_5——备用水头，取 $h_5=1.5\sim2.0$m。

$$h_2=\left(\frac{q}{10\mu K}\right)^2\frac{1}{2g} \tag{6-43}$$

式中 μ——孔眼流量系数，取 $\mu=0.65\sim0.7$；

K——孔眼总面积与滤池面积之比，取 $K=0.2\%\sim0.25\%$。

$$h_3=0.022H_1g \tag{6-44}$$

式中 H_1——承托层厚度，m。

$$h_4=\left(\frac{\rho_S}{\rho_F}-1\right)(1-\varepsilon_0)L_0 \tag{6-45}$$

式中 ρ_S——滤料密度，g/m^3，石英砂为 2.65g/cm^3；

ρ_F——水的密度，g/cm^3；

ε_0——滤料膨胀前孔隙率；

L_0——滤层厚度，m。

(2) 冲洗水箱　水塔水箱中的水深不宜超过 3m，以免冲洗初期和冲洗末期的冲洗强度相差过大。水箱应在冲洗间歇时间内充满。水箱容积按单个滤池冲洗水量的 1.5 倍计算。

① 水箱容积

$$V=\frac{1.5Ftq\times60}{1000}=0.09Atq \tag{6-46}$$

式中 t——冲洗时间，min；

F——滤池面积，m^2；

q——冲洗强度，L/(s·m^2)。

② 水塔水箱底部高出滤池排水槽顶的高度计算

$$H_0=h_1+h_2+h_3+h_4+h_5 \tag{6-47}$$

式中 h_1——冲洗水槽与滤池的沿程与局部水头损失之和，m。

4. 滤池冲洗排水设备的设计

滤池冲洗排水设备包括冲洗排水槽及集水渠。冲洗时，为了不影响冲洗水流在滤池面积上的均匀分布，排水槽必须及时顺畅地排走冲洗水，集水渠的水面也不能干扰排水槽的出流。

(1) 冲洗排水槽　断面形状如图 6-36 所示。排水槽的上口力求水平，误差限制在 ±2mm 以内。为了施工方便，池底可以是水平的，即起端面和末端面相同；也可以使起端深度等于末端深度的一半，即槽底有一定坡度。冲洗排水槽的排水量为

$$Q=qab \tag{6-48}$$

式中 a——两槽间的中心距，一般为 1.5～2.2m；

b——槽长度，一般不大于 6m。

q——冲洗强度，L/(s·m^2)。

槽底为三角形断面时，设槽顶宽度为 $2x$，则 x 计算如下。

$$x=\frac{1}{2}\left(\frac{qab}{1000v'}\right)^{\frac{1}{2}} \tag{6-49}$$

式中　v'——冲洗排水槽出口处的流速，一般取0.6m/s。

槽底为半圆形断面时，设槽顶宽度为$2x$，则x计算如下。

$$x=\left(\frac{qab}{4570v'}\right)^{\frac{1}{2}} \tag{6-50}$$

槽顶距滤料层表面高度

$$H_e=\varepsilon_m L_0+2.5x+\delta+0.07 \tag{6-51}$$

式中　ε_m——滤层最大膨胀率，%；

δ——槽底厚度，m。

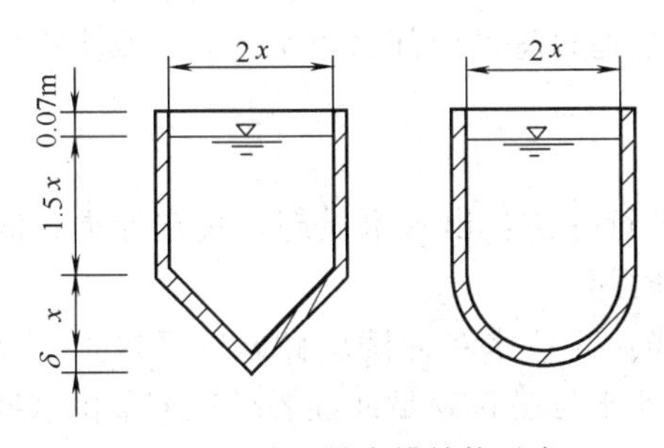

图6-36　冲洗排水槽结构示意

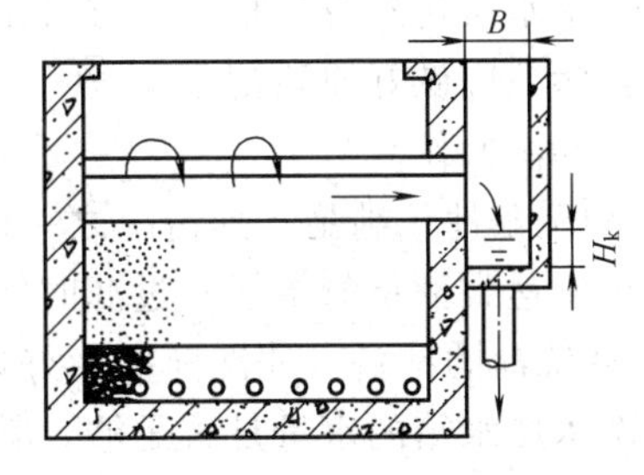

图6-37　排水槽与集水渠位置示意

（2）集水渠　每个冲洗排水槽的冲洗水汇于集水渠中，如图6-37所示。冲洗排水槽底在集水渠始端水面以上的高度不小于0.05～0.2m。矩形截面集水渠始端水深计算如下。

$$H_k=1.73\left(\frac{q_x^2}{gB^2}\right)^{\frac{1}{3}} \tag{6-52}$$

式中　q_x——滤池冲洗流量，m^3/s；

B——渠宽，m；

（五）管廊布置

集中布置滤池的管渠、配件及阀门的场所称为管廊。管廊中的管道一般用金属材料，也可用钢筋混凝土渠道。管廊布置应力求紧凑、简便；要充分考虑设备及管配件安装、维修，并留有必要的空间；要有良好的防水、排水及通风照明设备；应便于与滤池操作室联系。

滤池数少于5个（包括5个）时，宜采用单行排布；超过5个时，宜采用双行排列，管廊位于两排滤池中间。后者布置紧凑，但管廊通风、采光不如单列布置好，检修也不太方便。

管廊布置有多种方式，应根据具体情况合理选择。

（六）管渠设计流速

快滤池管渠断面应按下列流速确定。若考虑到今后水量有增大的可能性，流速应取低限。

进水管渠：0.8～1.2m/s。

清水管渠：1.0～1.5m/s。

冲洗水管：2.0～2.5m/s。

排水管渠：1.0～1.5m/s。

三、快滤池的操作与维护

1. 快滤池投产前的准备

快滤池新建成或大修后需做好投产前的准备工作。检查所有管道和阀门是否完好，各管口标高是否符合设计要求，特别是排水槽面是否水平。对滤料最好是在放入前进行严格的检查，确保其粒径和设计相符，初次铺设的滤料应比设计厚度增加 5cm 左右。清除滤池内的杂物，保持滤料平整，然后按“操作运行”的“过滤操作”要求放水检查，排除滤料内的空气。待放水检查结束后，对滤料进行连续冲洗，直至清洁，冲洗方法按“操作运行”的“冲洗操作”进行。当滤料用于净化饮用水时还必须对滤料进行消毒处理。

2. 快滤池的操作运行

（1）过滤操作　缓慢开启进水阀，当水位升到排水槽上缘时，逐渐打开出水阀，开始过滤，待出水水质达到设计指标时方可全部开启。对过滤过程的时间、出水水质、水头损失等主要运行参数应做好原始记录。

（2）冲洗操作

① 冲洗条件　满足下列情况之一时，就需要进行冲洗：出水水质超过规定标准；滤层内水头损失达到额定的指标；过滤时间达到规定的时间。

② 冲洗前的准备　冲洗前应做好以下准备工作：高位水箱冲洗应做好以下检查，首先检查冲洗水塔水箱的水量是否足够，其次检查清水池水位是否满足冲洗要求；水泵供水冲洗时应检查水泵是否完好，能否正常运行。检查结束后，报告厂调度室，得到许可后才能开始冲洗作业。

③ 冲洗顺序　冲洗应按以下顺序进行：关闭进水阀，待滤池内水位下降到滤料层面以上 10～20cm 时关闭出水阀；开启排水阀，排出滤池内余水；打开反冲洗水阀进行冲洗，冲洗 5～7min，待反冲洗水的出水符合要求时，关闭反冲洗水阀，停止冲洗工作。

④ 恢复过滤顺序　关闭排水阀；打开进水阀；按过滤要求，恢复滤池正常运转。

第五节　混凝设备

混凝可以用来降低污水的浊度和色度，去除多种高分子有机物、某些重金属物和放射性物质。此外，混凝还能改善污泥的脱水性能。因此，混凝是工业污水处理中常采用的方法，既可以作为独立的处理法，也可以和其他处理法配合进行。

混凝与其他污水处理法比较，其优点是设备简单、维护操作易于掌握、处理效果好、间歇或连续运行均可以。缺点是由于不断向污水中投药，经常性运行费用较高、沉渣量大、且脱水较困难。

一、混凝剂的调制与投加

（一）混凝剂的调制设备

混凝剂的投配分干投法和湿投法两种。干投法是将经过破碎易于溶解的药剂直接投放到需处理的水中。干投法占地面积小，但对药剂的粒度要求较严，投配量较难控制，对机械设备的要求较高，劳动条件较差，目前较少采用。湿投法是将药剂配制成一定浓度的溶液，再按处理水量大小进行投加。

在溶药池内将固体药剂溶解成浓溶液。其搅拌可采用水力、机械或压缩空气等方式，如图 6-38～图 6-40 所示。一般投药量小时用水力搅拌，投药量大时用机械搅拌。溶药池体积一般为溶液池体积的 0.2～0.3 倍。

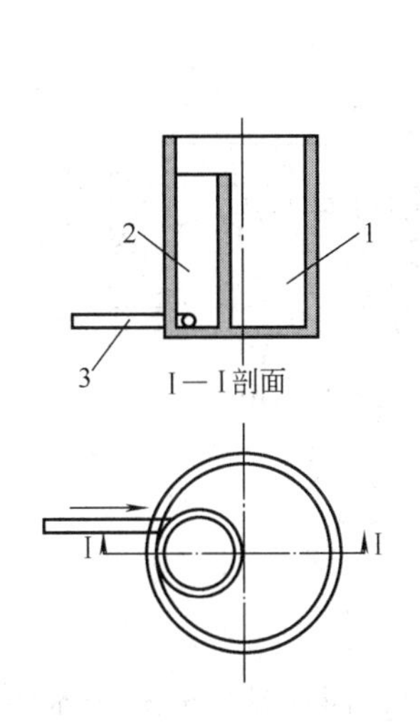

图 6-38　混凝剂水力调制装置
1—溶液池；2—溶药池；
3—压力水管

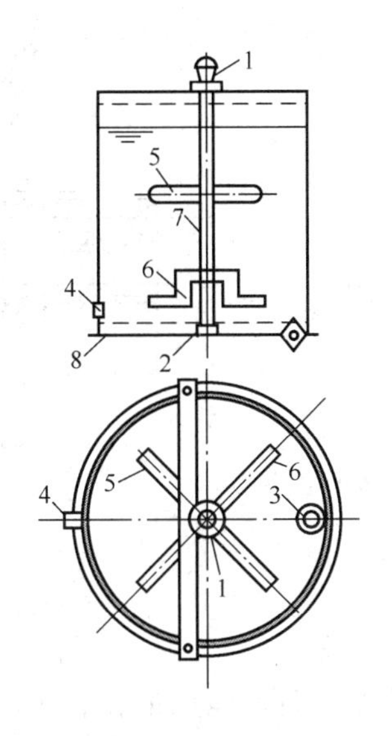

图 6-39　混凝剂机械调制装置
1，2—轴承；3—异径管箍；4—出管；
5—桨叶；6—锯齿角钢桨叶；
7—立轴；8—底板

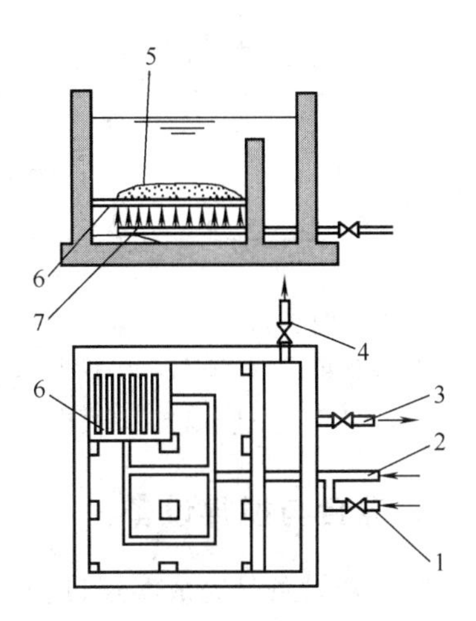

图 6-40　混凝剂的压缩空气调制
1—进水管；2—进气管；3—出液管；
4—排渣管；5—药剂；6—格栅；
7—空气管

混凝剂的投配设备及管道应进行防腐处理。应采用两个溶液池交替使用，其体积计算如下。

$$V=\frac{24\times100aQ}{1000\times1000bn}=\frac{aQ}{417bn} \tag{6-53}$$

式中　a——混凝剂最大用量，mg/L；

Q——处理水量，m^3/h；

b——溶液浓度，%，按药剂固体质量分数计算，一般取10%～20%。

n——每昼夜配制溶液的次数，一般为2～6次，手工配置不宜多于3次。

（二）混凝剂的投加设备

按投加方法分重力投加、水泵投加、水射流器投加和虹吸定量投加等。重力投加设备包括溶液槽、提升泵、高位溶液箱、投药箱、计量设备等，依靠药液的高位水头直接将混凝剂溶液投入管道内；水泵投加是采用计量加药泵将药液投入压力管道中去；水射流器投加系统设备简单，使用方便，工作可靠；虹吸定量投加装置利用变更虹吸管进、出口高度差 H 控制投配量。各种投加设备装置如图 6-41～图 6-44 所示。

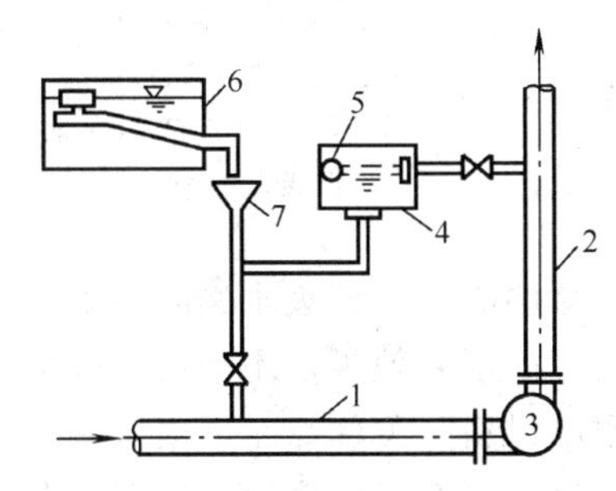

图 6-41　泵前重力投加系统
1—进水管；2—出水管；3—水泵；4—水箱；5—浮球阀；6—溶液池；7—漏斗

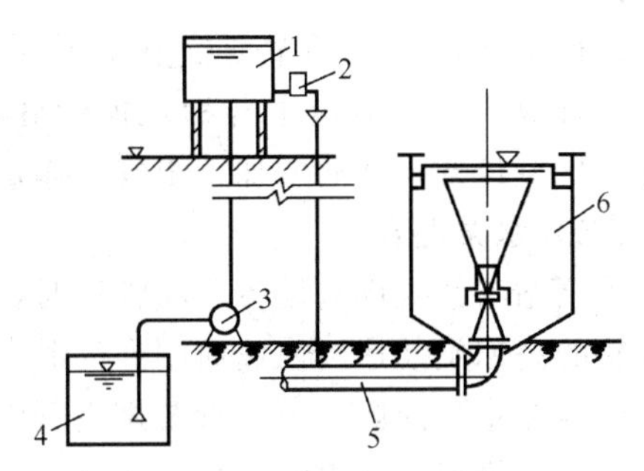

图 6-42　高架溶液池重力投加系统
1—溶液箱；2—投药水封箱；3—提升泵；
4—溶解池；5—原水进水管；6—澄清池

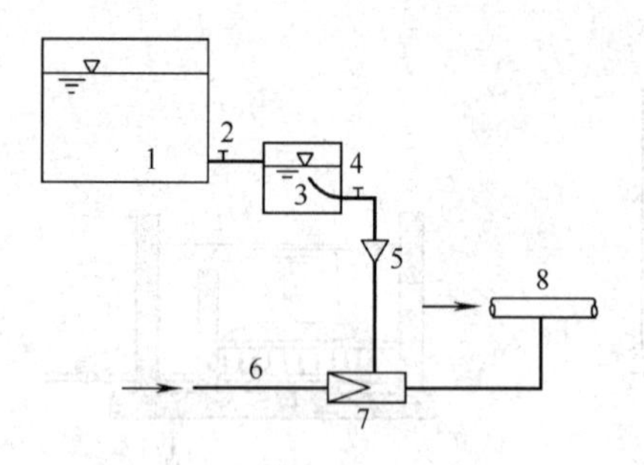

图 6-43 水射流器投加示意

1—溶液箱；2,4—阀门；3—投药箱；5—漏斗；
6—高压水管；7—水射流器；8—原水管

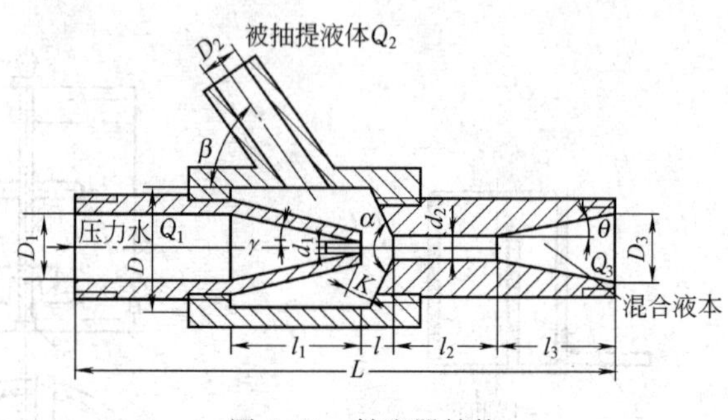

图 6-44 射流器结构

二、混合与搅拌设备

混合设备是完成凝聚过程的重要设备，能保证在较短的时间内将药剂扩散到整个水体，并使水体产生强烈紊动，为药剂在水中的水解和聚合创造了良好的条件。一般混合时间为2min左右，混合时的流速应在1.5m/s以上。常用的混合方式有机械混合、水泵混合和隔板混合。

（一）机械混合

机械混合是用电机带动桨板或螺旋桨进行搅拌的一种混合方法，多采用结构简单、加工制造容易的桨板式机械搅拌混合槽，如图6-45所示。混合槽可采用圆形或方形水池，高H约3～5m，叶片转动圆周速度一般取2m/s，混合时间约10～15s。

为加强混合效果，可在内壁设四块固定挡板，每块挡板宽度b取（1/10～1/12）D（D为混合槽内径），其上、下缘距静止液面和池底均为$D/4$。

池内一般设带两叶的平板搅拌器，搅拌器距池底$(0.5\sim0.75)D_0$（D_0为桨板直径）。如$H:D$的值很大，则可多设几层桨板。每层间距为$(1.0\sim1.5)D_0$，相邻两层桨板90°交叉安装。搅拌器桨板直径$D_0=(1/2\sim1/3)D$；搅拌器桨板宽度$B=(0.1\sim0.25)D_0$。

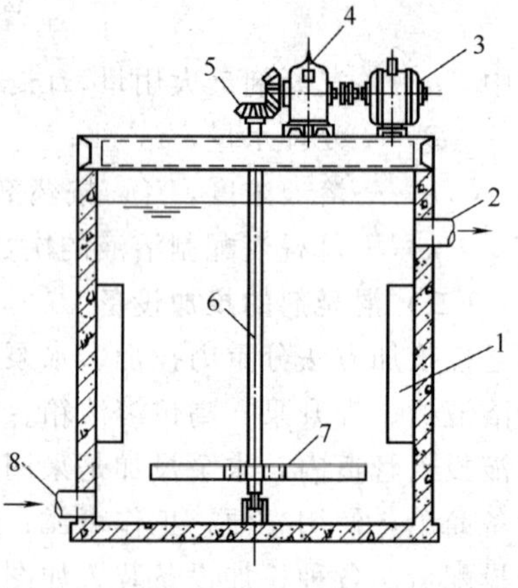

图 6-45 机械搅拌混合槽结构示意

1—挡板；2—出水管；3—电机；
4—减速器；5—齿轮；6—轴；
7—桨板；8—进水管

机械搅拌混合槽的主要优点是不受水量变化的影响，混合效果好，适用于各种规模的处理厂，缺点是增加了机械设备，从而增加了维修工作量。

（二）水泵混合

当泵站与絮凝反应设备距离较近时，将药剂加于水泵的吸水管或吸水喇叭口处，利用水泵叶轮的高速旋动达到快速而剧烈的混合目的，得到良好的混合效果，不需要另外的混合设备，但需在水泵内侧、吸入管及排出管内壁衬耐酸、耐腐材料。其优点是混凝效果好、设备简单、节省投资、动力消耗少；缺点是管道安装复杂、对水泵有轻微腐蚀、同时应防止大量的气体进入水泵。当泵房远离处理构筑物时不宜采用水泵混合，因已形成的絮体在管道出口一经破碎便难于重新聚结，不利于以后的絮凝。

（三）隔板混合

隔板混合可分为分流式隔板混合、多孔隔板混合、平流式隔板混合、回转式隔板混合等，图 6-46 所示为分流式隔板混合槽。槽内设隔板，药剂于隔板前投入，通过水在隔板通道间流动使药剂与水充分混合。混合效果比较好，但占地面积大，水头损失也大。隔板间距为池宽的 2 倍，也可取 60～100cm，流速取值在 1.5m/s 以上，混合时间一般为 10～30s。

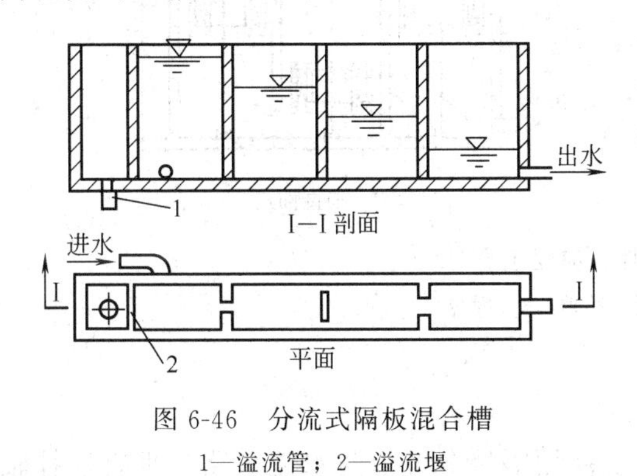

图 6-46 分流式隔板混合槽

1—溢流管；2—溢流堰

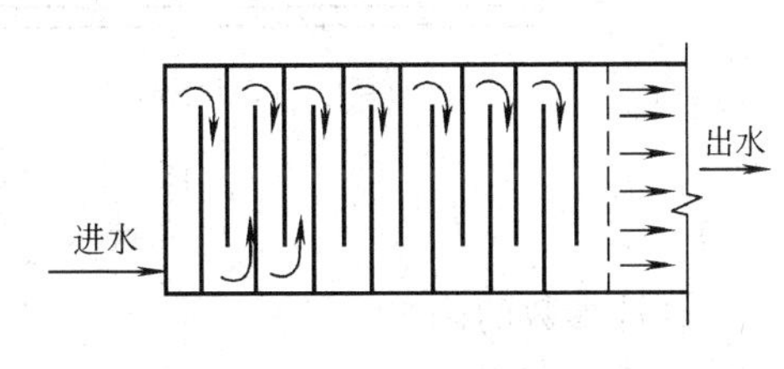

图 6-47 平流式隔板反应池

三、反应设备

（一）反应池的特点和适应条件

反应设备根据其搅拌方式可分为水力搅拌反应池和机械搅拌反应池两大类。水力搅拌反应池有平流式或竖流式隔板反应池、回转式隔板反应池、涡旋式反应池等形式。平流式隔板反应池如图 6-47 所示，回转式隔板反应池如图 6-48 所示，涡旋式反应池如图 6-49 所示。各种不同类型反应池的优、缺点以及适用条件列于表 6-18 中。

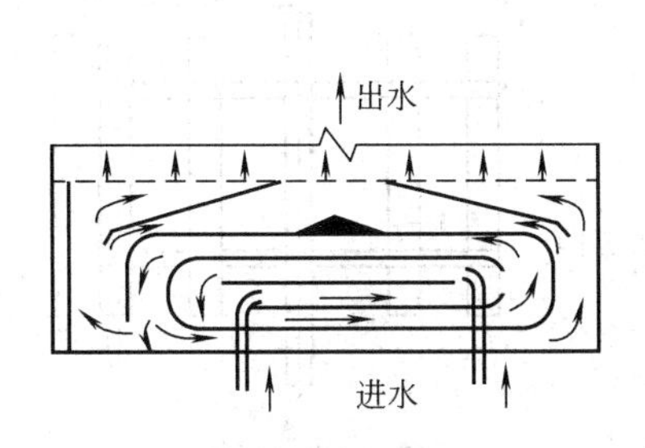

图 6-48 回转式隔板反应池

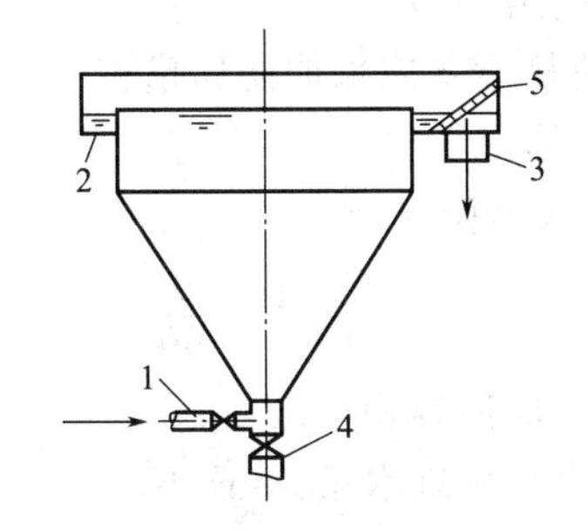

图 6-49 涡旋式反应池

1—进水管；2—圆周集水槽；3—出水管；4—放水阀；5—隔栅

表 6-18 不同类型反应池的优、缺点与适用条件

反应池形式	优 点	缺 点	适用条件
平流式或竖流式隔板反应池	反应效果好，构造简单，施工方便	容积较大，水头损失大	水量大于 1000m^3/h，水量变化较小的系统中
回转式隔板反应池	反应效果好，水头损失小，构造简单，管理方便	池较深	水量大于 1000m^3/h，水量变化较小的改扩建系统中
涡流式反应池	反应时间短，容积小，造价低	池较深，截头圆锥形池底难施工	水量小于 1000m^3/h
机械搅拌反应池	反应效果好，水头损失小，可适应水质水量变化	部分设施在水下，维护不便	水量适应范围广

（二）机械搅拌反应池的设计

机械搅拌反应池根据转轴的位置可分为水平轴式和垂直轴式两种，水平轴式操作和维修不方便，目前较少应用，垂直轴式应用较多。机械搅拌反应池如图 6-50 所示。

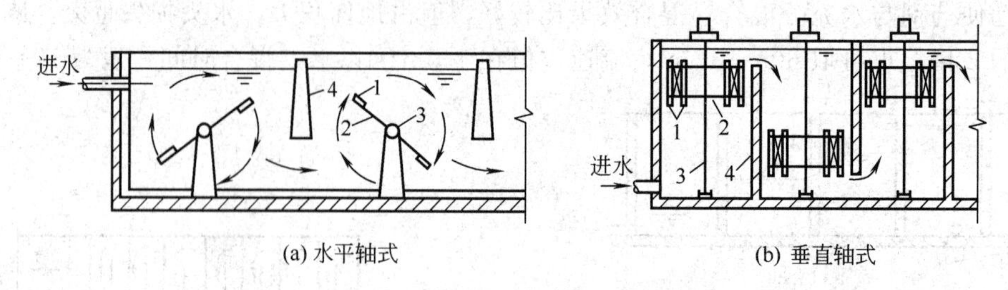

(a) 水平轴式　　(b) 垂直轴式

图 6-50　机械搅拌反应池示意

1—桨板；2—叶片；3—转轴；4—隔板

1. 设计参数的确定

① 池数一般不少于 2 座。

② 每座池一般设 3～4 挡搅拌器，各搅拌器之间用隔墙分开以防水流短路，垂直搅拌轴设于池中间。

③ 搅拌叶轮上桨板中心处的线速度自第一格 0.5～0.6m/s 逐渐减小至 0.2～0.3m/s。

④ 上桨板顶端应设于水面下 0.3m 处，下桨板底端设于距池底 0.3～0.5m 处，桨板外缘与池壁间距不大于 0.25m。

⑤ 桨板宽度与长度之比 $b/L=1/10\sim1/15$，桨板宽度一般采用 0.1～0.3m。桨板的结构如图 6-51 所示。每台搅拌器上桨板总面积与桨板转动方向垂直的水流截面之比取 10%～20%，过大时池水将随桨板同步旋转，减弱絮凝效果。

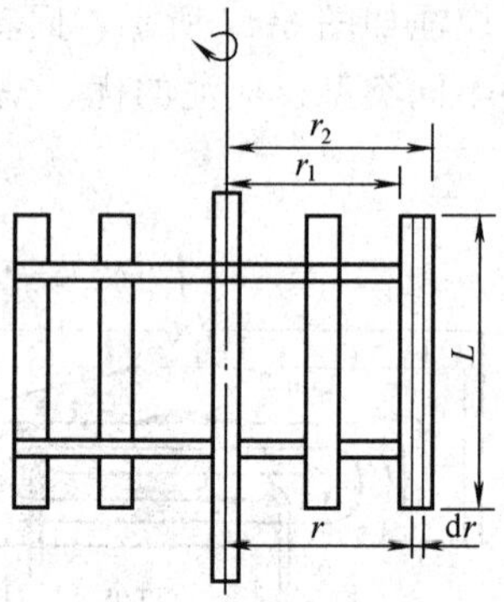

⑥ 所有机械设备应采取防腐措施。

图 6-51　桨板示意

2. 设计计算

（1）反应池容积计算

$$V=\frac{Qt}{60} \tag{6-54}$$

式中　V——反应池容积，m^3；

Q——设计处理水量，m^3/h；

t——反应时间，min，通常取 20～30min。

（2）搅拌器功率的计算

搅拌器功率的大小主要取决于旋转时各桨板的线速度和桨板面积，桨板作用于水流的功率为

$$P_i=C_D\rho\frac{K_iA_i}{8}v_{i0}^3 \tag{6-55}$$

$$K_i=4+\frac{4b}{r_2}-\frac{6b}{r_2}-\left(\frac{b}{r_2}\right)^3$$

式中　P_i——i 桨板作用于水流的功率，W，$i=1、2、3、\cdots$；

C_D——取决于桨板宽长比的阻力系数，桨板宽长比 $b/L<1$ 时，阻力系数 $C_D=1.1$，水处理中桨板宽长比通常满足 $b/L<1$ 的条件，故取 $C_D=1.1$；

ρ——水的密度，kg/m^3；

A_i——i 桨板面积，m^2，$A_i=bL$；

b——i 桨板宽度，m；

L——i 桨板长度，m；

v_{i0}——i 桨板外缘相对于水流的旋转线速度，称相对线速度，m/s；

r_2——i 桨板外缘旋转半径，m；

K_i——取决于计算桨板宽度和外缘旋转半径之比的宽径比系数，也可按图 6-52 查出。

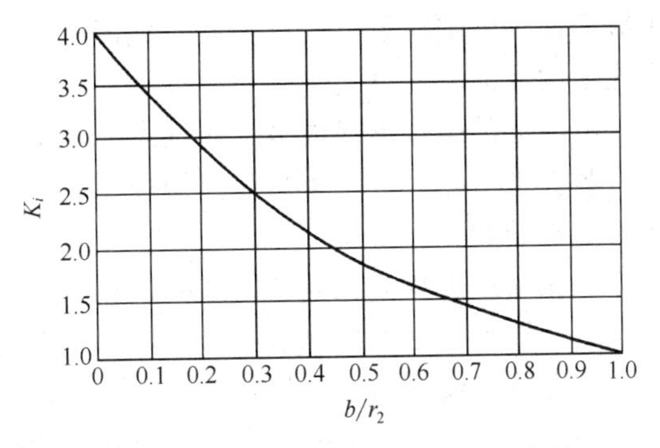

图 6-52 K_i 与宽径比 b/r_2 的关系曲线

设计中相对线速度可采用 0.75 倍的旋转线速度，即 i 桨板外缘线速度 $v_i=v_{i0}/0.75$，水的密度 $\rho=1000\text{kg/m}^3$。将以上数据代入式(6-55) 得

$$P_i=58K_iA_iv_i^3 \tag{6-56}$$

对于旋转轴上任何一块桨板，都可按式(6-56) 计算其功率。设叶轮内侧桨板以 j 符号计，则一根轴上内、外侧全部桨板功率之和 P 为

$$P=m_{外}P_i+m_{内}P_j=58(m_{外}K_iA_iv_i^3+m_{内}K_jA_jv_j^3) \tag{6-57}$$

式中 $m_{外}$——外侧桨板数；

$m_{内}$——内侧桨板数。

(3) G 及 Gt 值的核算

当每台搅拌器功率求出以后，分别计算各反应池的速度梯度。以 3 格池子为例，则每格池子的速度梯度为

$$G_i=\sqrt{\frac{3P_i}{\mu V}} \qquad (i=1,2,3) \tag{6-58}$$

式中 P_i——第 i 格池子搅拌器功率，W；

μ——水的运动黏度，Pa·s。

整个反应池的平均速度梯度 $\overline{G}$ 为

$$\overline{G}=\sqrt{\frac{1}{3}(G_1^2+G_2^2+G_3^2)} \tag{6-59}$$

速度梯度 G 与反应时间 t 的乘积 Gt 可间接表示整个反应时间内颗粒碰撞的总次数，可用来控制反应效果。当原水浓度低，$\overline{G}$值较小或处理要求较高时，可适当延长反应时间，以提高 Gt 值，改善反应效果。一般$\overline{G}$值约在 $20\sim70\text{s}^{-1}$之间为宜，Gt 值应控制在 $1\times10^4\sim1\times10^5$ 之间。

四、澄清池

(一) 澄清池的工作原理

澄清池是用于混凝处理的一种设备，是将絮凝反应过程与澄清分离过程综合于一体的构筑物。

在澄清池中沉泥处于均匀分布的悬浮状态，在池中形成高浓度稳定的活性泥渣层。该层悬浮物浓度约为 3～10g/L。原水在澄清池中由下向上流动，悬浮状态的沉泥由于重力作用在上升水流中处于动态平衡状态。当原水通过活性泥渣层时，利用接触絮凝原理，原水中的悬浮物便被活性泥渣层阻留下来，使水得以澄清。清水在澄清池上部被收集。

正确选用上升流速，保持良好的泥渣悬浮层，是澄清池取得较好处理效果的基本条件。

澄清池的工作效率取决于泥渣悬浮层的活性与稳定性。泥渣悬浮层是在澄清池中加入较多的混凝剂，并适当降低负荷，经过一定时间运行后逐步形成的。为使泥渣悬浮层始终保持絮凝活性，必须让泥渣层处于新陈代谢的状态，即一方面形成新的活性泥渣，另一方面排除老化了的泥渣。

澄清池的构造形式很多，从基本原理上可分为两大类：一类是悬浮泥渣型，有悬浮澄清池、脉冲澄清池；另一类是泥渣循环型，有机械加速澄清池和水力循环加速澄清池。目前常用的是机械加速澄清池。

机械加速澄清池将混合、絮凝反应及沉淀工艺综合在一个池内，如图 6-53 所示。池中心有一个转动叶轮，将原水和加入药剂从澄清区沉降下来的回流泥浆混合，促进较大絮体的形成。泥浆回流量为进水量的 3～5 倍，可通过调节叶轮开启度来控制。为保持池内悬浮层浓度稳定，要排除多余的污泥，所以在池内设有 1～3 个泥渣浓缩斗。当池子直径较大或进水含砂量较高时，需装设机械刮泥机。该池的优点是效率较高且比较稳定；对原水水质和处理水量的变化适应性较强；操作运行比较方便。

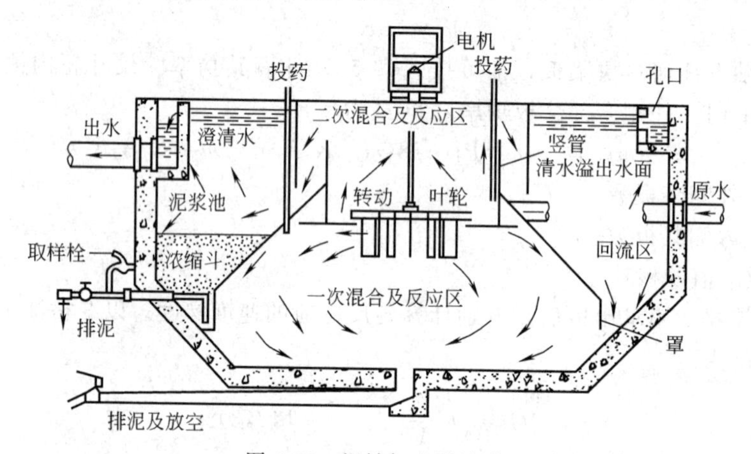

图 6-53　机械加速澄清池

（二）机械加速澄清池的设计参数选择

① 原水进水管流速一般在 1m/s 左右。

② 清水区上升流速 0.8～1.1mm/s，当处理低温、低浊度水时可采用 0.7～0.8mm/s，清水区高度 1.5～2.0m。

③ 水在池中总停留时间一般为 1.2～1.5h。

④ 集水方式选用淹没孔集水槽或三角堰集水槽。孔径为 20～30mm，过孔流速为 0.6m/s，集水槽中流速为 0.4～0.6m/s，出水管流速为 1.0m/s。

⑤ 设泥渣浓缩斗 1～3 个，泥渣斗容积约为澄清池容积的 1%～4%。进水悬浮物含量大于 1g/L 或池径大于或等于 24m 时，应设机械排泥装置，一般采用叶轮搅拌。叶轮提升流量为进水流量的 3～5 倍。叶轮直径一般为第二反应室内径的 0.7～0.8 倍。叶轮外线线速度为 0.5～1.0m/s。

第六节　活性污泥法污水处理设备

一、活性污泥法基本原理

活性污泥法是处理城市污水和有机性工业生产污水的有效生物处理法。活性污泥法是利用悬浮生长的微生物絮体处理有机污水的一类好氧生化处理方法。活性污泥法处理系统的设备主要包括曝气池、曝气设备、污泥回流设备、二次沉淀池等。

活性污泥系统有效运行的基本条件是：污水中含有足够的可溶性易降解有机物，作为微生物生理活动必需的营养物质；混合液含有足够的溶解氧；活性污泥在池内呈悬浮状态，能够充分与污水相接触；活性污泥连续回流、及时地排除剩余污泥，使混合液保持一定浓度的活性污泥；没有对微生物有毒害作用的物质进入。

对于生活污水和性质与其类似的工业污水已有一套较为成熟的设计数据，设计时可直接采用，对于其他的工业污水，往往需要通过试验才能确定有关设计的一些数据。通过试验获得的设计原始资料，主要包括下列各项。

① 活性污泥初期吸附能力。

② 污泥负荷与出水 BOD 的关系。

③ 污泥负荷与污泥沉降、浓缩性能的关系。

④ 污泥负荷与污泥增长率、需氧量的关系。

⑤ 混合液浓度与污泥回流比的关系。

⑥ 水温对处理效果的影响。

⑦ 有关补充营养（如氮、磷）的资料。

⑧ 有毒物质的允许浓度，驯化的可能性。

⑨ 冲击负荷（包括毒物）的影响。

二、曝气池的设计

（一）曝气池容积的计算

计算曝气池容积通常用有机负荷率作为计算指标。有机负荷率通常有污泥负荷率（N_S）和曝气区容积负荷率（N_V）两种表示方法。曝气池容积计算公式如下。

按污泥负荷计算

$$V=\frac{QL_a}{N_S X} \tag{6-60}$$

按容积负荷计算

$$V=\frac{QL_a}{N_V} \tag{6-61}$$

式中　V——曝气池容积，m^3；

L_a——进水有机物（BOD）浓度，mg/L；

Q——污水流量，m^3/d；

N_S——污泥负荷率，kgBOD/(kgMLSS·d)；

X——混合液悬浮固体（MLSS）浓度，mg/L；

N_V——曝气区容积负荷率，kgBOD/(m^3 曝气区·d)。

污泥负荷率 N_S 与出水 BOD 浓度 L_e 之间的关系为

$$N_S=\frac{L_a Q}{XV}=\frac{(L_a-L_e)f}{X_V t\eta}=\frac{K_2 L_e f}{\eta} \tag{6-62}$$

式中　L_e——出水有机物（BOD）浓度，mg/L；

K_2——有机物降解常数，见表 6-19；

f——挥发性悬浮固体浓度与悬浮固体浓度之比，$f=X_V/X$ 生活污水取 0.75；

X_V——挥发性悬浮固体（MLVSS）浓度，mg/L；

t——污水在曝气池中停留的时间，h；

η——有机物去除率，$\eta=\frac{L_a-L_e}{L_a}$。

也可根据哈兹尔坦经验公式求污泥负荷率。计算公式如下。

$$N_S=0.01295L_e^{1.1918} \tag{6-63}$$

表 6-19　完全混合系统 K_2 值

废水性质	K_2 值	废水性质	K_2 值
城市生活污水	0.0168～0.0281	脂肪精制废水	0.036
橡胶废水	0.0672	石油化工废水	0.00672
化学废水	0.00144		

污泥负荷率的确定，主要考虑处理效率和出水水质，同时还应结合污泥的凝聚沉淀性能来考虑，即根据所需要的出水水质计算出的 N_S 值，再进一步复核相应的污泥容积指数值是否在正常运行的允许范围内。

一般来说，污泥负荷率在 0.3～0.5kgBOD/(kgMLSS·d) 范围内时，BOD 去除率可在 90%以上，污泥容积指数（SVI）在 80～150 范围内，污泥吸附和沉淀性能都较好。对于剩余污泥不便处置的小型污水处理厂，污泥负荷率应低于 0.2kgBOD/(kgMLSS·d)，使污泥自身氧化。

混合液污泥浓度（MLSS）是指曝气池的平均污泥浓度，如生物吸附法的污泥浓度应是吸附池和再生池两者污泥浓度的平均值。设计时，采用较高的污泥浓度，可缩小曝气区容积，但污泥浓度也不能过高。

（二）曝气池的构造设计

曝气池的构造形式随着活性污泥法的改进和发展呈多样化。根据混合液流型，可分为推流式、完全混合式和循环混合式三种；根据平面形状，可分为长方廊道形、圆形、方形和环状跑道形四种；根据曝气池和二次沉淀池的关系，可分为分建式和合建式两种；根据运行方式，可分为传统式、阶段式、生物吸附式、曝气沉淀式、延时式等多种。

1. 推流式曝气池的构造设计

（1）平面设计　推流式曝气池为长条形池子，水从池的一端进入，从另一端推流而出。推流池多用鼓风曝气。为防止短流，推流池池长和池宽之比（L/B）视场地情况取 5～10，当受到场地限制时，长池可以两折或多折，如图 6-54 所示。推流池进水方式不限，出水多采用溢流堰。

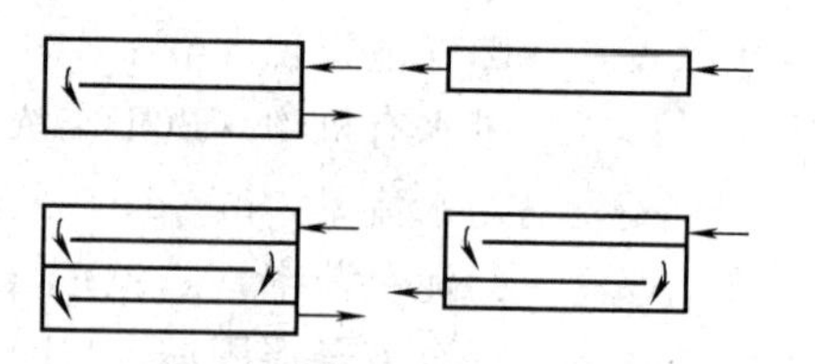

图 6-54　推流式曝气池平面结构示意

（2）横断面设计　在池的横断面上，有效水深最小为 3m，最大为 9m。池深与造价和动力费有密切关系。一般设计中，常根据土建结构和池子的功能要求，池深在 3～5m 的范围内选定。曝气池的超高一般取 0.5m，有防风和防冻等特殊要求时，可适当加高。当采用表曝机时，机械平台宜高出水面 1m 左右。图 6-55 所示为平流推流式曝气池示意。

旋转推流式曝气池的曝气装置位于池子断面一侧，由于气泡造成密度差，导致池水产生旋流，因此曝气池中水流沿池长方向流动的同时，还有侧向的旋转流，形成旋转推流。根据鼓风曝气装置位置的不同，旋转推流又可分为底层曝气、浅层曝气和中层曝气三种。底层曝气池鼓风曝气装置装于曝气池底部，有效水深常取 3～4.5m，如图 6-56 所示。浅层曝气池

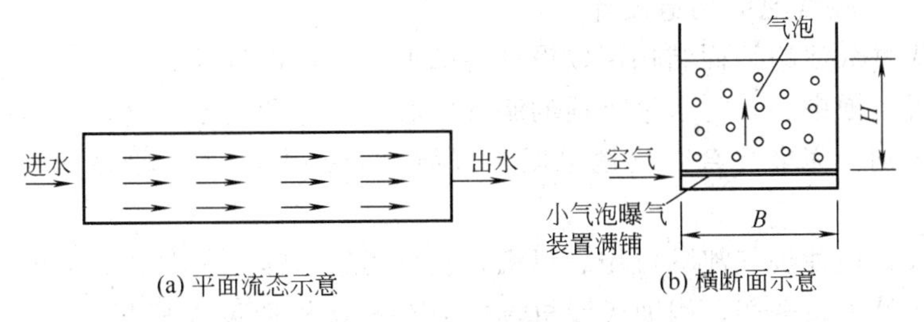

(a) 平面流态示意　(b) 横断面示意

图 6-55　平流推流式曝气池示意

扩散器装于水面以下 0.8～0.9m 的位置，常采用 1.2m 以下风压的鼓风机。池的有效水深 3～4m，如图 6-57 所示。中层曝气池扩散器装于池深中部，与底层曝气相比，在相同的鼓风条件和处理效果时，池深一般可以加大到 7～8m，最大的可达 9m，可以节省曝气池的用地，如图 6-58 所示。

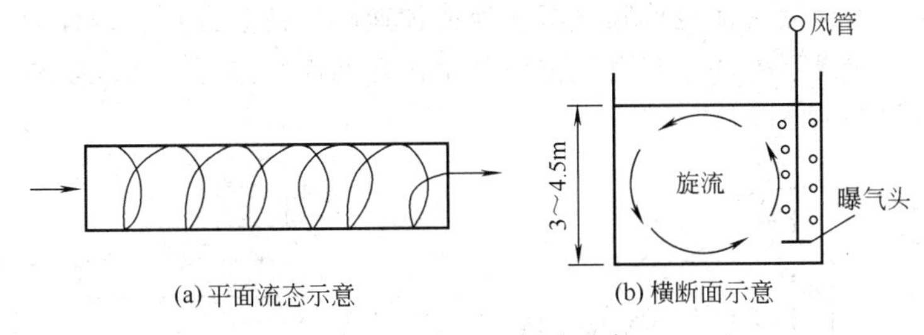

(a) 平面流态示意　(b) 横断面示意

图 6-56　底层曝气池示意

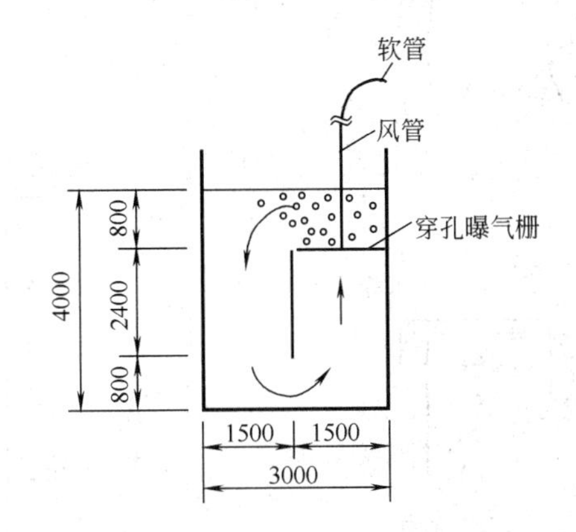

图 6-57　浅层曝气池示意

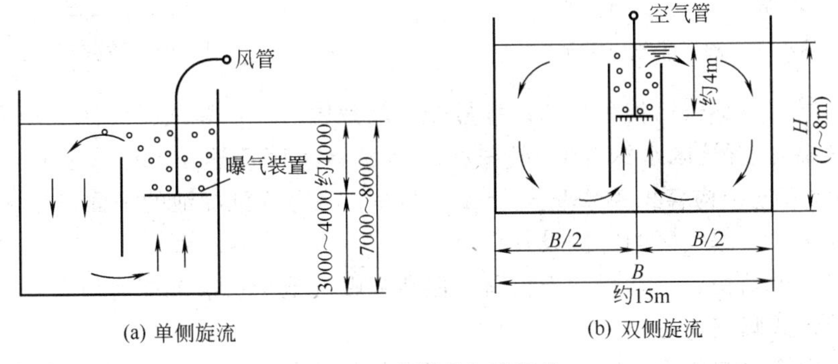

(a) 单侧旋流　(b) 双侧旋流

图 6-58　中层曝气池示意

2. 完全混合式曝气池的构造设计

完全混合式曝气池的平面结构可以设计为圆形，也可以设计为矩形或方形。曝气装置多采用表曝机，置于池中心，污水进入池的底部中心，立即和全池混合，水体没有推流式那样明显的上下游区别。完全混合曝气池可以与沉淀池分建或合建，因此可以分为分建式和合建式。

（1）分建式　这种曝气池既可用表曝机，也可用鼓风曝气装置。表曝机的充氧与混合性能同池的构造设计关系密切，因而表曝机选用应和池型构造设计相配合。当采用泵型叶轮，线速度在 4～5m/s 时，曝气池的直径和叶轮的直径之比宜采用 4.5～7.5，水深与叶轮的直径之比宜采用 2.5～4.5。当采用倒伞形和平板形叶轮时，叶轮直径和曝气池的直径比宜为 1/3～1/5。在圆形池中，要在水面处设置挡流板，一般用四块，板宽为池径的 1/15～1/20，高度为深度的 1/4～1/5，在方形池中可不设挡流板。

分建式曝气池需专门设置污泥回流设备，运行中便于控制、调节。

（2）合建式　这种曝气池也称曝气沉淀池或加速曝气池，池形多设计为圆形，沉淀池与曝气池合建，沉淀池设于外环，与曝气池底部由污泥回流缝连通，靠表曝机造成水位差使回流污泥循环，如图 6-59 所示。

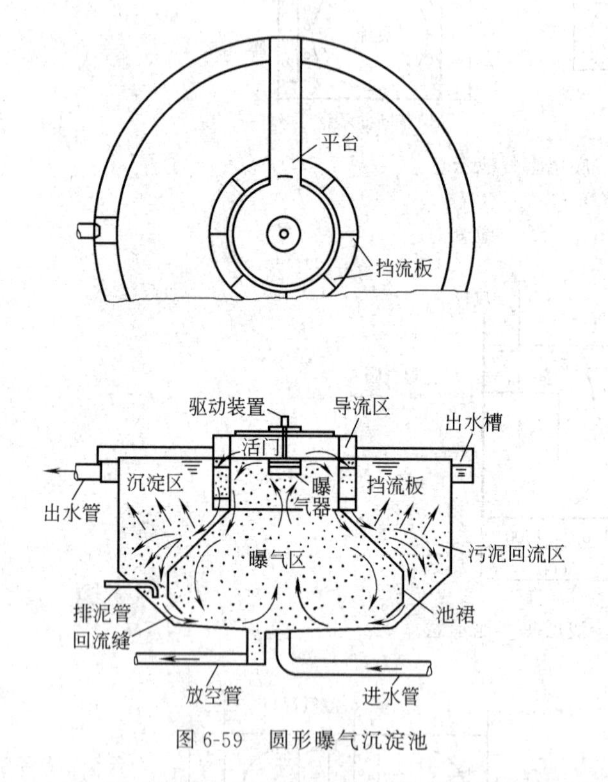

图 6-59　圆形曝气沉淀池

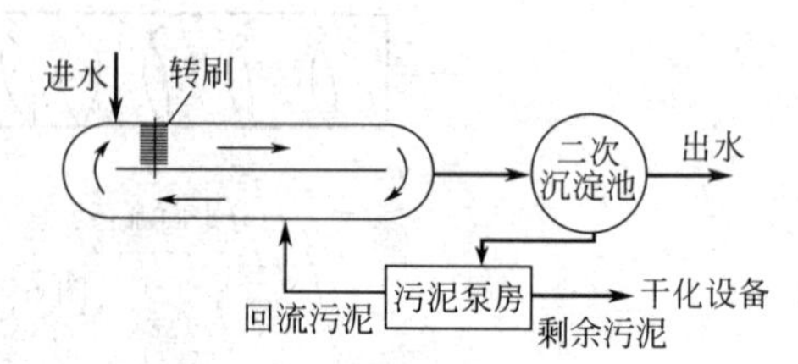

图 6-60　氧化沟的典型布置

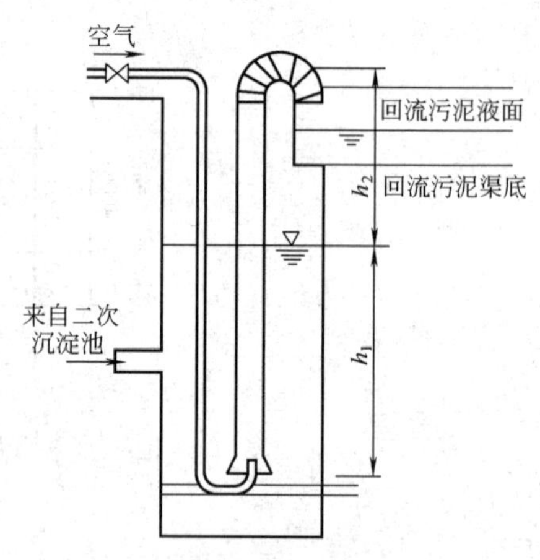

图 6-61　空气提升器示意

合建式曝气池各部位结构尺寸的设计可按下列数值选定：曝气沉淀池直径 $D \leqslant 20$m；曝气池水深 $H \leqslant 5$m；沉淀区水深 $1\text{m} \leqslant h_1 \leqslant 2\text{m}$；导流区下降流速 15mm/s 左右；池底斜壁与水平成 45°；曝气池结构容积系数取 3%～5%左右；当曝气沉淀池的平面设计成正方形或长方形时，沉淀区仅在曝气区的一侧设置。

合建式曝气池结构紧凑，耐冲击负荷，但存在曝气池与二次沉淀池相互干扰的问题，出水水质不如分建式曝气池好。

（3）循环混合式曝气池　又称氧化沟，多采用转刷供氧，其平面形状常设计成椭圆形，形状如环状跑道，池宽度与转刷长度相适应，如图 6-60 所示。断面形状可采用矩形或梯形（为梯形时，底角坡度多取 45°），有效水深取 1～2m。

在设计所有各类型的曝气池时，均应在池深 1/2 处或距池底 1/3 处设置放水管，培养活性污泥等预备间歇运行时使用；在池底设置放水管，以便在池清洗放空时使用。

三、污泥回流设备的结构

在分建式曝气池中，活性污泥从二次沉淀池回流到曝气池时需设置污泥回流设备。污泥提升设备常用叶片泵或空气提升器。空气提升器的效率不及污泥泵，但结构简单、管理方便，且所耗空气对补充污泥中的溶解氧也有好处，如采用鼓风曝气池，可以考虑选用空气提升器。

污泥回流量 Q_R 的计算如下。

$$Q_R = QR \tag{6-64}$$

$$R = \frac{X}{X_R - X}$$

式中　Q_R——污泥回流量，m^3/h；

Q——污水流量，m^3/h；

R——回流比；

X——混合液污泥浓度，mg/L；

X_R——回流污泥浓度，mg/L。

X_R 与污泥容积指数 SVI 值有关，$X_R = 10^6 r/\mathrm{SVI}$，$r$ 为与污泥在二次沉淀池中停留的时间、池深、污泥厚度因素有关的系数，一般取 1.2。

空气提升器常附设在二次沉淀池的排泥井中或曝气池的进泥口处，图 6-61 所示为空气提升器示意，h_1 为淹没水深，h_2 为提升高度。一般 $h_1/(h_2+h_1) \geqslant 0.5$。

采用污泥泵时，常把二次沉淀池的回流污泥集中抽送到一个或数个回流污泥井中，然后分配给各个曝气池。泵的台数视污水厂的具体使用情况并考虑一定的备用台数来确定，一般不少于 2 台。

四、二次沉淀池的设计

二次沉淀池是活性污泥法处理系统的重要设备，用于澄清混合液，回收活性污泥，其效果的好坏直接影响出水水质和回流污泥质量。

二次沉淀池的构造与一般沉淀池差别不大。根据水量的大小和当地的条件，可以采用平流式、竖流式和辐流式沉淀池。因二次沉淀池中的絮体较轻，容易被流出水带走，在构造设计中应限制出流堰口的流速，使单位堰长的出流量小于或等于 $10m^3/(m \cdot h)$。二次沉淀池在设计容积时，一般用上升流速（mm/s）或表面负荷 $[m^3/(m^2 \cdot h)]$ 作为主要设计参数，并校核沉淀时间。

上升流速应取正常活性污泥成层沉降速度，一般不大于 0.3～0.5mm/s；沉淀时间为 1.5～2.0h。

二次沉淀池的污泥斗应保持一定容积，使污泥在泥斗中有一定的浓缩时间，以提高回流污泥浓度，减少回流量；但同时污泥斗的容积又不能太大，以避免污泥在泥斗中停留时间过长，因缺氧使其失去活性而腐化。对分建式沉淀池，一般规定污泥斗的贮泥时间为 2.0h。污泥斗的容积计算如下。

$$V=\frac{2(1+R)QX}{\frac{X+X_R}{2}}=\frac{4(1+R)QX}{X+X_R} \tag{6-65}$$

式中 V——贮泥斗容积，m^3；

$\frac{X+X_R}{2}$——污泥斗中平均污泥浓度，其中 2 为污泥斗贮泥时间，一般为 2.0h；

Q——污水流量，m^3/h；

R——回流比。

对于合建式的曝气沉淀池，可以作为竖流式沉淀池的一种变形，一般不需要计算污泥区的容积。

采用静水压力排泥的二次沉淀池，静水压头不应小于 0.9m，其污泥斗底坡与水平夹角不应小于 50°，以利于排泥。

五、曝气设备的设计

采用鼓风曝气法时曝气设备的设计包括：扩散设备的选择及其布置；空气管道的布置和管径的确定；确定鼓风机的规格和台数。当采用机械曝气时，要确定曝气机械的形式和相应的规格，如叶轮直径、转速、功率等。

1. 鼓风曝气设备设计

(1) 鼓风机的选择　曝气设备中可采用的鼓风机的类型较多，目前我国常用的有罗茨鼓风机、叶式鼓风机和离心鼓风机。在选择鼓风机时，以空气量和风压为依据，并要求有一定的储备能力，以保证空气供应的可靠性和运转上的灵活性。一般，鼓风机房至少需配两台鼓风机，其中一台备用。为了适应负荷的变化，使运行具有灵活性，工作鼓风机的台数不宜少于两台，因此总台数为三台。空气量和风压可按以上的方法确定。

(2) 空气管道布置　空气管道将压缩空气输送至曝气池，需要不同长度、管径不等的空气管道，空气管道的经济流速可采用 10～15m/s，通向扩散装置支管的经济流速可取 4～5m/s；空气通过空气管道和扩散装置时，压力损失一般控制在 15kPa 以内，其中空气管道总损失控制在 5kPa 以下。

(3) 扩散设备的选择与布置　扩散设备包括竖管曝气设备、穿孔管、射流装置和扩板等。竖管曝气设备和穿孔管应用较多。

竖管曝气装置常称为大气泡曝气装置，该装置是在曝气池一侧布置竖管，竖管直径一般在 15mm 以上，距离池底 15cm 左右。

穿孔管采用钢管或塑料管，管上孔眼直径一般为 5mm，孔开于管下侧与垂直面成 45°夹角，间距为 10～15mm，为避免孔眼的堵塞，穿孔管孔口空气流速不应低于 10m/s。

2. 机械曝气设备设计

机械曝气设备设计的主要内容是选择叶轮的形式和确定叶轮的直径。叶轮形式的选择可根据叶轮的充氧能力和动力效率以及加工条件等考虑。叶轮直径的确定主要取决于曝气池混合液的需氧量。此外，叶轮直径与曝气池构造设计应相互适应。

系统需氧量计算如下。

$$W=a'Q(L_a-L_e)+b'VX_V \tag{6-66}$$

式中 W——曝气池混合液需氧量，kg/d；

a'——氧化 1kgBOD 的需氧量；kg/kgBOD；

Q——污水流量，m^3/d；

L_a——进水有机物浓度，mg/m^3；

L_e——出水有机物浓度，mg/m^3；

b'——1kg 污泥一天的需氧量，$kg/(kg \cdot d)$；

V——曝气池容积，m^3；

X_V——挥发性悬浮固体浓度，kg/m^3。

生活污水和几种工业废水的 a'、b'值，可参考表 6-20 选用，也可通过试验方法确定。

表 6-20　废水的 a'、b'值

废水名称	a'	b'	废水名称	a'	b'
生活污水	0.42～0.53	0.11～0.18	炼油废水	0.50	0.12
石油化工废水	0.75	0.16	亚硝酸浆粕废水	0.40	0.185
含酚废水	0.56	—	制药废水	0.35	0.354
漂染废水	0.5～0.6	0.065	制浆造纸废水	0.38	0.092
合成纤维废水	0.55	0.142			

六、活性污泥法污水处理设备的运行管理

活性污泥法处理装置在建成投产之前，需进行验收工作。在验收中，用清水进行试运行，这样可以提高验收质量，对发现的问题可进行最后修整，并为运行提供资料。

在处理装置开始准备投产之时，运行管理人员不仅要熟悉处理设备的构造与功能，还要深入掌握设计内容和设计意图。

对于城市污水和性质与之相类似的工业废水，投产时先需要进行培养活性污泥；对于其他工业废水除培养活性污泥外，还需要使活性污泥适应所处理污水的特点，对其进行驯化。

当活性污泥的培养和驯化结束后，还应进行以确定最佳条件为目的的试运行工作。

培养活性污泥需要菌种和菌种所需要的营养物。对于城市污水，其中菌种和营养物都具备，因此可直接用城市污水进行培养。方法是先将污水引入曝气池进行充分曝气，并开动污泥回流设备，使曝气池和二次沉淀池接通循环。经 1～2 天曝气后，曝气池内就会出现模糊不清的絮凝体。为补充营养和排除对微生物增长有害的代谢产物，要及时换水，即将污水再次放入曝气池，并顶替原有的一部分培养液经二次沉淀池沉淀后排走，换水可间歇进行，也可连续进行。

对于工业污水或以工业污水为主的城市污水，由于其中缺乏专性菌种和足够的营养，因此在投产时除用一般菌种和所需营养培养足量的活性污泥外，还应对所培养的活性污泥进行驯化，使活性污泥微生物群体逐渐形成具有代谢特定工业污水的酶系统，具有某种专性。

活性污泥的培养和驯化可归纳为异步培驯法、同步培驯法和接种培驯法数种。异步法即先培养后驯化；同步法则培养和驯化同时进行或交替进行；接种法是利用其他污水厂的剩余污泥，再进行适当培驯。

在工业废水处理站，先可用粪便水或生活污水培养活性污泥。因为这类污水中细菌种类繁多，本身所含营养也丰富，细菌易于繁殖。当缺乏这类污水时，可用化粪池和排泥沟的污泥、初次沉淀池或消化池的污泥等。采用粪便水培养时，先将浓粪便水过滤后投入曝气池，

再用自来水稀释，使 BOD_5 控制在 500mg/L 左右，进行静态（闷曝）培养。同样经过 1～2 天后，为补充营养和排除代谢产物，需及时换水。对于生产性曝气池，由于培养液量大，收集比较困难，一般采用间歇换水方式，或先间歇换水，后连续换水。粪便水的投加量应根据曝气池内已有的污泥量在适当的 N_S 值范围内进行调节（即随污泥量的增加而相应增加粪便水量）。

连续换水仅用于就地有生活污水来源的处理站。在第一次投料曝气或经数次闷曝而间歇换水后，就不断地往曝气池投加生活污水，并不断将出水排入二次沉淀池，将污泥回流至曝气池。随着污泥培养的进展，应逐渐增加生活污水量，使 N_S 值在适宜的范围内。此外，污泥回流量应比设计值稍大些。

当活性污泥培养成熟，即可在进水中加入并逐渐增加工业污水的相对密度，使微生物在逐渐适应新的生活条件下得到驯化。开始时，工业污水可按设计流量的 10%～20% 加入，达到较好的处理效果后，再继续增加相对密度。每次增加的百分比以设计流量的 10%～20% 为宜，并待微生物适应巩固后再继续增加，直至满负荷为止。在驯化过程中，能分解工业污水的微生物得到发展繁殖，不能适应的微生物逐渐淘汰，从而使驯化过的活性污泥具有处理该种工业废水的能力。

上述先培养后驯化的方法即异步培驯法。为了缩短培养和驯化的时间，也可以把培养和驯化这两阶段合并进行，即在培养开始就加入少量工业废水，并在培养过程中逐渐增加相对密度，使活性污泥在增长的过程中，逐渐适应工业废水并具有处理它的能力。这就是同步培驯法。这种做法的缺点是，在缺乏经验的情况下不够稳定可靠，出现问题时不易确定是培养上的问题还是驯化上的问题。

在有条件的地方，可直接从附近污水厂引来剩余污泥，作为种泥进行曝气培养，这可以缩短培养时间，如能从性质类似的工业废水处理站引来剩余污泥，这更能提高驯化效果，缩短培驯时间。这种做法即接种培驯法。

工业废水中，如缺氮、磷等营养元素，在驯化过程中则应把这些物质逐渐加入曝气池中。

培养和驯化两阶段不能截然分开，间歇换水与连续换水也常结合进行，具体到培养驯化时应依据净化机理和实际情况灵活进行。

活性污泥培养成熟后，就开始试运行。试运行的目的是为了确定最佳的运行条件。在活性污泥系统的运行中，作为变数考虑的因素有混合液污泥浓度（MLSS）、空气量、污水注入的方式等；如采用生物吸附法，则还有污泥再生时间和吸附时间的比值；如采用曝气沉淀池还有回流窗孔开启高度；如工业污水养料不足，还有氮、磷的用量等。将这些变数组合成几种运行条件分阶段进行试验，观察各种条件的处理效果，并确定最佳的运行条件，这就是试运行的任务。

活性污泥法要求在曝气池内保持适宜的营养物与微生物的比值，供给所需要的氧，使微生物很好地与有机物相接触，整体均匀地保持适当的接触时间等。营养物与微生物的比值一般用污泥负荷率加以控制，其中营养物数量由流入污水量和浓度决定，因此应通过控制活性污泥数量来维持适宜的污泥负荷率。不同的运行方式有不同的污泥负荷率，运行时的混合液污泥浓度就是以其运行方式的适宜污泥负荷率作为基础规定的，并在试运行过程中获得最佳条件下的 N_S 值和 MLSS 值。

活性污泥处理装置的进水方式，一般设计得比较灵活，既可按传统法，也可按阶段曝气法或生物吸附法运行。在这种情况下，必须通过试运行加以比较观察，然后得出最佳效果的运行方式。如按生物吸附法运行，还应得出吸附和再生时间的最佳比值。

试运行确定最佳条件后，即可转入正常运行。为了保持良好的处理效果，及时发现问题、采取有效对策、积累生产经验，需对处理情况定期进行检测。经常性检测项目分述如下。

① 反映处理效果的项目 进出水总的和溶解性的BOD、COD，进出水总的和挥发性的SS，进出水的有毒物质（对应工业废水）。

② 反映污泥情况的项目 污泥沉降比（SV%）、MLSS、MLVSS、SVI、溶解氧（DO）、微生物观察等。

③ 反映污泥营养和环境条件的项目 氮、磷、pH值、水温等。

一般SV%和DO最好2～4h测定一次，至少每8h一次，以便及时调节回流污泥量和空气量。微生物观察最好每8h一次。除氮、磷、MLSS、MLVSS可定期测定外，其他各项应每天测一次。水样除测DO外，均取混合水样。

此外，每天要记录进水量、回流污泥量、剩余污泥量，还要记录剩余污泥的排放规律、曝气设备的工作情况以及空气量和电耗等，剩余污泥（或回流污泥）浓度也要定期测定。上述检测项目如有条件，应尽可能进行自动检测和自动控制。

正常的活性污泥沉降性能良好，含水率一般在99%左右。当污泥变质时、污泥就不易沉降、含水率上升、体积膨胀、澄清液减少，这种现象称作污泥膨胀。污泥膨胀主要是大量丝状菌（特别是球衣菌）在污泥内繁殖，使污泥松散、密度降低所致。其次，真菌的繁殖也会引起污泥膨胀，也有由于污泥中结合水异常增多导致污泥膨胀的。

为防止污泥膨胀，首先应加强操作管理。经常检测污水水质，曝气池内DO、SV%、SVI和进行显微镜观察等，一旦发现不正常现象（如SV%突增）应及时采取预防措施。一般可加大空气量、及时排泥；有可能时采取分段进水，以免发生污泥膨胀。

当发生污泥膨胀后，解决的办法可针对引起膨胀的原因采取措施。如缺氧、水温高等可加大曝气量，或降低水温、减轻负荷，或适当降低MLSS值、使需氧量减少等；如污泥负荷率过高，可适当提高MLSS值，以调整负荷，必要时还要停止进水，闷曝一段时间；如缺氮、磷等养料，可投加硝化污泥液或氮、磷等成分；如pH值过低，可投加石灰等调节pH值；若污泥大量流失，可投加5～10mg/L氯化铁，促进凝聚，刺激菌胶团生长，也可投加漂白粉或液氯（按干污泥的0.3%～0.6%添加），抑制丝状菌繁殖，特别能控制结合水性污泥膨胀。此外，投加石棉粉末、硅藻土、黏土等物质也有一定效果。

污泥膨胀是活性污泥法处理装置运行中的一个较难解决的问题，污泥膨胀的原因很多，有些原因还未认识，尚待研究，以上介绍只是污泥膨胀的一般原因及其处理措施，仅供参考。

处理水质浑浊、污泥絮凝体微细化、处理效果变坏等则是污泥解体现象。导致这种异常现象的原因有运行中的问题，也有由于污水中混入了有毒物质所致。

运行不当（如曝气过量），会使活性污泥生物营养的平衡遭到破坏，使微生物量减少且失去活性、吸附能力降低、絮凝体缩小质密、一部分则成为不易沉淀的羽毛状污泥、处理水质浑浊、SV%值降低等。当污水中存在有毒物质时，微生物会受到抑制或伤害，净化能力下降，或完全停止，从而使污泥失去活性。一般可通过显微镜观察来判别产生的原因。当鉴别出是运行方面的问题时，应对污水量、回流污泥量、空气量和排泥状态以及SV%、

MLSS、DO、N_S 等多项指标进行检查，加以调整。

第七节 生物滤池

生物滤池是以土壤自净原理为依据，在污水灌溉的实践基础上经间歇砂滤池和接触滤池发展起来的生物处理设备。

采用生物滤池处理的污水，必须进行预处理，以去除悬浮物、油脂等堵塞滤料的物质，并对 pH 值、氮、磷等加以调控。一般在生物滤池前设初次沉淀池或其他预处理设备；生物滤池后设二次沉淀池，截留随处理水流出的脱落生物膜，保证出水水质。

一、典型生物滤池

生物滤池按其构造特征和净化功能可分为普通生物滤池、高负荷生物滤池和塔式生物滤池三种类型。

（一）普通生物滤池

普通生物滤池（又称滴滤池）是最早期出现的第一代生物滤池，适用于处理污水量不大于 $1000m^3/d$ 的小城镇污水和有机工业废水。该处理设备具有处理效果好、出水夹带固体量小、无机化程度高、沉淀性能好、运行稳定、易于管理和节省能源的特点，但负荷低、水力负荷仅 $1\sim4m^3/(m^2\cdot d)$、占地面积大、滤料容易堵塞、且卫生条件差，如积水、滋生蚊蝇等，应用受到一定限制。

普通生物滤池由池体、滤床、布水装置和排水系统组成，其构造如图 6-62 所示。

1. 普通生物滤池的结构

普通生物滤池池体的平面形状多为方形、矩形和圆形。池壁一般采用砖砌或混凝土建造，有的池壁上带有小孔，用以促进滤层的内部通风，为了防止风力对池表面均匀布水的影响，池壁顶端应高出滤层表面0.4～0.5m，滤池壁下部通风孔总面积不应小于滤池表面积的 1%。

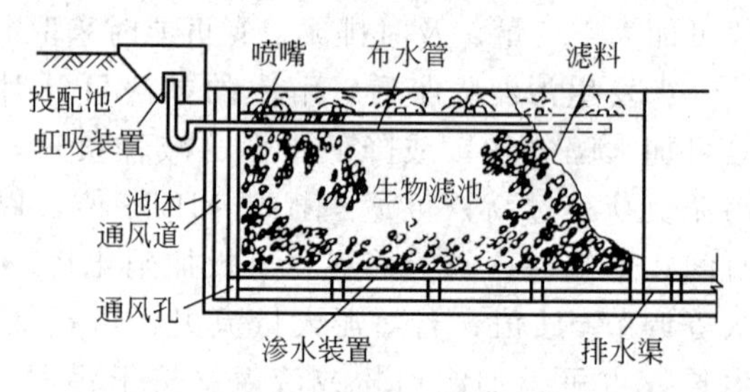

图 6-62 普通生物滤池

滤床由滤料组成，滤料对生物滤池运行影响很大，对污水起净化作用的微生物就生长在滤料表面上。滤料应采用强度高、耐腐蚀、质轻、颗粒均匀、比表面积大、孔隙率高的材料。过去常用球状滤料，如碎石、炉渣、焦炭等。一般分成工作层和承托层两层。工作层粒径为 25～40mm，厚度为 1.3～1.8m；承托层粒径为 60～100mm，厚度为 0.2m。近年来，常采用塑料滤料，其比表面积可达 $100\sim200m^2/m^3$，孔隙率达 80%～90%。滤料粒径的选择对滤池工作影响较大，滤料粒径小，比表面积大，但孔隙率小，增加了通风阻力，相反粒径大，比表面积小，影响污水和生物膜的接触面积，粒径的选择还应综合考虑有机负荷和水力负荷的影响，当负荷较高时采用较大的粒径。

布水装置的作用是将污水均匀分配到整个滤池表面，并应具有适应水量变化、不易堵塞和易于清通等特点。根据结构可分成固定式和活动式两种。

排水系统设于池体的底部，包括渗水装置、集水渠和总排水渠等。

2. 普通生物滤池的设计计算

普通生物滤池的设计与计算一般分成两部分：滤料的选定、滤料容积的计算以及滤池各部位的设计（如池壁、排水系统等）；布水装置的设计。

（1）参数的确定

① 滤池的个数与负荷确定　普通生物滤池的分格数不应少于两个，并按同时工作设计，设计流量按平均日污水流量计算，当处理对象为生活污水或以生活污水为主的城市污水时，BOD_5 的容积负荷率可按表 6-21 的数据选用，水力负荷为 $1\sim4m^3/(m^2\cdot d)$。对于工业废水应通过试验来确定。

表 6-21　普通生物滤池 BOD_5 的容积负荷率

年平均气温/℃	容积负荷率/$gBOD_5\cdot m^{-3}\cdot d^{-1}$	年平均气温/℃	容积负荷率/$gBOD_5\cdot m^{-3}\cdot d^{-1}$
3～6	100	10 以上	200
6.1～10	170		

② 固定布水装置设计　固定布水器常用如图 6-63 所示的固定喷嘴式布水装置，由馈水池、虹吸装置、布水管道和喷嘴组成。污水进入馈水池，当水位达到一定高度后，虹吸装置开始工作，污水进入布水管路。布水管设在滤料层中，距滤层表面 0.7～0.8m，布水管设有一定坡度以便放空。喷嘴安装在布水管上，伸出滤料表面 0.15～0.2m，喷嘴的口径一般为 15～20mm。当水从喷嘴喷出，受到喷嘴上部设有的倒锥体的阻挡，使水流均匀地喷洒在滤料上。当馈水池水位降到一定程度时，虹吸被破坏，喷水停止。

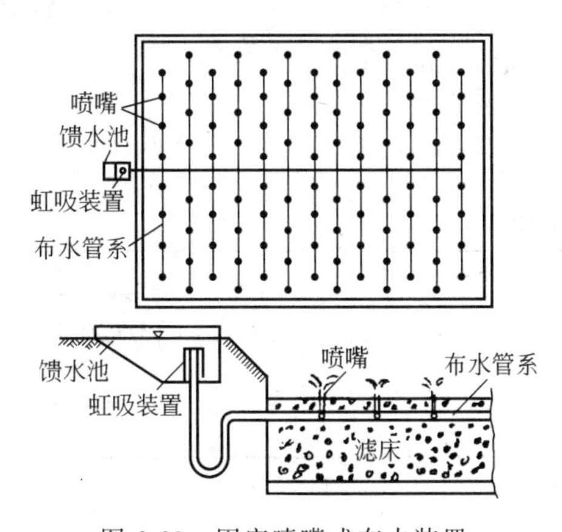

图 6-63　固定喷嘴式布水装置

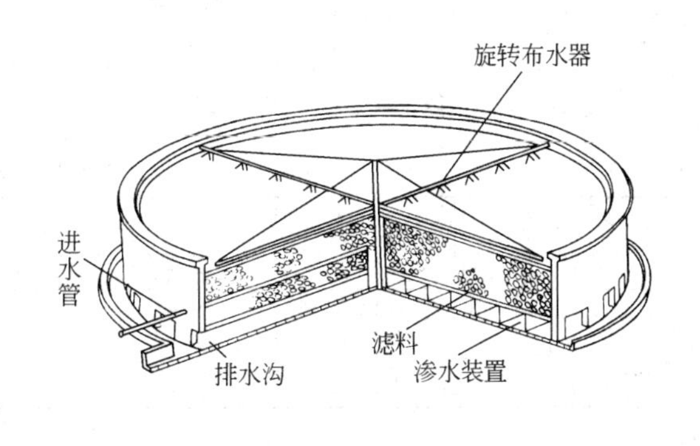

图 6-64　高负荷生物滤池构造

这种布水器的优点是受气候影响较小，缺点是布水不够均匀。需要有较大的作用压力，一般需要 20kPa 左右。

③ 排水装置设计　生物滤池的排水系统设在池的底部，其作用为排除处理后的污水和保证滤池的良好通风。它包括渗水装置、汇水沟和总排水沟。渗水装置的作用是支撑滤料、排出过滤后的污水以及进入空气。为保证滤池通风良好，渗水装置上排水孔隙的总面积不得低于滤池总表面积的 20%，渗水装置与池底的距离不得小于 0.4m。目前常用混凝土折板式渗水装置。

（2）设计计算

① 滤料总体积的计算

$$V=Q\frac{L_a-L_e}{H_V} \tag{6-67}$$

式中 Q——处理污水平均日流量，m^3/d；

L_a——进入滤池污水的 BOD_5 浓度，g/m^3；

L_e——滤池出水的 BOD_5 浓度，g/m^3；

H_V——有机物容积负荷，$gBOD_5/(m^3 \cdot d)$。

② 滤池有效面积的计算

$$F=\frac{V}{H} \tag{6-68}$$

式中 H——滤料层高度，一般取 $H=1.5\sim2.0m$。

计算出滤池有效面积后，应利用式(6-69) 校验表面水力负荷。

$$q_F=\frac{Q}{F} \tag{6-69}$$

$q_F=1\sim4m^3/(m^2 \cdot d)$ 时，满足要求。否则修正相关参数重新计算。

(二) 高负荷生物滤池

高负荷生物滤池是为解决普通生物滤池在净化功能和运行中存在的实际弊端开发出来的第二代生物滤池，其构造如图 6-64 所示。它由滤床、布水设备和排水系统三部分组成。

高负荷生物滤池平面形状多设计为圆形，池壁常用砖、石或混凝土块砌筑而成。

1. 参数确定

高负荷生物滤池进水 BOD_5 值必须小于 200mg/L，否则应采取处理水回流措施，经处理水回流稀释后进入滤池污水的 BOD_5 值按式(6-70) 计算。

$$L_a=\alpha L_e \tag{6-70}$$

式中 L_a——回流稀释后进入滤池待处理污水 BOD_5 值，mg/L；

L_e——经滤池处理后水的 BOD_5 值，mg/L；

α——系数，按表 6-22 选取。

表 6-22 系数 α 值

冬季平均污水温度/℃	年平均气温/℃	滤料层高度/m				
		2.0	2.5	3.0	3.5	4.0
8～10	3 以下	2.5	3.3	4.4	5.7	7.5
10～14	3～6	3.3	4.4	5.7	7.5	9.6
14 以上	6 以上	4.4	5.7	7.5	9.6	12

回流稀释倍数 n 由式(6-71) 确定。

$$n=\frac{L_0-L_a}{L_a-L_e} \tag{6-71}$$

式中 L_0——原污水 BOD_5 值，mg/L。

2. 滤床设计计算

滤床计算实质内容是确定所需要的滤料容积，决定滤池深度和计算滤池表面面积。

在计算高负荷生物滤池时，常用负荷有容积负荷、面积负荷、水力负荷三种。设计中，通常选用其中的一种负荷进行设计计算，然后用其他两种负荷加以校核。

(1) 按容积负荷计算

滤料容积

$$V=\frac{Q(1+n)L_a}{N_V}\ (m^3) \tag{6-72}$$

式中 N_V——容积负荷，以 $gBOD_5/(m^3$ 滤料 $\cdot$ d) 计，即每立方米滤料在每日所能够接受

的 BOD_5 数，此值一般不宜大于 $1200gBOD_5/(m^3$ 滤料·d)。

滤料面积

$$A=\frac{V}{H} \tag{6-73}$$

式中　H——滤料层高度，取 $H=2m$。

(2) 按面积负荷计算

$$A=\frac{Q(1+n)L_a}{N_A} \tag{6-74}$$

式中　N_A——面积负荷，以 $gBOD_5/(m^2$ 滤料·d) 计，即每平方米滤料在每日所能够接受的 BOD_5 数，一般取 $1100\sim1200gBOD_5/(m^2$ 滤料·d)。

滤料容积

$$V=AH \tag{6-75}$$

(3) 按水力负荷计算

滤池表面积

$$A=\frac{Q(1+n)}{N_g} \tag{6-76}$$

式中　N_g——水力负荷，以 m^3 污水/(m^2 滤料·d) 计，即每平方米滤池表面积在每日所能接受污水量，一般取 $10\sim30m^3$ 污水/(m^2 滤料·d)。

滤料容积计算同上。

3. 旋转布水器的设计

在生物滤池的布水系统中经常采用旋转布水器，如图 6-65 所示。它由固定不动的进水竖管和可旋转的布水横管组成，布水横管一般为 2～4 根，横管中心高出滤层表面 0.15～0.25m，横管沿一侧的水平方向开设直径 10～15mm 的布水孔，孔间距靠近池中心处较大，靠近池边处较小，以保证布水均匀。采用电力或水力驱动，目前常用水力驱动。旋转布水器具有布水均匀、水力冲刷作用强、所需作用压力小等优点。

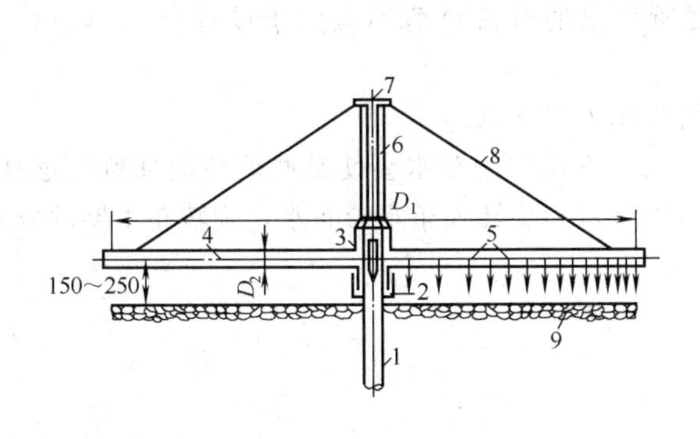

图 6-65　旋转布水器示意

1—进水竖管；2—轴承及密封；3—配水短管；4—布水横管；5—布水孔；6—竖管；7—上部轴承；8—钢丝绳；9—滤料

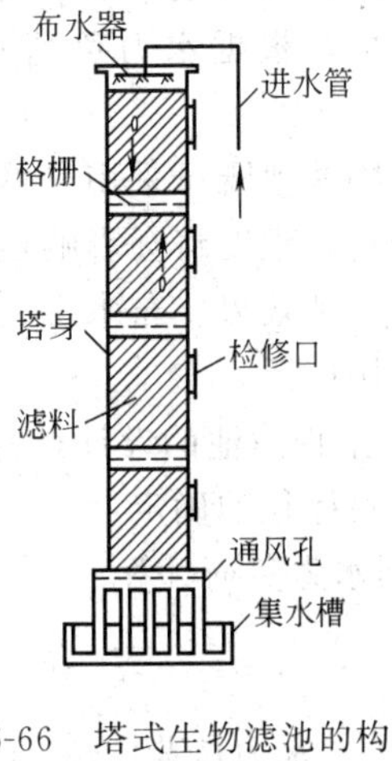

图 6-66　塔式生物滤池的构造

旋转布水器按最大设计污水量计算，长度为池内径减去 200mm，布水横管流速一般为 1.0m/s，布水横管可采用钢管或塑料管。

(1) 每根布水横管上布水小孔个数 m

$$m=\frac{1}{1-\left(1-\frac{a}{D_1}\right)} \tag{6-77}$$

式中　a——布水横管最末端两个出水孔口距离的2倍，通常取80mm；

D_1——布水器直径，$D_1=D-200$mm；

D——滤池直径，mm。

(2) 布水小孔与布水器中心的距离 r_i

$$r_i=R_1\sqrt{\frac{i}{m}}\ (i=1,2,3,\cdots,m) \tag{6-78}$$

式中　i——布水管上的布水小孔从布水器中心开始的序列号。

(三) 塔式生物滤池

塔式生物滤池是在普通生物滤池处理污水的基础上，吸取了化工设备中气体洗涤塔的特点而发展起来的新型生物处理设备，属于第三代生物滤池。它的优点是滤层厚度加大，过滤效果好，结构简单，占地面积小，施工方便，运行操作简单，经常性维护费用低，对水质、水量变化的适应性强；其缺点是，对入流的悬浮物以及油等要求含量不能太高。

1. 塔式生物滤池的构造

塔式生物滤池的构造如图6-66所示，主要由塔身、滤料、布水系统、通风系统和排水系统组成。它的典型特征是直径与高度之比一般控制在1∶(6～8)之间。

选择的填料要求其比表面积大、孔隙率大、不易堵塞。目前可供选择的填料有：粒状的，如焦炭、陶粒等；片状的，如波纹板等；立体状的，如纸蜂窝、玻璃布蜂窝、塑料蜂窝。

塔式生物滤池的入流方式为分级进水或在顶部一次进水。分级进水有利于滤料充分利用，使生物膜生长均匀。顶部一次进水，塔上层微生物膜厚，中、下层较薄，但进水管路比分级进水简单。

入流的负荷有有机负荷及水力负荷，有机负荷(或有毒物负荷)指单位体积滤料每日所能承担入流的有机物量；水力负荷指单位体积滤料每日所能承担的处理水量。水力负荷与有机负荷相对应，根据水力负荷及入流浓度所算出的有机负荷不应大于设计所选用的有机负荷。

塔式生物滤池既可采用自然通风，也可采用人工通风。

布水的均匀程度将会影响填料的充分利用。不均匀的布水会使某些填料局部负荷过高，不利于提高处理效果。布水方式有固定布水器布水和旋转式布水器布水，旋转布水器的效果比较好，采用广泛。

2. 塔式生物滤池的设计计算

(1) 填料体积的确定

① 根据水力负荷计算

$$V=\frac{Q}{N_{水}} \tag{6-79}$$

式中　$N_{水}$——水力负荷，$m^3/(m^3\cdot d)$；

Q——平均日流量，m^3/d，当有气体净化器时，此流量应包括气体净化器的淋水量，即 $Q=Q_1+Q_2$；

Q_1——污水量，m^3/d；

Q_2——淋水量，m^3/d。

② 按有机负荷复核

$$V'=\frac{QL_a}{N_{有机}} \tag{6-80}$$

式中　V'——按有机负荷计算的滤料体积，m^3；

Q——平均日流量，m^3/d，$Q=Q_1+Q_2$；

L_a——进水 BOD_5 值，g/m^3；

$N_{有机}$——有机负荷，$kg/(m^3 \cdot d)$。

应当使按水力负荷和有机负荷计算出的滤料体积相等或接近相等，否则需重新计算。

（2）塔体总高确定　塔体总高包括：填料高度 h_1、格栅高度 h_2、布水器高度 h_3、有毒气体净化器部分高度 h_4 和塔底通风口高度 h_5。

① 填料高度 h_1　和处理效率有关，因为塔高加大，可增加水与微生物新陈代谢及有毒物质的氧化降解。塔式生物滤池中填料的高度与进水有机浓度（BOD_{20}）成线性关系，可用式(6-81) 表示。

$$h_1=0.04BOD_{20}-2 \tag{6-81}$$

式中　BOD_{20}——20 天的生化需氧量，mg/L。

② 格栅高度 h_2　根据填料高、分层数以及格栅的具体形式而定，一般取 0.25～0.4m。

③ 布水器高度 h_3　根据所选用布水器的形式而定，一般可取 0.5m。

④ 有毒气体净化器部分高度 h_4　净化器内填料体积可按塔体本身填料体积的 5%计算，则 h_4 为

$$h_4=\frac{0.05V}{\frac{\pi D^2}{4}} \tag{6-82}$$

式中　V——填料体积，m^3；

D——塔径，m。

⑤ 塔底通风口高度 h_5　为了减少空气进塔阻力，通风口风速不宜过大，可与塔内风速相同，因而设计时取通风口总面积 $A\geqslant\frac{\pi D^2}{4}$，即

$$h_5=\frac{\pi D^2}{4nB} \tag{6-83}$$

式中　n——通风口个数；

B——通风口宽度，m。

3. 塔径 D 的确定

$$D=\sqrt{\frac{4V}{\pi h_1}} \tag{6-84}$$

式中　V——填料体积，m^3；

h_1——填料高度，m。

二、生物滤池的运行管理

生物滤池投入运行之前，先要检查各项机械设备（水泵、布水器等）和管道，然后用清水代替污水进行试运行，发现问题时需进行必要的整改。

生物滤池的投产也有一个生物膜的培养与驯化的阶段，这一阶段一方面是使微生物生长、繁殖，直到滤料表面长满生物膜，微生物的数量满足污水处理的要求；另一方面则是使

微生物能逐渐适应所处理的污水水质，即驯化微生物。可先将生活污水投配入滤池，待生物膜形成后（夏季时约2～3周即达成熟）再逐渐加入工业废水，或直接将生活污水与工业废水的混合液投配入滤池或向滤池投配其他污水处理厂的生物膜或活性污泥等。当处理工业废水时，通常先投配20%的工业废水量和80%生活污水量来培养生物膜。当观察到有一定的处理效果时，逐渐加大工业废水量和生活污水量的比值，直到全部是工业废水时为止。生物膜的培养与驯化结束后，生物滤池便可按设计方案正常运行。

在污水生物处理设备运行中，布水管及喷嘴的堵塞使污水在滤料表面上分布不均，会导致进水面积减少、处理效率降低，严重时大部分喷嘴堵塞，会使布水器内压力增高而爆裂。

布水管及喷嘴堵塞的防治措施有：清洗所有孔口，提高初次沉淀池对油脂和悬浮物的去除率，维持滤池适当的水力负荷以及按规定对布水器进行涂油润滑等。

第八节 生物转盘

生物转盘是在生物滤池基础上开发的一种高效、经济的生物膜法处理设备。它具有结构简单、运行稳定安全、能源消耗低、净化功能好、抗冲击效果好、不易堵塞等优点。目前已广泛应用在化纤、石化、印染、制革、造纸、煤气站等工业行业的污水处理、医院污水和生活污水处理中，并取得较好效果。

一、生物转盘的结构与净化机理

（一）生物转盘的结构

生物转盘的构造如图6-67所示，由盘片、转轴、氧化槽和驱动装置四个主体部分组成。生物转盘区别于其他生物膜法处理设备的特征是生物膜在水中回转。

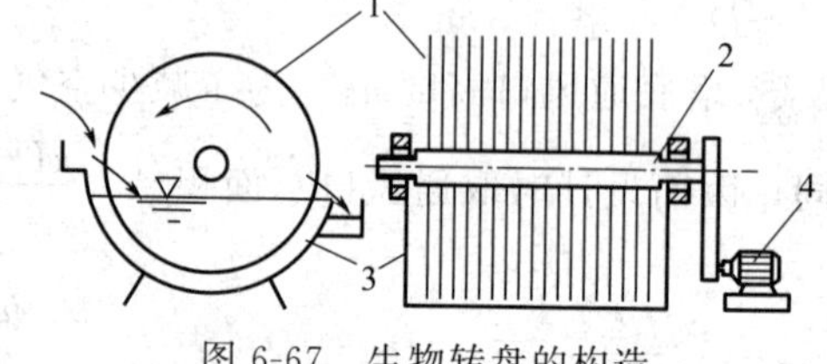

图6-67 生物转盘的构造

1—盘片；2—转轴；3—水槽；4—驱动装置

生物转盘的主体是垂直固定在水平转轴上的一组圆形盘片和一个与之配合的半圆形氧化槽。工作时，驱动装置带动盘片以0.3～3r/min的速度缓慢回转（一般控制线速度15～20m/min），污水流过氧化槽。

盘片要求使用质轻、耐腐蚀、坚硬和不易变形的材料加工而成，目前多采用聚乙烯硬质塑料或玻璃钢制作。形状为平板或波纹板，直径一般为2～3m，最大直径达5m，厚度2～10mm，盘片净间距为20～30mm，平行安装在转轴上。为防止盘片变形，需要支撑加固。轴长通常小于7.6m，当系统要求的盘片面积较大时，可分组安装，一组称为一级，串联运行。也可以组合成多轴多级形式，如图6-68所示。

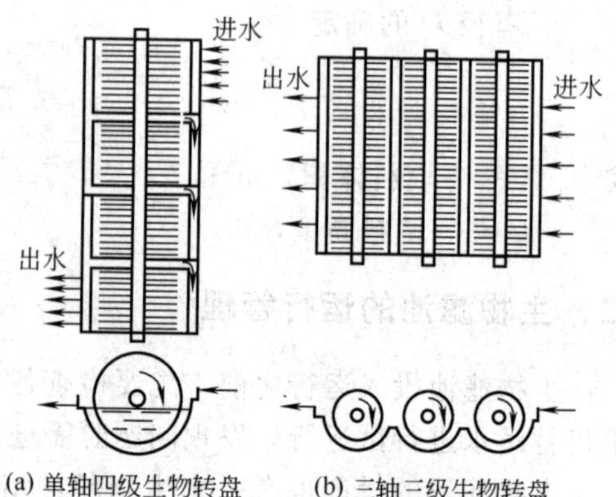

(a) 单轴四级生物转盘　(b) 三轴三级生物转盘

图6-68 生物转盘的布置形式

氧化槽可用钢筋混凝土或钢板制作，断面直径比转盘约大20～50mm，使转盘可以在槽内转动。槽内水位应在转轴以下约150mm。槽底设放空管。

根据具体情况驱动装置通常采用电机传动，也可采用水力驱动或空气驱动。

(二) 生物转盘的净化机理

生物转盘在工作前，首先应进行“挂膜”，使转盘表面上形成一层生物膜。工作时，氧化槽中充满了待处理的污水，约40%～45%的转盘（转轴以下的部分）浸没在污水中，上半部敞露在大气中。污水在槽中缓慢流动，作为生物膜载体的盘片在水平轴的带动下缓慢地转动，使盘片上的生物膜和大气与污水交替接触，浸没时吸附水中有机物，敞露时吸收大气中的氧并在氧作用下分解吸附的有机物。转盘的转动，带动空气，并引起水槽内污水紊动，使槽内污水的溶解氧均匀分布。这样，盘片上生物膜的各部分就不断交替地和污水、空气接触，使有机物的吸附、氧化过程不断进行，从而达到净化水质的目的。

二、生物转盘的设计

生物转盘设计中的最主要内容是确定转盘总面积。目前主要根据经验公式计算，或根据BOD面积负荷（或水力负荷）计算。BOD面积负荷可以参阅有关资料选定，也可通过试验来确定。

1. BOD面积负荷（或水力负荷）计算盘片总面积 F

通过BOD面积负荷计算盘片总面积是目前使用最广泛的方法，也是比较可靠的方法。

$$F=Q\frac{L_a-L_e}{N_F} \tag{6-85}$$

式中 N_F——BOD面积负荷，$gBOD_5/(m^2$ 盘片·d)；

Q——污水流量，m^3/h；

L_a——进水 BOD_5 浓度，g/m^3；

L_e——出水 BOD_5 浓度，g/m^3。

2. 转盘盘片数 m

$$m=\frac{F}{2\times\frac{\pi}{4}D^2}=0.637\frac{F}{D^2} \tag{6-86}$$

式中 D——转盘盘片直径，m。

3. 氧化槽有效长度 L

$$L=[m(a+b)-b]K \tag{6-87}$$

式中 a——盘片厚度，m；

b——盘片间净间距，取 $b=20\sim30mm$；

K——长度系数，一般取 $K=1.2$。

4. 氧化槽总有效容积 V

$$V=(0.294\sim0.355)(D+2\delta)^2L \tag{6-88}$$

净有效容积 V

$$V=(0.294\sim0.355)(D+2\delta)^2(L-ma) \tag{6-89}$$

式中 δ——盘片与氧化槽内壁的距离，取20～40mm。

一般取 $h/D=0.06\sim0.1$，式中 h 为转盘轴到槽内水面的垂直高度。当 $h/D=0.06$ 时，取系数0.355；当 $h/D=0.1$ 时，取系数0.294。

三、生物转盘的运行管理

生物转盘与生物滤池同属生物膜法处理设备，因此，在转盘正式投产发挥净化污水功能前，首先需要使盘面上生长出生物膜（挂膜）。

生物转盘挂膜的方法与生物滤池的方法基本相同。因转盘槽（氧化槽）内可以不让污水排放，开始时，可以按照培养活性污泥的方法，培养出适合于待处理污水的活性污泥，然后将活性污泥置于氧化槽中（如有条件，直接引入同类污水处理的活性污泥更佳），在不进水的情况下使盘片低速旋转12～24h，盘片上便会黏附少量微生物，接着开始进水，进水量根据生物膜生长情况由小到大，直至满负荷运行。

为了保持生物转盘的正常运行，应对生物转盘的所有机械设备定期检修维护。

第九节　生物接触氧化反应装置

生物接触氧化反应装置实际上是一个充满污水的生物滤池，并对池中进行曝气。生物接触氧化反应装置的生物膜生长在填料表面，污水与附着在填料上的生物膜接触，在微生物的作用下，使污水得到净化。

一、生物接触氧化反应装置的特点

生物接触氧化处理装置是一种介于曝气池与生物滤池之间的处理设备，它兼有两种设备的优点。无论在城市污水，还是在工业废水，包括高浓度或低浓度污水、轻纺工业污水或重工业废水及给水水源预处理等领域，均取得了良好的处理效果。

生物接触氧化反应装置具有以下特点。

① 生物接触氧化处理装置具有较高的处理效率，一方面具有生物滤池和曝气法的特点；另一方面，单位体积生物量比曝气池多。因而，有机负荷较高，接触停留时间短，处理效率较高，有利于缩小容积，减少占地面积，节省基建投资。

② 没有污泥膨胀，不需污泥回流，操作管理简便。

③ 耐冲击负荷，适应性强，在间歇运行条件下仍有一定的处理效果。特别适用于排水不均匀、生产不稳定的工业企业或电力供应尚不充分的地区。

④ 挂膜培菌简单。一般情况下，配制好的氧化池混合液只需2～3天闷曝就可以挂膜，再经两周左右驯化便可以完成培菌工作。

二、生物接触氧化反应装置的构造

（一）氧化池的构造

图6-69所示为接触氧化池构造示意。生物接触氧化池的主要组成部分有池体、填料和布水及布气装置等。

池体多呈圆形或方形，并可以用钢板焊接制成或用钢筋混凝土建造。池体用于容纳被处理的污水、设置填料、布水布气装置和支撑填料的栅板及格栅。由于池中水流的速度低，从填料上脱落的残膜总有一部分沉积在池底，池底一般做成多斗式或设置集泥设备，以便排泥。

生物接触氧化池按曝气方式可分为表面曝气生物接触氧化池和鼓风曝气生物接触氧化

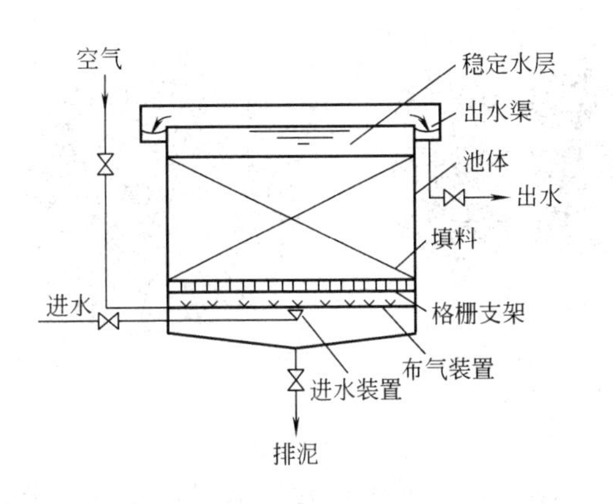

图 6-69　接触氧化池构造示意

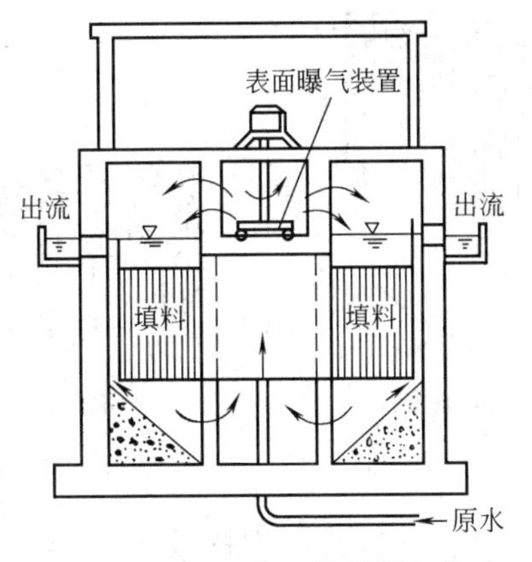

图 6-70　表面曝气生物接触氧化池

池，如图 6-70、图 6-71 所示。鼓风曝气生物接触氧化池按曝气装置的位置不同又可分为分流式和直流式两种，分流式接触氧化处理池的曝气器设在池的一侧，填料设在另一侧，污水在氧化池内循环；直流式接触氧化池，在填料下面直接布气。我国多采用直流式接触氧化池。

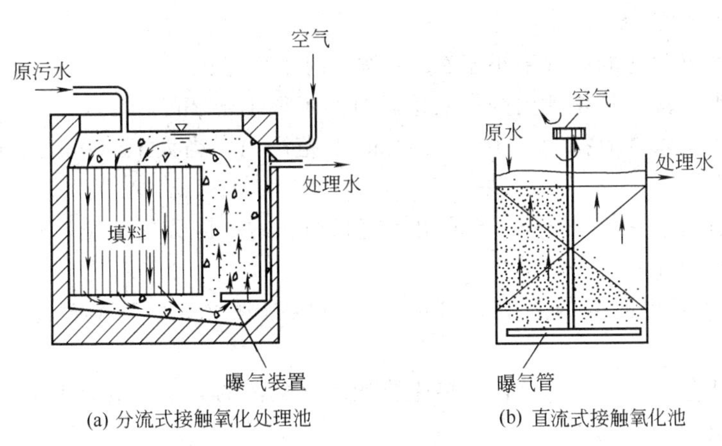

(a) 分流式接触氧化处理池　(b) 直流式接触氧化池

图 6-71　鼓风曝气生物接触氧化池

布水管采用多孔管，其上均匀布置直径 5mm 左右的布水孔，间距 20cm 左右，水流喷出孔口流速为 2m/s 左右，以保证污水、空气、生物膜三者之间相互均匀接触，并提高滤床的工作效率，同时防止氧化池发生堵塞。

（二）填料的性能及选用

填料是生物膜的载体，同时兼有截留悬浮物的作用。因此，填料是氧化池的关键，直接影响生物接触氧化池的效能。同时，填料的费用在生物接触氧化处理装置的设备费用中占有较大的比重。因此，填料关系到接触氧化池的技术与经济的合理性。

为确保生物膜的生长繁殖、充氧并且不堵塞，要求填料的比表面积大、孔隙率大、水力阻力小、强度大、化学和生物稳定性好、经久耐用。填料的种类很多，按形状分类，有蜂窝状、束状、波纹状、网状、盾状、板状、圆环辐射状、不规则颗粒状等；按形状分类，有硬性、半软性、软性等。目前常采用的填料是聚氯乙烯塑料、聚丙烯塑料、环氧玻璃钢等做成的波纹板状和蜂窝状填料。近年来国内外都进行纤维状填料的研究。纤维状填料是用尼龙、维纶、涤纶等化学纤维编结成束，呈绳状联接，如图 6-72 所示。为安装检修方便，

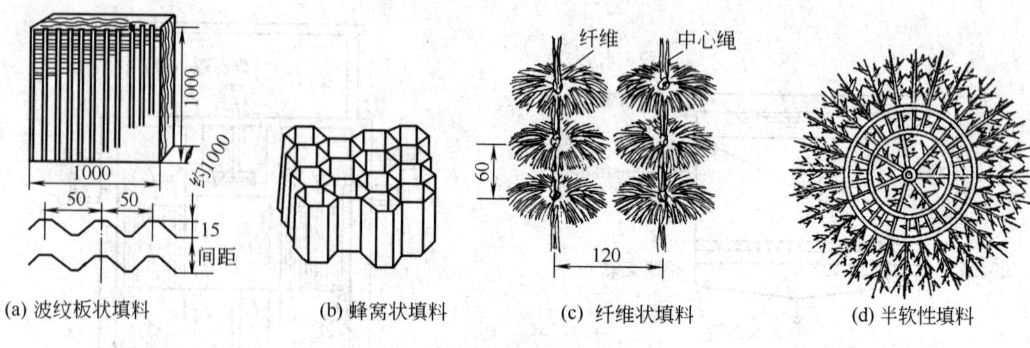

图 6-72　填料

填料常以料框组装，带框放入池中。当需要清洗检修时，可逐框轮换取出，池子无需停止工作。

三、生物接触氧化反应装置的设计

（一）主要设计参数的确定

① 生物接触氧化池一般按平均日污水量设计。填料体积按填料容积负荷计算。填料的容积负荷则应通过试验确定。

② 生物接触氧化池的座数不小于 2，并按同时工作考虑。

③ 污水在生物接触氧化池内的有效接触时间不得小于 2h。

④ 进水 BOD_5 浓度应控制在 100～300mg/L 范围内，当大于 300mg/L 时，可考虑采用处理水回流稀释。

⑤ 填料层总高度一般取 3m，当采用蜂窝状填料时，应分层装填，每层高 1m，蜂窝内切孔径不宜小于 25mm。

⑥ 生物接触氧化池中的溶解氧含量一般应维持在 2.5～3.5m/L 之间，气水比约为 (15～20)∶1。

⑦ 为了保证布水、布气均匀，每格生物接触氧化池的面积一般应小于或等于 $25m^2$。

（二）设计计算

1. 生物接触氧化池的容积

$$W=\frac{Q(L_a-L_e)}{F_w} \tag{6-90}$$

式中 W——生物接触氧化池有效容积，m^3；

Q——平均日污水流量，m^3/d；

L_a，L_e——进水、出水 BOD_5 值，g/m^3；

F_w——容积负荷，$gBOD_5/(m^3 \cdot d)$。

2. 氧化池的总面积

$$A=\frac{W}{H} \tag{6-91}$$

式中 H——填料层高度，m。

3. 氧化池格数

$$n=\frac{A}{f} \tag{6-92}$$

式中 n——氧化池格数，一般 $n \geqslant 2$；

f——每格氧化池面积，一般 $f \leqslant 25\text{m}^2$。

4. 接触时间

$$t=\frac{nfH}{Q} \tag{6-93}$$

式中　t——污水在氧化池内的有效接触时间，h。

5. 氧化池总高度

$$H_0=H+h_1+h_2+(m-1)h_3+h_4 \tag{6-94}$$

式中　H_0——总高，m；

h_1——超高，一般取 0.5～0.6m；

h_2——填料层上部水深，取 0.4～0.5m；

h_3——填料层间隙高，取 0.2～0.3m；

m——层数；

h_4——配水区高，不考虑进入检修时，取 0.5m，考虑进入检修时，取 1.5m。

四、生物接触氧化反应装置的运行管理

生物接触氧化反应装置可以克服污泥膨胀问题，可以间歇运转，不需回流污泥，生物膜的脱落和增生可以自动保持平衡，处理效果稳定，运行管理方便。但是，在运行过程中仍需加强管理，做好以下几方面的工作。

1. 加强生物相观察

接触氧化池中生物膜上的生物相很丰富，起作用的微生物包括许多门类，由细菌、真菌、原生动物、后生动物组成比较稳定的生态系统。

在正常运行和生物膜降解能力良好时，生物膜上的生物相相对稳定，细菌和原生动物之间存在着制约关系。在运行过程中，若有机物负荷或营养状况有较大变化，则原生动物中的固着性钟虫、等枝虫突然消失，丝状菌稀少，菌胶团结构松散，而游泳性单履虫、钟虫游泳体大量出现，出水水质变差。反之，若原来出水水质较差，一旦出现钟虫、等枝虫、丝状菌丛生，菌胶团结构紧密，而游泳性纤毛虫减少，则说明环境条件有了改善，出水水质变好。因此原生动物纤毛虫，特别是钟虫、等枝虫、盖纤虫是生物接触氧化系统运转良好的有价值的指示性生物。

与活性污泥法不同的是，在生物接触氧化池中的生物膜上存在着大量的后生动物如轮虫、线虫、红斑瓢体虫。这些是以食死肉为主的动物，能软化生物膜，促使其脱落更新，使其保持活性和良好的净化功能。当轮虫等后生动物量多且活跃、个体肥大，则处理后出水水质良好；反之，则处理效果差。一旦发现个体死亡，则预示着处理效果急剧下降。

通过加强生物相观察，可及时发现问题，分析原因，以便采用相应的措施。

2. 控制进水 pH 值

像其他生物处理过程一样，影响生物接触氧化池正常运行的因素主要有温度、pH 值、溶解氧和营养物。而其中最为直接且易于测定的是 pH 值。对于 pH 值过高或过低的污水，要进行 pH 值的调节处理，控制生物接触氧化池进水 pH 值 6.5～9.5。否则，氧化池中微生物会受到不适 pH 值冲击损害，影响生物相和处理效果。

3. 防止填料堵塞

防止填料堵塞除在设计过程中采取一些必要措施，如选择的填料同被处理污水的浓度相适应外，在运行过程应定时加大气量对填料进行反冲洗。通常是每 8h 进行一次，每次反冲

5～10min。这对于填料上衰老生物膜的脱落，促进生物膜的新陈代谢，防止填料堵塞是有效的。

思考题与习题

6-1 沉淀池有哪几种类型？试述各自的构造特点及其适用条件。

6-2 初次沉淀池和二次沉淀池在污水处理系统中的作用有什么区别？在设计中应如何考虑？在运行管理中应分别注意哪些问题？

6-3 某生活污水悬浮物浓度为300mg/L，要求去除率65%，u_0＝0.25mm/s，污水流量为2000m^3/d，试分别设计平流式、辐流式沉淀池。

6-4 某工厂污水处理工程用气浮池净水工艺代替二次沉淀池，设计流量Q＝2500m^3/d，经气浮试验取得如下设计参数：溶气水采用净化后处理水进行部分回流，回流比为0.5，气浮池内接触时间为5min，溶气罐内停留时间为3min，分离时间为20min；溶气罐压力为0.4MPa；气固比为0.02；温度为35℃，试设计加压溶气气浮系统设备。

6-5 气浮设备主要有哪几种类型，试比较其优缺点及适用范围。

6-6 试述加压溶气气浮设备的调试程序及运行管理的工作内容？

6-7 试设计日处理40000m^3的普通快滤池，并画出普通快滤池的设计草图，标明尺寸。

6-8 快滤池的投产应做哪些准备工作？其操作运行应注意哪些事项？

6-9 快滤池的保养和检修包括哪些内容？

6-10 活性污泥法处理系统主要由哪几种设备所组成？当用于处理工业废水时，一般需要通过试验取得哪些设计资料？

6-11 某纺织厂印染污水经预处理后，拟采用活性污泥法进行处理，污水的设计流量为150m^3/h，BOD_5为300mg/L，预处理可以去除30%。小试取得的设计参数为：污泥负荷率为400gBOD_5/(kg·MLSS·d)，出水BOD_5＜20mg/L，曝气池中污泥浓度为4000mg/L。试设计曝气池、曝气系统及二次沉淀池。

6-12 某城镇有100000人，排水量定额100L/(人·d)，BOD_5为27g/(人·d)，拟设计一高负荷生物滤池进行处理，处理后的BOD_5要求不超过20mg/L。

6-13 某印染厂污水排放量为3500m^3/d，BOD_5浓度为240mg/L(BOD_{20}为430mg/L)，拟采用塔式生物滤池处理。经小试取得的设计参数为容积负荷4000gBOD_5/(m^3滤料·d)；水力负荷16m^3/(m^3·d)，出水BOD_5＜50mg/L。试设计塔式生物滤池。

6-14 简述生物滤池运行中的异常现象及其处理措施。

6-15 某污水处理站，拟用生物转盘作为二级处理设备，进水量Q＝1000m^3/d，平均进水BOD_5＝200g/m^3，高峰负荷持续时间为5h，水温18℃，要求处理效果为90%，试设计生物转盘。

6-16 试述接触氧化处理装置的构造特点。

第七章　噪声与振动污染控制设备

【学习指南】

噪声与振动的控制通常是采用工程技术措施控制声源噪声和振动的输出与传播，主要是采用吸声、消声、隔声和隔振等技术措施。通过本章学习，掌握噪声和振动控制设备的工作原理、结构组成、设计计算等有关知识，提高噪声、振动控制设备的设计和应用能力。

第一节　噪声控制概述

一、多孔吸声结构

（一）多孔性吸声材料

多孔材料泛指物理结构显得疏松、散软的材料。这些材料的共同结构特征是从表面到内部有许多微小间隙和连续的可以贯通的气孔，并与外界大气相接，具有一定的通气性能。吸声材料的固体部分在空间形成筋络。空隙是吸声材料体积的主要部分，一般的多孔吸声材料空隙率为70%左右，相当一部分则高达90%以上。多孔吸声材料是利用材料内部松软多孔的特性来吸收一部分声能。当声波进入多孔材料的孔隙后，能引起空隙中的空气和材料的细小纤维发生振动。由于空气与孔壁的摩擦阻力、空气的黏滞阻力和热传导等作用，相当一部分声能就会转变成热能而耗散掉，从而起着吸收声能的作用。

多孔吸声材料是噪声控制工程中应用广泛的材料，不仅可以用于室内吸声降噪，也可用于消声器。

（1）多孔吸声材料的吸声性能　一般对高频声吸声效果好，而对低频声吸声效果差，这是由于吸声材料的孔隙尺寸与高频声波的波长相近所致。

（2）多孔吸声材料吸声性能的影响因素　多孔材料的吸声性能主要与多孔材料的空隙率、结构因子、密度、敷设厚度等因素有关。这些因素之间又有一定的联系，选用多孔吸声材料时应予注意。多孔吸声材料的空隙率和结构因子是指材料本身的物理结构。

① 空隙率　是指材料内部的孔洞容积占材料总容积的百分率，一般多孔材料的空隙率都在70%以上，材料的吸声性能在一定程度上随空隙率的增大而提高。空隙率可通过实际测量得到。

② 结构因子　是表示多孔吸声材料孔隙排列状况对吸声性能影响的一个量。它表示多孔材料中孔的形状及其方向性分布的不规则情况，其数值一般介于2～10之间。结构因子决定了气流通过多孔材料层的难易程度。结构因子越大，气流越容易通过，吸声性能也越好。

③ 密度　是多孔吸声材料单位体积的质量。改变材料的密度，就改变了材料的空隙率。增加材料的密度对低频声的吸收有利，但对中高频声的吸声性能下降。试验证明，多孔吸声材料的密度有最佳值，如超细玻璃棉为15～25kg/m^3，玻璃棉为100kg/m^{3}左右，矿渣棉为

120kg/m³ 左右。

④ 敷设厚度　指敷设在消声器管道内壁上的多孔吸声材料的厚度。厚度太小，吸声性能下降；厚度太大，气流通道有效尺寸减小。理论上证明若吸声材料背后的壁面为刚性壁面，最佳吸声效果出现在吸声材料的敷设厚度等于声波波长的1/4处。若按此条件，材料厚度往往要大于100mm，这是很不经济的。除非特殊需要，一般不采取加大吸声材料厚度来提高其吸声性能。工程应用上，推荐多孔吸声材料的厚度如下。

超细玻璃棉、岩棉、矿渣棉	50～100mm
泡沫塑料	25～50mm
木丝板	20～50mm
软质纤维板	13～20mm
毛毡	4～5mm

⑤ 材料背后的空气层　在多孔材料背后留有一定厚度的空气层，可改善多孔吸声材料的低频吸声性能。研究表明，当空气层厚度近似等于1/4波长时，吸声系数最大；而其厚度等于1/2波长的整数倍时，吸声系数最小。为了改善中低频声的吸声效果，一般建议多孔吸声材料背后的空气层厚度取70～100mm。

(3) 吸声材料及其种类　目前常用的多孔吸声材料主要有无机纤维材料、泡沫塑料、有机纤维材料和建筑吸声材料及其制品。

① 无机纤维材料　主要有超细玻璃棉、玻璃丝、矿渣棉、岩棉及其制品。超细玻璃棉具有质轻、柔软、密度小、耐热、耐腐蚀等优点，使用较普遍，但也有吸水率高、弹性差、填充不易均匀等缺点。矿渣棉具有质轻、防蛀、热导率小、耐高温等特点，不适于风速大、要求洁净的场合。岩棉具有隔热、耐高温和价格低廉等特点。

② 泡沫塑料　具有良好的弹性，容易填充均匀，但易燃烧、易老化、强度差。常用作吸声材料的泡沫塑料主要有聚氨酯、聚醚乙烯、聚氯乙烯、酚醛等。

③ 有机纤维材料　是指植物性纤维材料及其制品，如棉麻、甘蔗、木丝、稻草等，均可作吸声材料。

(4) 建筑吸声材料　建筑上采用的吸声材料有加气混凝土、微孔吸声砖、膨胀珍珠岩等。

(二) 多孔性吸声结构

多孔吸声材料对于中高频声波有很大的吸收作用。使用时要加护面板或织物封套，并要有一定厚度，如3～5cm，用于低频吸声时最好为5～10cm。还要有一定密度，不能太松或太实，这样才有吸声作用，但低频吸声性能较差。在实际应用时，若把多孔材料布置在离刚性壁一定距离处，即在材料背面留有一定深度的空腔，相当于增加了材料的有效厚度，可以改善低频声的吸收效果。一般来说，多孔材料受潮后吸声性能下降。在工程中，常把多孔吸声材料做成各种吸声制品或结构，常见结构如下。

1. 有护面的多孔材料吸声结构

有护面的多孔材料吸声结构主要由骨架、护面层、吸声层等组成，如图7-1所示。骨架一般用木筋、角铁或薄壁型钢制成，其规格大小视吸声结构面积大小而定。吸声层常用超细玻璃棉、矿渣棉等多孔材料，厚度取5～10cm，外包玻璃

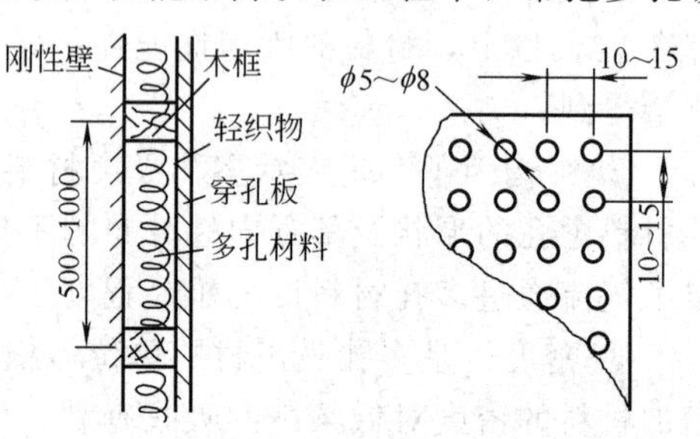

图7-1　有护面的多孔材料吸声结构

布、细布等透气性好的织物，做成棉胎状，以防松散的纤维脱落。外表面需加上护面板，既能防止机械损伤，又便于清扫，也能起到美化室内的装饰作用。护面板可用穿孔钢板、穿孔塑料板（胶合板）、钢板拉网、金属丝网等。为不影响吸声效果，护面板的穿孔率在不影响板材强度的条件下尽可能加大，一般不小于20%，孔的形状大小不起主要作用。为防止水、尘、油雾等物堵塞多孔材料表面，可采用涤纶、聚乙烯等塑料薄膜、人造革、金属箔等柔软的薄膜包覆吸声材料。图7-2所示为常见的吸声结构示意。试验测定，对于厚度小于0.04mm，单位面积质量小于2kg/m^{2}的塑料薄膜，只要不与多孔材料整个表面贴紧，则不会影响多孔材料的性能，有时对高频有影响，但对低频吸声反而是有利的。

适应流速/m·s^{-1}	结构示意	适应流速/m·s^{-1}	结构示意
<10	布或金属网 多孔材料	23～45	金属穿孔板 玻璃布 多孔材料
10～23	金属穿孔板 多孔材料	45～120	金属穿孔板 钢丝棉 多孔材料

图7-2　常见吸声结构示意

2. 空间吸声体

空间吸声体是由框架、吸声材料和护面结构做成具有各种形状的单元体，如图7-3所示。常用的几何形状有平面形、圆柱形、棱形、球形、圆锥形等，其中球体的吸声效果最好，因为球的体积与表面积之比最大。它们悬挂在有声场的空间，吸声体朝向声源的一面可直接吸收入射声能，其余部分声波通过空隙绕射或反射到吸声体的侧面、背面，因此空间吸声体对各个方面的声能都能吸收，吸声系数较高，而且省料、装卸灵活。工程上常把空间吸声体做成固定产品，用户只要按需要购买成品悬挂起来即可。

吸声材料的选择和填充是决定吸声体吸声性能的关键。目前，国内常用的填充材料为超细玻璃棉，填充密度、厚度应根据噪声频率特性，经计算和实测而定。护面结构对空间吸声体的吸声性能有很大影响，工程上常用的护面材料有金属网、塑料窗纱、玻璃布、麻布、纱布及各类金属穿孔板等。护面材料的穿孔率应大于20%，否则会降低吸声材料在高频段的吸声性能。此外，选择护面材料时还应考虑使用环境和经济成本。

试验和工程实践表明，当悬挂的吸声体面积与室内所需噪声治理面积之比为25%左右

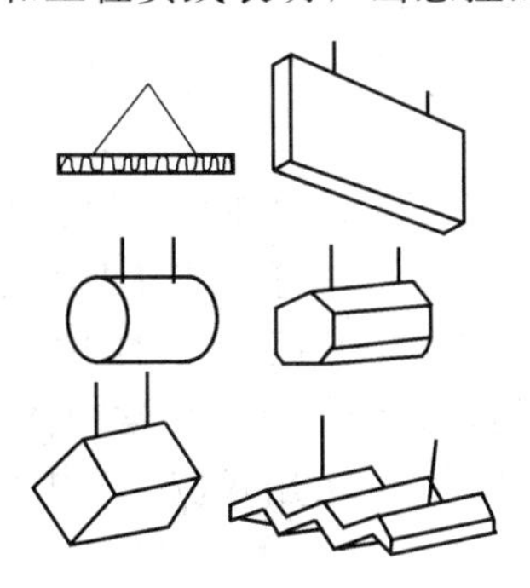

图7-3　空间吸声体

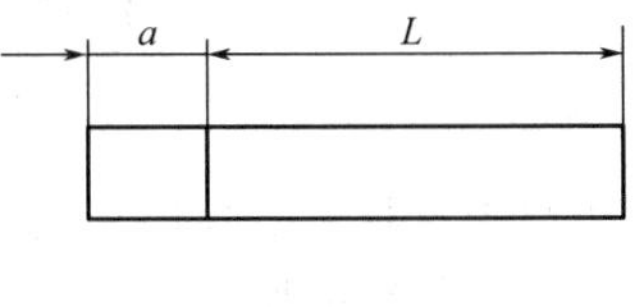

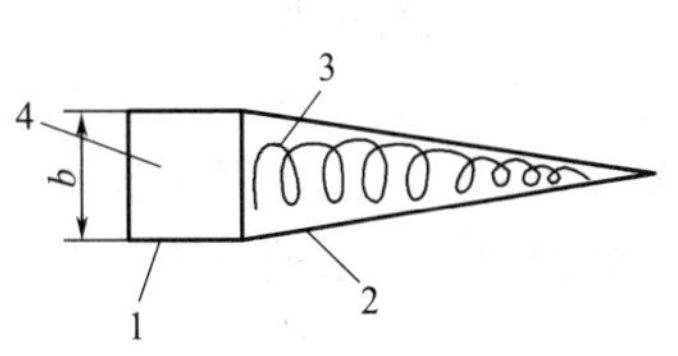

图7-4　吸声尖劈构造示意

1—金属板；2—穿孔金属板；3—玻璃棉；4—共振腔

时，其吸声效率最高。空间吸声体悬挂的位置应尽量接近声源，其下缘离顶棚的距离以车间净高度的1/5或1/7为宜，注意不要影响车间的采光、照明、吊车及设备维修。吸声体分散悬挂优于集中悬挂，特别对中高频吸声效果可提高40%～50%。空间吸声体适用于大而噪声源分散的车间，降噪效果可达10dB左右。

3. 吸声尖劈

吸声尖劈是一种楔子形的空间吸声体，吸声性能十分优良，用于要求吸声层的吸声系数尽可能接近1的声学实验室——消声室里。尖劈的吸声原理是利用特性阻抗逐渐变化，由尖劈端面特性阻抗接近于空气的特性阻抗，逐渐过渡到吸声材料的特性阻抗，这样吸声系数最高。

吸声尖劈的构造如图7-4所示。吸声尖劈的形状有等腰劈状、直角劈状、阶梯状、无规状等。尖劈劈部顶端一般为尖头状，若要求不高可适当缩短，即去掉尖部的10%～20%，对吸声性能影响不太大。在金属网架内填以多孔吸声材料如超细玻璃棉毡、岩棉、矿渣棉、泡沫塑料等，也可以几种材料复合。尖劈的外部一般罩以塑料高纱袋、玻璃布袋或麻布袋。尖劈的底部宽度多在20cm左右，尖劈的长度由所需的最低截止频率而定。当长度大于所需吸声频率波长的1/4时，其吸声系数可达0.99。如尖劈的长度取80～100cm时，最低截止频率可达70～100Hz。

二、共振吸声结构

多孔材料的高频吸声效果较好，而低频吸声性能很差，若采取加厚材料或增加空气层等措施则既不经济，又多占空间。为改善低频吸声性能，利用共振吸声原理研制了各种吸声结构。

共振吸声结构是利用共振原理做成的各种吸声结构，用于对低频声波的吸收。最常用的共振吸声结构可分为单个共振式吸声结构（包括薄膜、薄板共振吸声结构）、穿孔板吸声结构和微穿孔板吸声结构。

1. 薄板共振吸声结构

把薄的金属板、胶合板、塑料板甚至纸质板材的周边固定在框架上，背后设置一定深度的空气层，就构成薄板共振吸声结构，如图7-5所示。

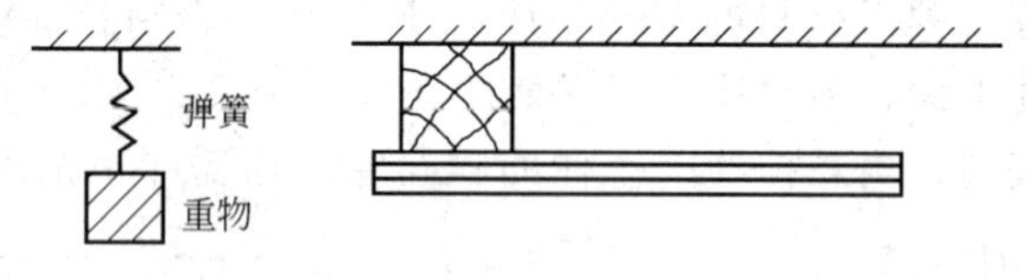

图7-5 薄板共振吸声结构

薄板相当于重物，空气层相当于弹簧。当声波入射到板面时，迫使板产生振动，引起薄板和空气层这一系统的振动，使声能转化为机械能，并由于摩擦，将一部分振动能转变为热能。特别当入射声波的频率与板结构系统的固有频率一致时产生共振，此时的吸收系数为最大。薄板共振吸声结构的共振频率一般在80～100Hz之间，属低频吸声。常用薄板（薄膜）共振吸声结构的吸声系数见表7-1。在实际工程中其共振频率 f_0 可用式(7-1) 计算。

$$f_0=\frac{600}{\sqrt{md}} \tag{7-1}$$

式中 f_0——共振频率，Hz；

m——薄板面密度，kg/m^2；

d——板后空气层厚度，cm。

增加薄板的面密度或空气层的厚度，可使薄板振动结构的固有频率降低，反之则提高。常用木质薄板共振吸收结构的板厚取 3～6mm，空气层厚取 30～100mm，共振频率约为 100～300Hz，其吸声系数一般为 0.2～0.5。但是薄板共振吸声结构的吸声带宽较窄，吸声系数不很高。为要改善这种结构的吸声性能，可在薄板结构的边缘上（即板与龙骨交接处）放置一些能增加结构阻尼特性的软材料（如海绵条、毛毡等），或在空腔中适当挂些多孔的吸声材料如矿棉或玻璃棉毡等，或采用不同单元大小的薄板及不同腔深的吸声结构来提高其吸声性能。

表 7-1　常用薄板（薄膜）共振吸声结构的吸声系数

材料板厚/cm	构造尺寸/cm	各频率下的吸声系数					
		125Hz	250Hz	500Hz	1000Hz	2000Hz	4000Hz
三合板	空气层厚 5,木框架间距 45×45	0.21	0.73	0.21	0.19	0.08	0.12
三合板	空气层厚 10,木框架间距 45×45	0.59	0.38	0.18	0.05	0.04	0.08
五合板	空气层厚 5,木框架间距 45×45	0.08	0.52	0.17	0.06	0.10	0.12
五合板	空气层厚 10,木框架间距 45×45	0.41	0.30	0.14	0.05	0.10	0.16
木丝板(3)	空气层厚 5,木框架间距 45×45	0.05	0.30	0.81	0.63	0.70	0.91
木丝板(3)	空气层厚 10,木框架间距 45×45	0.09	0.36	0.62	0.53	0.71	0.89
草纸板(2)	空气层厚 5,木框架间距 45×45	0.15	0.49	0.41	0.38	0.51	0.64
草纸板(2)	空气层厚 10,木框架间距 45×45	0.50	0.48	0.34	0.32	0.49	0.60
刨花压轧板(1.5)	空气层厚 5,木框架间距 45×45	0.37	0.27	0.20	0.15	0.25	0.39
刨花压轧板(1.5)	空气层厚 10,木框架间距 45×45	0.28	0.28	0.17	0.10	0.23	0.34
七合板	空气层厚 25	0.37	0.13	0.10	0.05	0.05	0.10
胶合板	空气层厚 5	0.28	0.22	0.17	0.09	0.10	0.11
胶合板	空气层厚 10	0.34	0.19	0.10	0.09	0.12	0.11
木板(1.3)	空气层厚 2.5	0.30	0.30	0.15	0.10	0.10	0.10
硬质纤维板	空气层厚 10	0.25	0.20	0.14	0.08	0.06	0.04
帆布	空气层厚 4.5	0.05	0.10	0.40	0.25	0.25	0.20
帆布	空气层厚 2+矿渣棉 2.5	0.20	0.50	0.65	0.50	0.32	0.20
聚乙烯薄膜	玻璃棉 5	0.25	0.70	0.90	0.90	0.60	0.50
人造革	玻璃棉 2.5	0.20	0.70	0.90	0.55	0.52	0.20

2. 穿孔板共振吸声结构

穿孔板共振吸声结构是在钢板、铝板或胶合板、塑料板、草纸板等薄板上穿以一定孔径和穿孔率的小孔，在板后设置一定厚度空腔构成，如图 7-6 所示。由于穿孔板上的每个孔都有对应的空腔，可视为许多“亥姆霍兹”共振器。当入射声波的频率和系统的共振频率一致时，就激起共振。此时，穿孔板孔颈处空气柱往复振动的速度、幅值达到最大值，摩擦和阻尼也最大，使声能转变为热能最多，即吸声系数最高。共振频率 f_0 可由式(7-2) 计算。

$$f_0=\frac{c}{2\pi}\sqrt{\frac{p}{hL_K}} \tag{7-2}$$

式中　p——穿孔率，即板上穿孔面积与板的总面积的百分比；

c——声速，m/s；

h——空腔深度，m；

L_K——小孔的有效孔颈长度，m，$L_K=t+0.8d$；

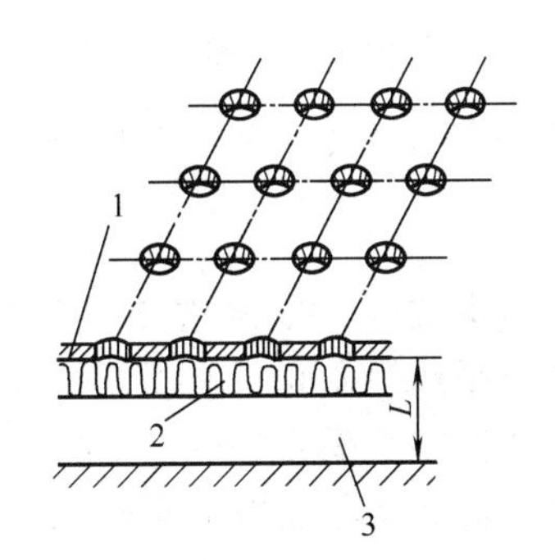

图 7-6　穿孔板共振吸声结构

1—穿孔板；2—吸声材料；3—空气

t——板厚；

d——孔径。

穿孔率越高，每个共振腔所占的体积越小，共振频率就越高。可改变穿孔率来控制共振。穿孔率应小于20%，否则会大大降低其吸声性能。穿孔板吸声结构具有较强的频率选择性，共振频率附近才有最佳吸声性能；偏离共振频率，吸声效果明显下降。为增加吸声频带，可在穿孔板背后贴一层纱布或玻璃布，也可在空腔内填装多孔性吸声材料。

3. 薄膜共振吸声结构

用刚度很小的弹性材料（如聚乙烯薄膜、漆布、不透气的帆布以及人造革等）在其后设置空气层，就构成薄膜共振吸声结构。薄膜结构与薄板结构的吸声机理基本相同，薄板结构固有频率的计算公式同样适用于薄膜结构。一般在膜后填充多孔吸声材料可改善低频吸声性能。膜的面密度比较小，故其共振频率向高频移动。通常薄膜结构的共振频率为200～1000Hz，最大吸声系数为0.3～0.4。常用薄膜结构的吸声系数已在表7-1中列出。

4. 微穿孔板吸声结构

微穿孔板吸声结构由具有一定穿孔率、孔径小于1mm的金属薄板与板后的空气层组成。金属板厚一般取0.2～1mm，孔径取0.2～1mm，穿孔率取1%～4%，穿孔率取1%～2%时吸声效果最佳。微穿孔板吸声结构由于板薄、孔径小、声阻抗大、重量轻，因而吸声系数和吸声频带宽度比穿孔板吸声结构要好，并具有结构简单，加工方便，特别适合于高温、高速、潮湿以及要求清洁卫生的环境下使用等优点。在实际应用中，为使吸声频带向低频方向扩展，可采用双层或多层微穿孔板吸声结构。

三、隔声装置

隔声是噪声控制工程中常用的一种技术措施，利用墙体、各种板材及构件作为屏蔽物或利用围护结构把噪声控制在一定范围之内，使噪声在空气中的传播受阻而不能顺利通过，从而达到降低噪声的目的。

1. 透声系数与隔声量

声音在大气中传播遇到障碍物后（如墙面），由于界面处声阻抗的改变，使部分声能被反射回去，部分声能被墙面所吸收，另一部分透过墙体传到墙的另一面去，称为透射声。假设 E_i 为入射声能量，E_a 为构件吸收的声能量，E_r 为反射声能量，E_t 为透射声能量。透射声能 E_t 与入射声能 E_i 之比称为透声系数或透射系数 τ，即

$$\tau=\frac{E_t}{E_i} \tag{7-3}$$

在工程实际中常采用透声系数倒数的对数来表示透声损失的大小，称为传声损失，或透声损失，或隔声量，用 R 表示，单位是分贝（dB）。其数学表达式为

$$R=10\lg\frac{1}{\tau} \tag{7-4}$$

由式(7-3)、式(7-4)可见，τ 值越小，R 值越大，说明隔声性越好。如一个隔声构件的透声系数为0.01，则其隔声量为20dB。

同一个隔墙，对于不同频率的声波，其隔声性能有很大的差异，所以工程上常用各倍频程中心频率处隔声量的算术平均值来表示某一隔声构件的隔声性能，称为平均透声损失，或平均隔声量，用 $\overline{R}$ 表示。有时为了简便，取50～5000Hz范围的几何中值500Hz的隔声量作为 R 的平均值，因为它接近平均隔声量的值，记作 R_{500}。

2. 单层密实均匀构件的隔声性能

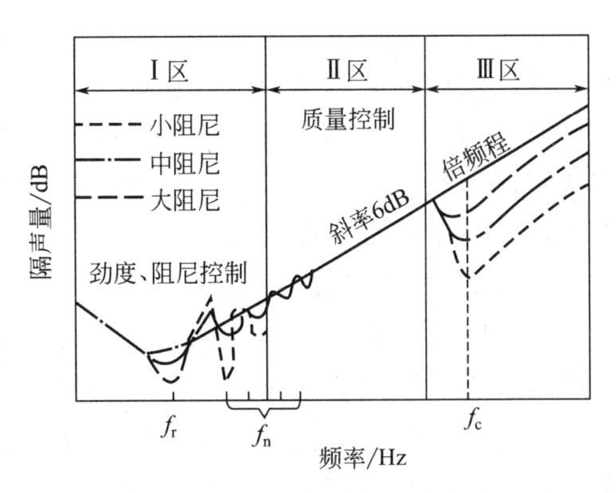

图 7-7 隔声量-频率特性曲线

此类构件的隔声材料要求密实而厚重，如砖墙、钢筋混凝土、钢板、木板等。受到声波作用，其隔声性能与材料的刚性、阻尼、面密度有关。图 7-7 所示为均匀密实、边缘固定的长方形单层隔墙的隔声量-频率特性曲线。按频率可分为三个区域，即劲度和阻尼控制区（Ⅰ）、质量控制区（Ⅱ），吻合效应和质量控制延续区（Ⅲ）。

（1）劲度和阻尼控制区　当频率低于隔声构件最低共振频率时，隔声量主要取决于隔声构件的劲度，劲度越大，隔声量也越高。随着频率的增加，进入共振频率及谐波控制的频域，在共振频率处构件的隔声量最小，主要由阻尼控制。共振频率与构件的几何尺寸、面密度、弯曲劲度和外界条件有关。增加结构阻尼可以抑制其共振幅度和共振区的上限，即提高隔声量并缩小共振区的范围，所以有时也称为阻尼控制区。一般建筑构件（砖、钢筋混凝土等构成的墙体）的共振频率很低，可以不予考虑。对于金属板等障板，其共振频率可能分布在声频范围内，会影响隔声效果。

（2）质量控制区　在此区域内是隔墙的质量起主要控制作用。声波作用到墙体结构上时，如同一个力作用于质量块上，质量（隔墙的面密度）越大，其惯性阻力也越大，墙体的振动速度也越小，即隔声量越大；而且频率越高，隔声量越大。因此，单层均质隔声构件的隔声性能主要取决于构件的面密度和声波的频率，即质量定律。其隔声量 R 可用经验公式(7-5)计算。

$$R=18\lg m+12\lg f-25 \tag{7-5}$$

式中　m——面密度，kg/m^2；

　　f——声波频率，Hz。

（3）吻合效应和质量控制延续区　当频率继续上升到一定数值后，进入吻合效应和质量控制延续区，质量效应与弯曲劲度效应相抵消，隔声量下降，出现吻合效应。吻合效应是指某一频率的声波以一定的角度入射到构件表面，当入射声波的波长在构件表面上的投影恰好等于板的弯曲波波长时，墙板振动最大，透声也最多，隔声量显著下降而不再遵守质量定律的现象。产生吻合效应的最低频率 f_c 称为临界频率，它的大小与隔墙材料的面密度、厚度和弹性模量有关。厚重墙体的临界频率多发生在低频，人耳一般感受不到；薄板墙的临界频率多发生在可听声频率范围，如 5mm 薄板的临界频率在 4000Hz 以上，但随板厚的增加而逐渐推移到中频和低频。在高于吻合临界频率的高频段，隔墙的隔声量仍遵循质量定律，故此区也称为“质量定律延伸区”。

在隔声设计中必须使所隔绝的声波频段避开低频共振频率与吻合频率，从而可以利用质量定律来提高隔声量。

3. 双层隔声结构

双层结构是指两个单层结构中间夹有一定厚度的空气或多孔材料的复合结构。双层结构的隔声效果要比同样质量的单层结构好，这是因为中间的空气层（或填有多孔材料的空气层）对第一层结构的振动具有弹性缓冲作用和吸收作用，使声能得到一定衰减后再传到第二层，能突破质量定律的限制，提高整体的隔声量。一般可比同样质量的单层结构的隔声量高

5～10dB。

双层结构的隔声量与空气层厚度有关，厚度增加，隔声量也增加。实际工程中一般取空气层厚度为8～10cm。双层间若有刚性联接，则会存在“声桥”，使前一层的部分声能通过声桥直接传给后一层，从而会显著降低隔声量。因此要求双层结构边缘与基础之间为弹性联接，空气层中填有多孔材料。

4. 隔声罩的设计与应用

(1) 隔声罩简介　对体积较小的噪声源（小设备或设备的某些噪声部件），直接用隔声结构罩起来，可以获得显著的降噪效果，这就是隔声罩，是目前控制机械噪声的重要方法之一。采用隔声罩，可控制其隔声量，使工作所在位置的噪声降低到所需要的程度，且技术措施简单、体积小、用料少、投资少。

隔声罩的罩壁由罩板、阻尼涂料和吸声层构成。为便于拆装、搬运、操作、检修以及经济方面的因素，罩板常采用薄金属板、木板、纤维板等轻质材料。当采用薄金属板作罩板时，必须涂覆相当于罩板2～4倍厚度的阻尼层，以改善共振区和吻合效应处的隔声性能。

隔声罩一般分为全封闭、局部封闭和消声箱式隔声罩。全封闭隔声罩不设开口，多用来隔绝体积小、散热要求不高的机械设备。局部封闭隔声罩设有开口或局部无罩板，罩内仍存在混响声场，一般应用于大型设备的局部发声部件或发热严重的机电设备。消声箱式隔声罩是在隔声罩的进、排气口安装有消声器，多用来消除发热严重的风机噪声。

(2) 隔声罩设计与应用　为了获得较为理想的隔声降噪效果，在设计隔声罩时应考虑以下几点。

① 隔声罩的设计必须与生产工艺的要求相吻合，既不能影响机械设备的正常工作，也不能妨碍操作及维护。为了监视机器工作状况，需设计玻璃观察窗；为便于检修、维护，罩上需设置可开启的门或把罩设计成可拆卸的拼装结构。

② 尽量选用隔声性能好的轻质复合材料，最好在板的内侧涂敷阻尼材料；隔声罩内表面应进行吸声处理，否则，很难达到所要求的隔声量。

③ 罩板面尽量不与设备表面平行，以防驻波效应存在，降低隔声量。遇到这种情况时，可以在夹缝内填充吸声材料加以改善。

④ 避免隔声罩与声源之间的刚性联接，隔声罩与地面间应有隔振措施。

⑤ 隔声罩应尽量密封和避免开孔，否则会使隔声量大大下降。试验表明，只要开孔面积占隔声罩总面积的1/100，其隔声量就会下降20～25dB以上。故在罩上开孔时需进行必要的处理，如传动轴在罩上穿过的开孔处加一套管，管内衬以泡沫塑料、毛毡等吸声材料；在通风散热口处加装消声器；在门、窗、盖子的接缝处垫以软橡胶之类的材料等。

⑥ 为满足设计要求，做到经济合理，可设计几种隔声罩结构，对它们的隔声性能及技术指标进行比较，根据实际情况及加工工艺要求，最后确定一种设计方案。考虑到隔声罩工艺加工过程中不可避免地会有孔隙漏声及固体声隔绝不良等问题，设计隔声罩的实际隔声量应比所要求的隔声量大3～5dB。

当一个车间内有很多分散的噪声源时，可考虑建立一个小空间使之与噪声源隔离开来，这就是隔声间，它还可以作为操作控制室或休息室。隔声间的隔声原理与隔声罩相同，只是变换了声源和受声点的相对位置。隔声间可用金属板或土木结构建造，并要考虑通风、照明和温度的要求，特别是要采用特制的隔声门窗。

【例7-1】 某发电机的外形如图7-8所示。距机器表面1m远的噪声频谱见表7-2第一行。机器在运转中需要散热。试设计该机器的隔声罩。

解　根据机器的外形和散热要求，设计如图7-8所示的隔声罩。设计说明及计算如下。

① 隔声罩上设计两个供空气热交换用的消声器，其消声值不低于该隔声罩的隔声量。

② 隔声罩在与机器轴相接处，用一个有吸声饰面的圆形消声器环抱起来，以防漏声。

③ 隔声罩与地面接触处设毛毡层，以便隔振和密封。

④ 隔声罩的设计计算见表7-2。

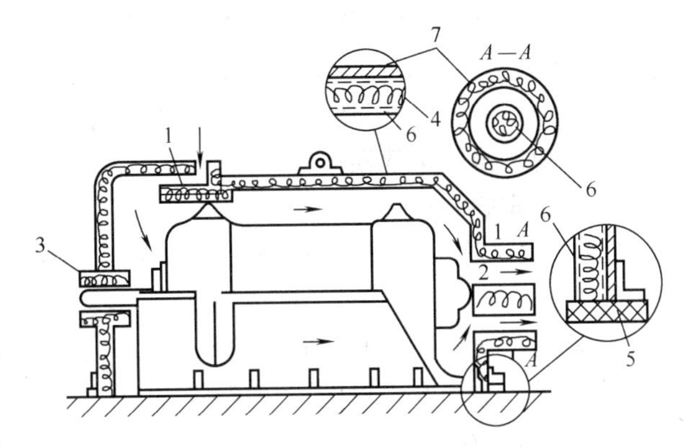

图7-8　某发电机隔声罩的设计结构

1,2—空气热交换用消声器；3—传动轴用消声器；4—吸声材料；5—橡胶垫；6—穿孔板或丝网；7—钢板

表7-2　隔声罩的设计计算

序号	项　目　说　明	倍频程中心频率/Hz							
		63	125	250	500	1000	2000	4000	8000
1	距机器1m处声压级/dB	90	99	109	111	106	101	97	81
2	机器旁允许声压级(NR-80)/dB	103	96	91	88	85	83	81	80
3	隔声罩所需实际隔声量$R_{实}$/dB	—	3	18	23	21	18	16	1
4	罩内壁贴吸声材料后的吸声系数$\bar{\alpha}$	0.18	0.25	0.41	0.82	0.83	0.91	0.72	0.60
5	修正项$10\lg\bar{\alpha}$	−0.74	−6.0	−3.9	−0.86	−0.81	−0.41	−1.41	2.22
6	罩壁板所应具有的隔声量R/dB	7.4	9.0	21.9	23.86	27.81	18.41	17.41	3.22
7	2mm厚钢板的隔声量/dB	18	20	24	28	32	36	35	43

第一步，确定隔声罩所需要的实际隔声量。按我国“工业企业噪声卫生标准”规定，机器旁工人操作处为85dB(A)，即相当于噪声评价数NR-80。用机器的噪声频谱减去NR-80所对应的倍频程声压级，即为隔声罩所需要的实际隔声量（如差值为负或零，则表示可不进行隔声处理）。

第二步，确定隔声罩内表面所用吸声材料。隔声罩内表面吸声系数的大小，直接影响隔声罩的实际隔声量。为此，在隔声罩的内表面贴衬50mm厚的超细玻璃棉（密度为20kg/m^3），并用玻璃布和穿孔钢板制作护面。

第三步，$R=R_{实}-10\lg\bar{\alpha}$，由此可计算隔声罩罩壁所需要的隔声量。

第四步，根据需要的隔声量，选用2mm厚钢板（板背后有加强筋，筋间的方格尺寸不大于1m×1m），即可满足该隔声罩的设计要求。

第二节　消　声　器

一、消声器的性能和形式

许多机械设备的进、排气管道和通风管道都会产生强烈的空气动力性噪声，而消声器是防治这种噪声的主要装置，它既阻止声音向外传播，又允许气流通过，装在设备的气流通道上，可使该设备本身发出的噪声和管道中的空气动力噪声降低。消声器的种类很多，用于降低一般空气动力设备进、排气噪声的消声器有阻性消声器、抗性消声器、阻抗复合式消声器等。用于降低化工、冶金、电力等工业部门由于排放高温、高压、高速气流而产生的高强度噪声的消声器有节流减压消声器、小孔喷注消声器等。

（一）消声器的声学性能

1. 传递损失 L_{TL}

传递损失又称为传声损失，是消声器入口处和出口处的声功率级的差值。即

$$L_{TL}=L_{W1}-L_{W2} \tag{7-6}$$

式中 L_{W1}——消声器进口端声功率级，dB；

L_{W2}——消声器出口端声功率级，dB。

声功率级的大小可通过测定消声器进、出口端的平均声压级来确定。

2. 消声量 L_{NR}

消声量又称为噪声降低量或减噪量，指的是消声器进口端和出口端的平均声压级差，即

$$L_{NR}=\overline{L}_{P1}-\overline{L}_{P2} \tag{7-7}$$

式中 $\overline{L}_{P1}$——消声器进口端平均声压级，dB；

$\overline{L}_{P2}$——消声器出口端平均声压级，dB。

由于一般管道型消声器进、出口端的截面积相同，因此传递损失有时也称为消声量。消声量的测定易受环境噪声的影响，应引起注意。

3. 插入损失 L_{IL}

插入损失是指在系统安装消声器的前后，在系统外某点处测得的平均声压级差，即

$$L_{IL}=\overline{L}_{P1}-\overline{L}_{P2} \tag{7-8}$$

式中 $\overline{L}_{P1}$——未装消声器前某点的平均声压级，dB；

$\overline{L}_{P2}$——安装消声器后某点的平均声压级，dB。

测定插入损失是工程现场测量消声器消声性能的常用方法。在实际操作中，为了保持安装消声器前后管道出口噪声的辐射条件基本相同，并保持测点与噪声辐射点的距离基本相同，应在未装消声器前先在管道上加装一段与消声器长度相等，进、出口直径也与消声器进出口直径相同的替代管，在有替代管的条件下测定 L_{P1}。现场测量插入损失，简便快捷，但易受环境噪声的影响，测量时应注意。

4. 衰减量 L_A

衰减量又称轴向衰减，指消声器通道内沿轴向两点间的声压级的差值。适用于对声学材料在较长管道内连续均匀分布的直管式消声器消声性能的评价。衰减量的单位为 dB/m。

上述四种评价量，从不同角度反映了消声器的消声性能。在使用中，凡牵涉到消声器的消声性能时，必须注明选用什么评价量，在何种环境或条件下测定的。在后面的内容中，若不加特别说明，通常所说的“消声量”指的是传递损失。

（二）消声器的气体动力性能

1. 压力损失 Δp

压力损失又称为阻力损失。管道上装置消声器后，由于受消声器内部结构的影响将发生变化，气流的静压会降低。消声器两端气流的静压差称为压力损失。

对于管道式消声器，压力损失的理论计算式为

$$\Delta p=\frac{\xi\rho v^2}{2} \tag{7-9}$$

式中 ρ——气体密度，kg/m³；

v——消声器通道内气体平均流速，m/s；

ξ——阻力系数。

对于截面突变的结构应取截面小处的流速。

阻力系数ξ由消声器内通道结构及壁面情况决定，在阻性消声器中以摩擦阻力损失为主。由于安装消声器后会引起压力损失，使流量减少，为了保证一定的流量，势必要增加功率耗损，因此在设计消声器时，应使压力损失控制在允许的限度内。

2. 气流噪声

消声器内通过的气流受到阻碍，将产生比普通管道较大的噪声，称为消声器气流噪声，或称为消声器的本底噪声。在设计消声器时，应使气流噪声越小越好。

气流噪声一般包括两部分：一部分是由于气流在管道中的湍流流动而产生的再生噪声，这部分噪声以中高频为主，且近似与气流速度的六次方成正比；另一部分是气流激发消声器内部物件、管壁等使之辐射噪声。这部分噪声以低频为主，且近似与气流速度的四次方成正比。这两种噪声中，以湍流产生的再生噪声为主。

不同结构形式的消声器，其气流再生噪声的计算方法是不一样的，需要时可查阅有关资料。

气流对消声器消声性能的影响还与气流的方向有关，但在一般情况下，这种影响较小，常不予考虑。在具体设计消声器时，不要使气流的速度过高。一般用于压缩机、鼓风机的消声器，流速控制在20～30m/s；内燃机消声器，流速不超过50m/s。

二、阻性消声器

1. 消声原理

阻性消声器是利用安装在管道内壁或中部的阻性材料（主要是多孔材料）吸收声能而达到降低噪声的目的。当声波通过敷设有吸声材料的管道时，声波激发多孔材料中众多小孔内空气分子的振动，由于摩擦阻力和黏滞力的作用，使一部分声能转换为热能耗散掉，从而起到消声作用。因为多孔材料的吸声机理类似于电路中的电阻消耗电能，故称依靠多孔吸声材料消声的消声器为阻性消声器。

阻性消声器的结构形式很多，常见有片式消声器、蜂窝式消声器、直管式消声器、迷宫式消声器等，如图7-9所示。

2. 阻性消声器的特点

阻性消声器中多孔材料对中、高频噪声的吸收显著，能较好地消除中、高频噪声，而对

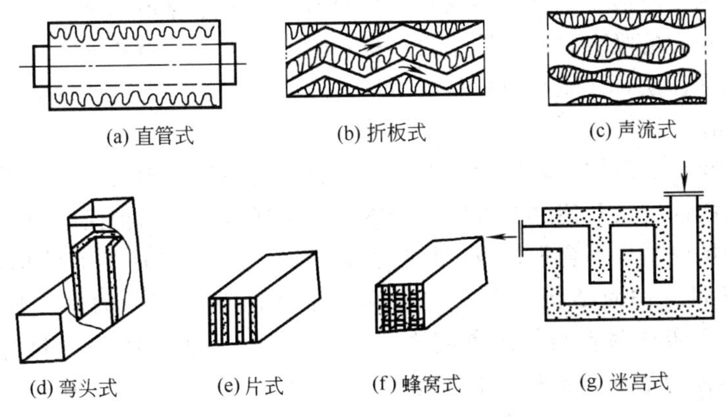

图7-9　常见阻性消声器的结构形式

低频噪声的消声作用较差。因此，阻性消声器主要用于对中、高频噪声的吸收。

消声器的长度越大，内饰面吸声面积越大，吸声系数越高，消声效率越好，能在较宽的中高频范围内消声。但是，当通道面积较大时，高频声波将以窄束的形式沿通道中央穿过，不与或很少与周边的吸声材料饰面接触，使消声量急剧下降，这称为高频失效现象。为克服高频失效，或提高失效频率，可在消声器通道中加装消声片，或设计成蜂窝式、折板式、弯头式消声器。

阻性消声器具有结构简单和良好的吸收中、高频噪声的优点，在实际工程中得到广泛的应用。但不适合在高温、高湿的环境中使用，多用于风机的进、排气消声。

3. 阻性消声器的设计与应用

阻性消声器的消声性能取决于消声器的有效长度、气流通道的断面尺寸、通过气流的速度以及多孔吸声材料的种类、吸声层敷设厚度和吸声材料表面护面结构等。

(1) 消声量 L_A　直管式消声器的消声量由管道的有效长度、断面尺寸和吸声材料的性能所决定。对于直管式阻性消声器，可用式(7-10) 近似计算。

$$L_A = \Psi(\alpha_0)\frac{P}{S}L \tag{7-10}$$

式中　$\Psi(\alpha_0)$——消声系数，与材料吸声系数有关，可查阅相关资料；

P——消声器通道截面周长，m；

S——消声器通道截面面积，m^2；

L——消声器的有效长度，m。

(2) 合理选择消声器的结构形式　根据气体流量和消声器所控制的流速，计算所需的通流截面，合理选择消声器的结构形式。如消声器中的流速与原输气管道保持相同，则可按输气管道截面尺寸确定。一般气流通道截面当量直径小于 300mm，可采用单通道直管式。通道截面直径介于 300～500mm 之间，可在通道中加设吸声片或吸声芯。通道截面直径大于 500mm，则应考虑选用片式、蜂窝式或其他形式。

(3) 几何尺寸　这里所指的几何尺寸主要指圆形管的通道直径或矩形管的边长以及有效通道长度。通道直径或边长，一般均参照空气动力设备的进、排气口大小确定，通道直径一般不宜大于 300mm。消声器的长度应根据噪声源的强度和现场降噪的要求来决定，一般为 1～2m。若消声量要求较高时，可采取几节分段设置。

(4) 吸声材料与吸声层厚度　阻性消声器是用吸声材料制成的，吸声材料的性能是决定消声器声学性能的重要因素。选用多孔吸声材料时，应根据噪声的频谱特性和消声要求，尽量选用吸声系数较大的吸声材料。选用吸声材料时，除了考虑材料的吸声性能外，还应根据气流的物理、化学性质，注意吸声材料在防潮、防腐、耐温等方面的性能。吸声层的厚度一般为 50～150mm。

(5) 吸声材料护面结构　阻性消声器的吸声材料是在气流中工作的，所以吸声材料必须用牢固的护面结构固定，并使之不被气流冲刷流失。通常采用的护面结构有玻璃布、穿孔板或铁丝网等。如护面结构不合理，吸声材料会被气流吹跑或者使护面结构产生振动，导致消声器的性能下降。护面结构的形式主要取决于消声器通道内的气流速度（见表 7-3)。表中“平行”表示吸声材料与气流方向平行；“垂直”则表示吸声材料与气流方向垂直。如选用穿孔金属板为护面，则金属板的厚度一般为 1～2mm，孔径为 5～8mm，穿孔率大于 20%。

表 7-3　不同流速下的合理护面结构

气流流速/m·s^{-1}		护面结构形式	气流流速/m·s^{-1}		护面结构形式
平行	垂直		平行	垂直	
10 以下	7 以下	布或金属网；多孔吸声材料	23～45	15～38	穿孔金属板；玻璃布；多孔吸声材料
10～23	7～15	穿孔金属板；多孔吸声材料	45～120		穿孔板；钢丝棉；穿孔板；多孔吸声材料

（6）消声器外壳　一般选用金属板材，其厚度为 2～3mm。

设计完成之后，考虑高频失效和气流再生噪声的影响，应验算消声效果。

【例 7-2】　某厂 LGA-60/5000 型鼓风机，风量为 60m^3/min，风机进气管口直径为 250mm，在进口 1.5m 处测得噪声频谱见表 7-4。试设计一阻性消声器，以消除进风口的噪声。

解

1. 确定所需要的消声量

根据该风机进气门测得的噪声频谱，安装消声器后，在进气口 1.5m 处噪声应控制在噪声评价数 NR-85 以内，两者之差即为所需的消声量。

2. 确定消声器的结构形式

根据该风机的风量和管径，可选用单通道直管式阻性消声器。消声器截面周长与截面面积之比取 16。

3. 选择吸声材料和设计吸声层

根据使用环境，吸声材料可选用超细玻璃棉。吸声层厚度取 150mm，填充密度为 20kg/m^3。根据气流速度，吸声层护面采用一层玻璃布加一层穿孔板，板厚 2mm，孔径 6mm，孔间距 11mm。该结构的吸声系数见表 7-4。

表 7-4　LGA-60/5000 型鼓风机进气管口阻性消声器设计

序号	项　目	63Hz	125Hz	250Hz	500Hz	1000Hz	2000Hz	4000Hz	8000Hz	A 声级
1	倍频程声压级/dB	108	112	110	116	108	106	100	92	117
2	噪声评价数 NR-85	103	97	92	87	84	82	81	79	90
3	消声器应具有的消声量/dB	5	15	18	29	24	24	19	13	27
4	消声器周长与截面积之比 P/S	16	16	16	16	16	16	16	16	
5	所选材料吸声系数	0.30	0.50	0.80	0.85	0.85	0.86	0.80	0.78	
6	消声系数	0.4	0.7	1.02	1.3	1.3	1.3	1.2	1.1	
7	消声器所需长度/m	0.78	1.34	0.93	1.39	1.15	1.15	0.98	0.74	
8	气流再生噪声									83

4. 计算消声器的长度

根据式(7-10) 计算各倍频带所需消声器的长度。如 125Hz 处的长度 L_{125} 为

$$L_{125}=\frac{L_A}{\Psi(\alpha_0)}\times\frac{S}{P}=\frac{15}{0.7}\times\frac{1}{16}=1.34\ (\mathrm{m})$$

为满足各倍频带消声量的要求，消声器的设计长度取最大值 $L=1.4$m。

根据上述分析与计算，消声器的设计方案如图 7-10 所示。

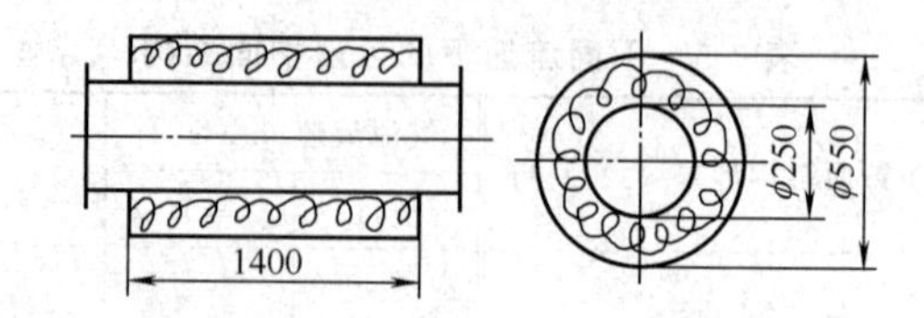

图 7-10 风机进气管口单通道直管式阻性消声器

三、抗性消声器

(一) 消声原理

抗性消声器不直接吸收声能。它的基本结构是由扩张室和联接管串联而成。它是利用管道截面的变化（扩张或收缩）使声波反射、干涉，再沿管道继续传播而达到消声的目的。其消声作用就像交流电路中的滤波器，故称为抗性消声器。和阻性消声器不同，它不使用吸声材料。抗性消声器的性能和管道结构形状有关，一般选择性较强，适用于窄带噪声和低、中频噪声的控制。常用的抗性消声器有扩张室、共振腔两种形式。抗性消声器适用于消除低、中频噪声，构造简单，耐高温，耐气体腐蚀和冲击；其缺点是消声频带窄，对高频噪声消声效果较差。

1. 扩张室消声器的消声性能

通过对单扩张室消声器的理论分析可知，其消声量 L_{IT} 为

$$L_{IT}=10\lg\left[1+\frac{1}{4}\left(m-\frac{1}{m}\right)^2\sin^2(kL)\right] \tag{7-11}$$

式中 m——扩张比，$m=S_2/S_1$；

S_2——扩张室截面积；

S_1——联接管截面积；

k——圆波数，m^{-1}，$k=2\pi f/c$；

L——扩张室长度，m。

当 $m>5$ 时，最大消声量可由式(7-12) 近似计算。

$$L_{IT\max}=20\lg m-6 \tag{7-12}$$

因此，扩张室消声器的消声量是由扩张比 m 决定的。在实际工程中，一般取 $9<m<16$，最大不超过 20，最小不小于 5。

扩张室消声器的消声量随着扩张比 m 的增大而增加，但对某些频率的声波，当 m 增大到一定数值时，声波会从扩张室中央通过，类似阻性消声器的高频失效，致使消声量急剧下降。由式(7-11) 可以看出，单扩张室消声器的消声量是 kL 的周期函数，随着频率的变化，消声量在最大值与零之间变化。

当扩张室的长度 L 为 1/4 波长或其奇数倍时，此时消声量有最大值。消声量具有最大值时的频率称为最大消声频率。最大消声频率与扩张室长度间的关系为

$$f_{\max}=(2n+1)\frac{c}{4L}\quad(n=0,1,2,3\cdots) \tag{7-13}$$

当 $\sin^2(kL)=0$ 时，消声量也等于零，表明声波可以无衰减地通过消声器，这正是单扩张室消声器的弱点。由此可计算得消声量等于零的频率为

$$f_{\min}=\frac{nc}{2L}\quad(n=0,1,2,3\cdots) \tag{7-14}$$

扩张室消声器的有效消声上限截止频率 $f_上$ 可用式(7-15) 计算。

$$f_{上}=\frac{1.22c}{D} \tag{7-15}$$

式中　c——声速，m/s；

D——通道截面（扩张室部分）的当量直径，m。

对圆形截面，D 为直径；对方形截面，D 为边长；对矩形截面，D 为截面积的平方根。

在低频范围内，当波长远大于扩张室的尺寸时，消声器不但不能消声，反而会对声音起放大作用。扩张室消声器的下限截止频率 $f_{下}$ 可用式(7-16) 计算。

$$f_{下}=\frac{\sqrt{2}c}{2\pi}\sqrt{\frac{S_1}{VL}} \tag{7-16}$$

式中　S_1——联接管的截面积，m^2；

V——扩张室的容积，m^3。

2. 改善扩张室消声器消声频率特性的方法

单扩张室消声器存在许多消声量为零的通过频率，为克服这一弱点，通常采用如下两种方法：在扩张室内插入内接管；将多节扩张室串联。

将扩张室进、出口的接管插入扩张室内，插入长度分别为扩张室长度的 1/2 和 1/4。可分别消除 $\lambda/2$ 奇数倍和偶数倍所对应的通过频率。如将两者综合，使整个消声器在理论上没有通过频率。

工程上为了进一步改善扩张室消声器的消声效果，通常将几节扩张室消声器串联起来，各节扩张室的长度不相等，使各自的通过频率相互错开。如此，既可提高总的消声量，又可改善消声频率特性。

由于扩张室消声器通道截面急剧变化，局部阻力损失较大。用穿孔率大于 30%的穿孔管将内接插入管联接起来，可改善消声器的空气动力性能，而对消声性能影响不大。

（二）扩张室消声器的设计

① 扩张比的确定：根据消声量的大小，合理选择扩张比 m。一般对于气流流量较大的管道，m 取 4～6；中等管道取 6～8；较小的管道取 8～15；最大不宜超过 20。

② 扩张室长度的确定：合理确定扩张室的长度，应综合考虑最大消声频率，上、下限失效频率和“通过频率”等各种因素的影响。应尽量使噪声的主频段落在消声器的最大消声频率范围内。

③ 验算所设计的扩张室消声器的上、下限截止频率是否在所需要的消声频率范围之外。如不符合，则应重新修改设计方案。

四、消声器的选用和安装

1. 消声器的选用

在选用消声器前，应对气动噪声进行测量、分析。一般是测量其 A 声级和 C 声级，测量倍频程或 1/3 倍频程频带声压级，了解噪声源的声能分布和峰值频段。根据国家颁布的有关噪声控制标准，确定被保护对象或区域的噪声允许值，根据气动噪声的高低确定消声器的最低消声量。实际消声器的消声量应大于最低消声量，但也不宜要求过高，要综合考虑技术、成本等因素。

正确地选择消声器的类型，是保证获得良好消声效果的关键。在选型时，应根据空气动力设备的种类和噪声的频率特性确定所选消声器的类型，再根据管道气流的流速、流量、压力损失等确定不同的型号。一般要求消声器的流量大于实际的流量，流速应小于设计流速，压力损失应在设备允许的范围内。在选型时，还应考虑环境允许的安装位置是否符合安装和维护的要求。

2. 消声器的安装

安装消声器时，必须保证其与设备管道的联接牢固。对于风机类消声器，为减少机械噪声对消声器的影响，可在消声器与风机接口之间加装一段中间管道，管道的长度一般为风机接口直径的3～4倍。消声器的接口形状若与设备的接口形状不一致时，应在两接口之间加接变径管。变径管的当量扩张角不应大于20°。

为了防止消声器外壳或管道辐射噪声，应在消声器外壳或管道上采取阻尼、隔振、隔声处理。

消声器法兰和设备管道法兰联接处要加装弹性垫，并严格密封。

消声器应有牢固的支撑。安装在室外的消声器应有防雨罩。安装在进气管道上的消声器应加装防尘罩或滤清器。

第三节 隔 振 器

控制振动和控制噪声一样，可以从振源、传递途径和接受体三方面着手。振源控制主要是减弱或消除其振动或振动运动；传递途径控制可通过隔振、阻尼等方法减弱振动到接受体的传输；接受体的控制也是通过接受体系统参数的改变（加强筋、阻尼等）来减弱接受体处振动强度或降低接受体对振动的敏感程度。振动控制的方法有振源振动控制、隔振、阻尼减振三类。这里主要介绍隔振。

一、隔振原理

隔振不仅是控制噪声的产生与传播的重要措施，也是减少振动对环境和人体影响的重要措施。隔振，就是将振动源与承载物或地基之间的刚性联接改为弹性联接，利用弹性波在物体间的传播规律，减弱振动源与承载物或地基之间的能量传递，使振源产生的大部分振动能量被隔振装置所吸收，减少了振源对设备及环境的干扰，从而达到减少振动的目的。根据振动传递方向的不同，隔振可分为积极隔振和消极隔振两类。

积极隔振是隔离机械设备本身的振动通过其机脚、支座传到基础或基座，以减少振源对周围环境或建筑结构的影响，也就是隔离振源。一般的动力机器、回转机械、锻冲压设备均需要积极隔振。所以积极隔振也称为动力隔振。

消极隔振是防止周围环境的振动通过地基（或支撑）传到需要保护的仪表、器械。电子仪表、精密仪器、贵重设备、消声室、车载运输物品等均需进行消极隔振。所以也把消极隔振称为运动隔振或防护隔振。

一般来讲，积极隔振的频率范围为3～1000Hz，消极隔振的频率范围为3～30Hz。两类隔振目的虽然不同，但具体措施基本相同，都是通过在振源和支撑物之间安装具有弹性的隔振器，使振源产生的大部分振动能量由隔振器吸收，达到减少振动对设备和环境的影响的目的。

表征隔振效果的物理量很多，最常用的是传振系数。对于积极隔振，传振系数是振动源通过隔振元件传递给承载物或地基的力与未隔振时传递到承载物或地基的力之比。令前者为传递力 F_x，后者为激振力 F_0，则传振系数 T 为

$$T=\frac{F_x}{F_0} \tag{7-17}$$

T 的大小反映了隔振效果的好坏。若振动源与承载物或地基之间是刚性联接，则 $T=1$，激振力完全传递到承载物或地基中。若采取了隔振措施，使得 $T<1$，如 $T=0.3$，则表明激振力只有 30%传递给了承载物或地基，隔振效果明显。

二、隔振设计的基本原则

1. 选择振动频率较高的机械设备

机械设备运行时的振动频率就是作用在隔振系统上的激振频率，这个频率与隔振系统的固有频率之比必须大于$\sqrt{2}$，隔振系统才能发挥隔振作用，因此在进行隔振设计之前，必须详细了解机械设备运行时产生振动的原因和振动特性，在条件许可的情况下，应尽量选用振动频率较高的机械设备。常见机械设备的主要驱动频率见表 7-5。在进行隔振设计时，通常把机械设备运行时产生的最低振动频率作为激振频率。

表 7-5　常见机械设备的主要驱动频率

机器类型	主要驱动频率 f/Hz
通风机、泵	①轴转数；②轴转数×叶片数
电动机	①轴转数；②轴转数×极数
气体压缩机、冷冻机	轴转数及两次以上的振动频率
四冲程柴油机	①轴转数；②轴转数倍数；③轴转数×1/2 汽缸数
二冲程柴油机	①轴转数；②轴转数倍数；③轴转数×汽缸数
变压器	交流周波数×2
齿轮传动设备	①轴转数×齿数；②齿的弹性振动（频率极高）
滚动轴承	轴转数×1/2（滚珠数）

2. 选择合适的隔振材料和隔振设备

凡是能支撑机械设备的动力负载，又有良好弹性恢复性能的材料，均可作为隔振材料。工程常用的隔振材料主要有弹簧钢和橡胶。玻璃纤维板、乳胶海绵、毛毡、软木以及空气都可作为隔振材料。选择隔振材料，首先要考虑它的动态特性和承载能力，一般要求隔振材料的动态弹性模量低、刚度小、弹性好、强度高、承载能力大；其次要求材料的物理、化学性能稳定，要能抗酸、碱、油或有害气体、液体的侵蚀，也不会因为工作环境温度、湿度的变化而使隔振性能受到较大地影响；还要考虑由这些材料制成的隔振系统的自振频率。

隔振器件都有系列化的产品供选用。选用的原则和选择隔振材料基本相同，除此以外，主要考虑它的隔振量和承载能力。隔振器件的荷载应包括机械设备含机座的重量、机械器件运行时产生的动态力和可能出现的过载。在隔振要求相同的情况下，尽量降低成本。

3. 设置合适的隔振机座

隔振机座又称惰性块，安装在机械设备和隔振器件之间。设置隔振机座的作用，主要是增加整个机械设备安装系统的重量，降低重心，减少或限止由于机械设备运行而产生的运动，对于有流体的设备，可以减少反力的影响，增加稳定性。合理安排隔振机座重量的分布，还可减少机械设备重量分布不均匀的影响。隔振机座的重量至少应等于所隔振机械设备的重量，一般均大于机械设备的重量。如对于轻型机械设备，隔振机座的重量可达到其重量的 10 倍左右。

4. 选择正确的安装方式

隔振器件的安装方式主要有支撑式和悬挂式，分别如图 7-11 和图 7-12 所示。对于一般机械设备的隔振，支撑式用得最多。隔振器件的布置方式，通常是选定至少四个支点对称布置，并采用相同的隔振器件。支点的选择要保证机械设备和隔振机座的重心在垂直方向上与支撑重心吻合。

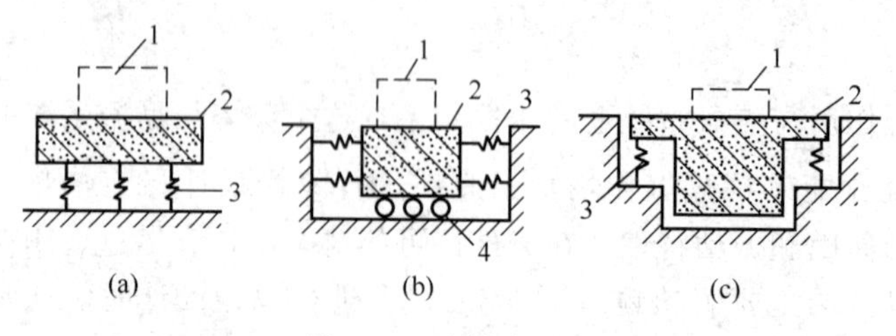

图 7-11 支撑式隔振

1—设备；2—基础；3—隔振器；4—钢球

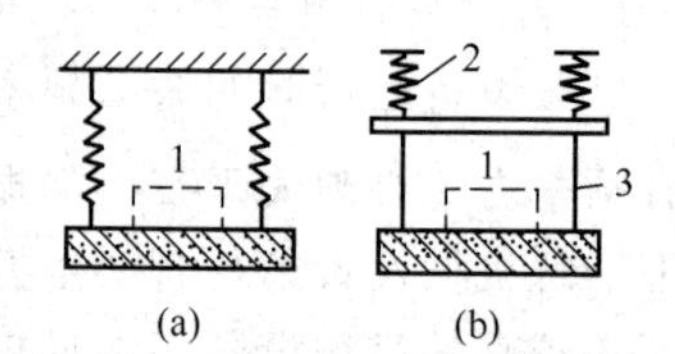

图 7-12 悬挂式隔振

1—设备；2—支撑弹簧；3—摆杆

三、橡胶隔振器

隔振装置可分为隔振器和隔振垫两大类。隔振器是经专门设计制造的、具有确定的形状和稳定性能的弹性元件，使用时可作为机械零件进行装配。常用的有金属弹簧隔振器、橡胶隔振器、钢丝绳隔振器和空气弹簧隔振器等；隔振垫是利用弹性材料本身的自然特性，一般没有确定的形状尺寸，可根据实际需要来拼排或裁剪。常见的有软木、毛毡、泡沫塑料、玻璃纤维板和橡胶隔振垫等。

橡胶隔振器是一种适合于中小型设备和仪器隔振的装置，具有良好的隔振缓冲和隔声性能；可承受压缩、剪切或剪切-压缩力，但不能承受拉力；可以根据刚度、强度及环境条件等不同要求设计成不同的形状；阻尼大，有良好的抑制共振峰作用，不会产生共振激增现象；能大量吸收高频振动能量，高频隔振性能好。因此，在降低噪声方面比金属隔振器优越。缺点是易老化，不耐油污，不适宜在高温或低温条件下使用。

（一）橡胶隔振块（垫）的设计

1. 确定激振频率 f

机械设备运行时，由于其旋转部件质量不均衡或其他原因而产生振动。若其转速为 n（r/min），则其振动频率为

$$f=\frac{n}{60} \tag{7-18}$$

由于设备运行时产生振动的原因不止一个，振动频率也不止一个，在进行隔振设计时通常取最低的振动频率作为隔振系统的激振频率。

2. 确定自振频率 f_0

根据隔振要求，确定传振系数的大小，在不考虑阻尼的情况下，根据下式计算隔振块（垫）的自振频率。

$$f_0=f\sqrt{\frac{T}{T+1}} \tag{7-19}$$

式中 T——传振系数。

要保证有较好的隔振效果，必须使 $f/f_0>\sqrt{2}$，这个比值一般取 2～5。

3. 确定隔振块（垫）的刚度

总的垂向动刚度 K_d 由式(7-20) 求出。

$$K_d=\frac{W(2\pi f_0)^2}{g} \tag{7-20}$$

式中　W——总静荷载，N；

f_0——自振频率，Hz。

一个隔振块（垫）的垂向动刚度 K_{di} 为

$$K_{di}=\frac{K_d}{n} \tag{7-21}$$

式中　n——隔振块（垫）的个数。

相应的静刚度为

$$K_{si}=\frac{K_{di}}{d} \tag{7-22}$$

式中　d——橡胶动、静刚度比，即动、静弹性模量之比。

4. 确定静态压缩量 x

隔振块（垫）在荷载下的静态压缩量 x 为

$$x=\frac{W}{nK_{si}}=\frac{W}{K_s}\ (\text{cm}) \tag{7-23}$$

式中　K_s——总的垂向静刚度，N/cm，$K_s=K_d/d$。

5. 隔振块（垫）的总面积 S

取合适的实际应力和动力系数，则隔振块（垫）的总面积 S 为

$$S=\frac{W}{\delta}\times 动力系数\ (\text{cm}^2) \tag{7-24}$$

式中　δ——实际应力，N/cm^2。

动力系数一般取 1.2～1.4。

6. 确定隔振块（垫）高度 H

$$H=\frac{E_s S x}{W} \tag{7-25}$$

式中　E_s——静态弹性模量，N/cm^2；

在进行设计时，需注意应使这些参数的单位统一。

(二) 橡胶隔振器件的安装

橡胶隔振器件安装的基本原则是必须尽力使每个隔振器件的静态压缩量保持一致，防油污、避高温、尽力减少各处温差。

橡胶隔振器可直接置于地坪上，也可在隔振器与地坪之间放一块 2～5mm 厚的橡胶垫。如果机械设备运行时，使隔振器受到较大的动态力，则应将隔振器锚固在地坪上，如用地脚螺栓与地坪联接。锚固时需防止振动短路。隔振器安装好后，应校正机器水平，必要时，可用垫铁调整。

橡胶隔振垫一般均垫放在机座下，并尽量均匀地分布在机座的四周。每块垫的大小应相同。有筋的橡胶隔振垫在安放时，应按筋的方向交错排放。

四、金属弹簧隔振器

金属弹簧隔振器是一种用途广泛的低频隔振装置，从轻巧的精密仪器到重型的工业

设备都可应用。其优点是具有很高的弹性，可承受较大的负荷，静态变形位移大，可从10～100mm；耐油、水、溶剂等的侵蚀，抗高温；固有频率低，为2～4Hz；低频隔振性能好；设计计算方法较成熟。缺点是本身阻尼小，共振时传递率可能很大，高频隔振性能差。

常用的金属弹簧隔振器有板条式隔振器和圆柱形螺旋弹簧隔振器，还有圆锥形螺旋弹簧隔振器、碟形弹簧隔振器等。

1. 弹簧隔振器的设计方法

弹簧隔振器的设计方法与橡胶隔振块（垫）的设计方法基本一样，所不同的是钢弹簧的垂向动刚度与静刚度之比，即动态函数 $d=1$，则静态压缩量 x 应为

$$x=\frac{W}{nK_{zi}}=\frac{W}{K_z} \tag{7-26}$$

式中 K_{zi}——每个弹簧的垂向刚度，N/cm；

K_z——总的弹簧刚度，N/cm。

x 是理论计算值，与设计出的弹簧在工作时的实际压缩量 x' 可能不一致，要求 $x'\geqslant x$。

2. 圆柱螺旋弹簧隔振器的设计方法

在隔振设计中，在求出了每个钢弹簧的垂向刚度和静态压缩量的基础上，可进行弹簧的设计。

（1）选择弹簧外径 D_1　为避免弹簧受压时产生侧向弯曲，保持横向稳定性，弹簧圈的最小外径应根据其荷载的大小和静态压缩量来确定，表7-6列出了一些推荐值。

表7-6　自由状态受压螺旋弹簧的最小外径推荐值（防止侧向弯曲）

静态压缩量/cm	荷载/N		
	<3500	3500～11500	11500～27000
≤3	7.0	10.0	12.5
3～5	12.5	12.5	18.0
5～7.5	15.0	18.0	21.5
7.5～10	21.5	21.5	25.5
≥10	25.5	25.5	30.5

（2）假定弹簧的旋绕比 C　根据选择的弹簧最小外径，估计弹簧中径的大小，假定旋绕比。

$$C=\frac{D_2}{d} \tag{7-27}$$

式中 D_2——弹簧中径，mm；

d——弹簧钢丝直径，mm。

弹簧中径是螺旋弹簧的钢丝中心之间的绕制直径（见图7-13）。

（3）计算弹簧丝的直径 d

$$d\geqslant 1.6\sqrt{\frac{W_1KC}{[\tau]}} \tag{7-28}$$

式中 W_1——每个弹簧承受的荷载，N；

K——曲度系数，可以根据假定缠绕比计算或根据缠绕比查表，$K=(4C-1)/(4C-4)+0.615/C$；

$[\tau]$——弹簧受动力荷载时的许用切应力，MPa。

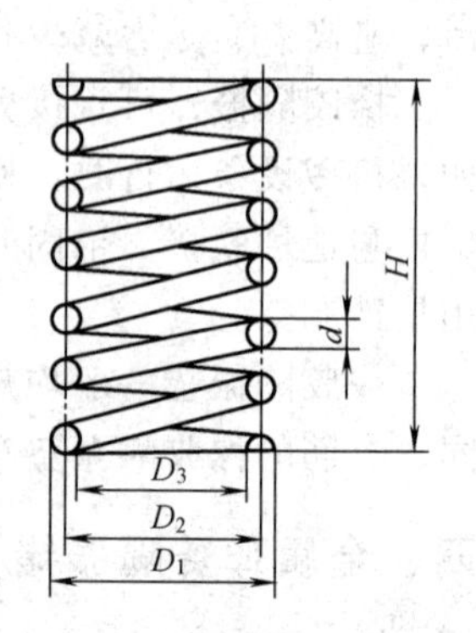

图7-13　螺旋弹簧示意

将由式(7-28) 计算得到的直径值与表7-7中所列的数值比较，

尽量选用相近（略大）的值作为钢丝直径。

表 7-7　常用钢丝直径 d　　单位：mm

2	2.5	3	3.5	4	4.5	5	6	8	10
12	16	20	25	30	35	40	45	50	

（4）确定弹簧的总圈数 i_1　弹簧的工作圈数 i_1 由式(7-29)计算。

$$i_1=\frac{[G]d}{8K_{zi}C^3} \tag{7-29}$$

式中　K_{zi}——单个弹簧的垂向刚度，N/mm；

$[G]$——许用切变模量，MPa。

实际工作圈数应根据计算结果取表 7-8 中的相近数值。

表 7-8　压缩弹簧常用工作圈数

2.5	3	3.5	4	4.5	5	5.5	6	6.5	7	7.5	8
8.5	9	9.5	10	10.5	11	11.5	12.5	13.5	14.5	15	16

弹簧两端的支撑圈数 i_2 的确定：当 $i_1\leqslant 7$ 时，i_2 取 1.5；当 $i_1>7$ 时，i_2 取 2.5。弹簧的总圈数为

$$i=i_1+i_2 \tag{7-30}$$

（5）计算弹簧的实际刚度 K'_{zi}　根据钢丝直径、实际旋绕比和工作圈数，由式(7-31)计算弹簧的实际刚度

$$K'_{zi}=\frac{[G]d}{8i_1C^3} \tag{7-31}$$

要求 $K_{zi}>K'_{zi}$，否则需要重新计算。

（6）计算弹簧的节距

$$h=d+\frac{x'}{i_1}+\sigma \tag{7-32}$$

式中　x'——弹簧实际静态压缩量，mm；

σ——在实际载荷下弹簧各圈之间的间隙，mm，一般取 $\sigma>0.1d$。

3. 弹簧隔振器的安装

弹簧隔振器的安装方式有面接触支撑式、点接触支撑式、侧联式和盖板嵌固式等。

图 7-14(a) 所示为面接触安装方式，将隔振器置于机座底面与支撑面之间，依靠各接触面之间的摩擦力阻止隔振器的移动而固定；图 7-14(b) 所示为点接触支撑式。这两种方式多用于有壳体的隔振器的安装。图 7-14(c) 所示为侧联安装方式，这种安装方式的优点是可以降低隔振体系的重心高度，增加稳定性；图 7-14(d) 所示为盖板嵌固安装方式。这种安装方式常用于无壳体的外露式弹簧隔振器的固定。

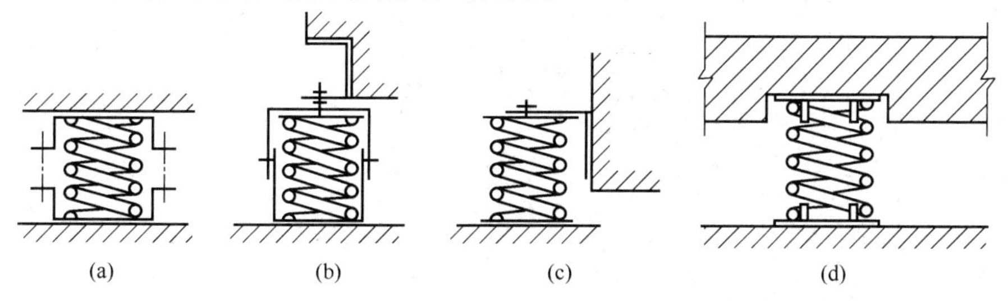

图 7-14　弹簧隔振器的安装方式

思考题与习题

7-1 用 2mm 厚的钢板制作一隔声罩。已知钢板的隔声量为 $\overline{R}=29$dB，钢板的平均吸声系数$\overline{\alpha_1}=0.01$。为改善隔声性能，在隔声罩内壁进行了吸声处理，使平均吸声系数提高到$\overline{\alpha_2}=0.6$。求吸声处理后，隔声罩的实际隔声量提高了多少？

7-2 选择消声器种类的依据条件有哪些？

7-3 某排气管道端口直径 150mm，噪声较强，其频率约 1500Hz。试设计一圆管式消声器，要求消声量至少在 20dB 以上。

7-4 一单扩张室消声器，输入管道直径 100mm，扩张室直径 400mm，长 500mm。求其传声损失和最大消声频率。

7-5 隔振原理是什么？什么是积极隔振？什么是消极隔振？

7-6 对一机械设备进行隔振处理，如何选择隔振器种类？是选择橡胶类隔振器，还是选择钢弹簧隔振器或其他种类？

第八章　固体废物处理设备

【学习指南】

本章主要讲述了固体废物处理与资源化的概念、典型固体废物处理设备及选用的基本知识。通过学习，了解固体废物处理的方法、目的以及固体废物资源化技术，掌握典型固体废物处理设备的工作原理、结构特点以及性能，能够根据固体废物处理要求正确选用处理设备。

第一节　固体废物处理概述

固体废物是指人们在生活和生产活动中，不可避免地会产生一些目前看来已完全或基本上失去了使用价值的固态或半固态废弃物质。固体废物是相对某过程或某一方面没有使用价值，而非在一切过程或方面都没有使用价值。一种过程的废物往往是另一过程的原料，所以固体废物又有“放在错误地点的原料”之称。

一、固体废物处理与资源化

（一）固体废物处理方法

固体废物处理就是通过物理处理、化学处理、生物处理、热处理、固化处理等不同方法，使固体废物转化为适于运输、贮存、资源化利用以及最终处置的一种过程。

① 物理处理　它是根据固体废物的物理性质，采用机械操作改变固体废物的结构，使之成为便于运输、贮存、利用或处置的形态。其方法包括压实、破碎、分选和脱水等。物理处理也往往作为回收固体废物中有价值物质的重要手段加以采用。

② 化学处理　它是采用化学方法使固体废物中的有害成分发生破坏而达到无害化，或将其转变成为适于进一步处理的形态。其方法包括氧化、还原、中和等。

③ 生物处理　它是利用微生物的作用使固体废物中的有机物降解，使其达到无害化或综合利用。其方法主要包括好氧处理、厌氧处理和兼氧处理。

④ 热处理　它是通过高温破坏和改变固体废物的组成和结构，同时达到减容、无害化、资源化的目的。其方法包括焚烧、热解、湿式氧化以及焙烧、烧结等。

⑤ 固化处理　它是采用一种固化基材，将固体废物包覆以减少其对环境的危害，使之能较安全地运输和处置。固化处理主要用于放射性固体废物的处理。

（二）固体废物资源化技术

固体废物资源化就其广义来说，表示资源的再循环；就其狭义来讲，可以说是为了再循环利用废物而回收资源与能源。人类赖以生存和发展的自然资源有许多是不可更新的，一经用于生产和生活，将从生态圈中永久消失。从资源开发过程看，固体废物资源化同原生资源相比，可以省去开矿、采掘、选别、富集等一系列复杂过程，保护和延续原生资源寿命，弥补资源不足，保证资源永续。且可以节省大量的投资、降低成本、减少环境污染、保持生态平衡，具有显著的社会效益。资源化技术按照工艺分，可分为前期技术和后期技术。

① 前期资源化技术　它包括破碎、分选，主要用于分离回收资源。前期资源化技术不改变物质的性质，它可细分为保持废物收集时原形的技术，改变原形不改变物理性质的有用物质回收技术（即物理性原料化再利用技术）。前者通常采用手选、清洗，并对回收废物进行简易修补或净化操作后回收利用，如回收空瓶、空罐、各种电器的部分原件、机器设备中的部分机件和仪表等；后者多采用破碎、分离、水洗等，根据各材质的特性，通过机械的、物理的方法分选后回收利用，如回收金属、玻璃、纸张和塑料等。

② 后期资源化技术　它主要是将前期技术回收后的残留物，用化学的、生物学的方法，改变其物质特性而进行回收利用的技术。后期技术又分为以回收物质为目的的资源化技术和回收能源为目的的资源化技术两大类。后者可进一步分为可贮存、可迁移型能源及燃料的回收技术和不可贮存型能源的回收技术。后期资源化技术主要包括燃烧、热分解和生物分解等。

二、固体废物处理设备选用的基本要求

由于固体废物的复杂性与固体废物处理设备的多样性，要处理一种具体的废物，正确选用固体废物处理设备是保证处理设备正常运转并保持应有处理效果的前提条件。如果处理设备选择不当，不仅会浪费资金、动力，而且常常达不到应有的处理效果，甚至无法正常运行。

为了选择价格低廉、操作和维护简单、节省能源，又能满足当地环境保护要求的固体废物处理设备，必须考虑以下主要因素。

（一）固体废物的性质

固体废物的性质是选择固体废物处理设备的决定性因素。了解和掌握固体废物的性质既是为了确定废物本身的特性是否与不同处理设备所要求的供料相符合，以排除那些不适用的或可能不适用的设备，也是为了确定待处理废物是否与典型处理设备及其性能参数相符合，同时可确定是否会产生二次污染问题。需要了解和掌握的固体废物性质，包括以下几方面。

① 废物的物理特性：主要包括形状、黏性、熔点、沸点、蒸气压、热值、密度、磁性、电性、光电性、弹性、摩擦性、表面特性等。

② 废物的化学组成。

③ 废物的有害特性：主要包括易燃性、腐蚀性、反应性、急性毒性、浸出毒性、放射性及其他有害特性等。

④ 典型的物理化学性质的变化范围。

⑤ 废物的来源、体积、数量。

（二）固体废物处理的目的

弄清处理的目的，帮助建立一个用以判别满足各种变动方案的标准，以便于优先选出适宜于处理给定废物的设备。关于处理目的方面需了解的内容包括以下几方面。

① 必须遵循的大气、水和其他环境质量标准。

② 要使废物排放所必须去除的成分以及去除的水平。

③ 排出物流循环或重复利用所要求的化学性质和物理性质。

④ 排出物作土地处置或排入水体所要求的化学性质和物理性质。

⑤ 处理目的或目标以及优先次序。

(三) 固体废物处理设备的技术要求

固体废物处理设备的技术要求是指其技术适应性，它主要包括以下几方面。

① 哪些设备能单独或组合起来实现处理目标。

② 如果需要一系列设备组合成一个处理系统来实现处理目标，这些设备如何进行组合，相互之间是否匹配。

③ 处理系统的关键设备能否满足处理废物的目的，在技术上是否确有吸引力。

④ 废物中是否存在某种组分，这些组分会影响技术上有吸引力的关键设备的采用，这些影响能否尽可能减少或消除。

⑤ 选定设备的主要技术参数，如处理效率、处理能力、运行参数与操作条件等。

选定固体废物处理设备，除了正确把握以上三个方面的内容外，还应对经济因素、环境因素和能源因素加以综合考虑。通过多方案的对比研究，因地制宜，择优实施，以使固体废物污染控制的投入最小，环境效益和社会效益最佳。

第二节　固体废物处理设备

一、破碎设备及选用

(一) 典型固体废物破碎设备

用机械方法或非机械方法（电能、热能、原子能、化学能等）克服固体废物内部的内聚力而使大块固体废物分裂成小块的过程称为破碎；使小块固体废物颗粒分裂成细粉的过程称为磨碎。固体废物破碎和磨碎的作用有：使固体废物的体积减小，便于运输和贮存；为固体废物的分选提供所要求的入选粒度，以便有效地回收固体废物中某成分；使固体废物的比表面积增加，提高焚烧、热分解、熔融等作业的稳定性和热效率；为固体废物的下一步加工做准备；用破碎后的生活垃圾进行填埋处理时，压实密度高而均匀，可以加快覆土还原；防止粗大、锋利的固体废物损坏分选、焚烧和热分解等设备或炉膛。

目前广泛应用的是机械能破碎，主要有压碎、劈碎、折断、磨碎及冲击破碎等方法。破碎固体废物常用的破碎机械类型有颚式破碎机、锤式破碎机、冲击破碎机、剪切式破碎机、辊式破碎机和球磨机等。

1. 颚式破碎机

(1) 简单摆动颚式破碎机　其结构如图 8-1 所示，主要由机架、工作机械、传动机构、保险装置等部分组成。带轮带动偏心轴旋转时，偏心顶点牵动连杆上下运动，也就牵动前后推力板作舒张及收缩运动，从而使动颚时而靠近固定颚，时而又离开固定颚。动颚靠近固定颚时就对破碎腔内的物料进行压碎、劈碎、折断，破碎后物料在动颚后退时靠自重从破碎腔内落下，楔块可调节出料口的大小。在颚式破碎机中一般装有一质量很大的飞轮，其作用是贮存动颚在空程时的能量，使其在工作行程中放出。

(2) 复杂摆动颚式破碎机　其结构如图 8-2 所示，从构造上看，复杂摆动颚式破碎机与简单摆动颚式破碎机的区别是少了一根动颚悬挂的偏心轴，动颚与连杆合为一个部件，没有垂直连杆，肘板也只有一块。可见，复杂摆动颚式破碎机结构简单，轻便紧凑，不但在水平方向上有摆动，同时在垂直方向上也有运动，是一种复杂运动，故称为复杂摆动颚式破碎机。其优点是破碎产品较细，破碎比大；规格相同时，复杂摆动比简单摆动破碎机的破碎能

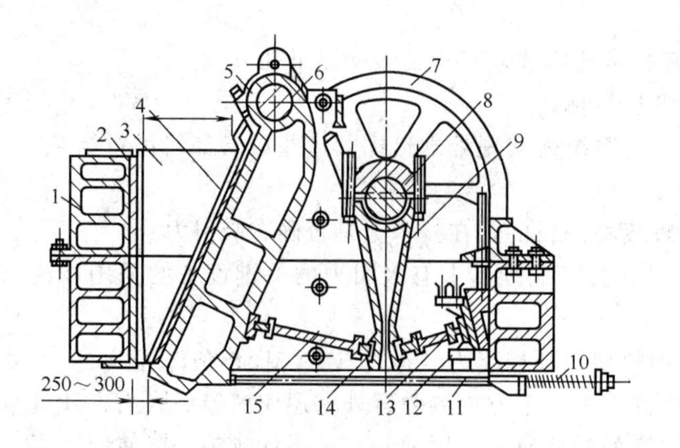

图 8-1 简单摆动颚式破碎机

1—机架；2—固定颚；3—侧面衬板；4—破碎齿板；5—动颚；6—心轴；7—飞轮；8—偏心轴；9—连杆；10—弹簧；11—拉杆；12—楔块；13—后推力板；14—肘板支座；15—前推力板

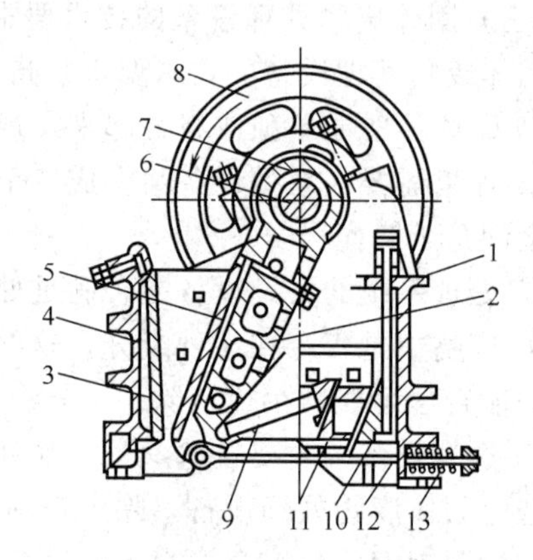

图 8-2 复杂摆动颚式破碎机

1—机架；2—动颚；3—固定颚板；4,5—破碎齿；6—偏心轴；7—轴孔；8—飞轮；9—轴板；10—调节孔；11—楔块；12—水平拉杆；13—弹簧

力高 20%～30%。

（3）颚式破碎机的特点及应用 颚式破碎机具有结构简单、坚固，维护方便，高度小，工作可靠等特点。在固体废物破碎处理中，主要用于破碎强度及韧性高的腐蚀性废物。

2. 冲击式破碎机

冲击式破碎机主要有 Universa 型和 Hazemag 型冲击式破碎机两种类型。图 8-3 所示为 Universa 型冲击式破碎机的结构。该机的板锤只有两个，利用一般楔块或液压装置固定在转子的槽内，冲击板用弹簧支撑，由一组钢条组成（约 10 个）。冲击板下面是研磨板，后面有筛条。当要求的破碎产品粒度为 40mm 时，仅用冲击板即可，研磨板和筛条可以拆除；当要求粒度为 20mm 时，需装上研磨板；当要求粒度较小或软物料且密度较小时，则冲击板、研磨板和筛条都应装上。由于研磨板和筛条可以装上或拆下，因而对各种固体废物的破碎适应性较强。Hazemag 型冲击式破碎机主要用于破碎家具、电视机、杂器等生活废物。

冲击式破碎机具有破碎比大、适应性强、构造简单、外形尺寸小、操作方便、易于维修

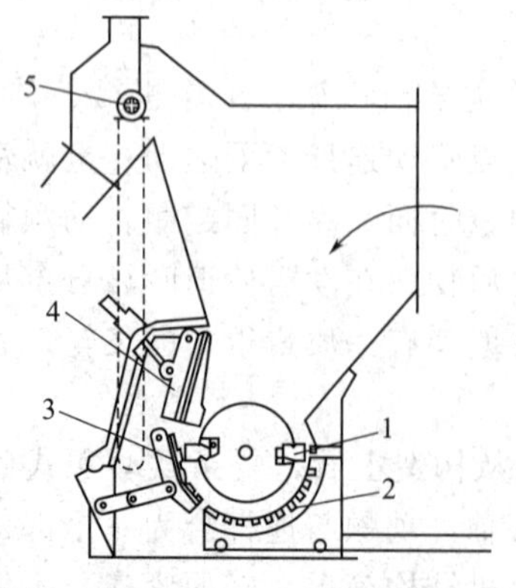

图 8-3 Universa 型冲击式破碎机

1—板锤；2—筛条；3—研磨板；4—冲击板；5—链幕

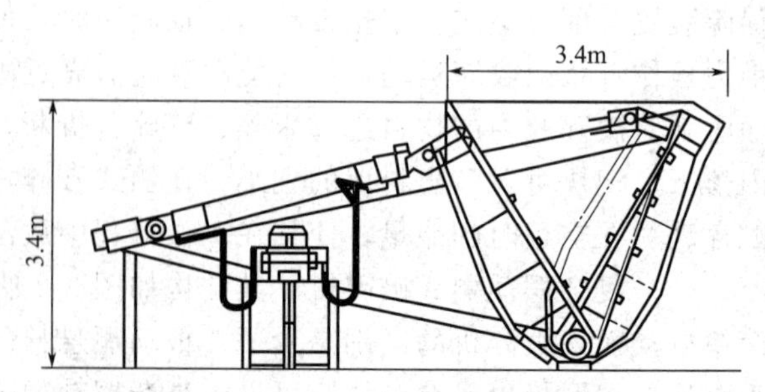

图 8-4 Von Roll 型往复剪切式破碎机

等特点。适用于破碎中等硬度、软质、脆性、韧性及纤维状等多种固体废物。我国在水泥、火力发电、玻璃钢、化工、建材、冶金等工业部门广泛应用。

3. 剪切式破碎机

（1）Von Roll 型往复剪切式破碎机　它由装配在横梁上的可动机架和固定框架构成，其结构如图8-4所示。在框架下面联接着轴，往复刀和固定刀交错排列。当呈开口状态时，从侧面看，往复刀和固定刀呈 V 形。庞大废物由上方给入，当 V 形闭合时，废物被挤压破碎。虽然驱动速度慢，但驱动力很大。当破碎阻力超过最大值时，破碎机自然开启，避免损坏刀具。适用于城市垃圾焚烧厂的废物破碎。

（2）Linclemann 型剪切式破碎机　该机结构如图 8-5 所示，是借助预压机压缩盖的闭合将废物压碎，然后经剪切机剪断，剪切长度可由推杆控制。

（3）旋转剪切式破碎机　该机结构如图 8-6 所示，当废物进入料斗时，被夹在旋转刀和固定刀之间的间隙内而被剪碎，破碎产品下落经筛缝排出机外。该机的缺点是当混进硬度大的杂物时，易发生操作事故。

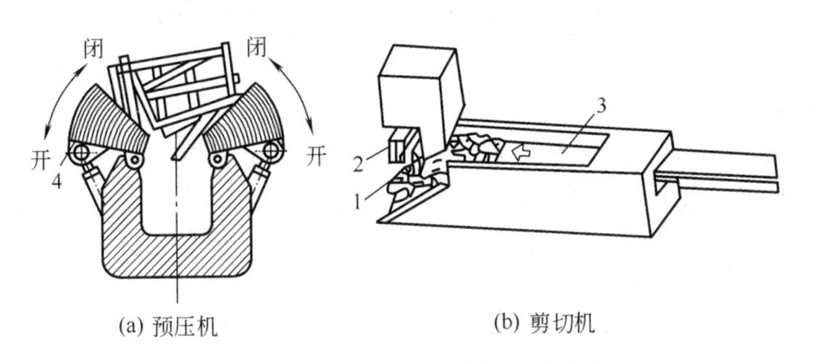

图 8-5　Linclemann 型剪切式破碎机

1—夯锤；2—刀具；3—推料杆；4—压缩盖

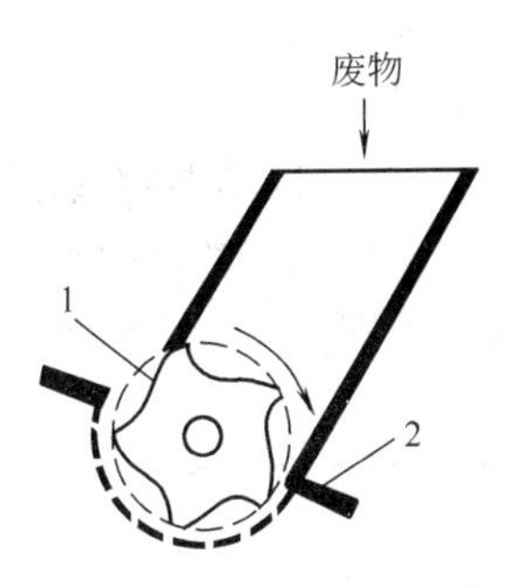

图 8-6　旋转剪切式破碎机

1—旋转刀；2—固定刀

4. 辊式破碎机

（1）双齿辊破碎机　结构如图 8-7(a) 所示，它由两个相对转动的齿辊组成，固体废物由上方给入两齿辊中间，当两齿辊同步相对转动时，辊面上的齿牙将物料咬住并加以劈裂，破碎后产品随齿辊转动从下部排出。破碎产品粒度由两齿辊的间隙决定。

（2）单齿辊破碎机　结构如图 8-7(b) 所示，它由一个旋转的齿辊和一个固定的弧形破碎板组成。破碎板与齿辊之间形成上宽下窄的破碎腔。固体废物由上方给入破碎腔，大块物料在破碎腔上部被齿劈碎，随后继续在破碎腔下部进一步被齿辊轧碎，合格破碎产品从下部

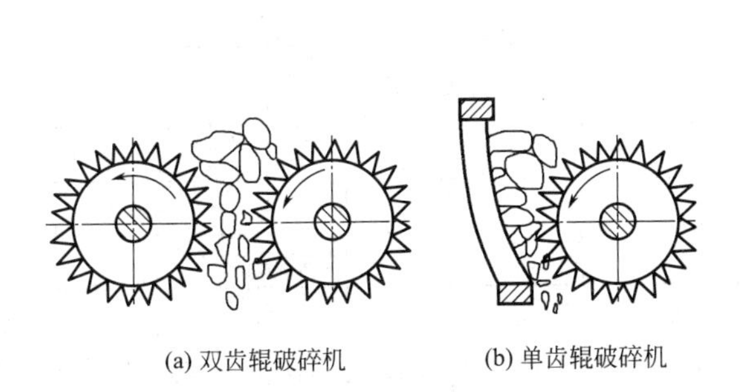

图 8-7　齿辊破碎机

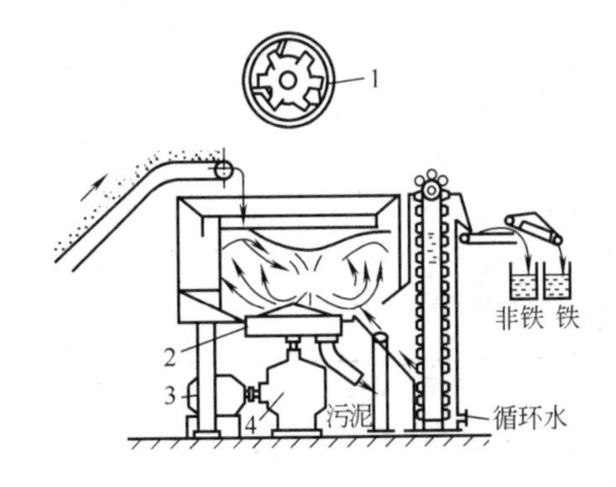

图 8-8　湿式破碎机

1—叶轮；2—筛；3—电机；4—减速机

缝隙排出。

辊式破碎机的特点是能耗低，产品过度粉碎程度小、结构简单、工作可靠等。适用于破碎脆性和含泥黏性废物。

5. 湿式破碎机

它是利用特制的破碎机将投入机内的含纸垃圾和大量水流一起剧烈搅拌和破碎成为浆液的过程，从而可以回收垃圾中的纸纤维。这种使含纸垃圾浆液化的特制破碎机称为湿式破碎机。

湿式破碎机的结构如图 8-8 所示。在该机圆形槽底设有多个孔筛，靠筛上安装的切割回转器（装有破碎刀）的旋转使投入的含纸垃圾随大量水流一起在水槽中剧烈回旋搅拌和破碎成为浆液。浆液由底部筛孔排出，经固液分离将其中残渣分离出来，纸浆送至纸浆纤维回收工序进行洗涤，过筛脱水。难以破碎的筛上物质（如金属）从破碎机侧口排出，再用斗式脱水提升机送至装有磁选器的皮带运输机，将铁与非铁物质分离。

湿式破碎机优点是可使含纸垃圾变成均质浆物质，并按流体处理；不滋生蚊蝇、无恶臭、卫生条件好；噪声低、无发热、爆炸、粉尘等危害；适用于回收垃圾中的纸类、玻璃及金属材料。

（二）固体废物破碎设备的选用

选择适用的破碎设备主要取决于破碎机的类型、废物的物理性质和组成以及破碎处理的要求等因素。表 8-1 所列情况可供选择破碎设备时参考。

表 8-1 破碎设备的选用

功能结构			待处理废料													
			废塑料		废橡胶	动植物残骸	废纸	木片	废织物	炉渣	渣	废金属	破玻璃片	建筑废弃物	混合垃圾	
			软	硬											厨房垃圾	散料垃圾
干式旋转破碎	卧式	摆锤	△	#	○	△	#	#	#	#	#	#	#	#	#	#
		钟锤	△	#	○	△	#	#	#	#	#	#	#	#	#	#
		冲击	△	#	△	△	#	#	△	#	#	△	#	#	#	#
		剪切 单轴	○	#	○	○	#	#	#						○	
		剪切 双轴	#	#	#	○	#	#	#						○	
	立式	摆锤型	△	#	○	△	#	#	#	#	#	#	#	#	#	#
		钟锤型	△	#	○	△	#	#	#	#	#	#	#	#	#	#
湿式旋转破碎	卧式	转鼓切割				#	#								#	
	立式	摆锤				○	#									○
切割		立式切割	#	#	#	△	#	#			#				○	#
		卧式切割	○	#	○	△	○	#			○				○	#
压碎		颚式		#									#	#		

注：# 表示推荐，○表示可用，△表示不可用。

需要指出的是，选用旋转式破碎机，当处理能力与废物初始尺寸成为决定因素时，如果待处理的废物初始尺寸大而要求破碎设备的进料口足以允许其通过，往往会造成设备加工能力过大，导致设备投资增加。此时，应选择较小型的设备，对待处理物料则应采用粗加工设备进行预处理。

二、分选设备与选用

（一）典型固体废物分选设备

固体废物分选简称废物分选，是废物处理的一种方法（单元操作），目的是将其中可回收利用的或不利于后续处理、处置工艺要求的物料分离出来。

废物分选是根据物质的粒度、密度、磁性、电性、光电性、摩擦性、弹性以及表面润湿性的不同而进行分选的。固体废物分选设备包括筛分设备、重选设备、磁选设备、电选设备、光电分选设备、摩擦与弹性分选设备以及浮选设备等。

1. 筛分设备

筛分是利用筛子将物料中小于筛孔的细粒物料透过筛面，而大于筛孔的粗物料留在筛面上，完成粗、细粒物料分离的过程。固体废物处理中最常用的筛分设备如下。

（1）固定筛　筛面有许多平行排列的筛条，可以水平安装和倾斜安装。由于构造简单、不耗动力、设备费用低和维修方便，故在固体废物处理中被广泛应用。固定筛有格筛和棒条筛两种，格筛一般安装在粗碎之前，以保证入料块度适宜；棒条筛安装在粗碎和中碎之前，安装倾角应大于废物对筛面的摩擦角，一般为30°～35°，以保证废物沿筛面下滑。棒条筛孔尺寸为要求筛下粒度的1.1～1.2倍，一般筛孔尺寸不小于50mm，筛条宽度应大于固体废物中最大块度的2.5倍，主要适用于筛分粒度大于50mm的粗粒物料。

（2）滚筒筛　筛面为带孔的圆柱形筒体或截头圆锥筒体。为使废物在筒内沿轴线方向前进，圆柱形筛筒的轴线应倾斜3°～5°安装，而截头圆锥形筛的轴线可水平安装。固体废物由筛筒的一端给入，借助于滚筒的转动作用一边向前运动，一边翻腾使小于筛孔尺寸的细粒分级透筛，筛上的物料则逐渐移至筛的另一端排出。

（3）惯性振动筛　是通过主轴配重轮上的重块在旋转时产生的离心惯性力，使筛箱产生振动的一种筛子。惯性振动筛适用于细粒废物（0.1～0.15mm）的筛分，也可用于潮湿黏性废物的筛分。

（4）共振筛　是利用连杆上装有弹簧的曲柄连杆机构驱动，使筛子在共振状态下进行筛分。共振筛具有处理能力大、筛分效率高、耗电少以及结构紧凑等优点，适用于废物的中细粒筛分，还可用于废物分选作业的脱水、脱重介质和脱泥筛分等。

2. 重选设备

重力分选简称重选，是根据固体废物中不同物质颗粒间的密度差异，在运动介质中受到重力、介质动力和机械力的作用，使颗粒群产生松散分层和迁移分离，从而得到不同密度产品的分选过程。固体废物重选设备主要有重介质分选机、跳汰机、风力分选机等。

（1）重介质分选设备　通常将密度大于水的介质称为重介质。目前常用的重介质分选设备是鼓形重介质分选机，主要适用于分离粒度较粗（40～60mm）的固体废物。该分选机的优点是结构简单、紧凑，便于操作，分选机内密度分布均匀，动力消耗低等，但存在轻重产物调节不方便的缺点。

（2）跳汰分选设备　跳汰分选是在垂直变速的介质作用下，按密度分选固体废物的一种重选方法。在固体废物分选中的跳汰介质均为水，图8-9所示为跳汰分选机的构造与工作原理。机体的主要部分是固定水箱，它被隔板分成两室，右为活塞室，左为跳汰室。活塞室中的活塞由偏心轮带动作上下往复运动，使筛网附近的水产生上下交变水流。物料给到筛网上，在上下交变的水流作用下，按密度分层，粗重物料沉于筛底，由侧口随水流出；轻细颗

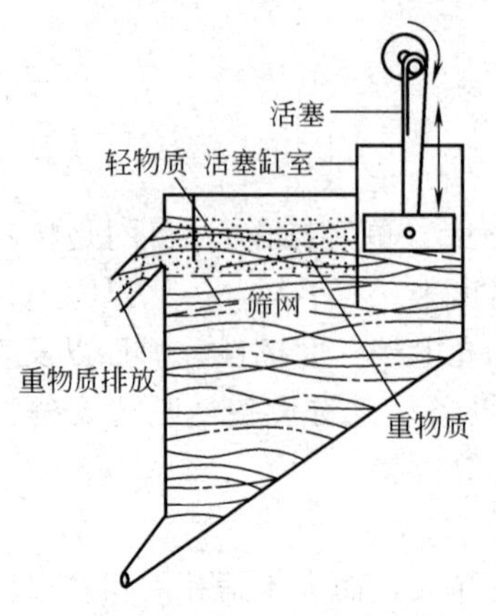

图 8-9　跳汰分选机的构造与工作原理

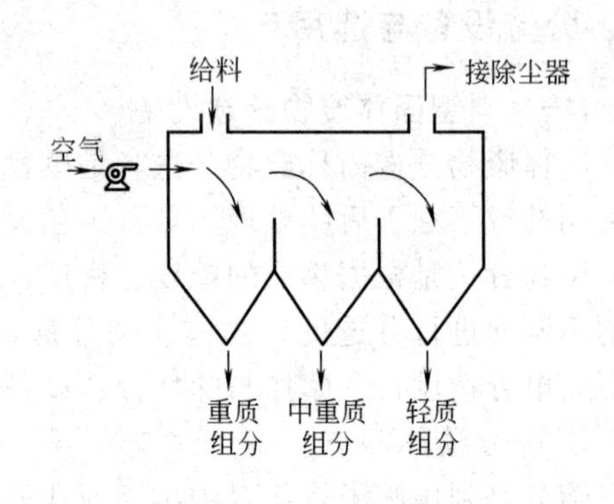

图 8-10　卧式风力分选机的工作原理示意

粒浮于表面，以溢流分离；小而重的颗粒透过筛孔由设备的底部排出。

（3）风选设备

① 卧式风力分选机　图 8-10 所示为其工作原理示意。空气流从侧面进入，当废物从给料口落下后，被水平气流吹散，废物中各组分沿各自的运动轨迹分别落入重质组分、中重质组分和轻质组分收集槽中。

② 立式曲折风力分选机　图 8-11 所示为其工作原理示意：图（a）所示为从底部通入气流的曲折风力分选机；图（b）所示为从顶部抽吸的曲折风力分选机。物料从中部给入风力分选机，在上升气流的作用下，按密度大小进行分离，重质组分从底部排出，轻质组分从顶部排出，再经旋风分离器进行气固分离。

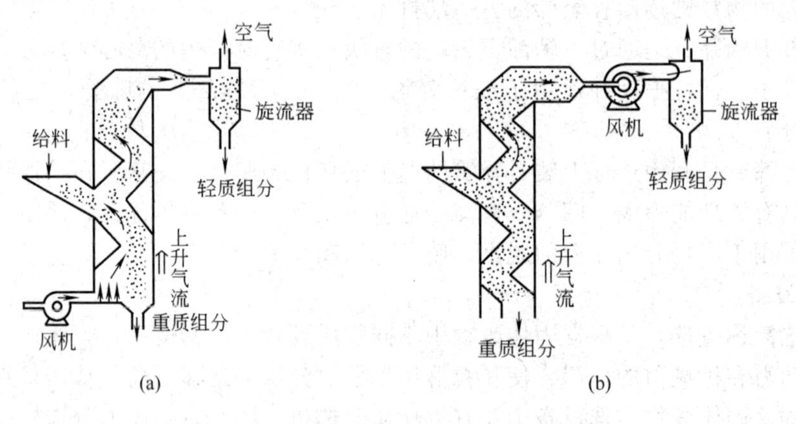

图 8-11　立式曲折风力分选机工作原理示意

与卧式风力分选机相比，立式曲折风力分选机的分选精度较高。目前风选处理已在城市垃圾的粗分中得到广泛应用。

3. 磁选设备

固体废物的磁力分选（简称磁选）是基于固体废物各组分的磁性差异，利用磁选设备使其分离的一种方法。用于固体废物分选的磁选设备按其供料方式分主要有磁鼓式和带式两种。

4. 电选设备

电力分选简称电选，是在高压电场中依据固体废物中各组分导电性能的差异实现分离的一种方法。通过电选既可以分离导体和绝缘体，也可对不同介电常数的绝缘体进行分离。电选设备主要有静电鼓式分选机和 YD-4 型高压电选机等。

5. 浮选设备

浮选是在固体废物与水调制的料浆中，加入浮选剂，并通入空气形成无数细小气泡，使欲选物质颗粒黏附在气泡上，借助于气泡的浮力在料浆的表面形成泡沫层，然后刮出回收；不浮的颗粒仍留在料浆内，通过适当的处理后废弃。目前我国常用的浮选设备是机械搅拌式浮选机。

（二）分选设备的选用

分选设备的选用主要依据待分选设备的性质、分选目的物的要求及分选设备的性能三个方面，其中以物料性质与设备性能最为重要，一些分选设备的选用情况见表 8-2，可供参考。表中用一些符号表示一组废物能被哪些设备分选。

表 8-2 分选设备的选用

分选设备			废物种类													
			废塑料		橡胶废料	动植物残骸	废纸	木块	废织物	炉渣	渣	金属块 铁·铝·铜及其他			碎玻璃	拆房废料(建筑垃圾)
			软	硬												
干式	机械力	转刷钉轮	①	②	②	③	①	③	①			②	②	②	②	②
干式	机械力	滚筒	①	②	②	③	①	③	①	②	②	②	②	②	②	②
干式	风力	立式	①	②	②		①	①	①			②	②	②	②	②
干式	风力	卧式	①	②	②	③	①	③	①			②	②	②	②	②
干式	磁力	磁	②	②	②	②	②	②	②		②	①	②	②	②	②
干式	磁力	电涡流	②	②	②	②	②	②	②				①	③	②	②
干式	静电力		②	②	②							①			②	②
干式	光学			②	②										②	②
湿式	水液涡旋		②	②	②	①	①	①	①						②	②
湿式	重液（流体）	重液分选		②	②							①	①			②
湿式	重液（流体）	磁鼓		②	②							①	①			②

注：①、②、③表示待分选混合垃圾通过分选后被分成的组。

三、压实设备与选用

（一）压实设备分类

压实也称压缩，是利用机械的方法增加固体废物的聚集程度，增大容量、减少体积，便于运输、装卸、贮存和填埋。固体废物中适合压缩处理的主要是压缩性能大而复原性小的物质，如金属丝、金属碎片、冰箱、洗衣机以及纸箱、纸袋、纤维等，有些固体废物如木头、玻璃、金属、塑料块等已经很密实的固体，以及焦油、污泥等液态废物不宜进行压缩处理。

固体废物所用的压实设备称为固体废物压实器。压实器有固定式和移动式两种，前者只能定点使用，一般安装在废物转运站、高层住宅垃圾滑道的底部，以及需要压实废物的场合；后者一般安装在垃圾收集车上，接受废物后即行压缩，随后送往处置场地。目前常用的压实器有三向联合压实器、颚式压实器、大型压实器、小型压实器、压涂机、挤压成型机等。

（二）压实设备功能

（1）三向联合压实器　结构如图 8-12 所示，适用于金属类废物的压实。它具有三个互相垂直的压头，依次启动 1、2、3 三个压头，即可将料斗中的废物压实成型。废物压实后的尺寸一般在 200～1000mm 之间。

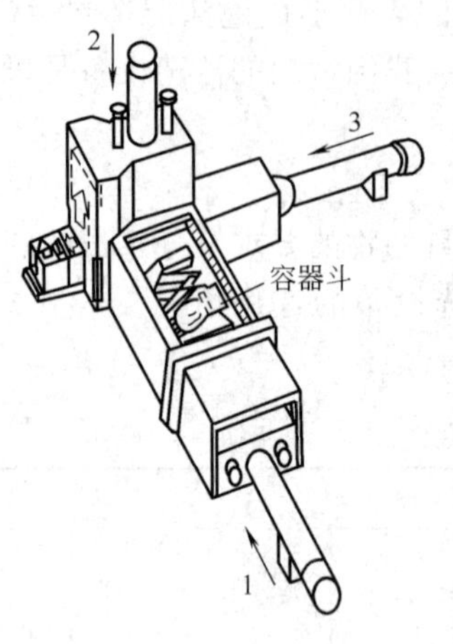

图 8-12　三向联合压实器

1,2,3—压头

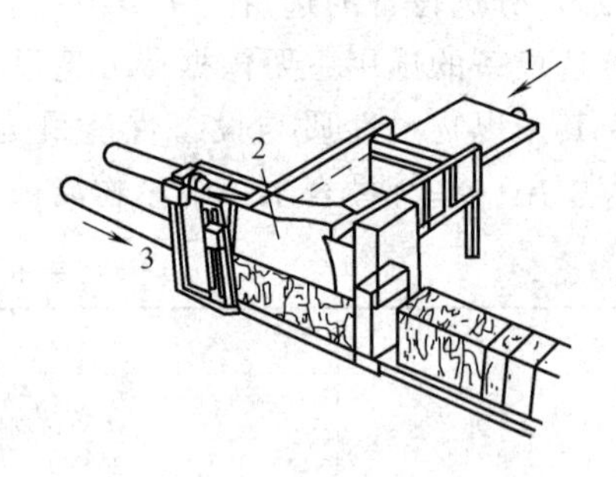

图 8-13　回转式压实器

1,3—水平压头；2—旋动式压头

（2）回转式压实器　结构如图 8-13 所示。适用于压实体积小、重量轻的废物。废物装入后，先按水平压头 1 的方向压缩，然后按箭头运动方向驱动旋动式压头 2 使废物致密化，最后按水平压头 3 的运动方向将废物压至一定尺寸排出。

（3）高层住宅垃圾滑道下的压实器　结构及工作过程如图 8-14 所示。垃圾经滑道落入料斗，压缩臂全部缩回，垃圾充入压缩室，由压臂压缩至容器中。当垃圾不断充入并在容器中被压实，最后可将垃圾装袋。

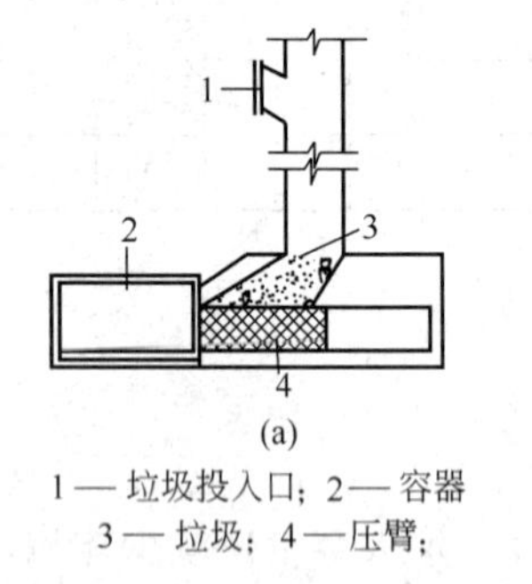

(a)

1— 垃圾投入口；2— 容器
3— 垃圾；4—压臂；

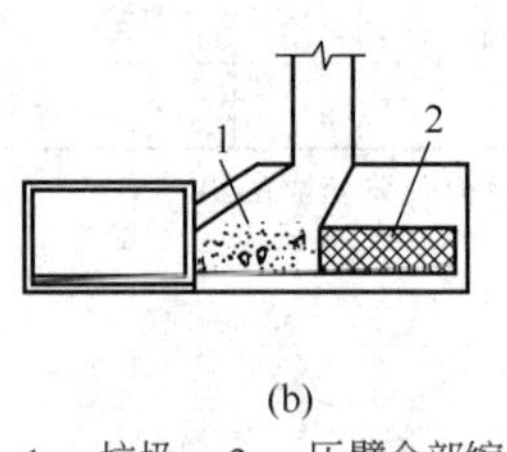

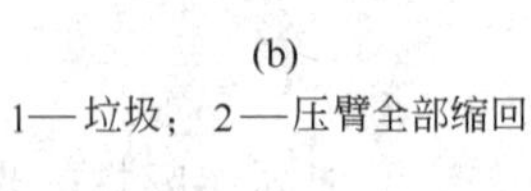

(b)

1—垃圾；2—压臂全部缩回

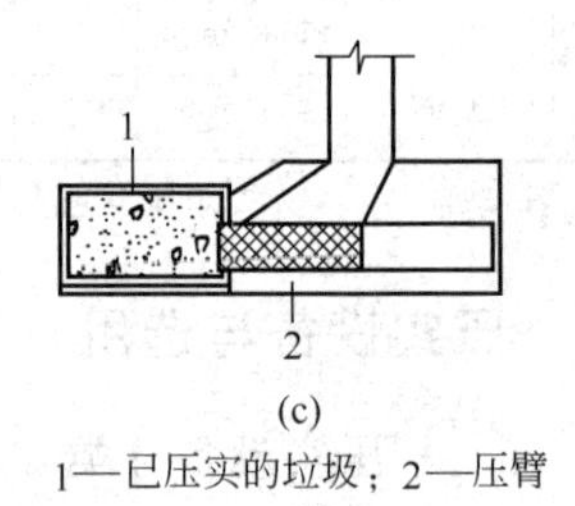

(c)

1—已压实的垃圾；2—压臂

图 8-14　高层住宅垃圾滑道下的压实器

（4）水平式压实器　适用于城市垃圾的处理，结构如图8-15所示。废物装入后，依靠具有压面的水平压头作用使垃圾致密和定形，然后将坯块推出。破碎杆的作用是将坯块表面的杂乱废物破碎，以利于坯块的移出。

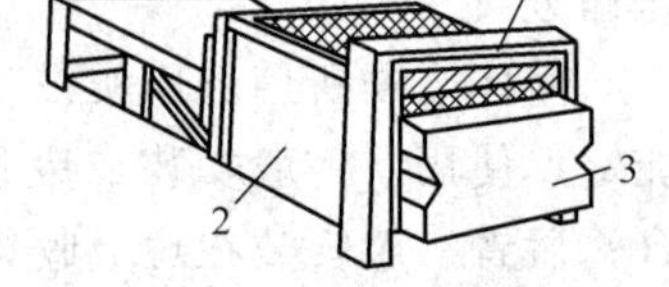

图 8-15　水平式压实器

1—破碎杆；2—装料室；3—压面

（三）压实设备的选用

压实设备的选用应根据废物的特征、所要求的压缩比和压实器种类进行。同时还需考虑后续处理过程，如是否会出现水分等。表 8-3 所列情况可供选择时参考。

表 8-3 压实设备的选用

压实设备（方法）	废物种类										
	有机或无机物软渣	废塑料	橡胶废料	纤维材料			粉尘	炉渣	渣	废金属	混合垃圾
				废纸	木片	废织物					
压制	△	△	△	△	△	△	△	△	△	#	△
压制和贮存	△	#	#	#	○	#	○	○	○	○	#
压制与涂敷		○	△	△	△	△	○	△	△	△	○
压制并捆绑	△	○	#	#	○	#	○	△	△	○	○
压制并挤压		#	△	△	△	△	○	△	△	△	△

注：#表示推荐，○表示可采用或有条件地选用，△表示不能用。

四、脱水与浓缩设备及其选用

（一）典型的固体废物脱水设备及其选用

固体废物脱水处理常用于城市污水与工业污水处理厂产生的污泥，以及类似于污泥含水率的其他固体废物。凡含水率超过 90%的固体废物，必须先脱水减容，以便于包装和运输。固体废物的脱水设备可以分为机械脱水设备与自然干化脱水设备两类。

1. 机械脱水设备

机械脱水设备包括机械过滤脱水设备与离心脱水设备。

（1）机械过滤脱水设备 典型机械过滤脱水设备主要有以下几种。

① 真空抽滤脱水机 是目前应用最广泛的一种机械脱水设备。图 8-16 所示为浸没式转鼓真空抽滤脱水机的结构，它主要由转鼓、污泥槽、分配头、卸料机构、传动装置、真空系统和压缩空气系统组成。覆盖滤布的转鼓部分浸在污泥槽中，转鼓分隔为若干小室，于主轴附近通过分配头依次与真空系统和压缩空气系统相联接。在转鼓旋转的一个周期中，浸入污泥槽内的小室恰与真空系统相接，以实现水分的吸滤，水通过过滤进入小室并排出机外，固体泥渣均匀地附着于滤布表面形成滤饼。小室脱离污泥槽后的一段行程中，仍处于负压作用下并继续脱水，当旋转至某一部位后，该小室通过分配头脱离真空系统，而开始与压缩空气系统相接，滤饼被压缩空气反吹后松动，最后由卸料机构刮下，落入料斗或被传送带运走，转鼓进入下一循环。

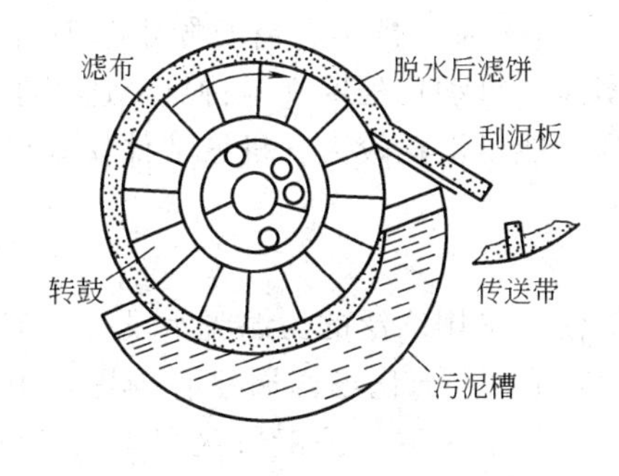

图 8-16 浸没式转鼓真空抽滤脱水机结构

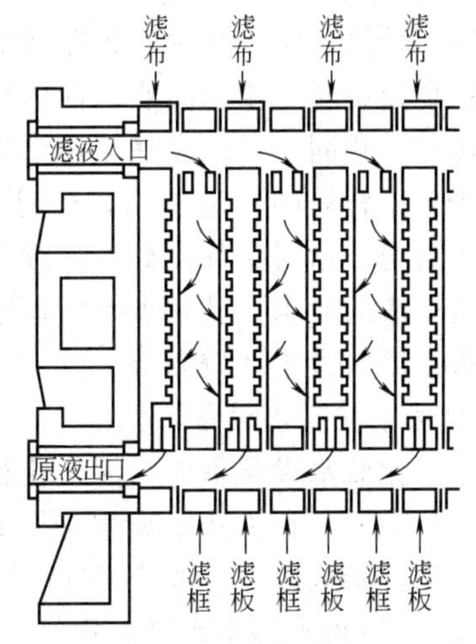

图 8-17 板框压滤机结构

真空抽滤机为连续式操作，效率高、操作稳定、易于维护、适用于各类污泥脱水。脱水后污饼含水率为75%～80%。该设备的缺点是附属设备较多，运行费用高，建筑面积大，因过滤介质紧包在转鼓上，清洗再生不便，容易堵塞，影响过滤效率。

② 板框压滤机　其结构如图 8-17 所示，由滤板与滤框相间排列而成。滤框双侧用滤布包夹在中间，而两端用夹板固定。板与框均开有沟槽与孔相联接，形成导管。过滤时，用泵将污泥由导管压入机内，分别导入各滤框空间，滤液通过滤布，沿滤板沟槽汇于排液管排出，滤饼留在框内。过滤过程结束后松开板框卸出滤饼。目前常用的压滤机主要是自动板框压滤机。

板框压滤机具有结构简单、制造方便、处理污泥含水率范围较大、适应性强、自动压滤机的各工序可自动操作、滤饼含水率较低、滤布寿命较长等特点，因而得到广泛应用。其缺点是间歇操作、处理量较低、压滤过程比较繁琐。

③ 滚压带式脱水机　其结构如图 8-18 所示。它由上下两组同向运动的传动滤布组成，泥浆由双带之间通过，经上下压辊挤压，滤液透过滤布而排出。该机具有结构简单、动力消耗少、连续操作、生产能力大、占地面积较小等特点，适用于真空抽滤机难于脱水的各种污泥。其缺点是滤饼的含水率较高，不适用于黏性较大的污泥脱水。

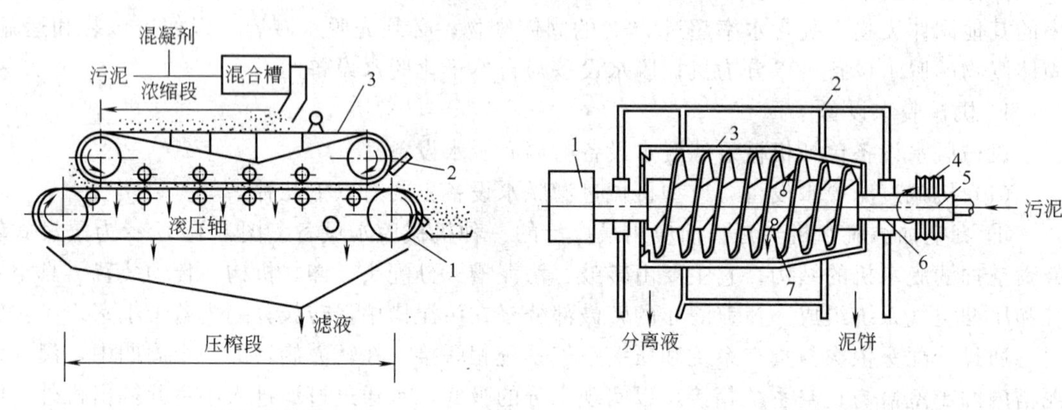

图 8-18　滚压带式脱水机

1—滤布；2—刮刀；3—金属丝网

图 8-19　圆筒形离心机

1—变速箱；2—罩盖；3—转筒；4—驱动轮；5—空心轴；6—轴承；7—螺旋输送器

（2）离心脱水设备　目前常用的是圆筒形离心机，其结构如图 8-19 所示。它主要由螺旋输送器、转筒、空心转轴、罩盖及驱动装置组成。污泥从空心转轴的分配孔进入离心机，依靠转筒高速旋转产生的离心力使固体颗粒与水分离。螺旋输送器与转筒由驱动装置传动，两者旋转方向相同，并由变速箱使螺旋输送器比转筒的转速稍慢，使螺旋输送器能够缓慢地将固体颗粒由转筒的小端排出，同时分离液从转筒另一端溢流排出。离心脱水具有操作简便、设备紧凑、运行条件良好、连续生产、脱水效率高、自动化程度好等特点，适用于各种不同性质泥渣的脱水。其缺点是污泥预处理要求较高、能量消耗较大、机械部件易磨损、分离液不清、滤饼含水率较高等。

2. 自然干化脱水设备

自然干化脱水设备称为污泥干化场，是一种较简便、采用广泛的污泥脱水设备。依靠渗透、蒸发与撇除三种方式脱离水分，其剖面如图 8-20 所示。干化场四周建有围堤，中间用隔堤等分为若干区段（一般不少于 3 段）。为便于起运脱水污泥，一般每区段宽大于 10m，长 6～30m。渗透水经排水管汇集排出。污泥分配装置的排泥口设有散泥板，使污泥能均匀地分布于整个区段面积上，并防止冲刷滤层。干化场运行时，一次集中放满一块区段，放泥

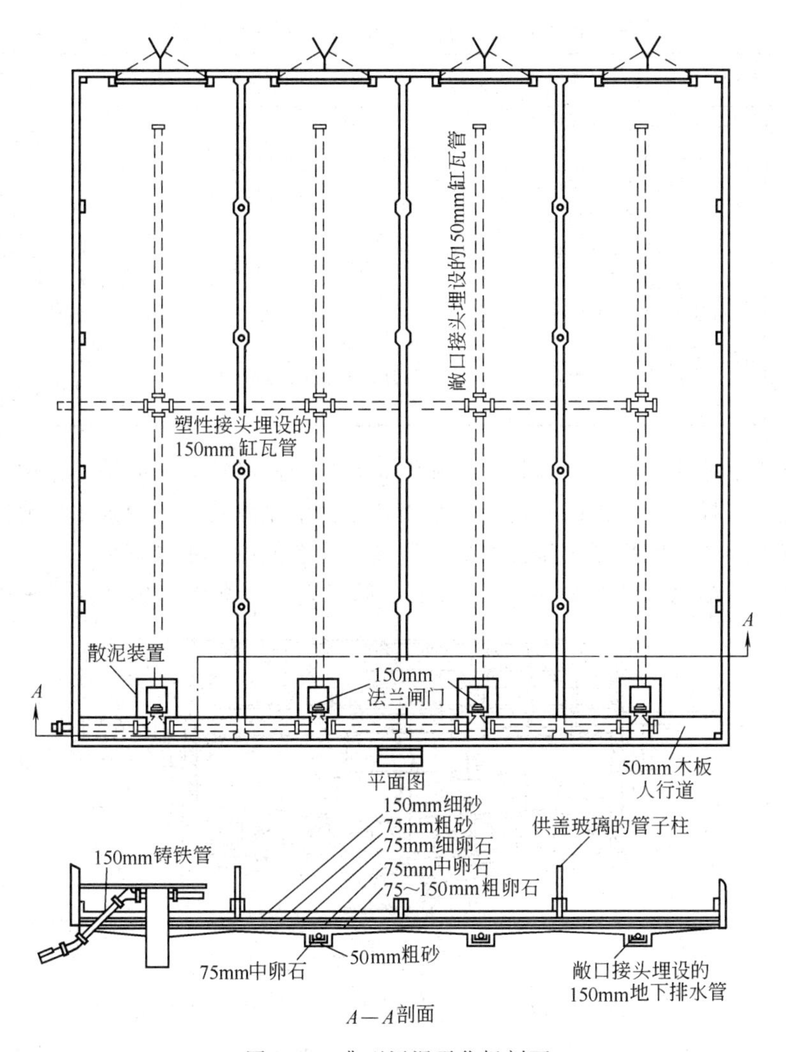

图 8-20 典型污泥干化场剖面

厚度约 30～50cm。污泥干化周期随季节而异，在良好条件下，约为 10～15 天，脱水后污泥含水率可至 70%。自然干化脱水设备简单，干化污泥含水率较低，但占地面积大，卫生条件差，受季节、气候影响大。

3. 脱水设备的选用

选用脱水设备应着重考虑脱水设备的运行费用与操作管理水平。各种脱水设备的优缺点及适用范围见表 8-4，供选用时参考。

（二）浓缩设备及其选用

浓缩设备主要是污泥的浓缩，其目的是去除污泥中的间隙水，缩小污泥的体积，为污泥的输送、消化、脱水、利用与处置创造条件。污泥浓缩的方法主要有重力浓缩法、气浮浓缩法和离心浓缩法。

1. 重力浓缩法

重力浓缩法是最常用的污泥浓缩法，其原理就是利用浓缩池中的污泥密度大于水的条件，使污泥沉于池底被去除，重力浓缩的构筑物称为浓缩池，按其运行方式可分为间歇式浓缩池和连续式浓缩池。

表 8-4 脱水设备的优缺点及适用范围

设备类型	优点	缺点	适用范围
真空过滤机	能连续操作，运行平稳，可自动控制，处理量较大	污泥脱水前需进行预处理，附属设备多，工序复杂，运行费用较高	适用于各种污泥的脱水
板框压滤机	制造较方便，适应性强，可自动操作，滤饼含水率较低	间歇操作，处理量较低	适用于各种污泥的脱水
滚压带式压滤机	可连续操作，设备构造简单，滤饼含水率较低	操作麻烦，处理量较低	不适于黏性较大的污泥脱水
离心脱水机	占地面积小，附属设备少，投资低，自动化程度高	分离液不清，电耗较大，机械部件磨损较大	不适于含砂量高的污泥脱水
污泥干化场	构造简单，易于操作维护，含水率较低	占地面积大，卫生条件差，受季节气候影响大	适用于各种污泥的脱水

（1）间歇式浓缩池　污泥间歇投入浓缩池，在投入前必须先排除浓缩池中的上清液以腾出池容。因此，应根据浓缩池的不同高度来设置上清液排除管。间歇式浓缩池体积较连续式大，管理也较麻烦，一般用于小型污水处理厂或工业企业的污水处理厂。

（2）连续式浓缩池　结构如图 8-21 所示。形同辐射沉淀池，为直径 5～20m 圆形钢筋

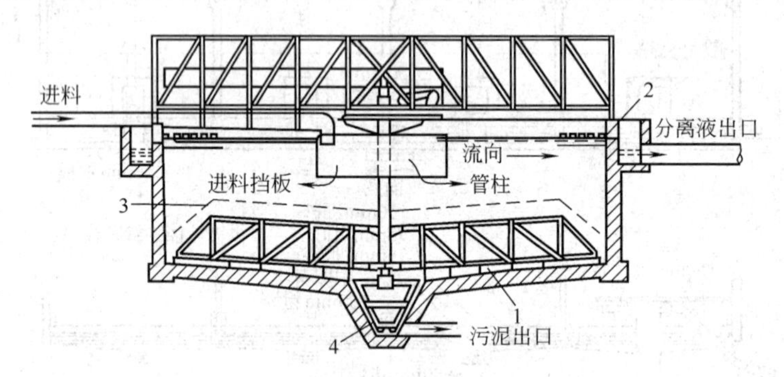

图 8-21　连续式浓缩池

1—倾斜刮板；2—溢流堰；3—搅拌刮泥桁架升高位置；4—漏斗状刮板

混凝土构筑物。该池呈圆锥形，底面倾斜度很小，进泥口设在池中心，池周围有溢流堰。自进泥口进入的污泥向池的四周缓慢流动过程中，固体粒子得到沉降分离，分离液则越过溢流堰流出。被浓缩到池底的污泥，经过安装在中心的旋转轴上的刮泥机很缓慢地旋转刮动，从排泥口用泥浆泵排出。连续式浓缩池一般用于大中型污水处理厂。

2. 气浮浓缩法

气浮浓缩是依靠大量微小气泡附着在污泥颗粒上，形成污泥颗粒与气泡的结合体，从而产生浮力把污泥颗粒带到水面去除。最常用的是加压溶气气浮法。与重力浓缩法相比，该方法具有浓缩程度高、固体物质回收率高、浓缩速度快、操作弹性大、不易发臭、操作管理简单等优点；其缺点是基建费用和运行费用偏高。该方法适用于相对密度接近于 1 的污泥浓缩。

3. 离心浓缩法

离心浓缩法是利用污泥中固体颗粒和水密度差异，在高速旋转的离心机中，固体颗粒和水分别受大小不同的离心力而使其固液分离，达到污泥浓缩的目的。

五、典型焚烧设备与选用

固体废物焚烧是高温分解和深度氧化的综合过程。固体废物经过焚烧处理，体积一

般可减少80%～90%；对于有害固体废物，焚烧可以破坏其结构或杀灭病原菌，达到解毒、除害的目的。几乎所有的有机废物均可以用焚烧法处理，回收热能用于发电或供热。所以，可燃固体废物的焚烧处理，能同时实现减量化、无害化和资源化，是一条重要的处理与资源化途径。一个焚烧系统往往包括有原料贮存设备、加料设备、焚烧设备、烟气净化设备及过程的检测与控制设备，焚烧设备是整个焚烧系统的关键设备。

(一) 焚烧设备

1. 多段炉

多段炉又称多膛或机械炉，是一种有机械传动装置的多膛焚烧炉，其结构如图8-22所示。炉中心有可转动的烟囱，带有多层旋转的炉箅，每排炉箅占一层炉膛，箅上有螺旋推料板。物料在每层燃烧旋转一周后，由推料板通过排料口流至下一层继续燃烧，直到最后一层燃尽，将灰渣排出。多段炉可分为三个操作区：顶部进料膛为烘干脱水区，温度在300～500℃；中部为燃烧区，温度在760～980℃；最下层是灰渣冷却带，温度降为260～540℃。这种炉燃烧效率较高、构造不太复杂、操作弹性大、适应性强，是一种可以长期连续运行、可靠性相当高的焚烧装置，特别适用于处理污泥和泥渣，目前几乎70%以上的焚烧污泥设备均为多段炉。

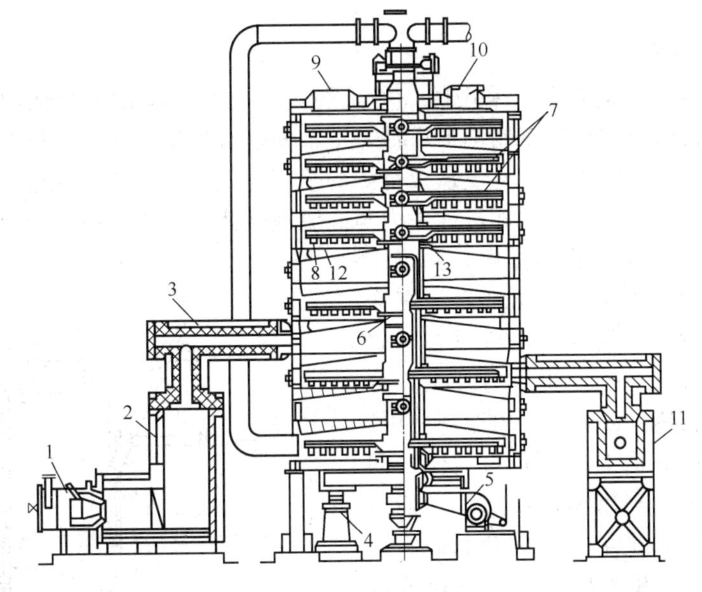

图8-22　多段炉结构

1—主燃烧嘴；2—热风发生炉；3—热风管；4—轴驱动电机；5—轴冷却风机；6—中心轴；7—搅拌臂；8—搅拌齿；9—排风口；10—加料口；11—热风分配室；12—隔板；13—轴盖

2. 回转窑焚烧炉

回转窑焚烧炉是一种适用于处理污泥、废塑料、废树脂、硫酸沥青渣、城市垃圾等多种固体废物的焚烧设备，其结构如图8-23所示。窑身为一卧式可旋转的圆柱体，其轴线与水平稍成倾斜（1/100～1/300），窑身较长（$L/D=2\sim10$），窑的下端有二次燃烧室。废物从窑的上部进入，随着窑的转动向下端移动。空气与物料行进的方向可以同向也可逆向。进入窑炉的物料与废气相遇，一边受热干燥（200～300℃），一边受窑炉的回转而使物料破碎，然后在窑的后段进行分解燃烧（700～900℃），窑内来不及燃烧的可燃气体，进入二次燃烧

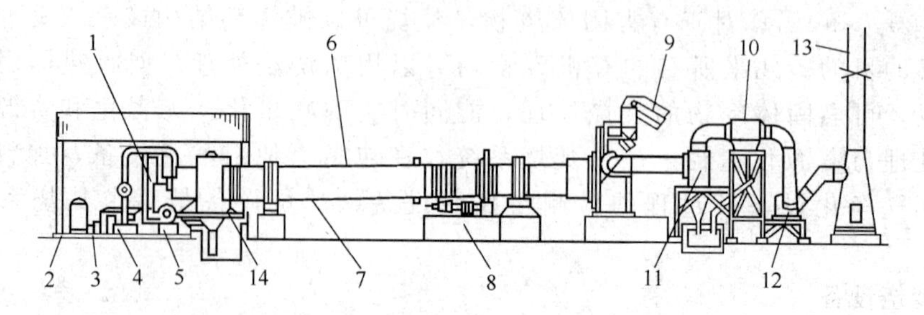

图 8-23 回转窑焚烧炉

1—燃烧喷嘴；2—重油贮槽；3—油泵；4—三次空气风机；5—一次及二次空气风机；6—回转窑焚烧炉；7—取样口；8—驱动装置；9—投料传送带；10—除尘器；11—旋风分离器；12—排风机；13—烟囱；14—二次燃烧室

室充分燃烧，焚烧的残渣在高温烧结区（1100～1300℃）熔融，排出炉外。如果需要辅助燃料可在焚烧炉的上端或二次燃烧室加入。

回转窑的优点是操作弹性大，适用范围广，是处理多种混合固体废物的较好设备，用回转窑处理某些含重金属的固体废物得到的熔融烧结块粒度均匀，处置或利用均极为方便。另外，由于回转窑机械结构简单、很少发生事故，能长期连续运转。回转窑的主要缺点是热效率低，排出的尾气常带有恶臭味。

3. 流化床焚烧炉

流化床焚烧炉是工业上广泛采用的一种焚烧炉。典型的流化床焚烧炉如图 8-24 所示。其主体设备是一衬耐火材料的钢制圆形塔件，下部安装有气流分布板，板上装有载热的惰性颗粒，典型的载热体多用砂子。空气从焚烧炉的下部进入，经过气流分布板使炉体内颗粒产生流态化。固体废物由炉顶或炉侧进入炉内与高温载热体及气流交换热量而被干燥、破碎并燃烧，产生的热量贮存于载热体中，并将气流的温度提高。焚烧温度不可太高，否则床层材料出现黏结现象。焚烧残渣可以在焚烧炉的上部与燃烧废气分离，也可另外设置分离器，分离出的载热体再回到炉内循环使用。

流化床焚烧炉的优点是颗粒与气体之间传热和传质速度大，炉床单位面积处理能力大，物料在床层内几乎呈完全混合状态，投加到流化床的废物除粗大块外都能迅速分散均匀；床层的温度保持均匀，可避免局部过热，因此床层易于控制；由于载热体贮蓄大量的热量，可以避免投料时炉温急速变化，对含挥发成分多的废物，无爆炸危险；炉子构造简单，造价便宜，且无机械传动部件，故障少，建造费用低。流化床焚烧炉的缺点是压力损失大，动力费用较高；对废物要求尺寸大小相近，增加了处理费用，不适用于处理高黏附性半液体状的污泥；废气中含尘量较其他焚烧炉多，若空气分布不均匀时，

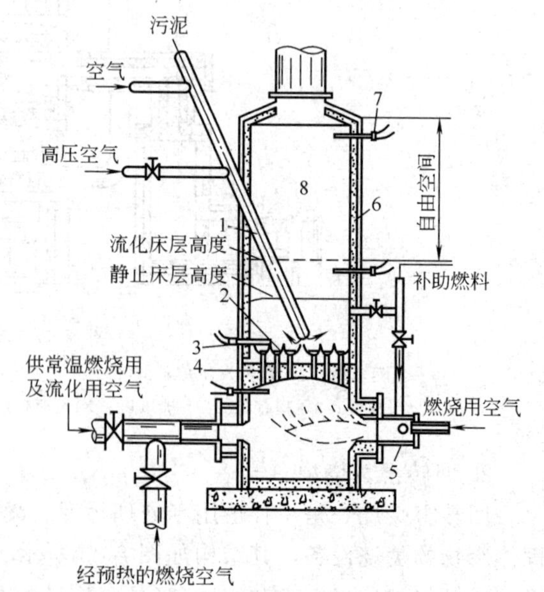

图 8-24 典型流化床焚烧炉

1—污泥供料管；2—泡罩；3,7—热电偶；4—分配板（耐火材料）；5—补助燃烧室；6—耐火材料；8—燃烧室

会出现空气偏流，载体飞出量大的情况。

4. 垃圾焚烧炉

典型垃圾焚烧炉结构如图 8-25 所示。垃圾由小车送入垃圾坑中，用抓斗放入加料斗进入炉膛，炉膛分成干燥、燃烧和后燃烧三段。炉膛用机械炉栅，炉栅的种类有摆动式、扇形式、往复式、移动式和回转式等。这些炉栅对废物在炉膛的移动通过燃烧带并使废物发生适当的搅动起着重要作用。从加料斗进入炉栅的固体废物首先在干燥段干燥后，随着炉栅的运动，由干燥段移动到燃烧段分解燃烧。未燃尽的废物继续随炉栅移动至后燃烧段燃尽。由于焚烧时产生热量大、温度高，焚烧炉壁用水管排在炉内，以降低炉子内壁温度，减少腐蚀，回收热能。

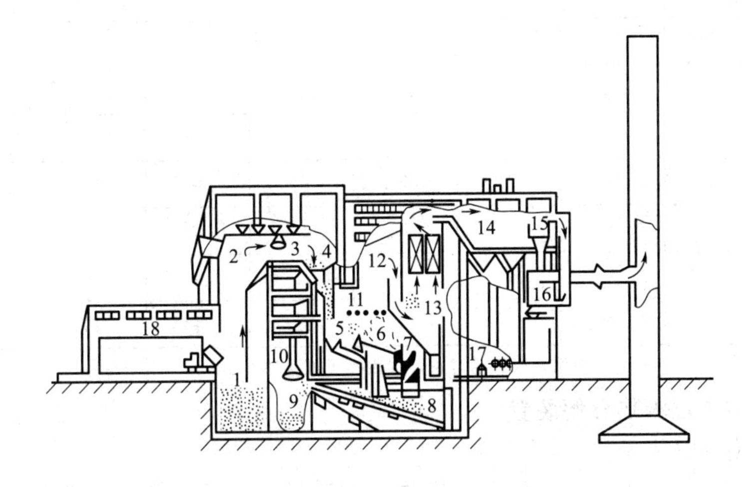

图 8-25　典型垃圾焚烧炉

1—垃圾坑；2—起重机运转室；3—抓斗；4—加料斗；5—干燥炉栅；6—燃烧炉栅；7—后燃炉栅；8—残渣冷却水槽；9—残渣坑；10—残渣抓斗；11—二次空气供给喷嘴；12—燃烧室；13—气体冷却锅炉；14—电除尘器；15—多级旋风分离器；16—排风机；17—中央控制室；18—管理所

典型垃圾焚烧炉对较大的垃圾团块不用预处理即可焚烧，炉内最低温度为 750℃，没有恶臭排出，最高温度可达 1050℃，可使灰渣熔融。但当垃圾中有塑料时，会发生熔融而透过炉栅，在炉栅下面燃烧，造成炉栅损坏。此外，有害气体会使炉膛腐蚀。

（二）焚烧设备的选用

常用焚烧设备的选用情况见表 8-5。

六、热分解设备与选用

热分解是有机物在无氧或缺氧条件下的高温加热分解技术，热分解反应属吸热反应。在燃烧有机物过程中，其主要生成物为二氧化碳和水，热分解主要是可燃的低分子化合物，气态的有氢、甲烷、一氧化碳，液态的有甲醇、丙酮、醋酸、乙醛、含其他有机物的焦油、溶剂油、水溶液等，固态的主要为炭黑。

固体废物热分解的优点主要表现为能回收可贮存、可输送的燃料，当所需热量发生变化时，应变能力强；热分解过程 NO_x 发生量较焚烧法少得多。固体热分解设备按炉型结构可分固定床、移动床、流化床、回转窑等；按热分解和燃烧反应是否在同一个炉内进行可分单塔式和双塔式。

表 8-5 焚烧设备的选用

分类	物理性质分组	焚烧设备							
		栅格式燃烧室	单层燃烧室				沸腾床燃烧室	浮悬燃烧室	高温熔化炉
			固定式	旋转式	多段式	转窑式			
有机泥	水处理污泥	#	○	○	#	#	#	#	#
	废油漆	○	○	#	#	#	#	△	
	其他泥渣	○	○	○	#	#	#	△	#
废油	焦油、沥青	△	○	○	△	#	△	△	△
	含油废物	#	○	○	△	※	○	△	#
废塑料		○	#	#	△	○	○	△	#
橡胶废料		△	#	#	△	○	○	△	#
动植物残骸		#	○	○	△	#	#	※	#
废纸		#	※	※	△	#	#	※	#
木		#	※	※	△	#	#	※	#
废织物		#	※	※	△	#	#	※	#
混合垃圾		#	※	※	△	#	#	※	#

注：# 表示推荐采用，△表示不能用，※表示可用，○表示可混合燃烧。

(一) 典型城市垃圾热分解装置

1. 立式炉热分解装置

立式炉热分解装置如图 8-26 所示。废物从炉顶投入，经炉排下部送来的重油、焦油等可燃物的燃烧气体干燥后进行热分解。炉排分为两层，上层炉排为已炭化物、未燃物和灰烬等，用螺旋推进器向左边推移落入下层炉排，在此将未燃物完全燃烧。这种方法称为偏心炉

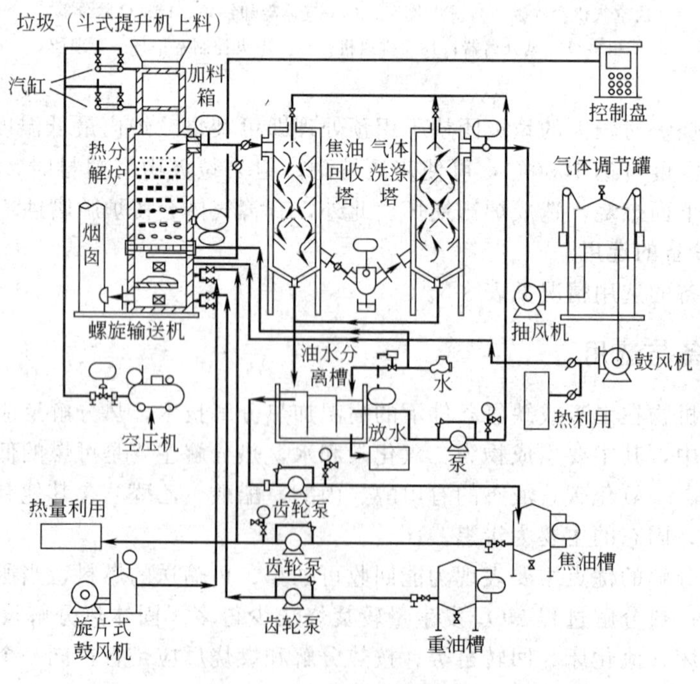

图 8-26 立式炉热分解装置

排法。

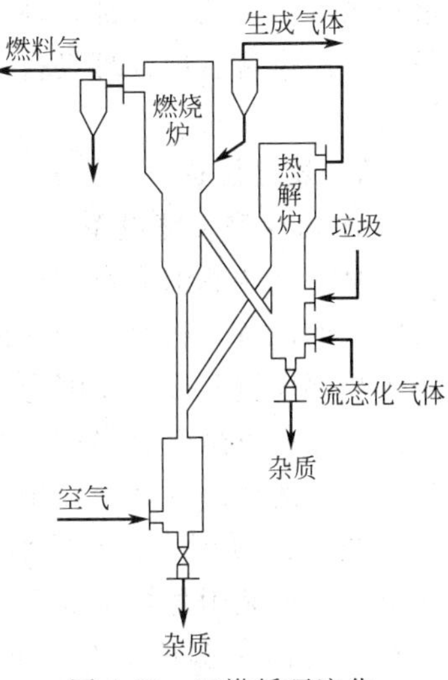

图 8-27　双塔循环流化床热分解装置

分解气体和燃烧气送入焦油回收塔，喷雾水冷却除去焦油后，经气体洗涤塔后用作热解助燃气体。焦油则在油水分离器中回收。炉排上部的炭化物温度为500～600℃，热分解炉出口温度为300～400℃，废物加料口设置双重料斗，可以连续投料而又避免炉内气体逸出。本装置适用于处理废塑料、废轮胎等。

2. 双塔循环流化床热分解装置

双塔循环流化床热分解装置如图 8-27 所示。该装置主要包括废物热解炉和固形炭燃烧炉。热分解所需的热量，由热分解生成的固形炭或燃料气在燃烧炉内燃烧来供给。惰性热载体（砂）在燃烧炉内吸收热量并被流化气鼓动成流态化，经联接管到热分解炉与垃圾作用，将自身的热量传递给分解炉内的垃圾后返回燃烧炉内，再被加热返回热分解炉。受热的垃圾在热分解炉内分解，生成的气体一部分作为热分解炉的流态化气体循环使用，一部分为产品。热分解生成的炭及油品在燃烧炉内作为燃料使用，用以加热砂子。在两个塔中使用特殊的气流分散板，伴有旋回作用，形成浅层流化层。垃圾中的无机物、残渣随流化的砂子的旋回作用从两塔下部一方面与流化的砂子分级，一方面有效地选择性排出。

该装置的优点是燃烧的废气不进入产品气体中，因此提高了产品气体的热值；因炭燃烧需要的空气量少，向外排出废气少；在流化床内温度均匀，可以避免局部过热。由于燃烧温度低，产生的 NO_x 少，特别适用于热塑料含量高的垃圾热分解，可以防止结块。

（二）热分解装置的选用

热分解装置主要用于处理高热值废物，设备选择时着重评价其能量回收率，并兼顾其他因素。常用热分解装置的选用情况见表 8-6。

表 8-6　常用热分解装置的选用

设备种类	废物种类								
	有机污泥	废油	废塑料	橡胶废料	动植物残骸	废纸	木片	废织物	混合垃圾
流化床	#	#	#	#	△	△	#	○	#
沸腾床	#	#	#	#	△	△	#	○	#
回转窑	#	#	○	#	△	△	#	○	#
双塔流化床	#	#	#	#	△	△	#	○	#
立式炉	#	#	○	#	△	△	#	○	#

注：#表示推荐，○表示可用，△表示不能用。

七、堆肥和发酵设备

（一）堆肥设备

堆肥化是指在一定控制条件下，通过生物化学作用使来源于生物的有机固体废物分解成比较稳定的腐殖质的过程。废物经过堆制，体积一般只有原来的50%～70%。堆肥化的产品称为堆肥。堆肥按堆制过程的需氧程度可分为好氧法和厌氧法。现代化堆肥工艺，特别是城市垃圾堆肥工艺，大都是好氧堆肥。堆肥化系统的设备主要包括进料和供料设备、预处理设备、发酵设备、后处理设备、脱臭设备、包装和贮存设备。其中发酵设备是整个系统的关键设备。

（二）发酵设备

1. 游泳池型发酵设备

它是一种两侧围成宽 2～3m、长 20m、深 2m 的细长游泳池型发酵设备，大多数设有从仓底供气的设备，物料在仓内被堆成 1～2m 高度。由于一个仓的容量有限，当处理量大时，可并排相邻设置若干个发酵仓。

游泳池型发酵仓有多种形式，其主要差别在于搅拌发酵物料的翻堆不同，大多数翻堆机兼运送物料的作用。其中使用最多的是链板运输机，如图 8-28 所示。链板环状相接组成翻堆机，在各链板上安装附加挡板成刮刀，以此来掏送物料。在仓的两个侧墙上装有带滚子的可移动小车。操作时使运输机倾斜，其低的一头向前，每一次来回翻堆可将物料移动 2m 距离。一般每天来回翻堆一次，根据物料的情况可适当增加或减少翻堆次数，物料经过大约7～10 天的发酵时间完成一次发酵，基本达到无害化，成为堆肥。

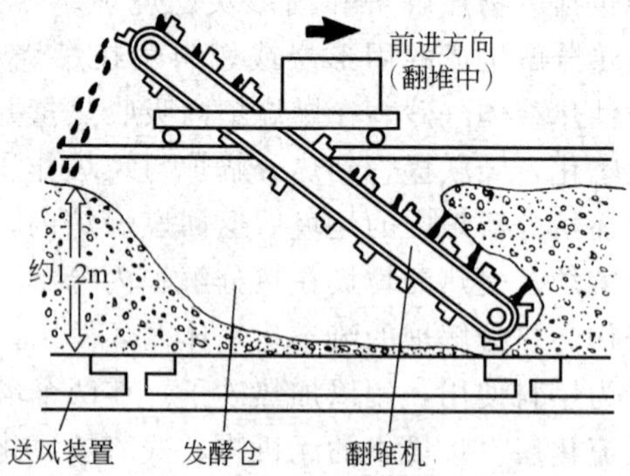

图 8-28 移动链板式翻堆机工作示意

2. 卧式回转筒式发酵设备

卧式回转筒式发酵设备是回转窑式圆筒形发酵仓，有达诺式、单元式、双层圆筒式等多种形式。其中最常用的是达诺式，其装置如图 8-29 所示。加料斗的垃圾经过料斗底部的板式给料机和一号皮带输送机送到磁选机除去铁类后，由给料机供给低速旋转的达诺式回转窑发酵仓。垃圾在仓内经通风并补充必要的水分，一边混合、腐蚀和破碎，一边发酵，依靠微生物分解放出的热量使温度保持在 60～70℃，经过 3～5 天的时间完成一次发酵过程后成为堆肥排出仓外。随后靠振动筛筛分为筛上物及筛下物两部分，筛上物通过溜槽排出，通常被焚烧处理或填埋处理。筛下物经玻璃选出机去除玻璃后，即为堆肥产品。各种回转筒式发酵设备均存在动力费用与设备费用较高的问题。

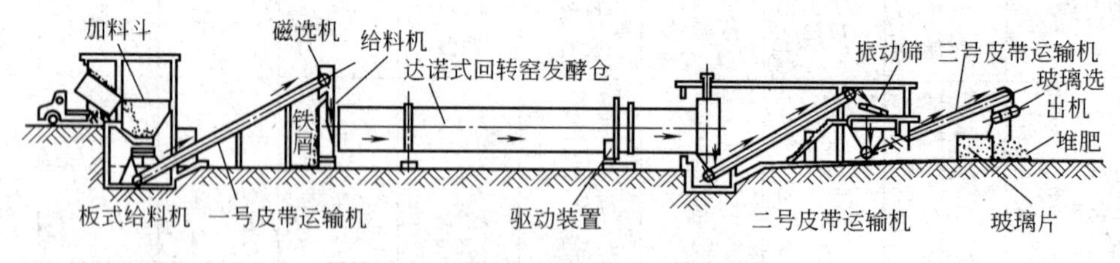

图 8-29 卧式回转筒式发酵设备

3. 立式发酵设备

立式发酵设备主要有多阶段立式发酵仓、多层立式发酵仓、多层桨式发酵仓、活动层多阶段发酵仓、直落式发酵仓、窑形发酵仓等几种形式。图 8-30 所示为多层桨式发酵仓的构造示意。发酵仓的外形类似多段焚烧炉，外壁由隔热材料制成，是一种保温的具有多阶段发酵仓的圆筒，一般有 5 个发酵槽，分别由混凝土或钢板制成。装置中心有一垂直空心主轴，相对于主轴的每段发酵槽内，按横向位置各装设有一组旋转桨叶，每段发酵槽底，各开一个孔口，各孔口逐次错开一定位向。全部搅拌系统通过设在主轴中心的垂直轴和齿轮组成的传动装置，形成一个以较快速度一起驱动的系统，主轴与桨叶的速度可分别调节，物料经搅拌并发生位移。工作时物料被桨叶搅起并被甩到主轴旋转方向相反的方位。通过转动，由最上层喂入的原料在槽内一面受到搅拌，一面通过槽底孔口进入下一段发酵槽，同时受来自以下各层热空气的作用，发生生物降解过程。

桨式发酵塔便于选定最适当的运行条件，通风均匀，物料不结块，在槽内停留时间不同的发酵物料不会混杂，易于使发酵过程处于最佳状态。

4. 水压式沼气池

沼气发酵池类型较多，其中水压式沼气池是在农村推广的主要池型，其结构如图 8-31 所示。它是一种埋设在地下的立式圆筒形发酵池，池盖和池底是具有一定曲率半径的壳体，主要结构包括加料管、发酵间、出料管、水压间、导气管等几个部分。该池的优点是结构简单、建造方便、价格便宜、易管理、使用方便等。

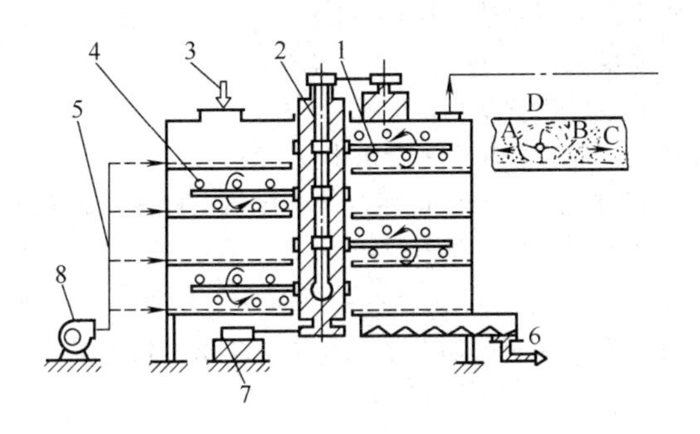

图 8-30　多层桨式发酵仓

1—空气管道；2—旋转主轴；3—进料口；4—放置桨；5—空气；6—堆肥；7—电机；8—鼓风机；A—搅拌轴的运动方向；B—搅拌轴的旋转方向；C—可堆肥的运动方向；D—可堆肥的轨迹线

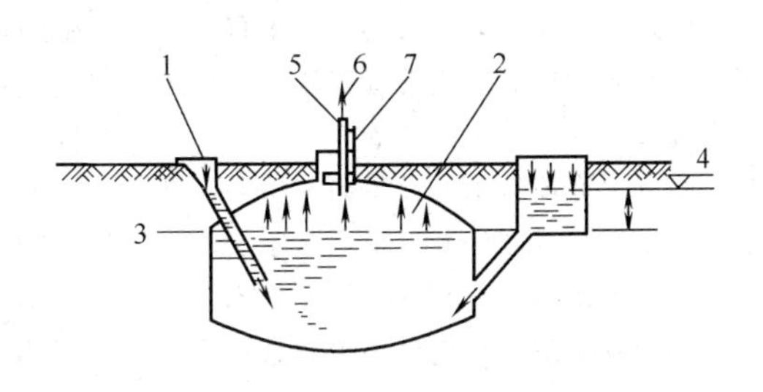

图 8-31　水压式沼气池

1—加料管；2—发酵间；3—池内液面；4—出料液面；5—导气管；6—沼气输气管；7—控制阀

思考题与习题

8-1　固体废物处理方法按其作用原理可分为几类？常用的处理方法有哪些？

8-2　前期资源化技术和后期资源化技术分别包括哪些主要单元操作与单元过程？

8-3　固体废物处理设备的选择应考虑的主要因素有哪些？

8-4　固体废物破碎的目的是什么？采用哪些设备？各有什么特点？如何选用？

8-5　固体废物的分选采用哪些设备？各有什么特点？如何选用？

8-6　固体废物的压实目的是什么？采用哪些设备？各有什么特点？如何选用？

8-7　固体废物的脱水主要采用哪些设备？各有什么特点？如何选用？

8-8　固体废物的浓缩目的是什么？采用哪些设备？各有什么特点？如何选用？

8-9　固体废物的焚烧目的是什么？采用哪些设备？各有什么特点？如何选用？

8-10　固体废物的热分解装置有哪些？各有什么特点？

8-11　固体废物的堆肥与发酵设备有哪些？各有什么特点？

参 考 文 献

[1] 陈位宫主编．工程力学．北京：高等教育出版社，2000.

[2] 刘天齐，黄小林主编．环境保护．北京：化学工业出版社，2001.

[3] 吴忠标主编．实用环境工程手册——大气污染控制工程．北京：化学工业出版社，2001.

[4] 金毓荃，李坚主编．环境工程设计基础．北京：化学工业出版社，2002.

[5] 徐志毅主编．环境保护技术和设备．上海：上海交通大学出版社，2001.

[6] 罗辉主编．环保设备设计与应用．北京：高等教育出版社，2002.

[7] 郑铭主编．环保设备——原理·设计·应用．北京：化学工业出版社，2001.

[8] 姚玉英，陈常贵，柴成敬主编．化工原理．天津：天津大学出版社，1999.

[9] 童志权主编．工业废气净化与利用．北京：化学工业出版社，2001.

[10] 蒋展鹏主编．环境工程学．北京：高等教育出版社，1992.

[11] 化工部环境保护设计技术中心组织编写．化工环境保护设计手册．北京：化学工业出版社，1998.

[12] 朱世勇主编．环境与工业气体净化技术．北京：化学工业出版社，2001.

[13] 刘景良主编．大气污染控制工程．北京：中国轻工业出版社，2001.

[14] 刘天齐主编．三废处理工程技术手册——废气卷．北京：化学工业出版社，1999.

[15] 聂永丰主编．三废处理工程技术手册——固体废物卷．北京：化学工业出版社，1999.

[16] 北京水环境技术与设备研究中心，北京市环境保护研究院，国家城市环境污染控制工程技术研究中心主编．三废处理工程技术手册——固体废物卷．北京：化学工业出版社，1999.

[17] 李广超主编．大气污染控制技术．北京：化学工业出版社，2011.

[18] 孙明湖主编．环境保护设备选用手册——固体废物处理、噪声控制及节能设备．北京：化学工业出版社，2002.

[19] 丁德全主编．金属工艺学．北京：机械工业出版社，2000.

[20] 许德珠主编．机械工程材料（金属工艺学Ⅱ）．北京：机械工业出版社，1992.

[21] 孙宝钧主编．机械设计基础．北京：机械工业出版社，1999.